地基处理与基坑支护工程

（第 三 版）

黄生根　张希浩　曹　辉　彭从文

中国地质大学出版社

内容提要

本书由相对独立的三个部分组成:第一篇地基处理,详细介绍了目前在工程实践中应用广泛的各种地基处理方法的加固原理、设计计算方法、施工技术及质量检验等方面的内容;第二篇基坑支护工程,系统介绍了土压力的计算方法、基坑支护结构的设计原理与计算方法、土层锚杆技术、水泥土挡墙支护技术及土钉支护技术等内容;第三篇降排水工程,详细介绍了排水工程的方案设计、降水工程的基本原理、各种井点降水方法的方案设计与施工技术等。本书内容丰富,理论与实践兼顾,注重科学性、先进性与实用性的统一。

本书可作为大中专院校岩土工程、工民建、工程地质等专业的教材或参考书,也可供建筑、水利、交通、铁道、地质、冶金等部门从事工程勘察、设计、施工的技术人员、现场管理人员参考。

图书在版编目(CIP)数据

地基处理与基坑支护工程/黄生根,张希浩,曹辉,彭从文.—3版.—武汉:中国地质大学出版社,2007.8　(2022.8重印)

ISBN 978-7-5625-1141-0

Ⅰ.地…
Ⅱ.①黄… ②张… ③曹… ④彭…
Ⅲ.①地基处理-高等学校-教材 ②深基础-坑壁支撑-高等学校-教材
Ⅳ.TU472

中国版本图书馆CIP数据核字(2007)第113172号

地基处理与基坑支护工程(第三版)　黄生根　张希浩　曹　辉　彭从文

责任编辑:方　菊　吴巧生　　责任校对:张咏梅

出版发行:中国地质大学出版社(武汉市洪山区鲁磨路388号)　邮编:430074
电话:(027)67883511　传真:67883580　E-mail:cbo@cug.edu.cn
经　　销:全国新华书店

开本:787毫米×1092毫米　1/16　　字数:500千字　印张:19.875
版次:1997年9月第1版　2004年6月第3版　　印次:2022年8月第12次印刷
印刷:湖北睿智印务有限公司　　印数:22001-23000册

ISBN 978-7-5625-1141-0　　定价:24.00元

第三版前言

《地基处理与基坑支护工程》自1997年第一版问世以来，受到广大高等院校师生和工程技术人员的欢迎，已出二版，印刷三次。近年来，与本书相关的一些国家标准，如《建筑地基基础设计规范》、《建筑地基处理技术规范》及《混凝土结构设计规范》等陆续进行了全面修订，且随着工程实践和理论的发展，一些岩土施工技术、设计方法日臻成熟。为尽快与新规范接轨并反映最新的工程实践经验和科研成果，我们在修订本的基础上进行了全面的修订和局部补充。

本次修订由黄生根统稿，曹辉和张希浩参与了编写和修订，彭从文参与了修订工作。

因作者水平有限，书中错误和不当之处，欢迎批评指正。

作　者

2004.4.22

前　　言

近年来，随着我国经济的发展，建筑规模越来越大，对施工技术的要求越来越高，特别是在各种复杂的地质条件下如何经济合理地解决好地基基础及基坑支护等方面的问题，在整个建筑工程中占有重要地位。为解决好这些问题，岩土工程界的学者和技术人员进行了不懈的努力，取得了许多的成果，积累了丰富的经验，促使新技术、新方法不断涌现。为了尽快反映这些新技术、新方法，本书编者依据现行的新规范，在总结国内外最新技术的基础上，系统介绍了地基处理、深基坑支护工程及降排水工程等方面的内容。全书分三篇共二十章，力求深入浅出，先阐明有关的基本理论，再介绍设计计算方法、施工技术和检测方法，具有较强的实用性。全书由黄生根统稿，张希浩参与部分章节的编写工作，曹辉参加部分工作。

由于编者水平有限，难免有不足之处，敬请读者批评指正。

编　　者

1996 年 12 月

目　录

第一篇　地基处理

第一章　概　述

任何建筑物都是支承在地层上的，受建筑物荷载影响的那一部分地层称为地基。建筑物向地基传递荷载的下部结构称为基础。由于建筑物上部结构材料强度很高，而相应地基土的强度很低、压缩性较大，因此必须设置一定结构型式和尺寸的基础，使地基的强度和变形满足设计的要求。

当基础直接建造在未经加固的天然土层上时，这种地基称为天然地基。如果天然地基很软弱，不能满足地基强度和变形等要求时，则要对地基进行人工处理后再建造基础，这种地基加固称为地基处理。

我国土地辽阔，自然地理环境不同，土质各异，地基条件区域性较强，在选择建筑场地时，应尽量选择地质条件良好的场地从事建设，但有时也不得不在地质条件不好的场地进行修建，为此必须对地基进行处理。

地基处理的对象是软弱地基和特殊土地基。《建筑地基基础设计规范》(GBJ 7—89) 中规定：软弱地基系指主要由淤泥、淤泥质土、冲填土、杂填土或其它高压缩性土层构成的地基。特殊土地基包括湿陷性黄土、膨胀土、红粘土和冻土等。在这类地基上建造建筑物时，主要面临以下四个问题：

一、强度及稳定性

当地基的抗剪强度不足以承受上部结构的自重及附加荷载时，地基就会发生局部或整体破坏。

二、变　形

当地基在上部结构的自重及附加荷载作用下产生过大的变形时，会影响建筑物的正常使用；当超过建筑物所能容许的不均匀沉降时，结构可能产生开裂。一般沉降量越大，不均匀沉降也随之增大。湿陷性黄土遇水湿陷，膨胀土遇水膨胀、失水收缩也属于这类问题。

三、渗　漏

渗漏是由地下水在运动中产生的动水压力而引起的，当地基的渗漏量或水力坡降超过容许值时，会导致流砂（土）和管涌事故。

四、液　化

在地震、机器及车辆的振动、波浪作用和爆破等动力荷载作用下，会引起饱和松散粉细砂（包括部分粉土）产生液化，使土体类似于液体而失去抗剪强度，从而造成地基失稳和震陷。

当建筑物的天然地基存在以上四个问题的一个或几个时，就必须进行地基处理以保证建筑物的安全与正常使用。

地基处理的目的是利用置换、夯实、排水、胶结、加筋和热学等方法对地基土进行加固，以改善地基土的强度、压缩性、渗透性、动力特性和特殊土地基的特性等。

地基处理的方法有很多种：按时间可分为临时处理和永久处理；按处理深度可分为浅层处理和深层处理；按土性对象可分为砂性土处理和粘性土处理，饱和土处理和非饱和土处理；按处理的作用机理可分为物理处理和化学处理。按作用机理分类的处理方法见表 1.1-1。

表 1.1-1　按作用机理分类的地基处理方法分类表

地基处理方法分类
- 物理处理
  - 1. 换土处理
    - 挖除换土法
      - 全部挖除换土法
      - 部分挖除换土法
    - 强制换土法
      - 自重强制换土法
      - 强夯挤淤法
    - 爆破换土法——爆破挤淤法
  - 2. 密实处理
    - 浅层密实处理
      - 碾压法
      - 重锤夯实法
      - 振动压实法
    - 深层密实处理
      - 冲击密实法
        - 爆破挤密法
        - 强夯法
      - 振冲法
      - 挤密法
        - 砂（石）桩挤密法
        - 灰土桩挤密法
        - 石灰桩挤密法
  - 3. 排水处理
    - 力学排水
      - 加压排水
        - 砂井排水法
        - 袋装砂井排水法
        - 塑料带排水法
      - 抽水排水
        - 水井排水法
          - 浅井排水法
          - 深井排水法
        - 井点排水法
          - 普通井点排水法
          - 真空井点排水法
      - 负压排水——真空排水法
    - 电学排水——电渗排水
    - 其它排水
      - 砂（砂石）垫层法
      - 土工织物法
  - 4. 加筋处理
    - 土工织物
    - 加筋土
    - 树根桩
  - 5. 热学处理
    - 热加固法
    - 冻结法
- 化学处理
  - 灌浆法
  - 搅拌法
    - 石灰系搅拌法
    - 水泥系搅拌法
      - 深层搅拌法
        - 干喷
        - 湿喷
      - 高压喷射注浆法

表 1.1-1 中的各种处理方法是按处理的作用机理来划分的，但很多方法同时具有多重处理效果。如碎石桩具有挤密、置换、排水和加筋的多种作用；石灰桩既挤密又吸水，吸水后

又进一步挤密。

在选择地基处理方案时要进行多方面的考虑，宜按下列步骤进行：①根据结构类型、荷载大小及使用要求，结合地形地貌、地层结构、工程地质及水文地质条件、环境情况和对邻近建筑的影响等因素，初步选定几种处理方案。②对初步选定的各种地基处理方案，分别从加固机理、适用范围、预期效果以及材料来源及消耗、机具条件、工期要求、施工队伍素质和对环境的影响等方面进行技术经济分析和对比，确定最优的处理方案。③对已确定的处理方案，在有代表性的场地上进行相应的现场试验，并进行必要的测试，以检验设计参数和处理效果，如果达不到设计要求时，应查找原因、采取措施或对方案进行修改。

各种地基处理方法的主要适用范围及加固效果见表 1.1-2。

表 1.1-2　各种地基处理方法的主要适用范围和加固效果

按处理深浅分类	序号	处理方法	适用情况						加固效果				最大有效处理深度(m)
			淤泥质土	人工填土	粘性土		无粘性土	湿陷性黄土	降低压缩性	提高抗剪性	形成不透水性	改善动力特性	
					饱和	非饱和							
浅层加固	1	换土垫层法	*	*	*	*		*	*	*		*	3
	2	机械碾压法		*		*	*	*	*	*			3
	3	平板振动法		*		*	*	*	*	*			1.5
	4	重锤夯实法		*		*	*	*	*	*			1.5
	5	土工聚合物法	*		*				*	*			
深层加固	6	强夯法		*		*	*	*	*	*		*	30
	7	砂桩挤密法	慎重	*	*	*	*		*	*		*	20
	8	振动水冲法	慎重	*	*	*	*		*	*		*	18
	9	灰土（土、二灰）桩挤密法		*		*		*	*	*		*	20
	10	石灰桩挤密法	*	*	*	*			*	*			20
	11	砂井(袋装砂井、塑料排水带)堆载预压法	*		*				*	*			15
	12	真空预压法	*		*				*	*			15
	13	降水预压法	*		*				*	*			30
	14	电渗排水法	*		*				*	*			20
	15	水泥灌浆法	*		*	*	*	*	*	*	*	*	20
	16	硅化法			*	*	*	*	*	*	*		20
	17	电动硅化法	*		*				*	*	*		
	18	高压喷射注浆法	*	*	*	*	*		*	*	*		20
	19	深层搅拌法	*	*	*	*			*	*	*		18
	20	粉体喷射搅拌法	*	*	*	*			*	*	*		13
	21	热加固法				*		*	*	*			15
	22	冻结法	*	*	*	*	*	*		*	*		

第二章 换填法

换填法是将基础底面下一定范围内的软弱土层挖去，然后分层填入强度较大的砂、碎石、素土、灰土以及其它性能稳定和无侵蚀性的材料，并夯实（或振实）至要求的密实度。

按换填材料的不同，将垫层分为砂垫层、碎石垫层、素土垫层、干渣垫层和粉煤灰垫层等。不同材料的垫层，其应力分布稍有差异，但根据实验结果及实测资料，垫层地基的强度和变形特性基本相似，因此可将各种材料的垫层设计都近似地按砂垫层的设计方法进行计算。

根据施工时使用的机具不同，施工方法可分为机械碾压法、重锤夯实法、振动压实法等。这些施工方法不但可处理分层回填土，又可加固地基表层土。

换填法常用作地基的浅层处理，其主要作用包括：①提高持力层的强度，并将建筑物基底压力扩散到垫层以下的软弱地基，使软弱地基土中所受应力减小到该软弱地基土的容许承载力范围内，从而满足强度要求；②垫层置换了软弱土层，从而可减少地基的变形量；③加速软土层的排水固结。砂垫层和砂石垫层等垫层材料透水性大，软弱土层受压后，垫层可作为良好的排水面，使基础下面的孔隙水压力迅速消散，加速垫层下软弱土层的固结和提高其强度；④防止冻胀。由于粗颗粒的垫层材料孔隙大，不易产生毛细现象，因此可防止在寒冷地区土中结冰造成的冻胀；⑤对湿陷性黄土、膨胀土等特殊土，处理的目的是为了消除或部分消除地基土的湿陷性、胀缩性等。

换填法适用于淤泥、淤泥质土、湿陷性黄土、素填土、杂填土地基及暗沟、暗塘等的浅层处理。

第一节 垫层设计

一、砂（砂砾、碎石）垫层设计

砂垫层的设计原则是既要有足够的厚度以置换可能受剪切破坏的软弱土层，又要有足够的宽度以防止砂垫层向两侧挤出（图2.1-1）。作为排水垫层还要求形成一个排水层面，以利于软土的排水固结。

（一）厚度确定

垫层厚度应根据垫层底部软弱下卧层的承载力确定，并满足下式：

$$p_z + p_{cz} \leqslant f_{az} \qquad (2.1\text{-}1)$$

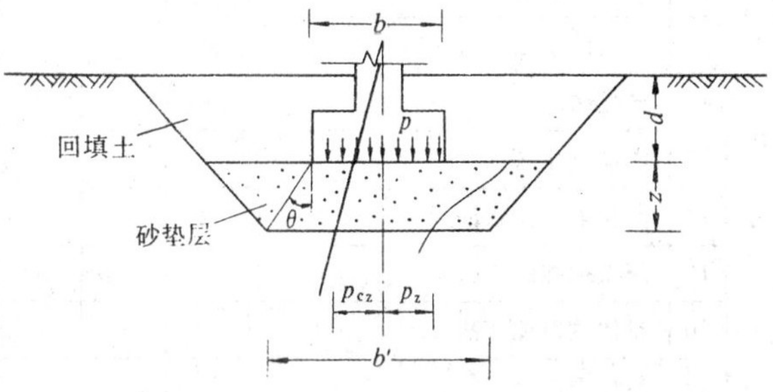

图 2.1-1 垫层内应力分布

式中：p_z——垫层底面处的附加应力值（kPa）；p_{cz}——垫层底面处的自重压力值（kPa）；f_{az}——垫层底面处经修正的地基承载力特征值（kPa）。

$$f_{az} = f_{ak} + \eta_b \cdot \gamma(b-3) + \eta_d \cdot \gamma_0(d-0.5)$$

其中，f_{ak}为软弱下卧层地基承载力特征值（kPa）；η_b、η_d 为基础宽度和埋深的承载力修正系数（参考 GBJ7—89）；γ 为垫层底面下土的重度，地下水位以下取浮重度（kN/m^3）；b 为基础底面宽度（m），基宽小于 3m，按 3m 考虑，大于 6m 时按 6m 考虑；γ_0 为基础底面以上土的加权平均重度（kN/m^3）；d 为基础埋置深度（m）。

砂垫层厚度一般为 0.5～3m。垫层太厚施工较困难，太薄作用不显著。砂垫层底面处的附加应力值 p_z，通常可按简化的压力扩散角法求得。即假定压力按某一扩散角（见表 2.1-1）向下扩散，在作用范围内假定为均匀分布，则 p_z 可按以下两式计算：

表 2.1-1　压力扩散角 θ（度）

换填材料 / z/b	中砂、粗砂、砾砂、圆砾、角砾、卵石、碎石	粘性土和粉土（$8<I_p<14$）	灰土
0.25	20	6	28
>0.50	30	23	

注：①当 $z/b<0.25$ 时，除灰土仍取 28°外，其余材料均取 0°；
②当 $0.25<z/b<0.50$ 时，θ 值可内插求得。

条形基础：$$p_z = \frac{b(p_k - p_c)}{b + 2 \cdot z \cdot \text{tg}\theta} \quad (2.1\text{-}2)$$

矩形基础：$$p_z = \frac{b \cdot l(p_k - p_c)}{(b + 2 \cdot z \cdot \text{tg}\theta)(l + 2 \cdot z\text{tg}\theta)} \quad (2.1\text{-}3)$$

式中：p_k——基础底面平均压力值（kPa）；p_c——基础底面处土的自重压力值（kPa）；b——矩形（或条形）基础底面的宽度（m）；l——矩形基础底面的长度（m）；z——砂垫层的厚度（m）；θ——砂垫层的压力扩散角，可按表 2.1-1 选用。

在具体计算时，可先假设一个厚度，然后按式（2.1-1）验算，如果不能满足，应重新假定一个厚度进行验算，直到满足要求为止。

（二）宽度确定

垫层宽度 b' 应满足基础底面应力扩散的要求，其宽度要根据当地实际情况确定。对条形基础可按下式计算：

$$b' \geqslant b + 2 \cdot z \cdot \text{tg}\theta \quad (2.1\text{-}4)$$

垫层顶面度宽一般宜超出基础底边不小于 300mm，或从垫层底面两侧向上按当地基坑开挖经验的要求放坡，向上延伸至地表面。当垫层两侧土质较好时，垫层顶部与底部可以等宽，其宽度可沿基础两边各放出 300mm，侧面土质较差时，应增加垫层底部的宽度，具体计算时可根据侧面土的承载力按表 2.1-2 中的规定计算。

表 2.1-2　软土地基垫层加宽的规定

垫层侧面土的承载力特征值（kPa）	垫层底部宽度（m）	备　注
$f_{ak} \geqslant 200$	$b' = b + (0 \sim 0.36) \cdot z$	b——基础宽度
$120 \leqslant f_{ak} < 200$	$b' = b + (0.6 \sim 1.0) \cdot z$	
$f_{uk} < 120$	$b' = b + (1.6 \sim 2.0) \cdot z$	z——垫层厚度

垫层的承载力应通过现场试验确定，当无实验资料时，可按表 2.1-3 选用，并验算下卧层承载力。

砂垫层断面确定后，对比较重要的建筑物还要验算基础的沉降，沉降值应小于建筑物的容许沉降。建筑物基础的沉降包括：一部分是砂垫层的沉降；另一部分是在砂垫层下压缩层范围内的软弱土层的沉降。

砂垫层自身的沉降仅考虑其压缩变形，垫层的压缩模量，应由荷载试验确定，当无试验资料时，可选用 24～30MPa。下卧土层的变形值可由分层总和法求得。

对于超出原地面标高的垫层或换填材料的密度高于天然土层的密度的垫层，宜早换填并应考虑附加的荷载对建筑物及邻近建筑沉降的影响。

表 2.1-3 各种垫层的承载力

施工方法	换填材料类别	压实系数 λ_c	承载力特征值（kPa）
碾压或振密	碎石、卵石	0.94～0.97	200～300
	砂夹石（其中碎石、卵石占全重的 30%～50%）		200～250
	土夹石（其中碎石、卵石占全重的 30%～50%）		150～200
	中砂、粗砂、砾砂		150～200
	粘性土和粉土（$8<I_p<14$）		130～180
	灰土	0.93～0.95	200～250
重锤夯实	土或灰土	0.93～0.95	150～200

注：①压实系数小的垫层，承载力特征值取低值，反之取高值；②重锤夯实土的承载力标准值取低值，灰土取高值；③压实系数 λ_c 为土的控制干密度 ρ_d 与最大干密度 ρ_{dmax} 的比值，土的最大干密度宜采用击实实验确定，碎石或卵石的 ρ_{dmax} 可取 2.0～2.2t/m³。

二、土垫层设计

素土、灰土、二灰土垫层总称土垫层，适用于处理 1～4m 厚的软弱土层。

灰土垫层中石灰和土的体积比一般以 2∶8 或 3∶7 为最佳。垫层强度随含灰量的增加而提高。但含灰量超过一定值后，灰土强度增加很慢。

二灰垫层是将石灰和粉煤灰两种材料按 2∶8 或 3∶7 体积比加适当水拌和均匀后分层夯实。其强度比灰土垫层高得多，常用于处理湿陷性黄土的湿陷性。

（一）厚度确定

软土地基上土垫层厚度的确定与砂垫层相同。

对非自重湿陷性黄土地基上的垫层厚度应保证天然黄土层所受的压力小于其湿陷起始压力值。根据试验结果，当矩形基础的垫层厚度为 0.8～1.0 倍基底宽度，条形基础的垫层厚度为 1.0～1.5 倍基底宽度时，能消除部分至大部分非自重湿陷性黄土地基的湿陷性。当垫层厚度为 1.0～1.5 倍柱基基底宽度或 1.5～2.0 倍条基基底宽度时，可基本消除非自重湿陷性黄土地基的湿陷性。

在自重湿陷性黄土地基上，垫层厚度应大于非自重湿陷性黄土地基上垫层的厚度，或控制剩余湿陷量不大于 20cm 才能取得好的效果。

（二）宽度确定

灰土垫层的宽度可取 $b'=b+2.5\cdot z$，素土垫层的宽度可按下列方法之一确定：

（1）当垫层厚度小于 2m 时，宽度可取 $b'=b+\frac{2}{3}\cdot z$，且 $b'\geqslant b+0.6$（m）；当垫层厚度大于 2m 时，应考虑基础宽度的影响，可适当放宽，且 $b'\geqslant b+1.4$（m）。

（2）每边按 $0.2b$～$0.3b$ 加宽，但不得小于 30cm 和不得大于 70cm。

（3）按 $b'=b+2\cdot z\cdot \mathrm{tg}\theta$ 计算，素土取 $\theta=22°$，灰土取 $\theta=28°$。

（三）平面处理范围

素土垫层或灰土垫层可分为局部垫层和整片垫层。

整片素土垫层宽度可取 $b'\geqslant b+3$（m），当 $z>2$m 时，b' 还可适当放宽。

在湿陷性黄土场地，若仅要求消除基底下处理土层的湿陷性时，宜采用局部或整片素土垫层；当还要求提高土的承载力或水稳定性时，宜采用局部或整片灰土垫层。

局部垫层的平面处理范围，其宽度 b' 可按下式计算：

$$b' = b + 2 \cdot z \cdot \mathrm{tg}\theta + c \qquad (b' \geqslant \frac{1}{2} \cdot z) \tag{2.1-5}$$

式中：c——考虑施工机具影响而增加的附加宽度，宜为200mm。

整片垫层的平面处理范围，每边超出建筑物外墙基础的外缘的宽度不应小于垫层的厚度，并不应小于2m。

三、粉煤灰垫层

粉煤灰和天然土中的化学成分具有很大的相似性，其主要化学成分为硅、铝、铁等的氧化物，其中硅、铝氧化物总量超过70%以上。经有关研究证实，粉煤灰具有火山灰的特性，在潮湿条件下具有凝硬性，且在碱性物质激发作用下，与 SiO_2、Al_2O_3 等物质进行水化反应，生成水化产物，使碾压密实的粉煤灰颗粒胶结固化形成块体结构，提高粉煤灰的强度，降低压缩变形，增强抗渗性和水稳定性。

粉煤灰具有良好的物理、化学性能，是一种良好的换填材料。其压实曲线与粘性土相似，具有相对较宽的最优含水量区间，即其干密度对含水量的敏感性比粘性土小。因此，粉煤灰在换填施工中达到最大干密度时，所对应的最优含水量易于控制。

粉煤灰压实垫层遇水后强度会降低，降低幅度为20%～30%，压缩变形量增大约10%。

粉煤灰的内摩擦角、粘聚力、压缩模量、渗透系数等随粉煤灰的材质和压实密度而变化，应通过室内土工实验确定。

粉煤灰垫层的设计可参照砂垫层设计方法和有关的技术要求进行。在缺少资料和没有工程经验的情况下采用粉煤灰垫层，应对使用的材料进行物理、化学和力学性质试验，为设计提供资料及技术参数。

在确定粉煤灰垫层厚度时，可取其压力扩散角为22°，计算方法同砂垫层。

粉煤灰垫层的承载力一般应通过现场试验确定，当无试验资料时，可参考以下数据：①经过人工压实（夯实）的粉煤灰垫层，当压实系数控制在0.90及其干密度为 $0.9\rho_{dmax}$ (t/m^3) 时，其承载力可达120～150kPa。②当压实系数控制在0.95及其干密度为 $0.95\rho_{dmax}$ (t/m^3) 时，其承载力可达300kPa，但应进行下卧层强度验算。

第二节　土的压实作用

一、土的压实机理

实践证明，要使土的压实效果最好，其含水量一定要适当。对过湿的土进行碾压（或夯击、振实）会出现“橡皮土”，不能增大土的密实度。对很干的土进行碾压（或夯击、振实），也不能把土充分压实。在工程实践中，对垫层的碾压质量的检验，要求能获得填土的最大干密度 ρ_{dmax}，其值可由室内击实试验得出。根据室内标准击实实验，可绘制土的干密度 ρ_d 与制备含水量 w 的关系曲线，见图2.2-1。在 ρ_d-w 曲线上 ρ_d 的峰值即为 ρ_{dmax}，与之相应的含水量即为最优含水量 w_{op}。

由 ρ_d-w 曲线可看出，当 $w<w_{op}$ 时，土的干密度 ρ_d 随含水量 w 增大而增大；当含水量 $w>w_{op}$ 时，土的干密度 ρ_d 随含水量 w 增大而减小。其原理与土中水的状态有关：当粘性土的含水量较小时，水化膜很薄，以结合水为主，颗粒间引力大，在一定的外部压实功能作用下，还不能有效地克服这种引力而使土粒相对移动，所以压实效果差，土的干密度较小；当增加土的含水量时，结合水膜逐渐增厚，颗粒间引力减弱，土粒在相同的压实功能下易于移动而挤密，压实效果提高，土的干密度也随之提高。但当土中含水量增大到一定程度后，孔隙中开始出现自由水，这时结合水膜的扩大作用并不显著，粒间引力很弱，但自由水充填在孔隙中，阻止了土粒间的移动，并随着含水量的继续增大，移动阻力逐渐增大，所以压实效果反而下降，土的干密度也随之减少。

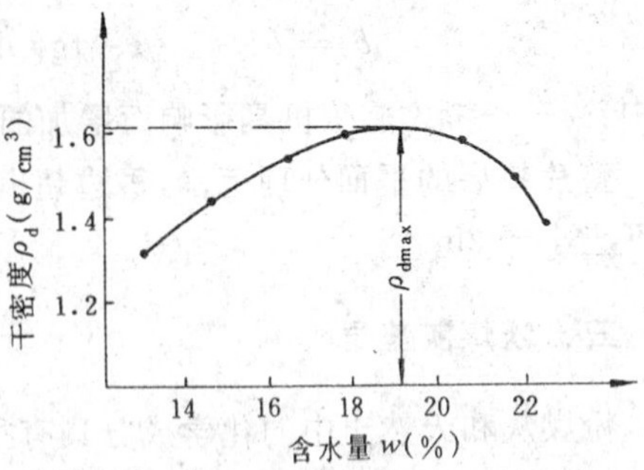

图 2.2-1　干密度与含水量的关系曲线

对于不同的压实功能(压实单位体积上所消耗的能量)，曲线的基本形态不变，但曲线位置却发生移动，如图 2.2-2，压实功能增大，最大干密度相应增大，最优含水量却减小。亦即压实功能愈大，愈容易克服粒间引力，因此在较低含水量下可达到更大的密实度。从图 2.2-2 还可看出，理论曲线高于实验曲线，其原因是理论曲线假定土中空气全部排出，而孔隙完全被水占据，但事实上空气不可能完全排除，因此实际的干密度比理论值要小。

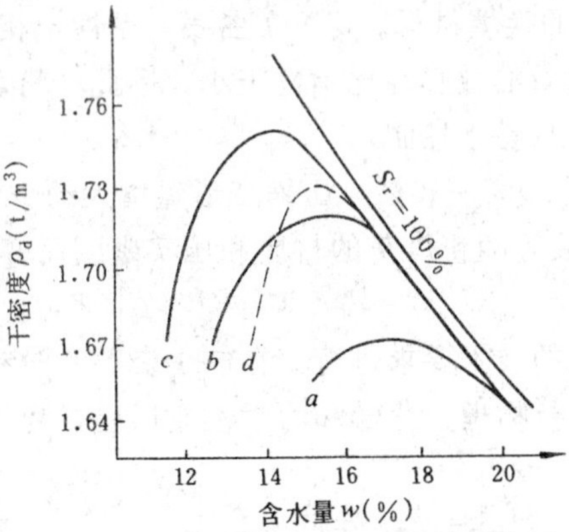

图 2.2-2　工地试验与室内击实试验的比较
a—碾压 6 遍；*b*—碾压 12 遍；
c—碾压 24 遍；*d*—室内击实试验

另外，相同的压实功能对不同土的压实效果并不相同，粘粒含量较多的土，土粒间的引力愈大，只有在比较大的含水量时，才能达到最大干密度的压实状态。

比较图 2.2-2 中室内击实试验结果与工地现场试验结果，用室内击实试验模拟现场工地上的压密是可行的，但在相同的压实功能下，施工现场所能达到的干密度一般都低于击实试验所获得的最大干密度。这是由于室内击实试验与现场试验的条件不同。室内击实试验时土样是在有侧限的击实筒内，没有侧向位移，力作用在有限体积的整个土体上，击实均匀。而现场施工面积大，填料土块大小不一，含水量和铺土厚度等难以控制均匀，故压实土的均匀性较差。

二、土的压实参数

1. 压实系数 λ_c

土料碾压（夯击、振实）密实度的要求和质量控制指标通常以压实系数 λ_c 表示，其计算公式为：

$$\lambda_c = \frac{\rho_d}{\rho_{dmax}} \tag{2.2-1}$$

式中：ρ_d——现场土的实际控制干密度（g/cm³）；ρ_{dmax}——土的最大干密度（g/cm³）。

垫层的最大干密度 ρ_{dmax} 应通过室内击实试验测得。当无试验资料时，也可按下式估算：

$$\rho_{dmax} = \eta \cdot \frac{\rho_w \cdot d_s}{1 + 0.01 \cdot w_{op} \cdot d_s} \qquad (2.2\text{-}2)$$

式中：ρ_w——水的密度（g/cm³）；η——经验系数，粘土取 0.95，粉质粘土取 0.96，粉土取 0.97；d_s——土粒相对密度；w_{op}——最优含水量（%）。

压实系数的大小，一般由设计人员根据工程结构、使用要求及土的性质等确定，也可参考表 2.2-1 选用。

2. 含水量

现场施工时，应使填料的含水量尽量接近最优含水量。当无试验资料时，也可按表 2.2-2 选用。

表 2.2-1 压实填土地基质量控制值

结构类型	填 土 部 位	压实系数	控制最优含水量
砌体承重结构和框架结构	在地基主要受力层范围内	>0.96	$w_{op}\pm2$
	在地基主要受力层以下	0.93～0.96	
简支结构和排架结构	在地基主要受力层范围内	0.94～0.97	
	在地基主要受力层以下	0.91～0.93	

表 2.2-2 土的最优含水量及最大干密度参考表

土的种类	变动范围	
	最优含水量（%）（质量比）	最大干密度（g/cm³）
砂 土	8～12	1.80～1.88
粘 土	19～23	1.58～1.70
粉质粘土	12～15	1.85～1.95
粉 土	16～22	1.61～1.80

3. 铺填厚度及压实遍数

铺填厚度及压实遍数，应通过现场试验确定。当无试验资料时，也可参考表 2.2-3 及表 2.2-4。

表 2.2-3 各种压实机械铺土厚度及压实遍数

压实机械	粘土		粉质粘土	
	铺土厚度（cm）	压实遍数	铺土厚度（cm）	压实遍数
重型平碾（12t）	25～30	4～6	30～40	4～6
中型平碾（8～12t）	20～25	8～10	20～30	4～6
轻型平碾（8t）	15	8～12	20	6～10
轻型羊足碾（5t）	25～30	12～22		
双联羊足碾（12t）	30～35	8～12		
羊足碾（13～16t）	30～40	18～24		
蛙式夯（200kg）	25	3～4	30～40	8～10
人工夯（50～60kg，落距 50cm）	18～22	4～5		
重锤夯（1t，落距 3～4m）	120～150	7～12		

表 2.2-4 垫层的每层铺填厚度及压实遍数

碾压设备	每层虚铺厚度（mm）	每层压实遍数	土质环境
平碾（8～12t）	200～300	6～8	软弱土、素填土
羊足碾（5～16t）	200～350	8～16	软弱土
蛙式夯（碾）（0.2t）	200～250	3～4	狭窄场地
振动碾（8～15t）	600～1500	6～8	砂土、碎石土、湿陷性黄土等
振动压实机	1200～1500	10	
插入式振动机	200～500		
平振振动机	150～250		

第三节　垫层施工

一、垫层施工方法

垫层的施工方法一般可分为机械碾压法、重锤夯实法和振动压实法三种。

（一）机械碾压法

机械碾压法是采用压路机、推土机、羊足碾、振动碾或其它压实机械来压实软弱地基土或分层填土垫层。施工时先将拟建建筑物范围一定深度内的软弱土挖出，开挖的深度及宽度应视设计的具体要求而定，把基坑底部土碾压加固后，分层填筑，逐层压密。分层的厚度应视压实功能的大小而定。

当碾压以粘性土为主的软弱土时，宜采用平碾或羊足碾。对杂填土可用平碾。对砂土、湿陷性黄土、碎石类土和杂填土宜采用振动碾或振动压实机。对于狭窄场地、边角及接触带可用蛙式夯实机。

为了保证有效压实深度，机械碾压速度应控制在下述范围内：平碾为 2km/h；羊足碾 3km/h；振动碾 2km/h；振动压实机 0.5km/h。

机械碾压地基的质量检验，必须随工程施工进行。分层回填碾压时，每碾压完一层，应检验该层土的平均干密度和含水量，当符合设计要求后，才能铺填上面土层。检验方法可用环刀法或贯入测定法。采用环刀法，每个基坑或每 100～500m^2 内应设一个检验点。

（二）重锤夯实法

重锤夯实法是利用起重机械将重锤提到一定高度，然后自由落下，重复夯打以加固地基。重锤夯实法一般适用于地下水位距地表 0.8m 以上稍湿的一般粘性土、砂土、杂填土、湿陷性黄土和分层填土。

1. 主要机具设备及夯击参数

重锤夯实法的主要机具设备为起重机、夯锤、钢丝绳和吊钩等。

直接用钢丝绳悬吊夯锤时，吊车的起重能力一般应大于锤重的 3 倍；采用脱钩夯锤时，起重能力应大于夯锤质量的 1.5 倍。

夯锤宜采用圆台形，如图 2.3-1，锤重应大于 2t，锤底面单位静压力宜为 15～20kPa。夯锤落距应大于 4m。

一般情况下，增大夯击功或夯击遍数可提高夯击效果，但当土被夯实到某一密度时，再增加夯击功或夯击遍数，土的密度不再增大，有时反而降低。因此，应进行现场试验，确定符合夯击密实度要求的最少夯击遍数，最后下沉量（最后两击的平均下沉量）、总下沉量及有效夯实深度等。粘性土、粉土及湿陷性黄土最后下沉量不超过 10～20mm，砂土不超过 5～10mm 时停止夯击。施工时夯击遍数应比试夯时确定的最少夯击遍数增加 1～2 遍，由实践经验，夯实的有效影响深度约为锤底直径的 1 倍左右。

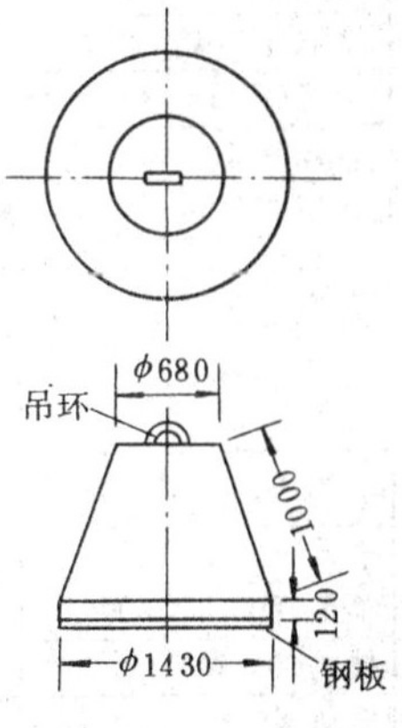

图 2.3-1　夯锤

2. 施工要点

(1) 重锤夯实施工前应在现场试夯，试夯面积不小于 10m×10m，试夯层数不少于 2 层。

(2) 夯击前应检查坑（槽）中土的含水量，如含水量偏高，可采用翻松、晾晒、均匀掺入吸水材料（干土、生石灰）等措施；如含水量偏低，则可预先洒水湿润并待渗透均匀后再夯击。

（3）施工时夯打方法。在条基或大面积基坑内夯击时，第一遍宜一夯挨一夯进行，第二遍应在第一遍的间隙点夯击；如此反复，最后两遍应一夯套半夯；在独立柱基基坑内，宜采用先外后里或先周围后中间的顺序进行夯打；当基坑底面标高不同时，应先深后浅逐层夯实。

（4）注意边坡稳定及夯击对邻近建筑物的影响，必要时应采取有效措施。

3. 质量检验

重锤夯实后地基加固质量的检验，除应检查施工记录及试夯最后下沉量的规定，还要检验加固质量。每一单独基础至少应有一个检验点，基槽每 30m 应有一点，整片地基每 $100m^2$ 不少于 2 点。如果质量不合格，应进行补夯。

（三）振动压实法

振动压实法是利用各种振动压实机，将松散土振压密实。此法适用于处理无粘性土或粘粒含量少，透水性较好的松散杂填土地基。

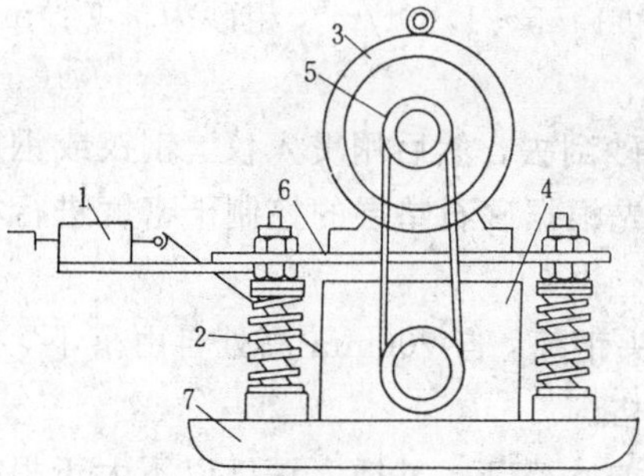

图 2.3-2　振动压实机示意图

1—操纵机构；2—弹簧减振器；3—电动机；4. 振动器；5—振动机槽轮；6—减振架；7—振动夯板

振动压实机（见图 2.3-2）的工作原理是由电动机带动两个偏心块以相同速度反向转动，由此产生较大的垂直振动力。这种振动机的频率为 1160～1180r/min，振幅为 3.5mm，激振力可达 50～100kN。

振动压实的效果与填土的成分、振动时间等因素有关，一般施工前先进行试振，以确定振动所需的时间和产生的下沉量。对炉灰和细粒填土振实时间约 3～5min，有效的振实深度约 1.2～1.5m。一般杂填土经振实后，地基承载力基本值可达 100～120kPa。施工时应考虑地下水的影响，如果地下水位太高，将影响振实效果。

二、砂（砂砾、碎石）垫层施工

1. 垫层材料

用砂石等作垫层填料时，应选用颗粒级配良好、质地坚硬的中砂、粗砂、砾砂、圆砾、卵石或碎石等，料中不得含有草根、垃圾等杂物，且含泥量不应超过 5%。当使用粉细砂时，应掺入不少于总重 30%的碎石或卵石，最大粒径不宜大于 50mm。对湿陷性黄土地基，不得选用砂石等渗水材料。

2. 施工要点

（1）砂石垫层施工宜采用振动碾和振动压实机等机具，其压实效果、分层铺填厚度、压实遍数、最优含水量等，应根据具体施工方法及施工机具等通过现场试验确定。当无试验资料时，砂石垫层的每层铺填厚度及压实遍数可参考表 2.2-4。

（2）砂及砂石料可根据不同的施工方法控制其最优含水量。用平振式振动器时，最优含水量为 15%～20%，用平碾及蛙式夯时，其最优含水量为 8%～12%，当用插入式振动器时，宜为饱和的碎石、卵石。

（3）垫层底部存在古井、古墓、洞穴、旧基础、暗塘等软硬不均的部位时，应先予清理，再用砂石或好土逐层回填夯实，经检查合格后，再铺填垫层。

（4）严禁扰动垫层下卧的淤泥和淤泥质土层，防止践踏、受冻、浸泡或暴晒过久。在卵石或碎石垫层的底部宜设置150～300mm厚的砂层或铺一层土工织物，以防止下卧淤泥和淤泥质土层表面的局部破坏。如淤泥和淤泥质土层厚度过小，在碾压荷载下抛石能挤入该土层底面时，可先在软弱土层面上堆填块石、片石等，然后将其压入以置换或挤出软弱土。

（5）砂石垫层的底面宜铺设在同一标高上。如果深度不同，基底土层面应挖成阶梯或斜坡搭接，并按先浅后深的顺序施工，搭接处应夯压密实。垫层竣工后，应及时施工基础、回填基坑。

（6）地下水高于基坑底面时，宜采取排降水措施，注意边坡稳定，以防止坍土混入砂石垫层中。

3. 质量检验

垫层的质量检验应分层进行。对砂石垫层可用环刀法、贯入仪、静力触探、轻型动力触探、标准贯入试验或重型动力触探检验垫层质量。

（1）环刀法：用容积不小于200cm^{3}的环刀压入每层2/3的深度处取样，测定其干密度，干密度应不小于该砂石料在中密状态的干密度值（中砂为1.55～1.60t/m^3，粗砂为1.7 t/m^3，碎石、卵石为2.0～2.2t/m^3）。

（2）贯入仪测定法：先将砂垫层表面3cm左右厚的砂刮去，然后用贯入仪、钢钗或钢筋以贯入度的大小来定性地检查砂垫层质量。在检验前应先根据砂石垫层的控制干密度进行相关性试验，以确定贯入度值。

钢筋贯入法：用直径为20mm，长度1 250mm的平头钢筋，自700mm高处自由落下，插入深度以不大于根据该砂的控制干密度测定的深度为合格。

钢钗贯入法：用水撼法使用的钢钗，自500mm高处自由落下，其插入深度以不大于根据该砂控制干密度测定的深度为合格。

当使用贯入仪或钢筋检验垫层的质量时，检验点的间距应小于4m。当取土样检验时，大基坑每50～100m^{2}不应小于一个检验点；对基槽每10～20m不应少于一个点；每个单独柱基不应少于一个点。

三、土垫层施工

1. 土料

素土垫层的土料中有机质含量不得超过5%，亦不得含有冻土或膨胀土。当含有碎石时，其粒径不宜大于50mm。用于湿陷性黄土地基的素土垫层，土料中不得夹有砖、瓦和石块。

灰土垫层的灰土体积比宜为2∶8或3∶7。土料宜用粘性土及塑性指数大于4的粉土，不得含有松软杂质，并应过筛，其颗粒不得大于15mm。灰料宜用新鲜的硝石灰，其颗粒不得大于5mm。

2. 施工要点

（1）素土及灰土料垫层的施工，其施工含水量应控制在w_{op}±2%的范围内。w_{op}可通过室内击实试验确定，或根据当地经验取用。

（2）土垫层施工时，不得在柱基、墙角及承重窗间墙下接缝，上下两层的缝距不得小于0.5m，接缝处应夯压密实，灰土、二灰土应拌和均匀并应当日铺填压实，灰土压实后3天内不得受水浸泡，冬季应防冻。

（3）其它要求参见砂垫层的施工要点。

3. 质量检验

土垫层可用环刀法、贯入仪、静力触探、轻型动力触探或标准贯入试验检验质量。土垫层质量检验的其它要求及检验点的布置参见砂垫层。

四、粉煤灰垫层

1. 粉煤灰材料

燃煤电厂排出的湿排粉煤灰、调渣灰及干排粉煤灰均适用于做粉煤灰垫层的填筑材料，但不应混入植物、生活垃圾和有机质等杂物。装运时粉煤灰含水量不宜过多或过少，以15%～25%为好。

2. 施工要点

（1）粉煤灰的最大干密度和最优含水量与粉煤灰颗粒粗细，形态结构和压实能量有关，应由室内击实试验确定。施工时分层摊铺，逐层振密或压实。

（2）粉煤灰垫层在地下水位以下施工时，应采取排（降）水措施，严禁在饱和和浸水状态下施工，更不宜采用水沉法施工。

（3）在软土地基上填筑粉煤灰垫层时，应先铺填20cm左右厚的粗砂或高炉干渣，以免表层土体扰动，同时有利于下卧土层的排水固结，并切断毛细水上升。

（4）每一层粉煤灰垫层验收合格后，应及时铺筑上层或采用封层，以防干燥松散起尘污染环境，并禁止车辆在其上行驶通行。

3. 质量检验

粉煤层垫层质量检验可用环刀法、贯入仪、静力触探、轻型动力触探或标准贯入试验测定法。对大中型工程检测点布置要求：环刀法按100～400m^2布置3个测点；贯入测定法按20～50m^2布置一个测点。

第三章　复合地基理论

复合地基是指由两种刚度（或模量）不同的材料（桩体和桩间土）组成，共同承受上部荷载并协调变形的人工地基。

根据桩体材料的不同，复合地基的分类见表 3.0-1。

表 3.0-1　复合地基分类

- 复合地基
  - 散体材料桩复合地基
    - 砂桩复合地基
    - 碎石桩复合地基
    - 矿渣桩复合地基
  - 柔性桩复合地基
    - 土桩复合地基
    - 灰土桩复合地基
    - 石灰桩复合地基
    - 粉体搅拌石灰桩复合地基
    - 水泥土桩复合地基
  - 刚性桩复合地基
    - 树根桩复合地基
    - CFG 桩复合地基
    - 锚杆静压桩复合地基

第一节　复合地基作用机理与破坏模式

一、作用机理

复合地基的作用主要有如下几种：

1. 桩体作用

复合地基是桩体与桩间土共同工作，由于桩体的刚度比周围土体大，在刚性基础下等量变形时，地基中应力将重新分配，桩体产生应力集中而桩间土应力降低，这样复合地基承载力和整体刚度高于原地基，沉降量有所减少。

2. 加速固结作用

碎石桩、砂桩具有良好的透水特性，可加速地基的固结。另外，水泥土类和混凝土类桩在某种程度上也可加速地基固结。由固结系数表示式：$c_v = k \cdot (1+e_0)/\gamma_w \cdot a$，地基固结不仅与地基土的排水性能有关，还与地基土的变形特性有关。虽然水泥土类桩会降低地基土的渗透系数 k，但它同样会减少地基土的压缩系数 a，而且 a 的减少幅度比 k 的减少幅度要大。因此，加固后的水泥土同样可起到加速固结的作用。

3. 挤密作用

砂桩、土桩、石灰桩、碎石桩等在施工过程中由于振动、挤压、排土等原因，可对桩间土起到一定的密实作用。另外，采用生石灰桩，由于生石灰具有吸水、发热和膨胀等作用，对桩间土同样起到挤密作用。

4. 加筋作用

各种复合地基除了可提高地基的承载力和整体刚度外，还可用来提高土体的抗剪强度，增加土坡的抗滑能力。

二、破坏模式

复合地基的破坏形式可分为三种情况：第一种是桩间土首先破坏进而发生复合地基全面破坏；第二种是桩体首先破坏进而发生复合地基全面破坏；第三种是桩体和桩间土同时发生破坏。在实际工程中，第一、第三种情况较少见，一般都是桩体先破坏，继而引起复合地基全面破坏。

复合地基破坏的模式可分成以下 4 种型式：刺入破坏、鼓胀破坏、整体剪切破坏和滑动破坏，参见图 3.1-1。

(1) 刺入破坏模式见图 3.1-1 (a)。桩体刚度较大，地基土强度较低的情况下较易发生桩体刺入破坏。桩体发生刺入破坏后，不能承担荷载，进而引起桩间土发生破坏，导致复合地基全面破坏。刚性桩复合地基较易发生这类破坏。

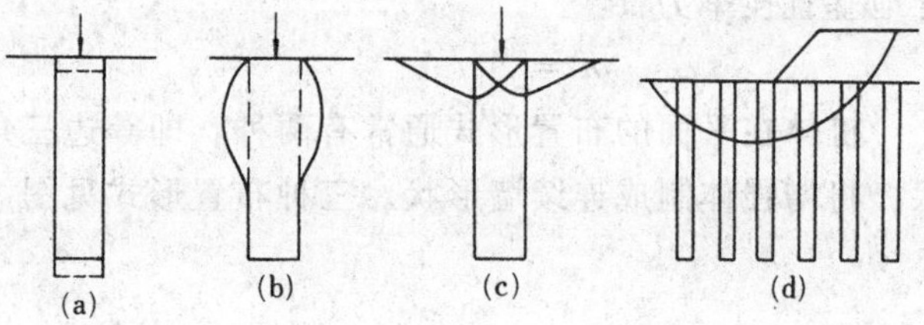

图 3.1-1　复合地基破坏模式

(a) 刺入破坏；(b) 鼓胀破坏；(c) 整体剪切破坏；(d) 滑动破坏

(2) 鼓胀破坏模式见图 3.1-1 (b)。在荷载作用下，桩间土不能提供足够的围压来阻止桩体发生过大的侧向变形，从而产生桩体的鼓胀破坏。桩体发生鼓胀破坏引起复合地基全面破坏。散体材料桩复合地基较易发生这类破坏。在一定的条件下，柔性桩复合地基也可能产生这类型式的破坏。

(3) 整体剪切破坏模式见图 3.1-1 (c)。在荷载作用下，复合地基产生图中所示的塑性区，在滑动面上桩体和土体均发生剪切破坏。散体材料桩复合地基较易发生这类型式的整体剪切破坏，柔性桩复合地基在一定条件下也可能发生这类破坏。

(4) 滑动破坏模式见图 3.1-1 (d)。在荷载作用下，复合地基沿某一滑动面产生滑动破坏。在滑动面上，桩体和桩间土均发生剪切破坏。各种复合地基都可能发生这类型式的破坏。

在荷载作用下，复合地基发生何种模式的破坏，影响因素很多，主要有：

(1) 对不同的桩型，有不同的破坏模式。如碎石桩易发生鼓胀破坏，而 CFG 桩易发生刺入破坏。

(2) 对同一桩型，当桩身强度不同时，也会有不同的破坏模式。对水泥土搅拌桩，当水泥掺入量较小时 ($a_w=5\%$)，易发生鼓胀破坏；当 $a_w=15\%$ 时，易发生整体剪切破坏；当 $a_w=25\%$ 时，易发生刺入破坏。

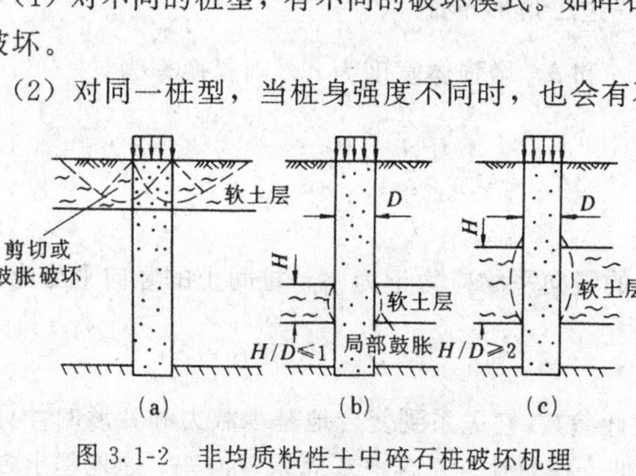

图 3.1-2　非均质粘性土中碎石桩破坏机理

(3) 对同一桩型，当土层条件不同时，也将发生不同的破坏模式。当浅层存在非常软的粘土时，碎石桩将在浅层发生剪切或鼓胀破坏，见图

3.1-2(a)；当较深层存在有局部非常软的粘土时，碎石桩将在较深层发生局部鼓胀，见图 3.1-2 (b)；对较深层存在有较厚非常软的粘土情况，碎石桩将在较深层发生鼓胀破坏，而其上的碎石桩将发生刺入破坏，见图 3.1-2 (c)。

另外，复合地基的破坏形式还与荷载形式、复合地基上基础结构形式有关。

第二节　复合地基的有关设计参数

一、面积置换率

研究复合地基时，是在众多根桩所加固的地基中，选取一根桩及其影响的桩周土所组成的单元体作为研究对象。若桩体的横截面积为 A_p，该桩体所承担的复合地基面积为 A，则复合地基置换率为：

$$m = A_p/A$$

桩体在平面的布置形式通常有两种，即等边三角形和正方形布置。但也有的布置成网格状，将增强体制成连续墙形状。三种布置形式见图 3.2-1。

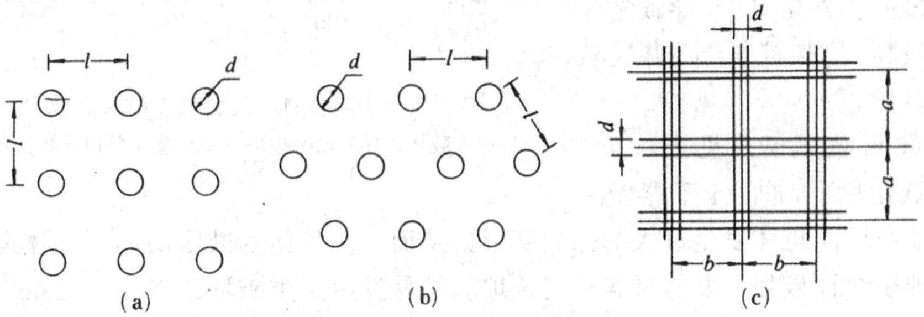

图 3.2-1　桩体平面布置形式

(a) 正方形布置；(b) 等边三角形布置；(c) 网格状布置

对正方形布置和等边三角形布置，若桩体直径为 d，桩间距为 l，则复合地基置换率分别为：

$$m = \frac{\pi d^2}{4l^2} \quad \text{正方形布置}$$

$$m = \frac{\pi \cdot d^2}{2\sqrt{3} \cdot l^2} \quad \text{等边三角形布置}$$

对网格状布置，若增强体间距分别为 a 和 b，增强体宽度为 d，则置换率为：

$$m = \frac{(a+b-d)}{a \cdot b} \cdot d$$

二、桩土应力比

在荷载作用下，若将复合地基中桩体的竖向平均应力记为 σ_p，桩间土的竖向平均应力记为 σ_s，则桩土应力比 n 为：

$$n = \sigma_p/\sigma_s$$

桩土应力比是复合地基的一个重要设计参数，它关系到复合地基承载力和变形的计算。影响桩土应力比的因素很多，如荷载水平、桩土模量比、复合地基面积置换率、原地基土强度、桩长、固结时间和垫层情况等。

（一）影响因素

1. 荷载水平

桩土应力比 n 与荷载大小存在着一定的关系，见图 3.2-2。

在荷载作用初期，荷载通过地基与基础间的垫层比较均匀地传递给桩和桩间土，然后随着荷载的逐渐增大，复合地基的变形随之增大，地基中的应力逐渐向桩体集中，因此，在 p-n 曲线上表现为桩土应力比 n 随着荷载的增大而增大。但随着荷载的逐渐增大，往往桩体首先进入塑性状态，桩体变形加大，桩上应力就会逐渐向桩间土转移，桩土应力比减小，直至桩和桩间土共同进入塑性状态，趋于某一值。

2. 桩土模量比

桩土模量比 E_p/E_s 对应力比 n 的大小有重要影响。随着桩土模量比的增大，桩土应力比近于呈线性增长，见图 3.2-3。

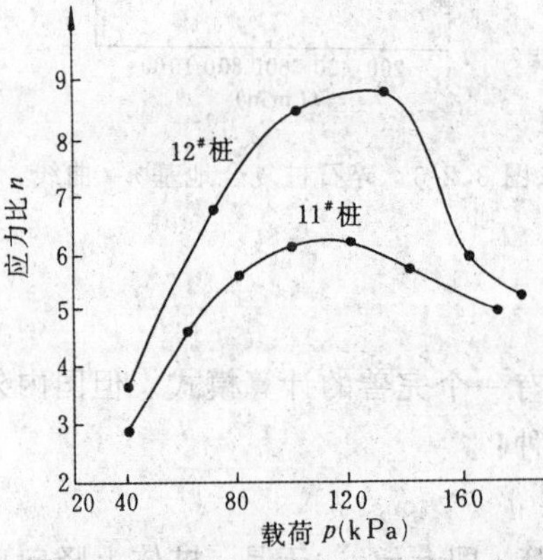

图 3.2-2 淤泥-石灰桩的应力比荷载曲线

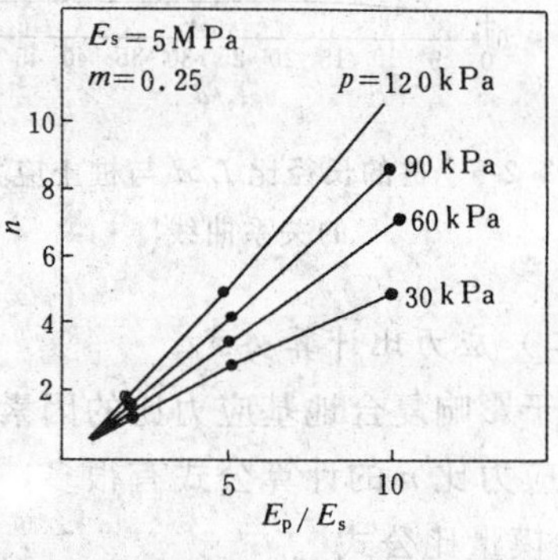

图 3.2-3 桩土应力比 n 与模量比 E_p/E_s 的关系曲线

3. 复合地基面积置换率

图 3.2-4 为国内学者通过有限单元法分析得到的复合地基置换率 m 与应力比 n 的关系。由图可以看出，m 增大，n 减小。国外学者的研究成果也有类似的结论。

4. 原地基土强度

由于原地基土的强度大小直接影响桩体的强度和刚度，因此即使是同一类桩，对不同的地基土，也将会有不同的桩土应力比。一般原地基土强度低，复合地基桩土应力比就大；而原地基土强度高，则其桩土应力比就小。

5. 桩长

由图 3.2-5 可见，桩土应力比随桩长 L 增大而增大，但当桩长达到某一值后，n 值几乎不再增大。即存在

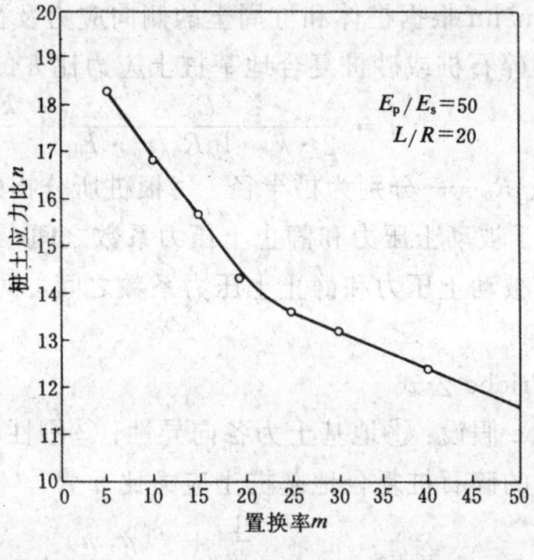

图 3.2-4 复合地基置换率 m 与应力比 n 的关系

一个临界桩长 L_c，当 $L>L_c$ 后，再增大桩长也无助于提高桩的承载力。临界桩长的大小，与复合地基类型、桩径、土质、荷载大小与基础宽度等一系列因素有关。

6. 时间

在荷载作用下，桩间土会产生固结和蠕变，桩间土的固结和蠕变会使荷载向桩体集中，导致应力比 n 随时间的延续逐渐增大，见图 3.2-6（韩杰、叶书麟，1993）。

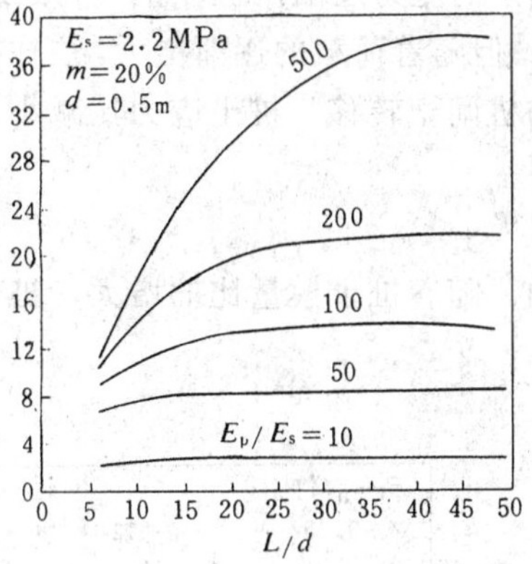

图 3.2-5 桩的长径比 L/d 与桩土应力比 n 的关系曲线

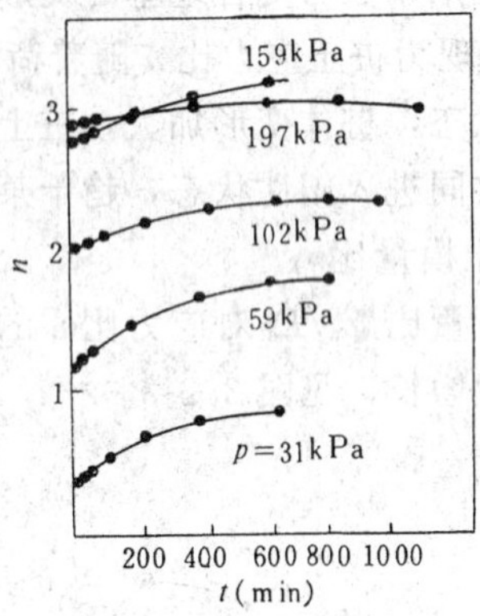

图 3.2-6 碎石桩复合地基 n-t 曲线

（二）应力比计算公式

由于影响复合地基应力比的因素很多，目前还没有一个完善的计算模式。但国内外对复合地基应力比 n 的计算公式有很多，主要包括以下几种：

1. 模量比公式

假定在刚性基础下，桩体和桩间土的竖向应变相等，即 $\varepsilon_p=\varepsilon_s$。于是，桩体上竖向应力 $\sigma_p=E_p\cdot\varepsilon_p$，桩间土上竖向应力 $\sigma_s=E_s\cdot\varepsilon_s$，桩土应力比 n 的表达式为：

$$n=\sigma_p/\sigma_s=E_p/E_s \tag{3.2-1}$$

式中：E_p、E_s——分别为桩和桩间土的压缩模量。

2. Baumann 公式

Baumann 根据桩体和桩周土的侧向应力及径向鼓胀量间关系，并假定桩体总体积保持不变，提出碎石桩或砂桩复合地基桩土应力比 n 的计算公式：

$$n=\frac{E_p}{2\cdot k_p\cdot \ln R_0/r_0\cdot E_s}+\frac{k_s}{k_p} \tag{3.2-2}$$

式中：r_0、R_0——分别为桩半径、每根桩所分担的加固面积的折算半径；k_s——桩间土侧压力系数，介于被动土压力和静止土压力系数之间，对软土 $k_s=1.25\sim1.50$；k_p——桩的侧压力系数，介于被动土压力和静止土压力系数之间，对碎石桩 $k_p=0.40\sim0.45$，对砂桩 $k_p=0.35\sim0.40$。

3. Priebe 公式

Priebe 假设：①地基土为各向异性；②刚性基础；③桩体长度已达硬土层。由这些假设条件推导出的碎石桩复合地基桩土应力比 n 为：

$$n=\frac{\frac{1}{2}+f(\mu,m)}{\mathrm{tg}^2(45^\circ-\varphi_p/2)\cdot f(\mu,m)} \tag{3.2-3}$$

式中：$f(\mu, m)=\frac{1-\mu^2}{1-\mu-2\mu^2}\cdot\frac{(1-2\mu)\cdot(1-m)}{1-2\mu+m}$；$\mu$——地基土的泊松比；$m$——置换率；$\varphi_p$——碎石桩碎石内摩擦角。

4. Rowe 剪胀理论的改进公式

郭蔚东等应用Rowe应力剪胀理论，把碎石桩看成轴对称的圆柱，提出以下公式：

$$n=\frac{\mu_p}{\mu_s}\cdot\frac{k_p+1}{k_s+1} \tag{3.2-4}$$

如不考虑桩间土的剪胀性则上式变为：

$$n=\frac{k_p-2\mu_p}{k_s-2\mu_s} \tag{3.2-5}$$

式中：k_p、k_s——分别为桩体和桩间土的被动土压力系数；μ_p、μ_s——分别为桩体和桩间土的泊松比。

三、复合模量

复合地基加固区是由桩体和桩间土两部分组成的，呈非均质。在复合地基计算中，为了简化计算，将加固区视作一均质的复合土体，那么与原非均质复合土体等价的均质复合土体的模量称为复合地基的复合模量。

第三节　复合地基承载力

一、散体材料桩桩体承载力计算

散体材料桩在承受荷载时，将对桩周土产生水平方向的侧挤力，一旦侧挤力超过桩周土的侧限阻力，桩体将发生破坏。因此，桩周土可能发挥的侧限能力决定了散体材料桩的极限承载力。目前确定桩体承载力的方法除了荷载试验和经验的计算图表外，还有很多计算公式。这些公式基本上是根据鼓胀破坏模式推导出来的，主要有以下几种：

1. 侧向极限应力法

散体材料桩在荷载作用下，桩体发生鼓胀，桩周土进入塑性状态，由侧向极限应力即可算出单桩极限承载力。侧向极限应力法的一般表达式如下：

$$\begin{aligned} f_{pu} &= \sigma_{ru}\cdot k_p=(\sigma_{z0}+a\cdot C_u)\cdot k_p \\ &= a'\cdot C_u\cdot k_p \end{aligned} \tag{3.3-1}$$

式中：σ_{ru}——侧向极限应力；σ_{z0}——深度 z 处的初始总侧向应力；C_u——桩周土不排水抗剪强度；a——与计算方法有关的系数。据 Ranjan（1989）统计，对碎石桩一般为 3～5；a'——系数，表达式见（3.3-1）式中的推导过程；k_p——桩体材料的被动土压力系数。

公式中的 a'、k_p 取值，对碎石桩，国外取 15.8～25.0，国内取 14.0～24.0。

2. 被动土压力法

这种方法的表达式为：

$$f_{pu}=[(\gamma\cdot z+q)k_s+C_u\cdot\sqrt{k_s}]k_p \tag{3.3-2}$$

$$k_s=\mathrm{tg}^2(45^\circ+\varphi_s/2) \tag{3.3-3}$$

式中：γ——土的重度；z——桩的鼓胀深度；q——桩间土荷载；k_s——桩间土的被动土压力系数；k_p——桩体材料被动土压力系数。

3. Brauns 计算式

Brauns 计算式是以碎石桩为研究对象提出的，其原理及计算式也适用于其它散体材料桩。Brauns 以为，在荷载作用下，桩体产生鼓胀变形，桩体的鼓胀变形使桩周土进入被动极限平衡状态，桩周土极限平衡区见图 3.3-1。在计算时，Brauns 作了以下三个假设：

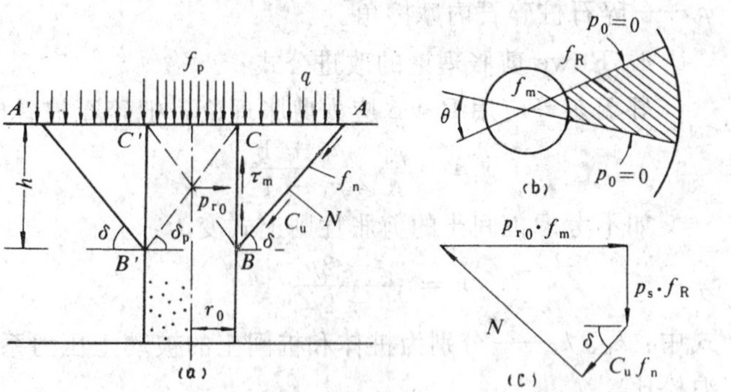

图 3.3-1 Brauns 的单根碎石桩的计算图式

f_n 为桩周土表面荷载的作用面积；f_R 为滑动面面积；f_m 为桩周界面面积；f_p 为桩顶应力；q 为桩间土面上的应力；δ 为滑动面与水平面夹角

（1）桩的破坏段长度 $h=2r_0\cdot \text{tg}\delta_p$（式中 r_0 为桩半径，$\delta_p=45°+\varphi_p/2$，φ_p 为散体材料桩材料的内摩擦角）；

（2）桩周土与桩体间摩擦力 $\tau_m=0$，在极限平衡土体中，环向应力 $\sigma_0=0$。

（3）不计地基土和桩体的自重。

由图 3.3-1（b）列出 f_k 方向的力平衡方程式，可得到极限荷载作用下，桩周土上的极限应力为：

$$\sigma_{r0}=(q+\frac{2\cdot C_u}{\sin 2\delta})\cdot(\frac{\text{tg}\delta_p}{\text{tg}\delta}+1)$$

根据桩体极限平衡可得到桩体极限承载力为：

$$f_{pu}=\sigma_{r0}\cdot \text{tg}^2\delta_p=(q+\frac{2\cdot C_u}{\sin 2\delta})\cdot(\frac{\text{tg}\delta_p}{\text{tg}\delta}+1)\cdot \text{tg}^2\cdot\delta_p \tag{3.3-4}$$

滑动面与水平面的夹角 δ 可按下式用试算法求出：

$$\frac{q}{2\cdot C_u}\cdot \text{tg}\delta_p=-\frac{\text{tg}\delta}{\text{tg}2\delta}-\frac{\text{tg}\delta_p}{\text{tg}2\delta}-\frac{\text{tg}\delta_p}{\sin 2\delta} \tag{3.3-5}$$

当 $q=0$ 时，可简化为：

$$f_{pu}=\frac{2\cdot C_u}{\sin 2\delta}\cdot(\frac{\text{tg}\delta_p}{\text{tg}\delta}+1)\cdot \text{tg}^2\delta_p \tag{3.3-6}$$

夹角 δ 按下式用试算法求得：

$$\text{tg}\delta_p=\frac{1}{2}\cdot \text{tg}\delta\cdot(\text{tg}^2\delta-1) \tag{3.3-7}$$

假定碎石桩的内摩擦角 $\varphi_p=38°$，则 $\delta_p=45°+\varphi_p/2=64°$，代入式（3.3-7）得 $\delta=61°$，再将 $\varphi_p=38°$和 $\delta=61°$代入式（3.3-6）得：$f_{pu}=20.8\cdot C_u$，这就是计算碎石桩承载力的 Brauns 理论简化计算式。

其它计算公式可参见表 3.3-1。

根据极限承载力就可由下式得出承载力特征值 f_{pk}：

$$f_{pk}=f_{pu}/K \tag{3.3-8}$$

式中：K——安全系数；根据表中序号 3、4 中的公式计算时取 $K=2.0\sim2.5$；根据表中序号 6 中的公式计算时取 $K=2.5\sim3.0$；由表中序号 5、7 中的公式计算时取 $K=1.2\sim1.4$。

二、柔性桩桩体承载力

目前在实际工程中一般是根据下列两种情况来确定柔性桩桩体的承载力：①根据桩身材

表 3.3-1 散体材料桩桩体极限承载力计算公式

序号	方法	公式	说明
1	侧向极限应力法	一般式：$f_{pu}=(\sigma_{z0}+a\cdot C_u)\cdot k_p=a'\cdot C_u\cdot k_p$	对碎石桩，$a'\cdot k_p$ 取值：国外 15.8 ～ 25.0，国内 14 ～ 24
		简化式：$f_{pu}=(14\sim 15)\cdot C_u$	
2	被动土压力法	$f_{pu}=[(\gamma z+q)\cdot k_s+C_u\cdot\sqrt{k_s}]\cdot k_p$ $k_s=\mathrm{tg}^2(45°+\varphi_s/2)$	
3	Brauns 计算法	一般式：$f_{pu}=\frac{2\cdot C_u}{\sin 2\delta}\cdot(\frac{\mathrm{tg}\delta_p}{\mathrm{tg}\delta}+1)\cdot\mathrm{tg}^2\delta_p$ $\mathrm{tg}\delta_p=\frac{1}{2}\cdot\mathrm{tg}\delta(\mathrm{tg}^2\delta-1)$ $\delta_p=45°+\varphi_p/2$	对碎石桩取 $\varphi_p=38°$，即得简化式
		简化式：$f_{pu}=20.8\cdot C_u$	
4	圆筒扩张计算法	一般式：$f_{pu}=C_u\cdot(\ln I_r+1)\cdot k_p$ $I_r=G/C_u, G=E/2\cdot(1+\upsilon_s)$	对软粘土取 $I_r=20$，对碎石桩取 $\varphi_p=38°$，即得两个简化式
		简化式：$f_{pu}=4\cdot k_p\cdot C_u$ $f_{pu}=16.8\cdot C_u$	
5	Wong H. Y. 计算法	$f_{pu}=(q\cdot k_s+2\cdot C_u\cdot\sqrt{k_s})/k_a$ $k_a=\mathrm{tg}^2(45°-\varphi_p/2)$	上式用于小沉降量（相当于 25mm） 下式用于大沉降量（相当于 100mm）
		$f_{pu}=2\cdot[q\cdot k_s+2\cdot C_u\cdot\sqrt{k_s}+\frac{3}{2}\cdot d\cdot\gamma\cdot k_s(1-3d/4l)]/k_a$	
6	Hughes-Withers 计算式	一般式：$f_{pu}=(p_0+\mu_0+4\cdot C_u)\cdot k_p$	以 $p_0+\mu_0=2\cdot C_u$ 对碎石桩取 $\varphi_p=38°$，即得简化式
		简化式：$f_{pu}=25.2\cdot C_u$；$f_{pu}=6\cdot C_u\cdot k_p$	
7	Bell 计算法	一般式：$f_{pu}=(\gamma\cdot z+2\cdot C_u)\cdot k_p$	当 $z=0$ 时，对碎石桩取 $\varphi_p=38°$，即得简化式
		简化式：$f_{pu}=2\cdot C_u\cdot k_p$，$f_{pu}=8.4\cdot C_u$	

表中部分符号：I_r——桩间土的剪切模量（kPa）；E——桩间土的弹性模量（kPa）；μ_s——桩间土泊松比；p_0——桩间土的初始有效压力（kPa）；μ_0——桩间土的初始孔隙压力（kPa）；d——桩径（m）；l——桩长（m）；φ_s——桩间土的内摩擦角。

料强度计算承载力；②根据桩周摩阻力和桩端端阻力计算承载力。取二者中较小者为桩的承载力。

（1）按桩体材料强度计算：

$$f_{pk}=\eta\cdot f_{cu} \qquad (3.3\text{-}9)$$

式中：f_{pk}——桩体承载力特征值；f_{cu}——桩体材料的无侧限抗压强度平均值；η——强度折减系数。

单桩竖向承载力标准值：

$$R_a=f_{pk}\cdot A_p$$

式中：R_a——单桩竖向承载力特征值；A_p——桩的截面积。

（2）按土的支持力计算：

$$R_a = u_p \Sigma q_{si} \cdot l_i + a \cdot A_p \cdot q_p \quad (3.3\text{-}10)$$

式中：u_p——桩周长；q_{si}——第 i 层桩间土的摩阻力特征值；l_i——桩周第 i 层土的厚度；q_p——桩端土未经修正的承载力特征值；a——桩端天然地基土的承载力折减系数，对搅拌桩可取 $a=0.4\sim0.6$。

三、刚性桩桩体承载力

桩体相对刚度较大时，可看作刚性桩。复合地基中刚性桩多为摩擦桩，其承载力特征值表达式为：

$$R_a = u_p \cdot \Sigma q_{si} \cdot l_i + A_p \cdot q_p \quad (3.3\text{-}11)$$

式中：R_a——刚性桩单桩承载力特征值；其余符号同前。

四、复合地基承载力

复合地基承载力的计算有两类方法：第一类是分别确定桩体和桩间土的承载力，依据一定的原则将两者叠加得到复合地基的承载力，这类方法称为复合求和法；第二类方法是将复合地基视作一个整体，按整体剪切破坏或整体滑动破坏来计算复合地基的承载力，这类方法称为稳定分析法。

1. 复合求和法

复合求和法的计算公式根据桩的类型不同略有差别。

(1) 散体材料桩复合地基可采用以下三个公式计算：

a. $$f_{sp,k} = f_{p,k} \cdot m + (1-m) \cdot f_{s,k} \quad (3.3\text{-}12)$$

b. $$f_{sp,k} = [1 + m(n-1)] \cdot f_{s,k} \quad (3.3\text{-}13)$$

需满足：$f_{p,k} \geqslant n \cdot f_{s,k}$

c. $$f_{sp,k} = [1 + m(n-1)]/n \cdot f_{p,k} \quad (3.3\text{-}14)$$

需满足：$f_{s,k} \geqslant f_{p,k}/n$

式中：$f_{sp,k}$、$f_{p,k}$、$f_{s,k}$——分别为复合地基、桩体和桩间土承载力特征值；m——桩土面积置换率；n——桩土应力比。

(2) 对柔性桩复合地基可采用下式计算：

$$f_{sp,k} = f_{p,k} \cdot m + \beta \cdot (1-m) \cdot f_{s,k} \quad (3.3\text{-}15)$$

式中：β——桩间土承载力折减系数，对摩擦型桩取 $\beta=0.5\sim1.0$，对摩擦支承型桩取 $\beta=0.1\sim0.4$。

(3) 对刚性桩复合地基可采用以下两式计算：

a. $$f_{sp,k} = \frac{N \cdot R_a}{A} + \beta \cdot f_{s,k} \cdot A_s/A \quad (3.3\text{-}16)$$

式中：N——基础下桩数；R_a——单桩承载力特征值；A——基础面积；A_s——桩间土面积；β——桩间土承载力折减系数，$\beta=0.8\sim1.0$。

b. $$f_{sp,k} = \xi \cdot [1 + m(n-1)] \cdot f_{s,k} \quad (3.3\text{-}17)$$

式中：ξ——桩间土承载力折减系数，一般取 0.8；n——桩土应力比，一般取 10～14。

2. 稳定分析法

稳定分析方法很多，但通常采用圆弧分析法（见图 3.3-2）。在分析计算时，假设圆弧滑动面经过加固区和未加固区；在滑动面上，设总滑动力矩为 M_S，总抗滑力矩为 M_R，则沿滑动面发生破坏的安全系数 K 为：$K=\frac{M_R}{M_S}$。取不同的滑动面进行计算，找出最小的安全系数值，那么通过稳定分析法即可根据要求的安全系数来计算地基承载力，也可按确定的荷载计算在荷载作用下的安全系数，从而判断其稳定性。在计算时，地基土的强度应分区计算，加固土和未加固区采用不同的强度指标，未加固区采用天然地基土的强度指标，加固区土体强度指标可分别采用桩体和桩间土的强度指标，也可采用复合土体的综合强度指标。

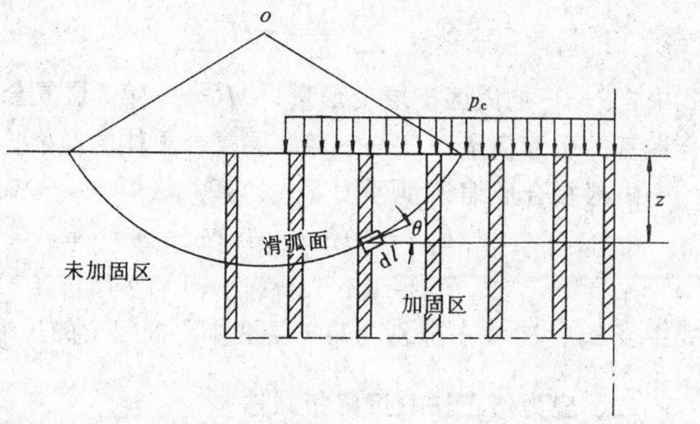

图 3.3-2 圆弧分析法

(1) 按分别强度指标计算

按分别强度指标计算时，复合地基的抗剪强度表达式为：

$$\begin{aligned}\tau_{ps} &= m \cdot \tau_p + (1-m) \cdot \tau_s \\ &= (1-m) \cdot [c_s + (\mu_s \cdot q + \gamma_s \cdot z) \cdot \cos^2\theta \cdot \mathrm{tg}\varphi_s] + m(\mu_p \cdot q + \gamma_p \cdot z) \cdot \cos^2\theta \cdot \mathrm{tg}\varphi_p\end{aligned} \tag{3.3-18}$$

式中：τ_{ps}、τ_p、τ_s——分别为复合地基、桩体和桩间土的抗剪强度；m——复合地基置换率；c_s——桩间土的粘聚力；q——复合地基上的作用荷载；μ_s——应力降低系数，$\mu_s=\frac{1}{1+m\cdot(n-1)}$；$\mu_p$——应力集中系数，$\mu_p=\frac{n}{1+m\cdot(n-1)}$；$\gamma_s$、$\gamma_p$——分别为桩间土和桩体的重度；$\varphi_s$、$\varphi_p$——分别为桩间土和桩体的内摩擦角；$z$——某单元弧段的深度；$\theta$——某深度处剪切面与水平面的夹角；$n$——桩土应力比。

若 $\varphi_s=0$，则上式可简化为：

$$\tau_{ps} = (1-m) \cdot c_s + m \cdot (q \cdot n \cdot \mu_s + \gamma_p \cdot z) \cdot \mathrm{tg}\varphi_p \cdot \cos^2\theta \tag{3.3-19}$$

(2) 按综合强度指标计算：

按综合强度指标计算时，复合土体粘聚力 c_c 和内摩擦角 φ_c 可分别采用以下两个表达式：

$$\mathrm{tg}\varphi_c = \omega \cdot \mathrm{tg}\varphi_p + (1-\omega) \cdot \mathrm{tg}\varphi_s \tag{3.3-20}$$

$$c_c = (1-\omega) \cdot c_s \tag{3.3-21}$$

式中：ω——桩体与桩间土相对的应力分布，$\omega=m\cdot n\cdot \beta$。

第四节　复合地基变形

在各类计算复合地基变形的方法中，通常把复合地基沉降量分为两部分：复合地基加固区变形量和加固区下卧层变形量。加固区下卧层的变形计算一般采用分层总和法，加固区的变形计算主要有以下几种：

一、复合模量法

将复合地基加固区中桩体和桩间土视为一复合土体，采用复合压缩模量来评价复合土体的压缩性。采用分层总和法计算加固区变形量，加固区土层变形量 S 表达式为：

$$S = \sum_{i=1}^{n} \frac{\Delta P_i}{E_{psi}} \cdot H_i \tag{3.4-1}$$

式中：S——加固区土层变形量；ΔP_i——第 i 层复合土体上附加应力增量；E_{psi}——第 i 层复合地基的压缩模量；H_i——第 i 层复合土体的厚度；n——复合土体分层总数。

一般复合压缩模量可按下式计算：

$$E_{psi} = m \cdot E_{pi} + (1 - m) \cdot E_{si} \tag{3.4-2}$$

或：$$E_{psi} = [1 + m(n - 1)] \cdot E_{si} \tag{3.4-3}$$

式中：E_{pi}、E_{si}——分别为第 i 层桩体、桩间土的压缩模量。

二、应力修正法（沉降折减法）

在复合地基中，由于桩体的模量比桩间土模量大，使作用在桩间土上的应力小于作用在复合地基上的平均应力。采用应力修正法计算变形量时，根据桩间土分担的荷载（忽略桩体的存在），用分层总和法计算加固区土层的变形量，其表达式为：

$$S = \sum_{i=1}^{n} \frac{\Delta P_{si}}{E_{si}} \cdot H_i = \mu_s \cdot \sum_{i=1}^{n} \frac{\Delta P_i}{E_{si}} \cdot H_i = \mu_s \cdot S_0 \tag{3.4-4}$$

式中：ΔP_i——天然地基在荷载作用下第 i 层土上的附加应力增量；ΔP_{si}——复合地基中第 i 层桩间土中的附加应力增量；S_0——天然地基在荷载作用下相应厚度内的压缩量。

三、桩身压缩量法

在荷载作用下，若桩体不会发生桩底端刺入下卧层的沉降变形，则可以通过计算桩身的压缩量来计算加固区土层的变形量。

若桩侧摩阻力为均匀分布，桩底端承力强度为 q，则桩身压缩量为：

$$S = \frac{(u_p \cdot q + q_p)}{2 \cdot E_p} \cdot l \tag{3.4-5}$$

式中：q——复合地基荷载强度；q_p——桩底端承力强度；l——桩身长度，等于加固区厚度。

第四章 砂 桩

砂桩是指用振动或冲击荷载在软弱地基中成孔后，再将砂挤压入土中，形成大直径的密实柱体。

砂桩适用于松散砂土、人工填土、粉土和杂填土等地基，以提高地基的强度，减少地基的压缩性，或提高地基的抗震能力，以防止饱和松散砂土地基的振动液化。对加固饱和软弱土地基则应慎重，如果建筑物以变形为控制条件，则砂桩处理后的软弱地基需经预压，以消除沉降后才可作为建筑物地基，否则难以满足建筑物对沉降的要求。

根据国内外的使用经验，砂桩适用于中小型工业与民用建筑物、散料堆场、码头、路堤、油罐等工程的地基加固。

第一节 砂桩的加固机理

一、在松散砂土中的加固机理

砂土属单粒结构，可分为疏松和密实两种极端状态。密实的单粒结构，颗粒间的排列已接近最稳定状态，以动（静）荷载下，一般不再产生大的变形。而疏松的单粒结构，颗粒间孔隙大，颗粒位置不稳定，在动（静）荷载作用下容易产生位移，因而会产生较大的沉降，特别在动荷载作用下更为显著，可减少20%，因此必须经过人工处理后才可作为建筑物的地基。

在砂桩的成桩过程中，因采用振动或冲击方法，桩管对周围砂土产生很大的横向挤压力，将地基中等于桩管体积的砂挤向周围的砂层，这种强制挤密使砂土的相对密实度增加，孔隙比降低，干密度和内摩擦角增大，土的物理力学性能得到改善，地基承载力大幅度提高，一般可提高2～5倍。当砂土地基被挤密到临界孔隙比以下时，还可防止砂土振动液化。

二、在软弱粘土中的加固机理

砂桩在软弱粘性土地基中主要起置换作用和排水作用，这样形成的复合地基，可提高地基的承载力和整体稳定性。

1. 置换作用

粘性土多为蜂窝结构，在成桩过程中受扰动后，比具有相同密实度和含水量的原状土的力学性质会降低，不仅很难起到挤密加固作用，甚至会使桩周土体强度出现暂时降低。所以砂桩加固软弱地基主要是利用砂桩本身的强度形成复合地基，提高地基的承载力和地基的整体稳定性。

2. 排水作用

一般软弱地基土的渗透性很小，渗透系数多在1×10^{-7}～1×10^{-4}cm/s范围内。在软弱地基中设置砂桩后，减少了软弱地基土的排水距离，加快了固结速率，有助于地基土强度的提高。

第二节　砂桩的设计与计算

一、加固范围

加固范围应根据建筑物的重要性和场地条件确定，通常砂桩挤密地基的宽度应超出基础的宽度，每边放宽不应少于1～3排；当砂桩用于防止砂层液化时，每边放宽不宜小于处理深度的1/2（并不应小于5m）。当可液化层上覆盖有厚度大于3m的非液化层时，每边放宽不宜小于液化层厚度的1/2（并不应小于3m）。

二、桩位布置

砂桩最常用的布置方式有等边三角形和正方形两种。对于砂土地基，砂桩主要起挤密作用，采用等边三角形更有利，可使地基挤密较为均匀。对于软粘土地基，采用正方形或等边三角形均可。

三、砂桩直径

砂桩直径可根据成桩方法、施工机械能力和置换率确定，多采用300～800mm。对饱和粘性土地基宜选用较大的直径。

四、砂桩长度

砂桩长度应根据软弱土层的性能、厚度或工程要求按下列原则确定：

（1）当软弱土层厚度不大时，砂桩应穿过软弱土层，以减少地基变形。

（2）当软弱土层厚度较大时，对按稳定性控制的工程，砂桩长度应不小于最危险滑动面以下2m深度；对按变形控制的工程，砂桩长度应满足砂桩复合地基沉降量不超过建筑物地基容许沉降量要求，并满足地基软弱下卧层强度要求。

（3）在可液化地基中，桩长应穿透可液化层，或按国家标准《建筑抗震设计规范》（GB50011）的有关规定执行。

（4）桩长不宜小于4m。

五、桩距计算

砂桩在砂性与软弱粘性土中作用机理不同，桩距计算方法也有差别，通常桩距是通过现场试验确定，如无现场试验资料，也可采用计算方法进行估算。

（一）砂性土地基中桩距设计

当前砂性土地基中桩距设计方法主要有两种：第一种方法假定挤密后土体中土颗粒增多而体积不变，由加固后要求的孔隙比计算出砂桩的间距；第二种方法是以灌砂率为参数，绘出天然地基标贯值、砂桩地基桩土间标贯值之间关系曲线，借以求出砂桩间距和灌砂量。

1. 根据孔隙比要求设计

设砂桩的布置如图4.2-1所示。假定在松散砂土中打入砂桩能起到100%的挤密效果，即成桩过程中地面没有隆起或下沉现象，被加固的砂土没有流失。设一根砂桩所分担的加固面积为A，桩截面积为A_p，桩距为L，单位深度灌砂量为q，原砂土地基单位深度的平均体积为

V_0，其中砂固相颗粒体积为 V_s，见图 4.2-2。

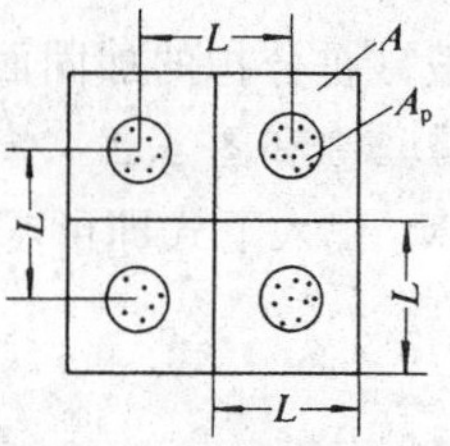

图 4.2-1　正方形布置

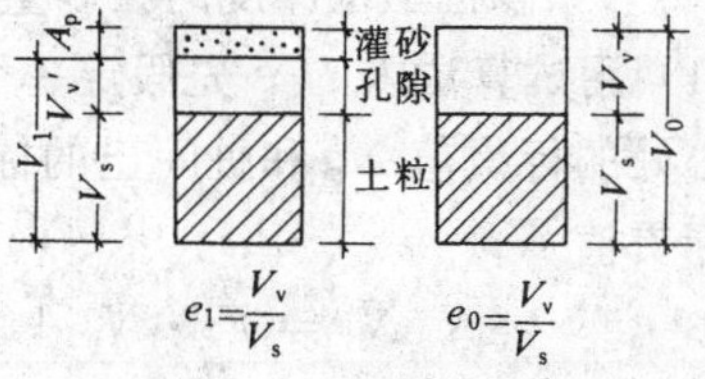

图 4.2-2　孔隙比变化图

图中 V_v 为天然地基中单位深度加固区的孔隙，V_v' 为加固挤密后的孔隙。

当桩距为正方形布置时：

处理前体积　$V_0=L^2\times1=V_s(1+e_0)$　(4.2-1)

处理后体积　$V_1=V_s(1+e_1)=V_0-q=V_0-A_p\times1$　(4.2-2)

式中：$e_0=V_v/V_s$　　$e_1=V_v'/V_s$

由式 (4.2-1)、(4.2-2) 可得：

$$\frac{V_1}{V_0}=\frac{1+e_1}{1+e_0}=\frac{V_0-A_p}{V_0} \tag{4.2-3}$$

$$A_p=\frac{e_0-e_1}{1+e_0}V_0=\frac{e_0-e_1}{1+e_0}\cdot L^2 \tag{4.2-4}$$

设桩体直径为 d，则 $A_p=\frac{\pi}{4}d^2$。

当正方形布置时：

$$L=0.89\cdot\xi\cdot d\cdot\sqrt{\frac{1+e_0}{e_0-e_1}} \tag{4.2-5}$$

当等边三角形布置时：

$$L=0.95\cdot\xi\cdot d\cdot\sqrt{\frac{1+e_0}{e_0-e_1}} \tag{4.2-6}$$

式中：ξ——修正系数，当考虑振动下沉密实作用时，可取 1.1～1.2；不考虑时，可取 1.0。

地基挤密后要求达到的孔隙比 e_1 可由两种方法确定：

(1) 根据工程对地基承载力的要求，结合设计规范，给出砂土要求的密实度，从而推算出加固后的孔隙比 e_1。砂土密实度的划分可参考表 4.2-1。

表 4.2-1　砂土密实度参考表

土类＼状态	密实	中密	稍密	松散
砾砂、粗砂、中砂	$e<0.60$	$0.60\leqslant e\leqslant0.75$	$0.75<e\leqslant0.85$	$e>0.85$
细砂、粉砂	$e<0.70$	$0.70\leqslant e\leqslant0.85$	$0.85<e\leqslant0.95$	$e>0.95$

(2) 根据工程的抗震要求，确定加固后地基的相对密实度 D_r，再按下式求得：

$$e_1=e_{max}-D_{r1}\cdot(e_{max}-e_{min}) \tag{4.2-7}$$

式中：e_{max}、e_{min}——分别为砂土的最大和最小孔隙比，可按国家标准《土工试验方法标准》(GB/T50123) 的有关规定确定；D_{r1}——相对密实度，可取 0.70～0.85。

2. 根据灌砂率设计

砂桩单位深度的平均灌砂率可由下式计算：

$$F_v = q/A \qquad (4.2\text{-}8)$$

式中：q——砂桩单位深度的灌砂量（m^3/m）；A——一根砂桩分担的加固面积（m^2）。

（1）用试算法求 F_v，先假定一个灌砂率为 F_v，由图 4.2-3 和图 4.2-4 分别查得处理后砂桩中心处的标贯值 N_p 和桩间土的标贯值 N_1'，把 N_p 与 N_1' 代入下式即可求得地基处理后的平均标贯值 $\overline{N}_1$。

$$\overline{N}_1 = F_v \cdot N_p + (1 - F_v)N_1' \qquad (4.2\text{-}9)$$

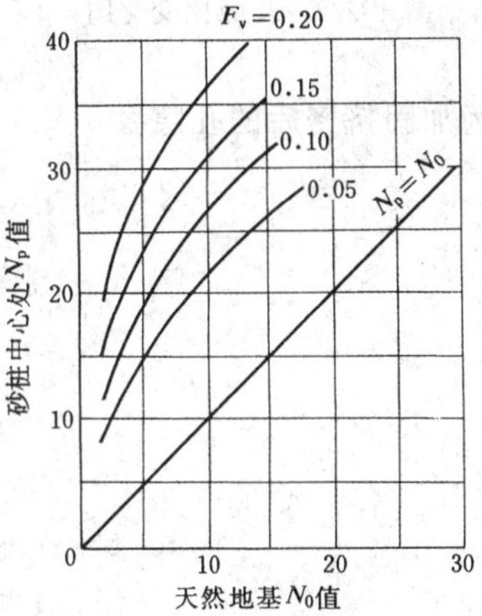

图 4.2-3　天然地基 N_0 值和砂桩中心 N_p 值关系
（引自中崛和英等）

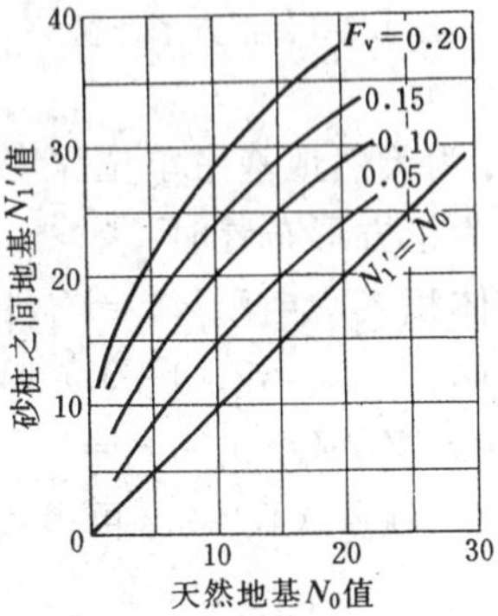

图 4.2-4　天然地基 N_0 值和桩间土 N_1' 值关系

如果 $\overline{N}_1$ 与设计要求的标贯值 N_1 不一致，重新取一个 F_v 值，直至计算出的 $\overline{N}_1$ 与设计要求的 N_1 相等。这个 F_v 就是要求的值，然后再由图 4.2-5 或图 4.2-6 查得所求桩距。

图 4.2-5 和图 4.2-6 是根据一些实际工程的资料作出的，只有当采用的施工方法与这些实例相同时，才可使用这些曲线设计桩距。

（2）由诺谟图求灌砂率 F_v。先假定一个 F_v 值，由图 4.2-7 求出处理后的平均标贯值 $\overline{N}_1$。如果所查出的 $\overline{N}_1$ 与设计要求的标贯值 N_1 不符时，可改变 F_v，直到 $\overline{N}_1$ 与 N_1 相等。这时的 F_v 就是要求的值，再由图 4.2-5 或图 4.2-6 确定桩距。

根据灌砂率设计砂桩应注意的事项：

①确定天然地基的平均标贯击数 N_0 时，应考虑砂土密实度分布的不均匀性。

②地基中含水量对处理效果有很大影响。当砂土处于完全干燥或饱和状态时才可能获得最大的振动密实度。如果砂土含水但并不饱和时，由于毛细压力作用，砂土在荷载作用难以获得好的挤密效果。

③粘土颗粒含量对处理效果也会有影响。一般以为粘土颗粒含量超

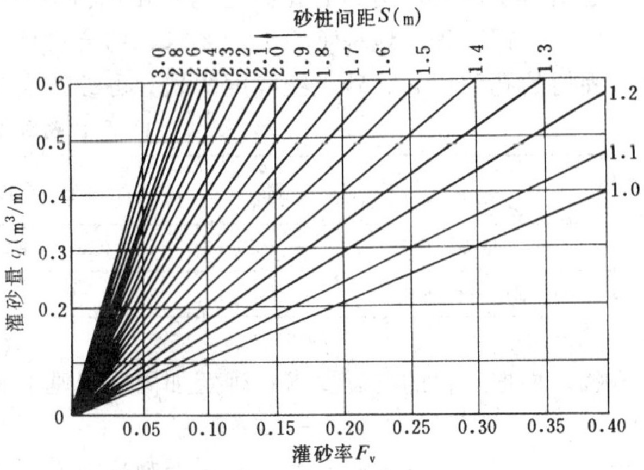

图 4.2-5　砂桩间距（正方形布置）和灌砂率及灌砂量关系

过 20%，挤密效果明显降低。

④地表层约 2m 内桩周土所受约束力较小，很难充分挤密，因而要用其它表层压实方法进行处理。

（二）粘性土地基中桩距设计

粘性土地基中桩距的设计，根据工程要求的不同，主要有以下两种方法：

1. 按地基承载力公式计算

其具体步骤为：

(1)选定桩土应力比 n 值，其取值范围为 2～4，具体数值由天然地基土强度或建筑物的容许变形而定。当不排水抗剪强度 C_u＝20～30kPa 时，n 取 3～4；当 C_u＝30～40kPa 时，n 取 2～3。天然地基土强度低取大值，强度高取小值；建筑物容许变形值小取低值，容许变形大取高值。

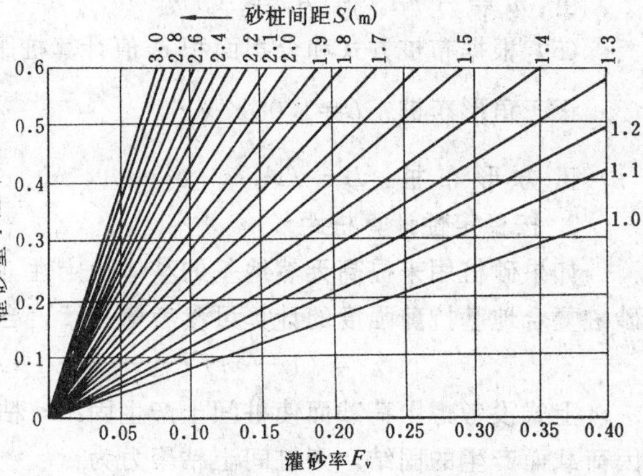

图 4.2-6　砂桩间距（三角形布置）和灌砂率及灌砂量关系

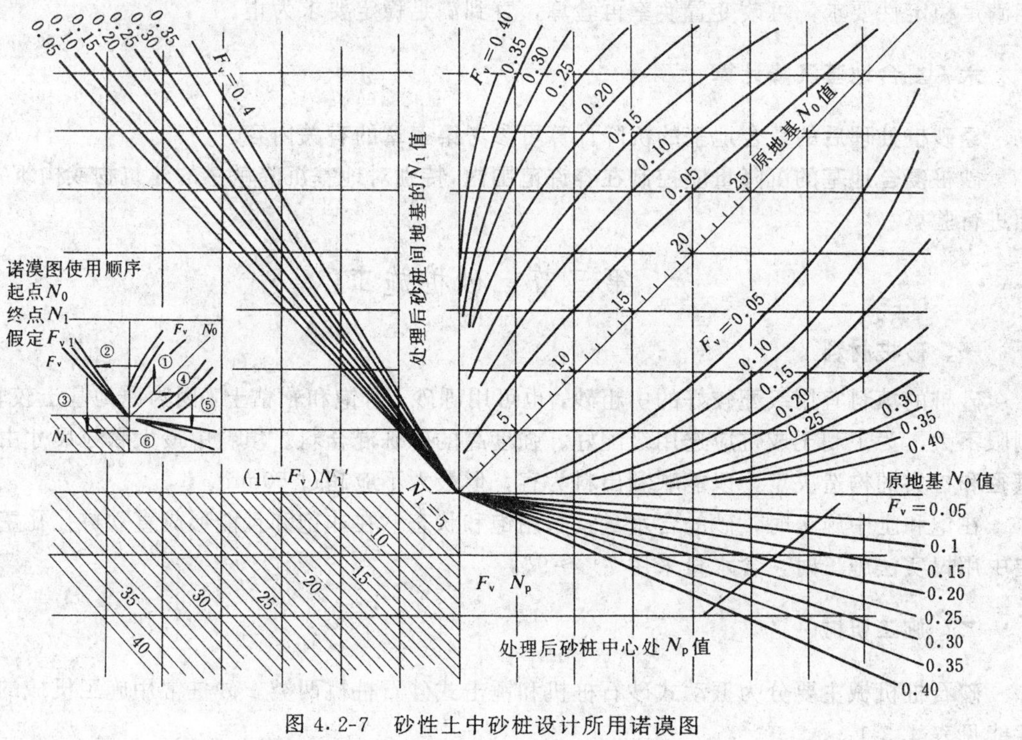

图 4.2-7　砂性土中砂桩设计所用诺漠图

(2) 由天然地基承载力和复合地基要求的承载力计算面积置换率 m 值。

由：$f_{sp,k} = [1 + m \cdot (n-1)] \cdot f_{s,k}$

得：$$m = \frac{f_{sp,k}/f_{s,k} - 1}{n-1} \tag{4.2-10}$$

(3) 选定砂桩直径 d，计算砂桩截面积 A_p $(A_p = \frac{\pi}{4}d^2)$。

(4) 由面积置换率 m 计算一根砂桩的分担面积 A_e。

由：$m = A_p/A_e$，得：$A_e = A_p/m$ (4.2-11)

(5) 根据布桩方式和分担面积 A 值计算桩距 L。

正三角形布桩：$L=1.08\times\sqrt{A_e}$ (4.2-12)

正 方 形 布 桩：$L=\sqrt{A_e}$ (4.2-13)

2. 按稳定性计算桩距

如果砂桩用来提高天然地基的整体稳定性，则可根据复合地基的稳定性计算来确定桩距。砂桩复合地基抗剪强度的计算可参考第三章，当采用分别强度指标时其表达式为：

$$\tau_{ps} = (1-m)\cdot c_0 + m\cdot(p\cdot n\cdot\mu_s + \gamma_p\cdot z)\cdot \mathrm{tg}\varphi_p\cdot\cos^2\theta \quad (4.2\text{-}14)$$

上式没考虑因荷载而使桩间土产生固结，粘聚力 c_s 是选用天然地基粘聚力 c_0。如果考虑因荷载而产生的固结，则桩间土粘聚力为：

$$c_s = c_0 + \mu_s\cdot p\cdot u\cdot \mathrm{tg}\varphi_{cu} \quad (4.2\text{-}15)$$

式中：c_0——天然地基粘聚力；u——固结度；φ_{cu}——桩间土固结不排水内摩擦角。

按稳定性进行设计时，需先假定置换率 m 值，然后按滑弧稳定分析法进行验算，如果不能满足稳定性要求，可改变置换率再验算，直到满足稳定要求为止。

六、复合地基沉降计算

经砂桩处理后的复合地基的沉降计算可参考第三章的有关内容。

砂桩复合地基的沉降量应控制在容许范围内，特别对地基沉降敏感的建筑物或构筑物，必须进行验算。

第三节　砂桩施工

一、砂桩材料

砂桩的填料宜用级配较好的中粗砂，也可用砾砂，对饱和软粘土，因为原地基土较软弱，侧限不大，为了利于成桩应选用级配好、强度高的砂砾混合料。填料中最大颗粒尺寸由桩管直径和桩尖的构造决定，以能顺利出料为宜，但最大不应超过 50mm。

在饱和土中施工时，砂的含水量宜采用饱和状态；在非饱和且能形成直立桩孔孔壁的土层中用捣实法施工时，含水量采用 7%～9%。

二、施工机械

砂石桩机械主要分为振动式砂石桩机和锤击式砂石桩机两类。砂桩常用施工机械的技术性能见表 4.3-1。

砂石桩机通常包括桩机架、桩管及桩尖、提升装置、挤密装置（振动锤或冲击锤）、上料设备及检测装置等。高能量的振动砂石桩机配有高压空气或水的喷射装置，同时还配有自动记录桩管贯入深度、提升量、压入量、管内砂石位置及变化以及电机电流变化等的检测装置。振动砂桩机见图 4.3-1。

三、施工工艺

（一）施工顺序

在砂性土地基中施工从外围或两侧向中间进行，以挤密为主的砂桩宜间隔施工；在淤泥

表 4.3-1 常用砂桩施工机械的性能

类别	型号名称	技术性能		适用桩孔直径 (cm)	最大桩孔深度 (m)
		锤重 (t)	落距 (cm)		
柴油打桩机	D_1-6	0.6	155～187	30～35	5～6.5
	D_1-12	1.2	170～180	35～45	6～7
	D_1-18	1.8	210	45～50	6～8
	D_1-25	2.5	250	50～60	7～9
电动落锤打桩机		0.75～1.5	100～200	30～45	6～7
振动打桩机	7～8t 振动成桩机	激振力 70～80kN		30～35	5～6
	10～15t 振动成桩机	激振力 100～150kN		35～40	6～7
	15～20t 振动成桩机	激振力 150～200kN		40～50	7～8

质粘土地基中砂桩宜从中间向外围或隔排施工；在已有建(构)筑物邻近施工，应背离其方向进行；在路堤或岸坡上施工应背离岸边或坡顶方向进行。

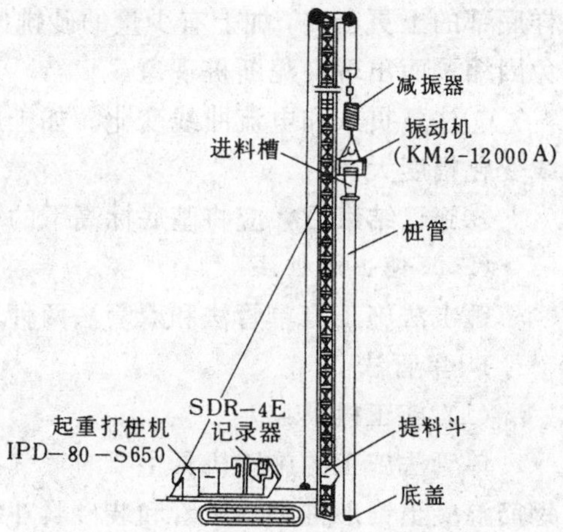

图 4.3-1 振动成桩机

（二）振动成桩法

1. 施工工艺

振动成桩法是在振动机的振动作用下，把带有底盖（或砂塞）的套管打入到规定深度，然后投入砂料，再排砂于土中，并振动密实成桩。其施工顺序见图 4.3-2 所示。

①移动桩机及导向架，把桩管及桩尖对准桩位。

②启动振动锤，将桩管打入土中，如遇到坚硬难打的土层，可辅以喷气或射水打入。

③把套管打到预定的深度，然后向桩管内投入规定数量的砂料。

④把桩管提升一定的高度（下砂顺利时提升高度不超过 1～2m），提升时桩尖自动打开，桩管内的砂料被排出。

⑤将套管打下规定的深度，利用振动及桩尖的挤压作用使砂密实。

⑥再一次向桩管内投入砂料，然后把桩管提升到规定的高度。

⑦重复以上工序，砂料不断补充，砂桩不断增高，一直打到地面，砂桩即完成。

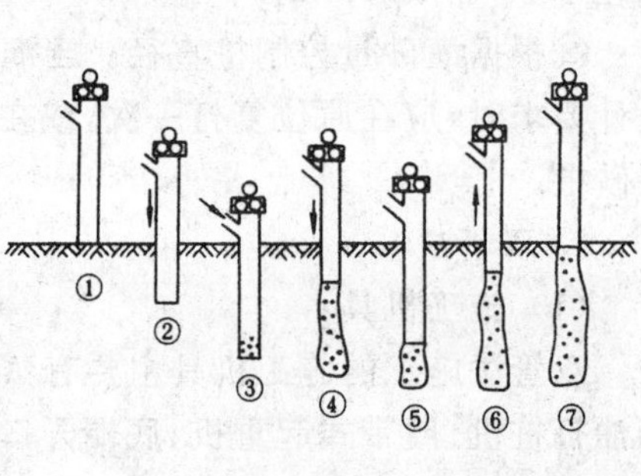

图 4.3-2 砂桩施工顺序图

2. 施工要点

①施工前应进行成桩挤密试验，桩数宜为 7～9 根。如果质量不能满足设计要求，应调整桩距、填砂

量等有关参数，重新试验或改变设计。

②拔管速度不宜过快，排砂要充分。一般拔管速度为 2m/min。

③控制每段砂桩的灌砂量。一般应按桩孔体积和砂在中密状态时的干密度计算，砂桩的灌砂量不宜多于或少于设计量的 5%。每根砂桩单位长度内的灌砂量可按以下两式计算：

$$q=\frac{e_0-e_1}{1+e_0}\cdot A\cdot\beta \tag{4.3-1}$$

或

$$g=\frac{d_s\cdot A_p\cdot\rho_w}{1+e_p}\cdot(1+0.01\cdot w_1)\cdot\beta \tag{4.3-2}$$

式中：q——单位长度灌砂量（m^3/m）；e_0、e_1——分别为天然地基土和加固后地基土的孔隙比；A——每根砂桩的影响范围面积（m^2）；d_s——砂颗粒的相对密度；g——单位长度计算灌砂量（t）；w_1——砂的含水量（%）；A_p——一根砂桩的横截面积（m^2）；ρ_w——水的密度，$1t/m^3$；e_p——砂桩的孔隙比；β——充盈系数，可取 1.2～1.4。

④桩管内的砂料应保持一定的高度。

⑤桩管排砂不畅时，可适当加大风压。桩管快拔出地面时，应减小风压，防止砂料外扬。

⑥在软粘土中施工时，桩管未入土前，应先在桩管内投砂 2～3 斗，并复打 2～3 次。这样底部的土更密实，加上有少量的砂排出分布在桩周，既挤密桩周的土，以可起护壁作用，避免因缩颈而出现夹泥断桩现象。

⑦注意贯入和电流曲线变化。如土质较硬，或者排砂量正常，贯入曲线平缓，而电流曲线变化幅度大。

⑧施工结束后，应将基底标高下的松土层夯压密实。

（三）锤击成桩法

锤击法施工有单管法和双管法两种。

1. 单管法

（1）施工机具：

单管法施工的施工机具主要有蒸气打桩机或柴油打桩机，下端带有活瓣钢制桩靴或预制钢筋混凝土锥形桩尖的桩管和装砂料斗等。

（2）成桩工艺：

单管法成桩工艺见图 4.3-3。

（3）施工要点：

①以拔管速度控制桩身连续性。拔管速度可根据试验确定，在一般土质条件下，拔管速度应控制在 1.5～3.0m/min。

②根据灌砂量控制桩直径。当灌砂量达不到设计要求时，应在原位复打一次，或在其旁补加一根砂桩。

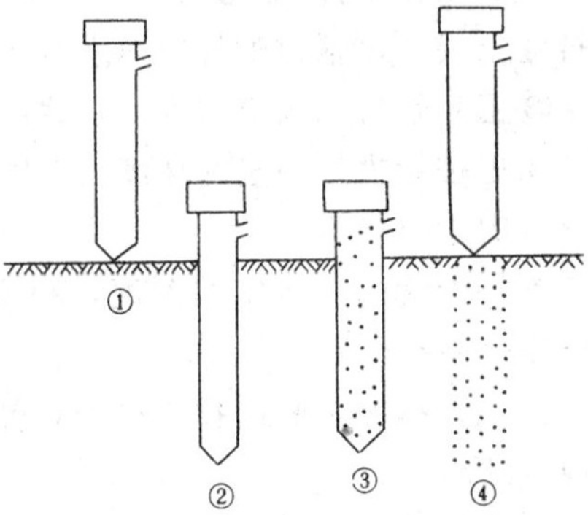

图 4.3-3　单管法成桩工艺

①桩管就位，闭合桩靴；②将桩管打到设计深度；③灌砂（灌砂量较大时，可分成两次灌入，第一次灌入 2/3，待桩管从土中拔起一半长度后再灌入剩下的 1/3）；④按规定的拔出速度从土层中拔出桩管

2. 双管法

（1）施工机具：

双管法施工的施工机具主要有蒸气打桩机或柴油打桩机、履带式起重机、底端开口的外管和底端闭口的内管以及装砂料斗等。

（2）成桩工艺：

双管法成桩工艺见图 4.3-4。

(3) 施工要点：

为保证砂桩桩体的连续性、密实性和挤周土挤密后的均匀性，在进行⑤工序时应按贯入度进行成桩。

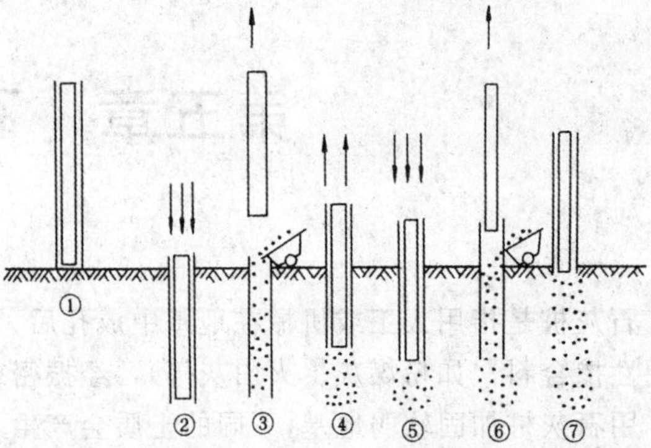

图 4.3-4 双管法成桩工艺

①将内外管安放在预定的桩位上；②锤击内外管，下沉到规定的深度；③拔起内管，向外管内灌砂；④放下内管到外管的砂面上，拔起外管到与内管底面平齐；⑤锤击内外管，将砂压实；⑥拔起内管，向外管内灌砂；⑦重复④～⑥工序，直到桩管拔出地面

第四节 质量检验

(1) 对砂桩施工的质量要求：

①砂桩必须上下连续，确保设计长度。

②单位长度的灌砂量要达到设计要求。

③砂桩平面位置和垂直度的偏差要满足容许值。施工时桩位水平偏差不应大于 0.3 倍套管外径；套管垂直度偏差不应大于 1%。

(2) 砂桩质量检验的要求：

①检查砂桩的沉管时间、各段的填砂量、提升及挤压时间和桩位偏差等各项施工记录和试验结果。如不符合设计要求，应采取补救措施。

②检验砂桩及桩间土的挤密质量可采用标准贯入、静力触探或动力触探等方法。对重要或大型工程宜进行现场荷载试验。

③桩间土质量的检测位置应在等边三角形或正方形的中心。

④砂桩挤密效果的检测可抽查进行，检测数量不少于桩孔总数的 2%。

⑤施工后应间隔一定时间进行质量检验，对饱和粘性土应待孔隙水压力基本消散后进行，间隔时间不宜少于 28d；对粉土、砂土和杂填土地基，不宜少于 7d。

⑥复合地基载荷试验数量不应少于总桩数的 0.5%，且每个单体建筑不应少于 3 点。

第五章　石 灰 桩

石灰桩是指用人工或机械在地基中成孔后，灌入生石灰块（或在生石灰块中掺入适量的水硬性掺合料，如粉煤灰、火山灰等），经振密或夯压后形成的桩柱体。

用石灰桩加固软弱地基，不同的土质会产生不同的加固效果。如果被加固土的渗透系数太小，不利于软土脱水固结；如果被加固土的渗透系数太大，石灰难以密实。根据国内外的工程经验，石灰桩适用于处理杂填土、素填土、一般粘性土、淤泥质土和淤泥及透水性小的粉土等。

石灰桩可应用于道路、码头、铁路、软弱地基等加固工程及托换工程和基坑支护工程等。

第一节　石灰桩加固机理

一、生石灰的水化反应及其特性

生石灰 CaO 与水作用生成熟石灰 $Ca(OH)_2$ 的过程称为生石灰的熟化，也称为水化过程。其化学反应式及有关数据见表 5.1-1。

表 5.1-1　生石灰的熟化反应方程式及有关数据

反应式	CaO　+	H_2O →	$Ca(OH)_2+6.52\times10^4$J/mol
分子量	56	18	74
质量比	1	0.32	1.32
相对密度	3.37	1.0	2.24
体积比	1	1.08	1.99

生石灰的水化过程要产生大量的热量并发生体积膨胀。其反应的特性主要有以下几方面：

（1）反应过程吸收大量水分。

生石灰的吸水量包括两部分，一部分是 CaO 水化所需的吸水量，另一部分是生石灰的水化产物 $Ca(OH)_2$ 的孔隙吸水量。

由表 5.1-1 可知，1kg 的 CaO 完全水化的理论吸水量为 0.32kg。并且水化后的熟石灰处于干燥状态，呈极细的粉末状，也要吸收一部分水，贮存在孔隙中。但生石灰的总吸水量与所受到的约束压力有关，压力增大吸水量减少。在 50kPa 的压力作用下，1kg 生石灰的总吸水量为 0.8～0.9kg。

（2）生石灰的水化反应为放热反应。

生石灰在水化反应过程中，1 摩尔 CaO 要产生 6.52×10^4 焦耳的热量，那么 1kg 的 CaO 能放出 1 160 焦耳的热量，这些热量能使地基土温度提高，产生汽化脱水现象，降低地基土的含水量，从而减少土的孔隙比，增加土的密实度。

（3）生石灰水化反应过程中伴有体积的显著增大。

CaO 与水反应生成 $Ca(OH)_2$ 后，固相体积要比 CaO 的固相体积增大 99%。另外，在水化过程中，石灰颗粒分散，比表面积增大，在分散颗粒的表面还吸附水分子，使颗粒直径增大，这些因素都将引起颗粒间孔隙增大。在水化过程中，由于固相体积和孔隙体积的增大，生石灰水化后可膨胀到原体积的1.5～3.5倍。体积膨胀的大小与生石灰的磨细度、水灰比、熟化温度、有效钙含量和外部约束等有关。生石灰越细，膨胀越小；水灰比增大，膨胀减小；熟化温度越高，膨胀越大。如果限制生石灰水化过程的体积膨胀，生石灰将产生较大的膨胀压力，在完全侧限条件下，生石灰的膨胀压力可高达10MPa以上。

二、石灰桩的加固机理

石灰桩的加固机理可从桩间土、桩身和复合地基三个方面进行分析。

（一）桩间土

1. 成孔挤密作用

如果石灰桩施工是采用振动沉管法成孔，则会对桩间土产生挤密作用，其挤密效果与石灰桩的置换率、土质情况、上覆土压力及地下水状况等有关。但对灵敏度高的饱和软粘土，成桩过程会破坏土的结构，这样不仅不会挤密桩间土，还会降低土的强度。另外，对饱和软粘土，成桩后地面会隆起，更使挤密效果减弱。

若用人工成孔或钻孔施工方法成孔，就不存在挤密作用。

2. 吸水、升温和膨胀作用

由于水化反应过程要吸收较多的水，并产生升温汽化现象，使地基中含水量下降，孔隙比减小，桩间土抗剪强度得到提高，提高的幅度与置换率有关。若采用10%的置换率，当石灰吸收的水全部是土孔隙中的水时，则土的平均失水量约为8%～9%，若石灰桩间距为3倍的桩径，采用正三角形布置时，置换率约为9%，实测土的失水率为5%。地基土降低5%～9%的含水量，只能使土的承载力提高15%～20%，因此，吸水升温而提高的承载力的一般幅值为15%～20%。

生石灰水化时，对桩间土产生较大的挤压力，使桩间土密实度提高，这将有助于提高地基的强度。

3. 胶凝及离子交换作用

粘土颗粒表面带负电，从而由吸附作用形成一个扩散双电层，扩散双电层的存在使土具有可塑性，扩散双电层越厚，土的抗剪强度越小，生石灰水化反应过程中产生的二价钙离子（Ca^{2+}）与扩散双电层中的一价离子Na^{+}、K^{+}发生离子交换作用，交换的结果使扩散双电层变薄，粘土颗粒间的结合力增强形成团粒结构，从而使土的塑性减小，抗剪强度提高。

粘土中的二氧化硅和氧化铝与水化过程中产生的$Ca(OH)_2$发生化学反应，生成水化硅酸钙、水化铝酸钙等水化产物，与粘土颗粒粘结在一起形成网状结构，增强了颗粒间的联结作用，改善了土的物理力学性能。

由于上述作用，往往在生石灰桩周围形成一圈2～10cm厚的硬壳层。

（二）桩身

生石灰桩具有一定的强度和刚度，可以提高地基的承载力和改善地基的变形特性。

石灰桩桩身的强度与上覆压力和龄期有关，见图5.1-1和图5.1-3，图5.1-2为膨胀率与上覆压力的关系。

石灰桩应用的一个重要问题是防止出现“软心”现象，即桩周呈硬壳而中间呈软膏状态，使桩身缺少必要的强度。

（三）复合地基

石灰桩复合地基承载力由三部分构成：①桩身强度；②桩间土；③桩周形成的硬壳层。由

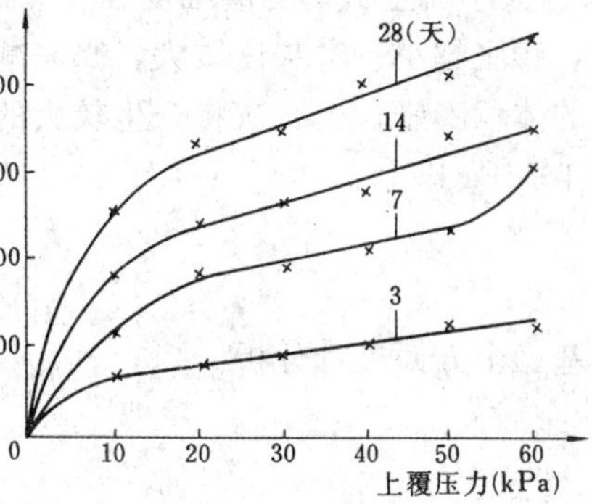

图 5.1-1　抗压强度与上覆压力的关系

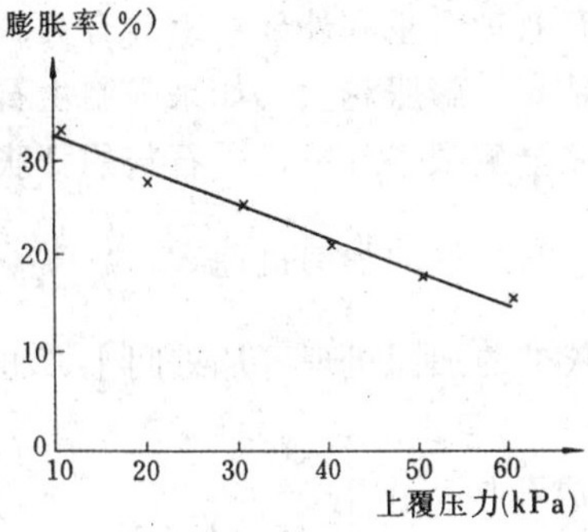

图 5.1-2　膨胀率与上覆压力关系

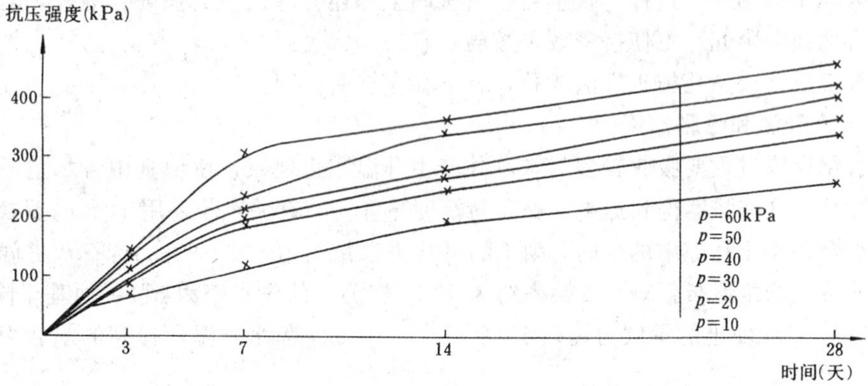

图 5.1-3　抗压强度与龄期的关系

于硬壳层的形成需要一个长期过程，在设计时一般不作考虑而作为安全贮备。根据国内外实测数据，石灰桩复合地基的桩土应力比一般为 2.5～5.0。

要提高复合地基的承载力可从两方面着手，即提高桩身强度与增加桩间土的加固效果。但应注意：①桩间土的承载力应协调。既要保证桩身有较大的强度，又没必要过大增大桩身强度。②桩身吸水量的增加有助于改善桩间土的物理力学性能，但吸水量过多又使桩身强度降低，为使两者兼备有时必须采用较大的置换率。因此在提高复合地基承载力时要进行综合考虑，确定桩间土强度、桩身强度和造价之间的最优关系。

1. 提高桩间土加固效果的方法

(1) 采用优质生石灰。生石灰中纯 CaO 含量越高，水化反应能力越大。

(2) 增加石灰桩的置换率。

(3) 在相同置换率的情况下，采用“细而密”的布桩方案。

2. 提高桩身强度的方法

(1) 石灰桩具有一定的初始密实度并且吸水过程中有一定的约束力限制其自由胀发。满足这两个条件就可避免产生“软心”现象，并且桩身具备一定的强度。当填充密度为 1.17 t/m^3，上覆压力大于 50kPa 时，石灰吸水并不软化。试验表明，在 50kPa 的上覆压力下，石灰桩的无侧限抗压强度可达 300～350kPa。

具体措施如下：①控制填料量，采用较大的充盈系数（如 1.6～1.7）、夯实桩体填料等；

②桩顶采用粘土或其它不透水材料封顶，增加石灰桩膨胀时的约束力；③用砂等充填料填充石灰桩的孔隙，充分发挥生石灰的膨胀力。

（2）桩身掺入活性材料，如粉煤灰、火山灰等。工程中多采用粉煤灰，掺入量一般为石灰桩质量的15%～40%。

石灰桩身中掺入粉煤灰或火山灰后，由于其中含有丰富的SiO_2、Al_2O_3、Fe_2O_3等成分，能与生石灰产生一系列的化学反应，生成具有一定强度和水硬性的水化硅酸钙$CaO \cdot SiO_2 \cdot (n+1)H_2O$、水化铝酸钙$CaO \cdot Al_2O_3 \cdot (n+1)H_2O$和水化铁酸钙$CaO \cdot Fe_2O_3 \cdot (n+1)H_2O$，增加了桩身强度。

第二节　石灰桩的设计计算

石灰桩的设计方法多以经验为主，对无石灰桩应用经验的地区，在确定方案前应进行成桩工艺、桩身材料配合比、地基加固效果等有关试验，以证实石灰桩方案的可行性并取得合理的设计和工艺参数。

石灰桩的设计内容包括：桩径、桩长、桩距、承载力及沉降等。

一、桩　径

桩径主要由当地施工条件决定，一般为150～400mm。

二、桩的布置

石灰桩的布置方式一般为正方形或正三角形。

膨胀前的置换率：

正方形布置　$m=0.785 \cdot (d/l)^2$　（5.2-1）

正三角形布置　$m=0.907 \cdot (d/l)^2$　（5.2-2）

膨胀后的置换率：

$$m' = \varepsilon \cdot m \quad (5.2\text{-}3)$$

式中：d——石灰桩桩径；l——石灰桩桩距；ε——石灰桩膨胀率，按表5.2-1选用。

表5.2-1　不同掺合料的石灰桩膨胀率参考值

纯石灰桩	2∶8（粉煤灰∶生石灰）	3∶7（粉煤灰∶生石灰）	2∶8（火山灰∶生石灰）	3∶7（火山灰∶生石灰）
1.2～1.5	1.15～1.40	1.10～1.35	1.10～1.35	1.05～1.25

注：桩身约束力大时取小值。

石灰桩的布桩范围可仅布置在基础底面下，当基底土的承载力特征值小于70kPa时，宜在基础以外布置1～2排围护桩。

三、桩　距

桩距宜用试验确定，要满足地基承载力和变形的要求，当土质较差和建筑物对复合地基承载力要求较高时，桩距应小些。但也要避免桩距过小造成地面的隆起和破坏土的结构，尤其是黄土和硬塑粘土等。常用的参考桩距见表5.2-2。

表5.2-2　石灰桩参考桩距

土　类	桩距/桩径
淤泥和淤泥质土	2～3.5
较差的填土和一般粘性土	3～4
较好的填土和一般粘性土	≯5

四、桩　长

桩的长度取决于石灰桩的加固目的和上部结构的条件。

(1) 对变形要求较高的建筑物地基，桩长宜达到计算压缩层底部；

(2) 对用于地基稳定目的的石灰桩，桩长应穿过可能的滑动面；

(3) 对其它情况，可采用复合垫层法确定桩长，即把加固土层看作硬层，和未加固的软弱下卧层组成双层地基，应满足软弱下卧层的承载力要求，并使复合地基沉降控制在容许范围之内。

五、复合地基承载力计算

确定石灰桩复合地基承载力的方法有现场荷载试验和计算方法。现场荷载试验方法可参考有关规定进行。计算方法可采用一般复合地基承载力计算公式：

$$f_{sp,k} = m' \cdot f_{p,k} + (1 - m')f'_{s,k} \tag{5.2-4}$$

或

$$f_{sp,k} = [1 + m'(n - 1)] \cdot f'_{s,k} \tag{5.2-5}$$

式中：$f'_{s,k}$——加固后桩周土承载力特征值。

公式中 m' 受石灰质量、掺合料配合比、桩体密实度、桩周土质等情况的影响，宜由现场试验确定，但也可按 $m' = \varepsilon \cdot m$ 估算。

桩土应力比 n 一般采用 3～5，石灰桩复合地基承载力特征值不宜超过 160kPa，但土质较好并采取保证桩身强度的措施，经试验后可适当提高。

（一）桩身强度

可通过单桩静荷载试验或静力触探试验来确定，当利用静力触探试验时，可近似取 $0.1 \cdot P_s$（P_s 为比贯入阻力）作为桩身强度，但仅适用于掺合料为粉煤灰、炉渣的情况。进行初步设计时，可取 $f_{p,k}$=350～500kPa，土质好，施工条件好时，取高值；土质差，地下水较丰富时，取低值。

（二）桩周土的强度

加固后桩周土承载力特征值取天然地基承载力特征值的 1.05～1.2 倍，土质软弱或置换率大时取高值。也可采用以下方法进行估算。

1. 先求孔隙比

具体步骤如下：

(1) 求加固后土的孔隙比 e'。假定石灰桩的膨胀全部用于土的挤密，即地面不发生隆起，则：

$$e' = e_0 - \beta \cdot \varepsilon \cdot (1 + e_0) \cdot \left(\frac{d}{l}\right)^2 \tag{5.2-6}$$

式中：e'——加固后地基土的孔隙比；e_0——天然地基土的孔隙比；β——与布桩形式有关的系数。正方形布桩，β=0.785；正三角形布桩，β=0.907；d——膨胀前石灰桩直径；l——石灰桩间距；ε——石灰桩膨胀率。

(2) 求加固后的含水量 w'。

$$w' = \frac{e' \cdot S_r}{d_s} \tag{5.2-7}$$

对饱和土，

$$w' = \frac{e'}{d_s} \tag{5.2-8}$$

式中：S_r——土的饱和度；d_s——土粒的相对密度。

(3) 求加固后桩周土承载力。由加固后桩间土的平均含水量 w'，孔隙比 e' 或换算成的液性指数等物理指标查有关表格求得 $f'_{s,k}$。

2. 先求脱水量

具体步骤如下：

(1) 计算桩间土的脱水量。

①由生石灰的吸水当量和膨胀率计算。

$$\Delta w = (\frac{1+w_0}{\gamma}) \times m \times [h \cdot \gamma_c + n'_p(1+\varepsilon_v) \cdot S'_r \cdot \gamma_w] \tag{5.2-9}$$

式中：Δw——桩周土的脱水量，$\Delta w = w_0 - w'$；w_0——天然地基含水量；w'——加固后地基的平均含水量；γ——天然地基的重度（kN/m^3）；m——石灰桩的置换率；γ_w——水的重度，取 $10kN/m^3$；γ_c——生石灰桩的充填重度，一般为 $13kN/m^3$；h——生石灰桩的化学吸水当量，一般取 0.28；n'_p——消化后生石灰桩的孔隙率，一般取 65%；ε_v——生石灰桩的膨胀率，一般取 80%；S'_r——消化后生石灰桩的饱和度，一般取 85%。

该公式适用于一般粘性土，但考虑到土的含水量受大气降水、补给条件等诸多因素的影响，该方法计算出的结果往往较粗糙。

②由不同压力下的生石灰吸水率计算。

$$\Delta w = \frac{m \cdot \gamma_r \cdot p \cdot w_1}{\gamma}(1+w_0) \tag{5.2-10}$$

式中：γ_r——生石灰桩桩体材料的重度，kN/m^3；p——桩体材料中石灰的重量百分比；w_1——一定压力下石灰的吸水率，根据不同配比下室内试验确定。该公式适用于沿海地区的淤泥和淤泥质土。

(2) 由以上公式求出脱水量 Δw 后，桩周土孔隙比的降低量可由下式算出。

$$\Delta e = \frac{d_s \cdot \Delta w}{S_r} \tag{5.2-11}$$

对饱和土：
$$\Delta e = d_s \cdot \Delta w \tag{5.2-12}$$

则：
$$e' = e_0 - \Delta e$$

(3) 求加固后桩周土承载力，同 1。

3. 经验公式

也可采用下式计算桩间土承载力：

$$f_{sk} = [\frac{(k-1) \cdot d}{A - A_p} + 1] \cdot \mu \cdot f_{ak} \tag{5.2-13}$$

式中：k——桩间土的加强系数，一般为 1.4～1.6，天然地基土强度高或为粉土时取小值，反之取大值；d——石灰桩设计桩径；A——被加固土面积；A_p——石灰桩胀发后的面积；μ——成桩挤压系数，排土成孔时，$\mu=1$，挤土成孔时，$\mu=1.1$～1.3（可挤密土取高值，饱和软土取 1）；f_{ak}——天然地基土的承载力特征值。

六、沉降计算

地基的沉降由加固区变形量和下卧天然地基土的变形两部分组成，具体计算可参照复合地基的有关内容进行。

第三节　石灰桩的施工

一、材　料

石灰桩的材料以生石灰为主。MgO 含量小于或等于 5% 的生石灰称为钙质生石灰，大于 5% 则称镁质生石灰。钙质生石灰水化反应能力大，反应速度快。

石灰桩要求选用新鲜的生石灰块，过烧的和欠烧的生石灰都不应使用。要求有效 CaO 含量不低于 70%，粒径不应大于 70mm，含粉量不得超过总重量的 15%，其中夹石不大于 5%。

掺合料应保持适当的含水量，使用粉煤灰或炉渣时，含水量宜保持在 30%左右。

二、成桩工艺

石灰桩成桩工艺分管内成桩和管外成桩两种工艺。一般多采用管内成桩。

(一) 管内成桩工艺

管内成桩是指用人工或机械成孔后，再填料夯实、封顶，自上而下成孔、自下而上填夯成桩。它包括人工挖孔成桩、冲击法成桩、螺旋钻进法成桩、沉管法成桩、爆扩法成桩等施工方法。

1. 人工挖孔成桩

一般多采用人工洛阳铲成孔，成桩直径 300mm 左右，桩长可达 4～6m。成桩后分段灌入生石灰或生石灰与粉煤灰（火山灰）的掺合料，一般每次填料深度不宜大于 400mm，然后分段人工夯实，最上面一段用粘土封顶并夯实。

人工挖孔成桩法适用于一般粘性土、淤泥质土和淤泥。

2. 冲击法成桩

这种方法是应用冲击钻机将一定质量的钻头，以 0.5～2m 的高度周期地冲击土层，每次冲击之后，钻头在钢丝绳带动下回转一定的角度，从而形成一个规整的圆形断面钻孔。成孔后再分段填料、夯实，最后封顶成桩。冲击法成孔的孔径大，孔深不受机械高度的限制，同一套设备既可成孔，又可填夯。

国内常用的钢丝绳冲击钻机的主要技术性能参数见表 5.3-1。

表 5.3-1　国内常用钢丝绳冲击钻机性能

技术参数 \ 型号		CZ-20	CZ-22	CZ-30
钻孔直径 (mm)	泥浆护壁 套管钻进	600 500	750 550	1 000 800
钻孔深度 (m)		120	200	250
钻具最大质量 (t)		1.0	1.30	2.5
钻具冲程 (mm)		450～1 000	350～1 000	500～1 000
钻具冲击次数 (min^{-1})		40；45；50	40；45；50	40；45；50
起重能力 (kN)	钻具卷筒 抽筒卷筒	14.7 9.8	19.6 12.7	29.4 19.6
钢丝绳平均卷速 (m/s)	钻具卷筒 抽筒卷筒	0.52～0.65 0.92～1.27	1.28～1.47 1.26～1.56	1.24～1.56 1.38～1.74
桅杆	高度 (m) 起重量 (kN)	12 49	13.5 117.6	16 245
电动机功率	电动机 (kW) 柴油机 (马力*)	20 30	30 40	40 60
钻机质量 (t)		6.27	8.2	13.67

注：*1马力=736W。

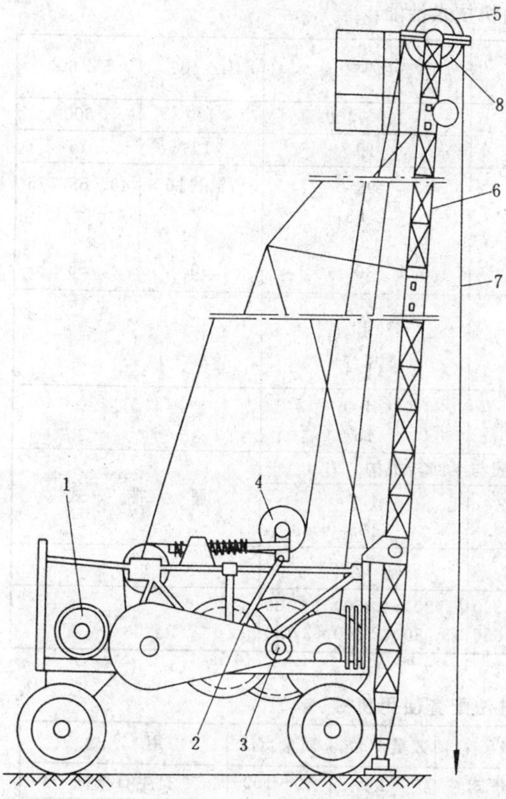

图 5.3-1　CZ-22 型冲击钻机

1—电动机；2—冲连杆；3—主轴；4—压轮；5—钻具天车；6—桅杆；7—钢丝绳；8—抽筒天车

图 5.3-1 为 CZ-22 型冲击钻机外貌图，图 5.3-2 为带副刃十字形冲击钻头。

3. 螺旋钻进法成桩

螺旋钻进法是一种干式回转钻进方法，其特点是用螺旋钻杆不断地将土屑输送到地表，不使用冲洗液，符合石灰桩的施工要求，钻进效率很高。

根据使用设备的不同螺旋钻进法又分为长螺旋钻进法和套管螺旋钻进法。

(1) 长螺旋钻进法：

长螺旋钻进法是使用长螺旋钻机成孔，然后填料夯实，最后封顶即成桩。这种方法可以深孔钻进，最深可达 15～20m，但在孔壁不能自立的土中无法应用。

国内螺旋钻机主要技术参数见表 5.3-2。

(2) 套管式螺旋钻进法：

在套管中加螺旋钻进，适用于不稳定易坍塌的地层。石灰桩直径有 ϕ200mm、ϕ300mm、ϕ350mm、ϕ400mm 不等，长度最深可达 35m。

套管式螺旋钻进法成桩工艺见图 5.3-3。

套管式螺旋钻进法施工机械布置见图 5.3-4。

施工时配套使用的机械见表 5.3-3。

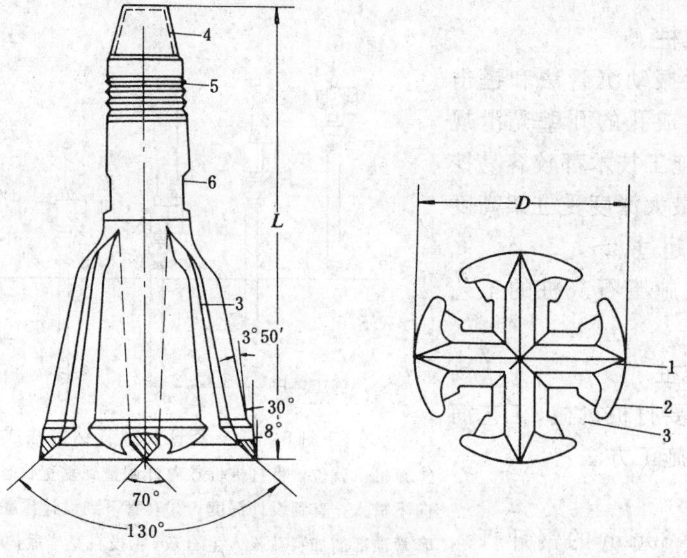

图 5.3-2　带副刃十字形冲击钻头

1—主刃；2—副刃；3—水槽；4—锥形丝扣；5—环形槽；6—扳手卡槽

表 5.3-2　国内螺旋钻机技术性能

技术参数 \ 型号		BQZ-Ⅱ	LZ-10	LZ-400	LZ-600
钻孔直径 (mm)		300～400	300～400	400	600
钻孔深度 (m)		8	10	12	16
钻杆转速 (r/min)		85	98	75、110	40、55、75
钻杆最大扭矩 (kN·m)		2.47	2.63		
平均钻速 (m/min)		1～1.5	1.2		
电力头电机功率 (kW)		22	30	30	55
卷扬机	提升能力 (kN)	9.8	19.6		
	提钻速度 (m/min)	13			
	电机功率 (kW)	10	11.4		
液压系统	液压泵型号	CB-40	CB-46		
	电机功率 (kW)	17	13		
行走机构类型		液步步履与半回转机构		履带式	
整机一次步移距离 (m)		1.2	1.5		
整机回转角度 (°)		100	135		
钻机质量 (t)		10	12		
钻机外廓尺寸 长×宽×高 (mm)	工作状态	7 900×4 100×12 390	7 930×4 460×13 400		
	拖运状态	12 100×2 600×3 636	13 050×2 600×3 780		

表 5.3-3　套管式螺旋钻进法配套使用机械

名　称	能　力	规　格	数量（台）	质量（t）	用　途
打桩机	起吊能力 220～800kN	三点支承履带式	1	40～100	打生石灰桩
吊　车	起吊能力 150～250kN	履带式或汽车式	1	18～33	投　料
空压机	700kPa	7～10m³/min	1	3	向套筒内加压
发电机	125kW		1	4	动　力
铲斗装载机	0.8m³		1	7	回填、平整场地

4. 沉管法成桩

沉管法包括振动沉管法和锤击沉管法，沉管法成孔的孔壁光滑规整，挤密效果和施工技术都较容易控制和掌握，成孔最大深度受桩架高度的限制，一般不超过 8m。

振动打桩机施工石灰桩的工艺见图 5.3-5。

5. 爆扩法成桩

爆扩法不需要打桩机械，工艺简便。它分为两种施工方法：

（1）药眼法：

将直径 15～30mm 的钢钎打入土中，拔出钢钎后土中形成小孔眼（药眼），再往药眼内直接装填炸药和 1～2 个电雷管，引爆后即成桩孔。此

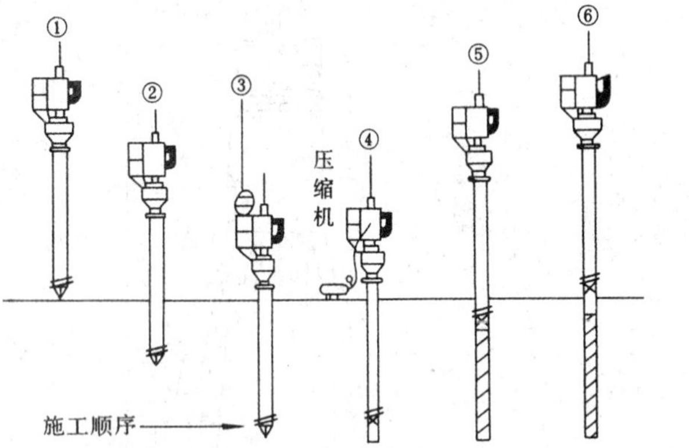

图 5.3-3　套管式螺旋钻进法成桩工艺图

①打桩机就位，将打桩机导向杆调整到垂直状态；②使套管边旋转，边向下贯入，直到设计深度；③套管下到设计深度后，钻杆停止回转，从套管顶部的加料斗投入生石灰；④投料完毕后，关闭套筒上端的气密阀，送入压缩空气，使套管内的空气压力达到规定值；⑤待套管内压力达到规定值后，启动打桩机，使套管边反向回转，边向上提升。同时调整套管内的空气压力；⑥拔出套管后，对桩顶进行处理

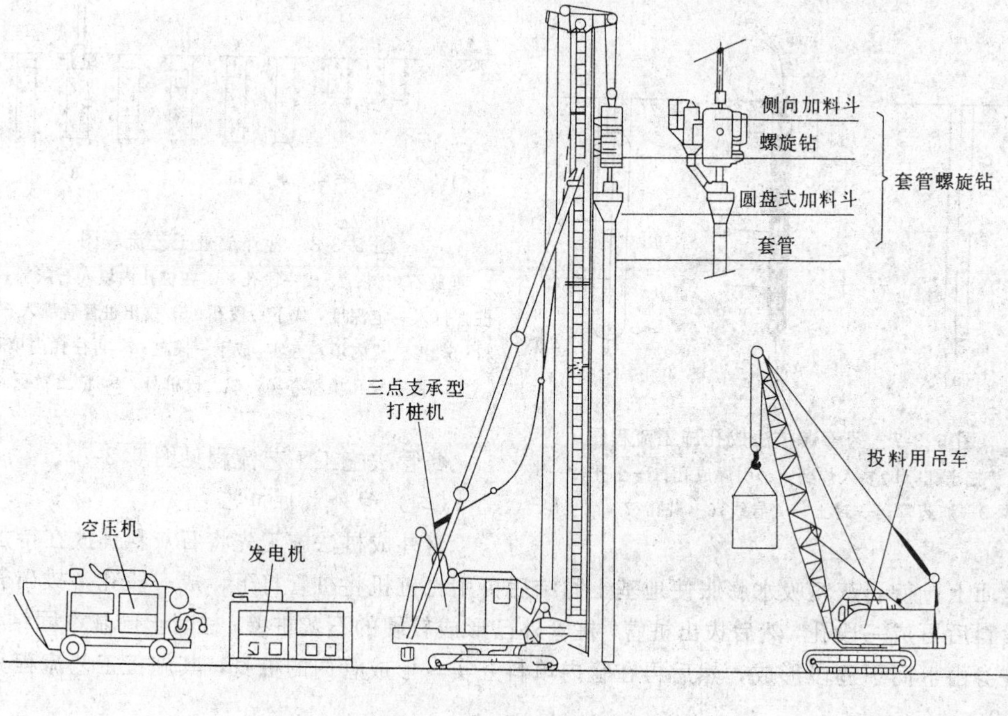

图 5.3-4　施工机械布置图

法适用于含水量不超过 22%的土层，工艺流程见图 5.3-6。

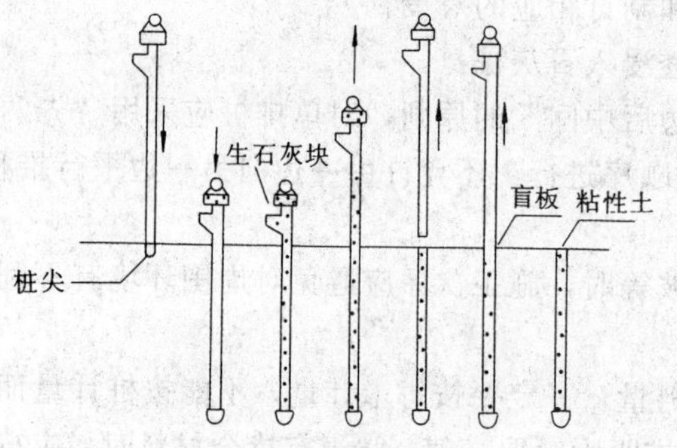

图 5.3-5　振动打桩机施工石灰桩工艺图

a. 打桩机就位；b. 将桩管沉入到设计深度；c. 加料，先灌 50kg 砂，再将新鲜生石灰块灌入管内；d. 边振动边往上拔桩管；e. 桩管拔出地面；f. 桩顶压密，将钢管底部用盲板封住后往下压 50～70cm，使桩顶石灰压密；g. 封顶，钢管拔出后，往孔洞中填入粘性土并压实或夯实

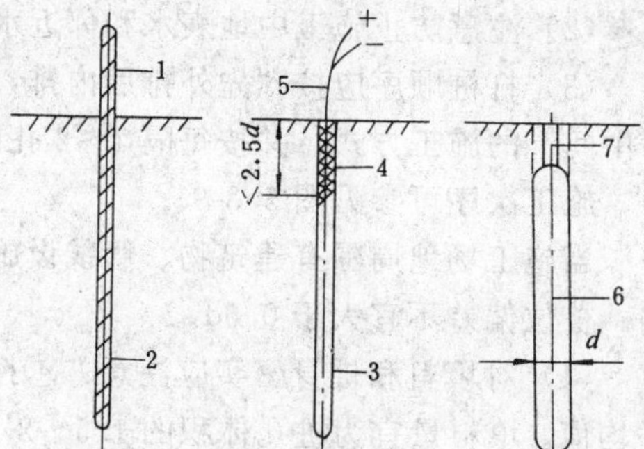

图 5.3-6　药眼法爆扩成孔施工流程图

(a)打小药眼；(b)装填炸药；(c)引爆成孔；1—药眼；2—钢钎；3—炸药；4—封土层；5—导线；6—桩孔；7—削土层

（2）药管法：

用洛阳铲或扁锥头钢铲在土中挖 60～80mm 直径，深度为设计深度的孔洞，然后往孔内放入炸药管和 1～2 个电雷管，引爆后即成桩孔，此法适用于含水量较大的土层。

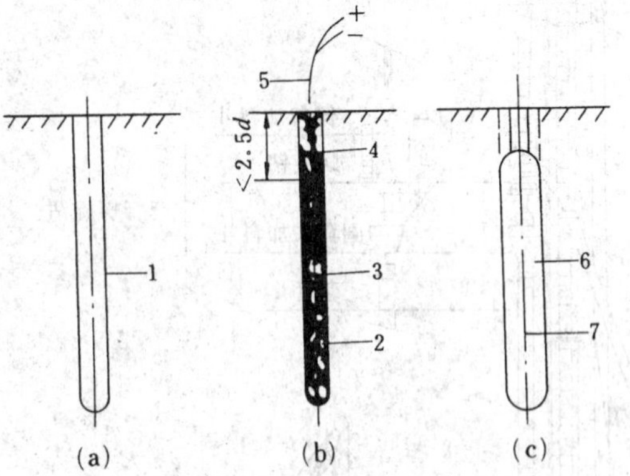

图 5.3-7 药管爆扩法成孔施工流程图

(a)铲挖土孔；(b)装入炸药；(c)引爆成孔；1—土孔；2—填砂；3—炸药管；4—封土；5—导线；6—桩孔；7—削土层

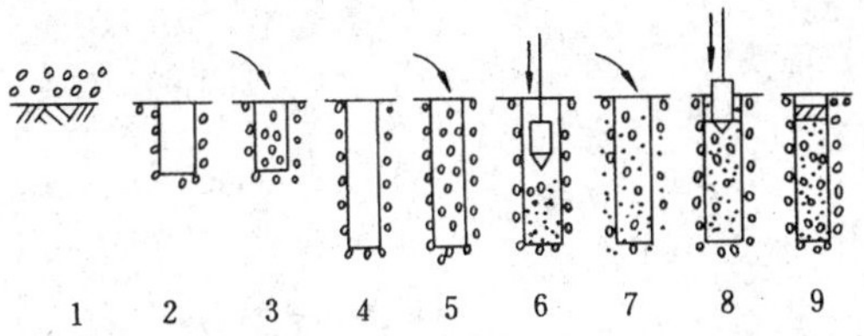

图 5.3-8 管外成桩工艺流程图

1. 堆放石灰料；2. 成一段孔；3. 在桩孔内填入石灰料；4. 桩管打入一定深度，成下一段孔；5. 拔出桩管后灌入石灰料；6. 将桩孔内填料夯实，成下一段桩；7. 再往孔内填料；8. 将上段孔填料夯实，成上段桩身；9. 粘土封顶

药管法施工工艺流程见图 5.3-7。

（二）管外成桩工艺

管外成桩法施工先将石灰料铺放在待加固的地面上，待石灰料吸水膨胀使地基土固结后再用打桩机将桩管打下，成一段孔，拔出管填一段料后再成一段孔，然后拔出桩管，桩管外已形成较硬的石灰桩壁，桩间土已基本固结，管外桩身由上而下逐段形成，然后再在管内填料夯实，形成管内的桩身，其施工工艺流程见图 5.3-8。

三、施工要点

（1）施工前应进行成桩试验和材料配合比试验，以验证成桩工艺的可行性，确定合理的成桩参数，并了解施工过程中可能发生的问题和制订相应的对策。

（2）注意防止施工中地表水和邻近水源渗透浸入石灰桩身。

（3）打桩顺序应按“先外排后内排，先周边后中间”的原则，对单排桩应采用“先两端后中间”的施工方式，并按每隔 1～2 孔的施工顺序进行，不允许由一边向另一边平行推移。

施工次序可参见图 5.3-9。

当施工场地周围有建筑物、管线设施、岸坡等时，施工次序应避免对周围环境有不利影响。桩位偏差不宜大于 0.5d。

（4）对填料和桩身密实应注意：①控制填料量，一定要按每米计量，不能按桩计量而取平均值。填料量宜为桩孔体积的 1.5～2.0 倍，桩距大时取高值；②当有掺合材料时，应按设计配合比与生石灰拌匀；③填料前应消除桩孔内的杂物和积水。在软土中施工宜在孔中先灌入 50cm 厚的砂；④采用夯击时，夯锤直径应比孔径小 90～120mm，锤重应大于 100kg，锤底面静压力不宜小于 20kPa。采用分段夯填，每段高度 50～100cm，由成桩试验确定。

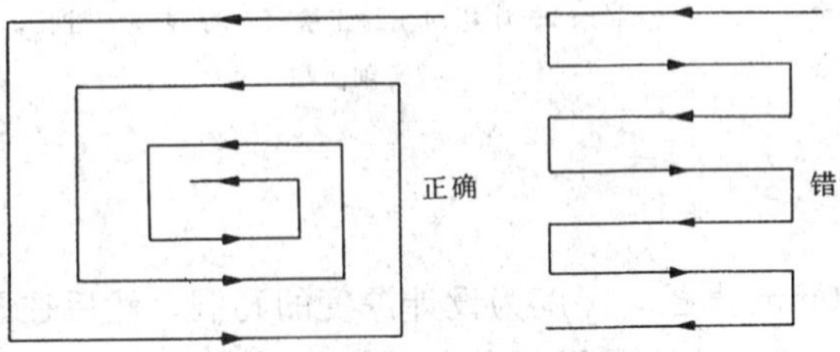

图 5.3-9 石灰桩施工次序图

（5）石灰桩填夯后必须立即用粘土或素混凝土等材料压实封顶，以增加上覆压力，防止地表水流入桩身和防止石灰桩因水化过分激烈而引起桩孔喷料（放炮）现象。

封顶长度一般取 1.0m 左右，对直径 500mm 的桩可取 1.5m。

(6) 浇筑基础应在石灰桩达到一定强度后进行。一般为一个月。

(7) 注意安全，防止石灰桩喷料伤人。

第四节　质量检验

石灰桩施工检测宜在施工 7～10d 后进行；竣工验收宜在施工 28d 后进行。

一、桩身质量检验

(1) 挖桩检验与桩身取样试验。直接测定桩径、桩的外形、桩身材料分布情况及桩身密实度等，还可直接测定桩身强度。

(2) 采用静力触探，轻便触探，标贯试验等测定桩身质量。检测部位为桩中心。

(3) 荷载试验，有条件时可采用与桩身直径相同的静荷载试验。

桩身质量的检验应采用随机抽样检查，抽样检查组数不小于总桩数的 1%，每两点为一组。

二、桩间土检验

一般采用静力触探、标贯试验、轻便触探、旁压试验等原位测试手段，软土中也可用十字板试验，同时钻孔取样进行室内土工试验，测定加固前后的各项指标变化。但值得注意的是，桩间土的加固程度与距桩身的距离有关，见图 5.4-1。

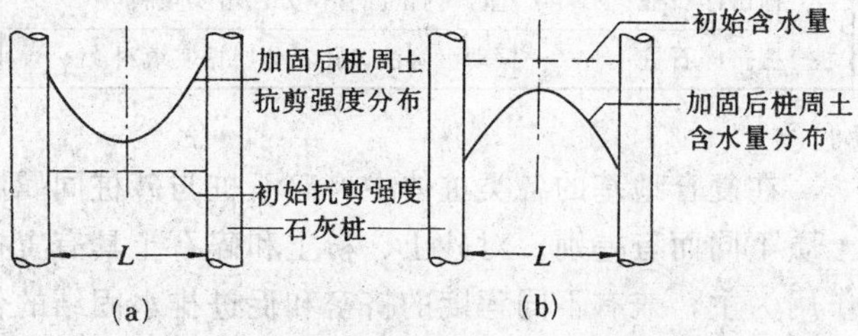

图 5.4-1　桩周土抗剪强度和含水量变化规律

(a) 抗剪强度增长；(b) 含水量降低

检测部位为桩间土中心。

三、复合地基质量检验

复合地基承载力可采用现场单桩或多桩复合地基载荷试验。一般采用单桩复合地基试验，即承压板面积等于单桩承担的加固面积，载荷试验数量宜为地基处理面积每 200m² 左右布置一个点，且每一个单体工程不应少于 3 点。

第六章 碎石桩

第一节 概 述

碎石桩是指用振动、冲击或水冲等方法在软弱地基中成孔后，再将碎石挤入土中形成大直径的由碎石所构成的密实桩体。按其制桩工艺分为振冲（湿法）碎石桩和干法碎石桩两大类。采用振动水冲法施工的碎石桩称为振冲碎石桩或湿法碎石桩。采用各种无水冲工艺（如干振、振挤、锤击等）施工的碎石桩称为干法碎石桩。各类碎石桩的主要特性见表 6.1-1。

表 6.1-1 各类碎石桩主要特性

名称		设备与工艺	制桩工效	桩长（m）	桩径（m）	挤密能力	环境影响
振冲碎石桩		专用振冲器水平振动加水冲造孔，分层振密填料	较快	20～25	0.6～1.2	强	泥浆污染
干法碎石桩	干振碎石桩	专用振动成孔器水平振动造孔，分层振实填料	较快	≤6	0.4～0.7	强	无泥浆污染
	锤击碎石桩	重锤内击沉管，分层击实填料	中等	12～15	0.4～0.7	较强	
	振挤碎石桩	振动沉管法造孔，分层振实填料	较快	19～28	0.4～0.6	中等	

在复合地基的各类桩体中，碎石桩与砂桩同属散体材料桩，加固机理相似，并随被加固土质不同而有差别。对砂土、粉土和碎石土具有置换和挤密作用；对粘性土和填土，以置换作用为主，兼有不同程度的挤密和促进排水固结的作用。

碎石桩在工程中主要应用于以下几方面：①软弱地基加固；②堤坝边坡加固；③消除可液化土的液化性；④消除湿陷性黄土的湿陷性。

第二节 振冲碎石桩

振冲法是以起重机吊起振冲器，启动潜水电机后，带动偏心块，使振冲器产生高频振动，同时开动水泵，使高压水通过喷咀喷射高压水流，在边振边冲的联合作用下，将振冲器沉入到设计深度形成桩孔，再向桩孔逐段填入碎石并逐段振密，从而在地基中形成一根大直径的密实桩柱体并和原地基土组成复合地基，使承载力提高，沉降减少。

在砂性土中，振冲起挤密作用，故称为振冲挤密；在粘性土中，振冲主要起置换作用，故称振冲置换。

振冲法适用于处理砂土、粉土、粘性土、填土以及软土，但对不排水抗剪强度小于 20kPa 的软土使用要慎重，应通过现场试验确定其适用性。

一、振冲碎石桩设计

1. 加固范围

加固范围应根据建筑物的重要性和场地条件确定，应大于基底面积。当用于多层建筑或高层建筑时，宜在基础外缘加宽 1～2 排桩；对砂土、粉土等可液化地基，基础外缘扩大宽度不应小于基底下可液化土层厚度的 1/2。

2. 桩位布置

一般采用正方形或正三角形布置。对大面积满堂处理，宜采用正三角形布置；对条形基础，设计时宜先考虑单排桩，若不能满足要求时，可布 2 排或 3 排桩。布桩时对多排桩宜采用正方形布置，也可布置成矩形或等腰三角形；对柱基宜用正方形布置，也可布置成矩形或等腰三角形，单柱柱基内布桩最好不少于 3 根。

3. 桩距

桩的间距一方面要保证复合地基承载力达到设计要求；另一方面又要避免桩距过小出现“串桩”，影响正常施工。30kW 振冲器布桩间距可取 1.3～2.0m；55kW 振冲器布桩间距可取 1.4～2.5m；75kW 振冲器布桩间距可取 1.5～3.0m。荷载大或对粘性土，取小值；反之，宜取大值。对于桩端没达到相对硬层的短桩，应取小值。

4. 桩长

桩的深度一般应达到强度较高的下卧土层。当相对硬层的埋藏深度不大时，桩长应按相对硬层埋藏深度确定；当相对硬层的埋藏深度较大时，应按建筑物地基的变形容许值确定。桩长不宜短于 4m。在可液化地基中，当可液化土层不厚时，桩体应穿透整个可液化层；当可液化层较厚时，应按抗震处理深度确定。

5. 桩径

碎石桩直径取决于地基土质情况和成桩设备等因素。采用 30kW 振冲器成桩时，桩径一般为 0.7～1.0m；采用 75kW 振冲器成桩时，桩径一般为 0.8～1.2m。

6. 复合地基承载力

复合地基承载力特征值应按现场复合地基荷载试验确定，也可用单桩和桩间土的荷载试验，即按下式确定：

$$f_{sp,k} = m \cdot f_{p,k} + (1 - m) \cdot f_{s,k} \qquad (6.2\text{-}1)$$

式中：$f_{sp,k}$——复合地基的承载力特征值（kPa）；$f_{p,k}$——桩体的承载力特征值（kPa）；$f_{s,k}$——桩间土的承载力特征值（kPa）；m——面积置换率。

对小型工程的粘性土地基如无现场荷载试验资料，也可按以下公式进行估算：

$$f_{sp,k} = [1 + m(n - 1)]f_{s,k} \qquad (6.2\text{-}2)$$

或

$$f_{sp,k} = [1 + m(n - 1)] \cdot (3 \cdot s_v) \qquad (6.2\text{-}3)$$

式中：n——桩土应力比，无实测资料时可取 2～4，原土强度低取大值，原土强度高取小值。s_v——桩间土的十字板抗剪强度，也可用处理前地基土的十字板抗剪强度代替。

7. 碎石桩桩体承载力

一般在实际工程中，碎石桩桩体的承载力是通过荷载试验直接测定的。如无实测资料，也可采用计算法和经验法确定。

（1）计算法：

参照第三章表 3.3-1 中的有关公式进行估算。由于各计算公式都有不同的假定条件，与实际情况有较大差别，因此计算法确定的承载力不一定准确，在使用时要根据当地的工程经验来确定碎石桩的承载力。

（2）经验法：

对中小型工程可根据天然地基土的土质条件、施工工艺特点并按同类土质中的工程实例来确定碎石桩的承载力。

根据国内工程实践，对于由振冲法施工形成的质量良好的碎石桩的承载力特征值，可参考表 6.2-1 和表 6.2-2 选用。

表 6.2-1 不同土质碎石桩承载力特征值的经验值（kPa）

30kW 振冲器			75kW 振冲器		
软粘土	一般粘性土	可加密粉质粘土	软粘土	一般粘土	可加密粉质粘土
300～400	400～500	500～700	400～500	500～600	600～900

表 6.2-2 碎石桩承载力与密实度参考表

密实度	$N_{63.5}$	φ_p	E_p(100kPa)	$f_{p,k}$(100kPa)
很松散	<4	<30°	<35	<1.2
松散	4～7	30°～33°	35～60	1.2～2.0
中等密实	7～10	33°～38°	60～90	2.0～3.0
密实	10～17	38°～45°	90～150	3.0～5.0
很密实	>17	>45°	>150	>5.0

注：$N_{63.5}$为重型圆锥动力触探锤击数。

8. 复合地基沉降

碎石桩的沉降包括复合地基加固区沉降和加固区下卧层的沉降：

$$s_{sp}=\psi_{sp}\cdot\sum_{i=1}^{n_0}\frac{p_0}{E_{spi}}\cdot(z_i\cdot\bar{\alpha}_i-z_{i-1}\cdot\bar{\alpha}_{i-1})$$

$$+\psi_s\cdot\sum_{i=n_0+1}^{n}\cdot\frac{p_0}{E_{si}}\cdot(z_i\cdot\bar{\alpha}_i-z_{i-1}\cdot\bar{\alpha}_{i-1}) \tag{6.2-4}$$

式中：s_{sp}——复合地基最终沉降量（mm）；ψ_{sp}——复合地基沉降计算经验系数，根据地区沉降观测资料及经验确定，无统计数据时可取 $\psi_{sp}=1.0$；ψ_s——地基沉降计算经验系数，根据地区沉降观测资料及经验确定，也可查规范中有关表格确定；p_0——对应于荷载效应：经永久组合时的基底附加压力（kPa）；n——地基沉降计算深度范围内所划分的土层数；其中 $1\sim n_0$ 位于复合土层内，$n_0+1\sim n$ 位于下卧层内；z_i，z_{i-1}——基础底面至第 i 层土、第 $i-1$ 层土底面距离（m）；$\bar{\alpha}_i$，$\bar{\alpha}_{i-1}$——基础底面计算点至第 i 层土，第 $i-1$ 层土底面范围内平均附加应力系数，可按规范附表查用；E_{si}——下卧层第 i 层土的压缩模量（MPa）；E_{spi}——第 i 层复合土层的压缩模量（MPa），可按下式计算：$E_{sp}=[1+m(n-1)]\cdot E_s$；$E_s$——复合土层内桩间土的压缩模量（MPa）；$n$——桩土应力比，无实测资料时，对粘性土可取 2～4，对粉土可取 1.5～3，原土强度低取大值，反之取小值；m——置换率。

在进行具体设计时可遵循以下步骤：

（1）确定桩间土和桩体的承载力特征值。

桩间土承载力特征值可由现场原位试验或室内试验确定。

（2）计算置换率：

①由式（6.2-1）计算置换率 m：

$$m=\frac{f_{sp,k}-f_{s,k}}{f_{p,k}-f_{s,k}}$$

②由式（6.2-2）或（6.2-3）计算置换率 m：

$$m=\frac{f_{sp,k}-f_{s,k}}{(n-1)\cdot f_{s,k}}$$

或 $$m=\frac{f_{sp,k}-3\cdot s_v}{3\cdot(n-1)\cdot s_v}$$

但采用上式计算时应满足 $f_{p,k}\geqslant n\cdot f_{s,k}$ (6.2-5)

式中：n 为桩土应力比，对粘性土一般取 2～4；对砂土、粉土取 1.5～3。

（3）由振冲试验确定桩径。如无试验资料也可根据振冲器类型、土质条件及当地工程经验确定桩径。

(4) 由桩径、置换率确定桩距：

正方形布置 $$l = 0.886 \cdot \frac{d}{\sqrt{m}} \tag{6.2-6}$$

正三角形布置 $$l = 0.952 \cdot \frac{d}{\sqrt{m}} \tag{6.2-7}$$

式中：l——桩距（m）；d——桩径（m）。

(5) 确定桩长。

(6) 计算单桩所需填料量 q：

$$q = \beta \cdot \frac{\pi}{4} \cdot d^2 \cdot H \tag{6.2-8}$$

式中：q——单桩填料量(虚方)(m^3)；β——修正系数，一般取 β=1.2～1.4；H——桩长(m)。

(7) 沉降计算：进行沉降计算时，若沉降量不能满足设计要求可增加桩长或加大置换率或采取其它措施。

二、振冲碎石桩施工

(一) 施工前准备工作

(1) 现场勘察了解场地的地形及周围环境。了解现场有无障碍物存在，电源、水源能不能满足施工要求，有无排污的通道及施工机具的进出是否方便等。

(2) 了解场地的地质条件和地下水的情况，包括土层的分布情况及地基土的物理力学性质、地下水位及动态等。

(3) 对中大型工程或重要工程，应进行振冲试验，根据试验情况确定各项施工参数。

(4) 编写施工组织设计，合理布置现场，明确施工顺序、施工方法、计算所需的机具数量及所需耗用的水、电和填料等。

(二) 桩身材料

碎石或卵石可选用自然级配，含泥量不宜超过5%。常用的填料粒径为：30kW 振冲器 20～80mm；55kW 振冲器 30～100mm；75kW 振冲器 40～150mm。

作为桩体材料，碎石比卵石好，碎石之间咬合力比卵石大，形成的碎石桩强度高，而卵石作填料下料容易。

(三) 施工机具

振冲法施工的主要机具有振冲器、起吊机械、水泵、泥浆泵、填料机械、电控系统等。振冲法施工配套机械如图 6.2-1。

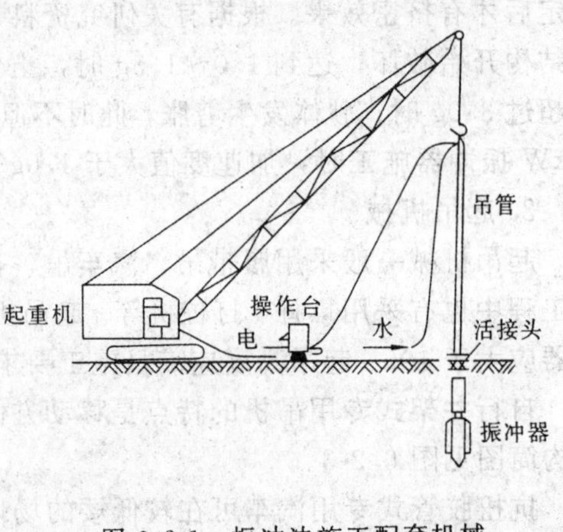

图 6.2-1 振冲法施工配套机械

1. 振冲器

振冲器是一种利用自激振动，配合水力冲击进行作业的机具。国内常用振冲器主要技术参数见表 6.2-3。

(1) 振冲器结构：

图 6.2-2 为振冲器结构示意图，振冲器主要包括四大部分：①电动机：由于振冲器常在地下水位以下作业，一般采用潜水电机。电动机转动时，

表 6.2-3　国内振冲器主要技术参数

类　别		ZCQ-13	ZCQ-30	ZCQ-55	BL-75
		型　号			
潜水电机	功　率（kW）	13	30	55	75
	转　数（r/min）	1 450	1 450	1 450	1 450
振动机体	偏心距（cm）	5.2	5.7	7.0	7.2
	激振力（kN）	35	90	200	160
	振　幅（mm）	4.2	5.0	6.0	3.5
	加速度（g*）	4.3	12	14	10
振动器外径（mm）		274	351	450	427
全　长（mm）		1 600	1 935	2 500	3 000
总质量（kg）		780	940	1 600	2 050

注：*g 为重力加速度。

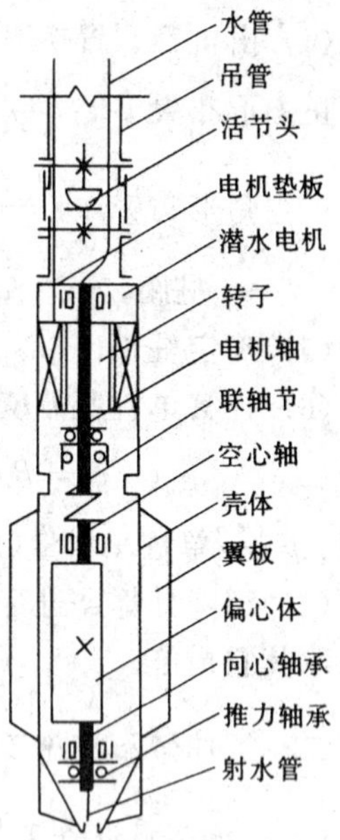

图 6.2-2　振冲器构造示意图

通过弹性联轴器带动振动机体中的中空轴。②振动器：振动器中的中空轴上装有链连接的偏心块，中空轴转动带动偏心块产生水平向振动。振动器两侧设有翼板以减小振动的扭力矩。③通水管。国内 30kW 和 55kW 振冲器通水管穿过潜水电机转轴及振动器偏心轴，75kW 振冲器水道通过电机和振动器侧壁到达下端。④减振器及导管：振冲器与上部悬挂导管之间装有减振接头，以减少振动能量向上传递。导管是用来起吊振冲器和保护电缆、水管的。

（2）振动参数：

振动器的振动参数包括振动频率、振幅和加速度。

①振动频率：当振动器的振动频率接近土的自振频率时，产生共振现象，使土达到最佳加密效果。砂土与松散填土的自振频率一般为 1 040～1 200 次/min，目前国内振冲器的振动频率为 1 450 次/min，两者比较接近，因此加固效果较好。

②振幅：振冲器的振幅在一定范围内对土体产生挤压。一般在相同振动时间内，振幅大，加固效果好。但振幅过大或过小，均对加固土体不利。

③加速度：是反映振冲器振动强度的主要指标。对于振冲挤密，只有当振动加速度达到一定后才有挤密效果。根据有关研究资料，土层中振动加速度达 0.5g（重力加速度）时，砂土结构开始破坏；达到 1.0～1.5g 时，土体变为流体状态，加密的可能性大大减少；当加速度超过 3.0g 时，砂体发生剪胀，此时不但不变密，反而由密变松。根据有关实测资料，采用 30kW 振冲器施工时，加速度值大于 1.0g 的范围小于 1.0m，等于 0.5g 的范围小于 2.0m。

2. 起吊机械

起吊机械一般采用履带吊、汽车吊、自行井架式专用吊机或抗扭胶管式专用汽车。在实际工程中也有采用扒杆、打桩机等。起吊机械的起吊能力，30kW 振冲器应大于 5t，75kW 振冲器应大于 10t。起吊高度应满足施工要求。

自行井架式专用吊机的特点是移动方便、施工安全、效率高，最大加固深度可达 15m，其结构简图见图 6.2-3。

抗扭胶管式专用汽车可在较低矮的场地施工，机动性强，最大加固深度视胶管长度而定，一般不小于 12m。其结构见图 6.2-4。

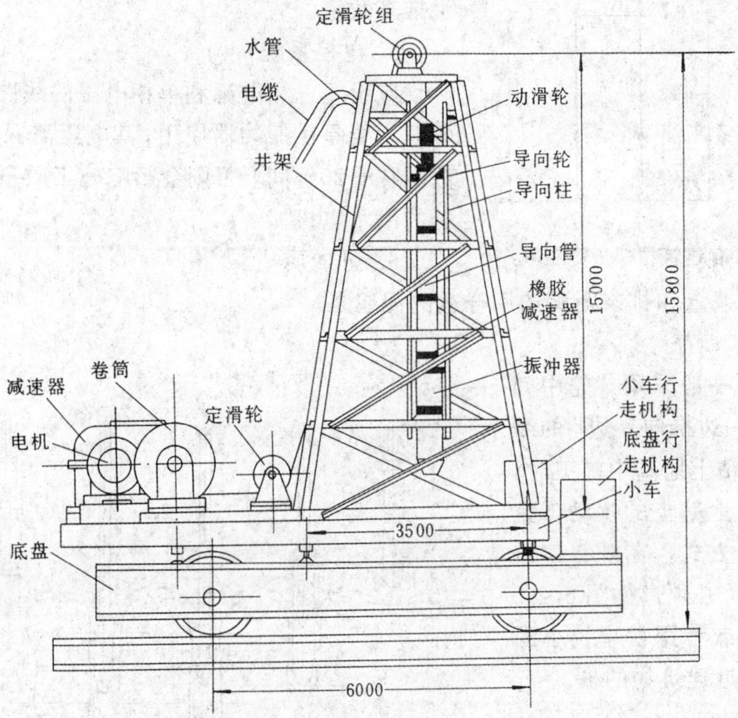

图 6.2-3　自行井架式专用平车

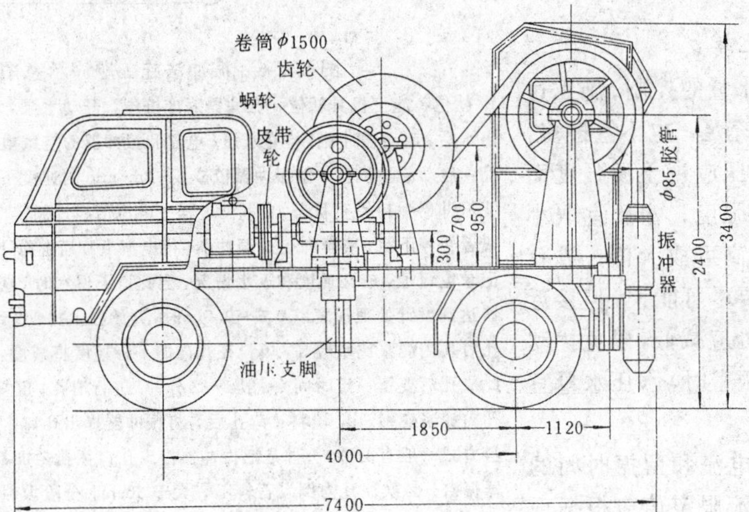

图 6.2-4　抗扭胶管式专用汽车

3. 水泵

在加固施工过程中，要有足够的一定压力的水通过橡皮管引入振冲器的中心水管。要求振冲器的孔端出口压力为 400～600kPa，水量为 20～30m^3/h。

4. 填料机械

填料机械可用装载机或手推车。30kW 振冲器应配 0.5m^3 以上装载机，75kW 振冲器应配

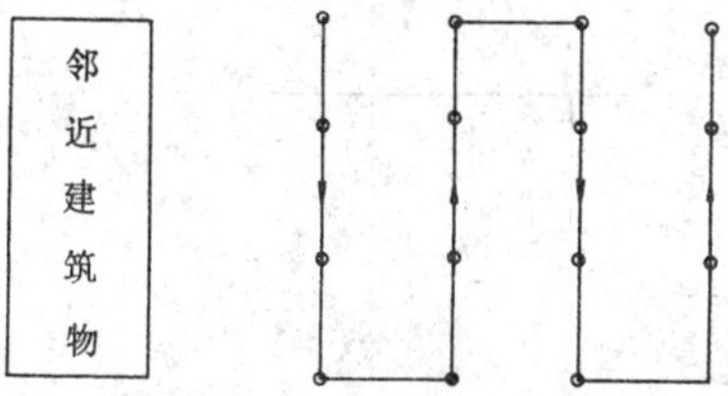

图 6.2-5　既有建筑物邻近施工顺序

1.0m³ 以上装载机。如用手推车，应根据填料情况确定手推车数量。

5. 电控系统

应设置三相电源和单相电源的线路和配电箱。三相电源主要是供振冲器使用，其电压需保证在 380V，变化范围在±20V 间，否则会影响施工质量，甚至损坏振冲器的潜水电机。

6. 泥浆泵

应根据排浆量和排浆距离选用合适的泥浆泵。

（四）施工顺序

施工顺序一般采用“先中间后周边”或“一边推向一边”的顺序进行。在软粘土地基中施工时，要考虑减少对地基土的扰动，宜用间隔跳打的方式。在既有建筑物邻近施工时，必须遵循图 6.2-5 所示的顺序，或者用功率较小的振冲器施工靠近建筑物的桩。

（五）施工工艺

振冲碎石桩施工过程见图 6.2-6。

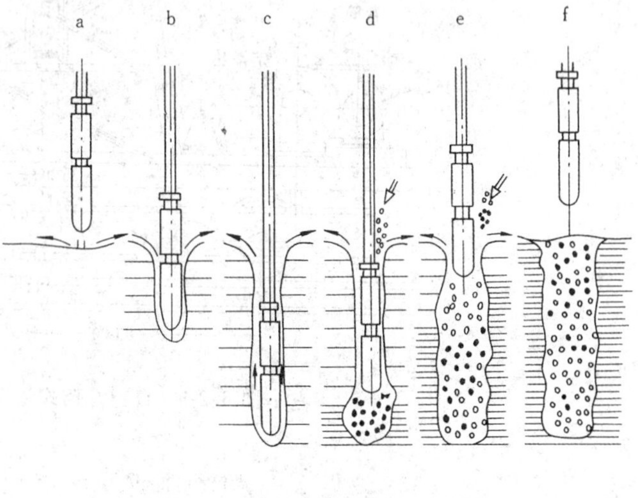

图 6.2-6　振冲法施工顺序示意图

a. 就位：施工机具就位，振冲器对准桩位，开动水泵，待振冲器下端水口出水后，起动振冲器，检查水压、电压和振冲器的空载电流是否正常。b. 成孔：启动起吊机械，使振冲器以 0.5～2m/min 的速度下沉。成孔过程中应使振冲器保持铅直状态。当下沉过程中电流值超过额定电流值时，必须减速或者暂停下沉，或者向上提振冲器，待电流下降后继续下沉。在成孔过程要记录电流值、成孔速度和返水情况，当孔口不返水时，应加大水量。当振冲器达到设计处理深度以 0.3～0.5m 时，开始往上提，直到孔口。c. 清孔：成孔后孔内泥浆比重较高，填料在孔内的下降速度将减慢，甚至造成淤塞，因此成孔后要留一定时间（一般 1～2 分钟）进行清孔。重复步骤 b1～2 次，使孔内泥浆变稀。d. 填料：清孔后，将振冲器提出孔口，即可开始填料。填料方式一般有两种：一种是把振冲器提出孔口往孔内加料，然后再放入振冲器振密。每次往孔内倒入石料不宜大于 50cm，分段填料分段振密，直到制桩结束。另一种是振冲器不提出孔口，只是往上提一些，使振冲器离开原来振密过的地方，然后往下倒料，再放下振冲器进行振密。e. 振密加固：利用振冲器将填入桩孔的石料不断挤入侧壁土层，同时使桩身填料密实。无论哪种填料方式都应保证振密自孔底开始，以每段 30～50cm 长度逐段自下而上直至孔口。f. 成桩：振密加固到孔口时桩体形成。先关闭振动器，再关闭水泵

（六）施工要点

(1) 水压水量的控制。施工过程中，水量要充足，也不宜过多，以防塌孔。水压应视土质强度而定。一般土的强度，水压宜取小值，土的强度高可取大值；成孔时，水压水量要尽可能大，但接近加固深度 1m 处应减低，以免扰动底层土；填料振密时，水压水量宜取小值。

(2) 密实电流和留振时间的控制。密实电流限定值应根据现场制桩试验确定，对常用的 30kW 振冲器，密实电流一般为 50～55A。在成桩时不能把振冲器刚接触填料的一瞬间的电流值作为密实电流。瞬时电流有时可高达 100A 以上，但只要把振冲器停住不下降，电流值立即变小。可见瞬时电流并不真正反映填料的密实程度。只有让振冲器在固定深度上振动一定时间（称为留振时间）而电流稳定在某一

数值，这一稳定电流才能代表填料的密实程度。要求稳定电流值超过规定的密实电流值。对粘性土地基留振时间一般为10～20s。

(3) 填料量控制

加料宜“少吃多餐”，即要勤加料，每批不宜加得太多。制桩时，一般孔底部分填料比其它部分多。主要原因有三个：①开初加的料有一部分被粘在孔壁上；②成孔过程水压水量控制不当，造成超深，从而使孔底填料量增多；③孔底有局部软弱土层，造成填料超过正常用量。

(4) 在强度很低的软土地基中施工，要采用“先护壁，后制桩”的施工方法。即开孔时，先将振冲器沉到第一层软弱层，然后加料振挤，把这些填料挤到软弱土中，把这段孔壁保护住，接着再用同样方法处理下面的软弱层，直到加固深度。

(5) 桩顶部约1m范围内，由于该处地基土的上覆压力小，施工时桩体的密实度很难达到要求。应将顶部的松散桩体挖除，或用碾压等方法使之密实，随后铺一层300～500mm的碎石垫层，并压实。

三、质量检验

振冲碎石桩施工结束后，应间隔一段时间进行质量检验。对粘性土地基，间隔时间可取3～4周；对粉土地基，可取2～3周；对砂土地基可取1～2周。

检验碎石桩承载力可用单桩荷载试验。试验用圆形压板的直径与桩的直径相等，检验数量为桩数的0.5%，但总数不得少于3根。

对砂土或粉土地基中的碎石桩，还可用标贯试验、静力触探等对桩间土进行处理前后的对比试验。

复合地基载荷试验数量不应少于总桩数的0.5%，且每个单体工程不应少于3点。

第三节　干法碎石桩

干法碎石桩在加固机理和设计计算方面与振冲碎石桩基本相同，两者的区别主要在使用的机具和施工工艺等方面。本节将着重介绍干法碎石桩的施工技术。

一、锤击碎石桩

锤击碎石桩又称干冲碎石桩和内击沉管法碎石桩。其施工工艺特点是利用重锤内击沉管并分层击实填料，逐段成桩。

(一) 锤击碎石桩的适用条件

这种方法可用于加固杂填土、粘性土、粉细砂、粉土、淤泥和淤泥质土。但当存在以下情况之一时，一般不宜采用，若要采用，必须进行现场试验检验其可行性。

(1) 地基中夹有大于2m以上的饱和软粘土、淤泥和淤泥质土，并且土体的不排水抗剪强度小于20kPa或承载力特征值小于70kPa时，不宜采用。

(2) 填土下伏大于1m厚的淤泥或淤泥透镜体时，不宜采用。

(3) 桩端未达到相对硬层，桩身下段淤泥超出桩长$\frac{2}{5}$时，不宜采用。

(4) 上部结构对地基变形有严格的要求。对填土、粉砂复合地基的压缩模量要求达到

10MPa，对饱和软粘土复合地基的压缩模量要求达 6MPa 时，不宜采用。

（二）锤击碎石桩设计要点

（1）施工前，应在有代表性的场地进行试打，试打组数不少于两组 6 根。根据试打结果对初步设计方案进行修改或调整。

（2）锤击碎石桩的设计直径取决于导管直径，对 ϕ325mm 的导管，设计桩径为 ϕ500mm；ϕ377mm 的导管设计桩径为 550～600mm，但不得大于 600mm。

（3）锤击碎石桩的桩距应根据置换率确定，但不得小于 1m。

（4）基础底面外缘“围护桩”的设置原则：①对条基主桩布置超过两排时，可设一排“围护桩”，若土质条件好，也可隔桩设置；②对独立柱基主桩布置为 3 排或 3 排以上时，应设一排围护桩；③当满堂布桩时，围护桩设置取决于加固土层的深度：a. 当加固深度不大于 3m 时，设一排围护桩；b. 不大于 6m 时，设两排围护桩；c. 不大于 10m 时，设 3 排围护桩。围护桩的长度第一排取主桩长度，第 2 排可短 1m，第三排可短 2m。

（5）孔内填料量计算可采用以下两式：

$$q = \frac{e_0 - e_1}{1 + e_0} \cdot A \tag{6.3-1}$$

$$g = \frac{d_s \cdot A_p \cdot \rho_w}{1 + e_p} \cdot (1 + 0.01w_1) \tag{6.3-2}$$

式中：q——单位长度填料量（m^3/m）；e_0、e_1——天然地基土加固前后孔隙比；A——每根桩影响范围面积；d_s——碎石相对密度；g——单位长度填料量（t）；w_1——碎石含水量（%）；A_p——碎石桩横截面积（m^2）；ρ_w——水密度（t/m^3）；e_p——碎石桩孔隙比。

（6）标准冲击能量 w 可用下式计算：

$$w = \frac{Q \cdot H}{V} \cdot N \tag{6.3-3}$$

式中：Q——冲锤重量（kN）；H——落锤高度（m）；V——桩材体积（m^3）；N——冲击次数。

标准冲击能量 w 一般可取 3 500$kN \cdot m/m^3$。

（三）锤击碎石桩施工

1. 施工设备

（1）机架：塔架式或桅杆式，高度应根据桩长选用，一般 8～15m。为保证导管处于铅直状态，机架应设置导向装置。

（2）卷扬机：卷扬机有两套，即主、副各一。卷扬机提升能力应大于冲锤和导管的重力与拔管阻力之和，一般主卷扬机 25～35kN，副卷扬为 15～25kN。

（3）电动机：电动机功率应与卷扬机配套 一般为 25～40kW。

（4）导管：用厚壁无缝钢管制作，壁厚 10～12mm，管径 ϕ325～377mm，长度一般为 7～12m（与桩长相适应），管壁上每隔 1.5m 左右割作一个犁形加料口并配有可灵活拆卸的盖子，投料口开口宽度不大于导管周长的 1/5。

（5）冲锤：长柱形，质量为 1.2～1.5t，底端直径 ϕ220～320mm，与导管内径保持适当间隙，底端为平面或顶角不小于 160°的缓锥形。

2. 施工工艺

工艺流程见图 6.3-1。

①就位：机架就位，对准桩位，调平机架，置放导管。施工前为了保证桩位的精度，可先挖一略大于导管外径的小坑，将导管放入小坑内。②制塞：在导管内投入一定数量的碎石，

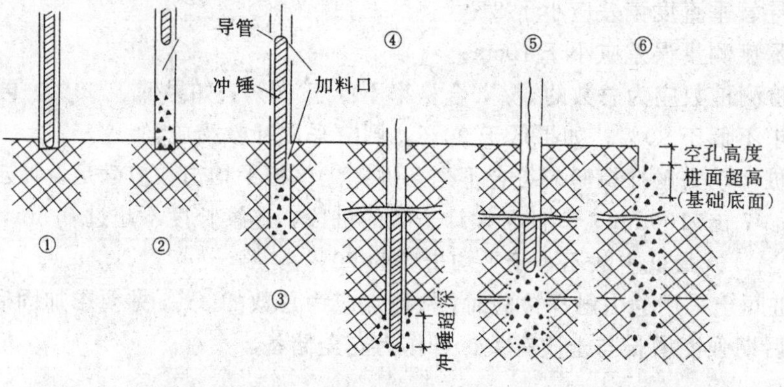

图 6.3-1　内击沉管法制桩工艺

形成一定高度的“石塞”。投料要适当，投得太多，沉管到位后，石塞无法击穿；投得太少，在沉管过程中易被击穿，导致失败。一般投料高度为 0.6～1.2m。③沉管：用冲锤反复冲击导管内碎石石塞，由碎石与导管间的摩擦力带动导管与石塞一起下沉，直到设计深度为止。在冲击石塞料的沉管过程中，投料孔入土前必须封闭。开始 1～2m 应低冲（落距高 1～2m），以防导管歪斜；随后改为高冲（落距 3～4m），加快沉管速度。沉管过程中，如果石塞被冲透，应补投碎石再冲。④穿塞：沉管到位后，提升导管一定高度（最高 300mm），用低冲程将石塞击出管外，并使其冲入管下一定深度，这一深度称为“冲锤超深”，一般为 0.5～1.0m；为确定石塞是否被冲出导管，可轻冲管底 1～2 次，如导管不随之下沉，可判断已经穿塞。⑤制桩：制桩包括提管、投料和击实三个过程。穿塞后将导管拔起一定高度，向管内投入适量碎石，用冲锤反复冲击将其击出管外，并达到预定的击实要求为止。如未达到要求，再填料继续冲夯。如此分段填料击实，直到制桩完成。在制桩过程中应严格控制每次提管的高度，在淤泥质土层中应小于 150mm，在一般粘土层中应在 300mm 左右。每次投料量以顺利击出管口并保证桩体连续为准，但要保证每米投石量。每次击实时一般先轻击、后重击，锤底端一般不超过管口。⑥形成桩体：当桩的顶面达到预定高程时，制桩即完成。桩顶高程一般应高出基础底面 0.5～1.0m，这段高度称为桩顶超高，以保证基底处的桩体和桩周土获得足够的密实度。超高部分桩体在基础施工时挖除。⑦表土处理：碎石桩施工完成后应对地基表层进行处理。处理方式可参照以下两种情况：a. 对条基和独立柱基：将基底标高下 30cm 厚的加固土挖去，回填 30cm 厚的碎石垫层，并夯实。回填范围超出基础边缘 50cm；b. 对片筏基础：将基底标高下 50cm 厚的加固土挖去，回填 50cm 厚的碎石垫层，并压实。回填范围应超出基础边缘 100cm。

（四）质量检验

1. 施工质量检验要求

（1）桩体质量检验：应采用重型圆锥动力触探，检验点选取桩顶中心，根据每贯入 10cm 的击数（$N_{63.5}$）评价桩体的密实度。

（2）桩间土质量检验：一般采用标贯、静力触探和室内土工试验结合进行。

（3）复合地基的承载力检验：可采用复合地基荷载试验直接测定，或分别进行单桩和桩间土荷载试验，再复合求和。

2. 质量标准

(1) 导管中心与桩位的偏差应小于 5cm；

(2) 导管垂直度偏差应小于 2°；

(3) 深度测量误差应小于 10cm；

(4) 检测桩数应为总数的 5%，合格率不低于 90%；如果低于 90%，再抽检总数的 5%，合格率要求不低于 90%；如果低于 90%，则应采取补救措施。

(5) 桩体动力触探检验应符合下列条件：①单桩平均击数应满足设计击数的要求，一般要求 $N_{63.5} \geqslant 7$ 击/100mm；②低于设计击数的桩段，连续长度不超过 0.5m，累计长度不超过桩长的 15%；③最低击数不小于平均击数的 70%。

(6) 桩间土采用静力触探检验时，检测点应为总数的 3%，并要求加固后的强度不低于原土强度。后期强度增长与土质有关，可作为安全储备。

二、干振碎石桩

干振碎石桩加固技术是对振冲碎石桩的一种改进，它可克服施工过程中及其后的一段时间内桩间土含水量增加，导致强度降低及施工过程中大量排泥浆，污染环境的缺点。由研究表明干振碎石桩以挤密加固为主，挤密效果与土的含水量关系密切，当含水量接近塑限时效果最好，若小于 10%或大于 24%时效果很差。单桩的挤密有效影响半径（干密度提高 5%，孔隙比降低 10%的区域）为 0.8m，"显著影响半径"（干密度提高 10%，孔隙比降低 20%）为 0.6m。有效桩长为 6～9 倍桩径。复合地基承载力对杂填土提高 1.3～2.5 倍；对粘性土提高 0.9～1.5 倍。

干振碎石桩的主要设备是干法振动成孔器，见图 6.3-2 所示。其直径为 280～330mm，全长 7.3m，有效长度 6m，质量约 2.2t。由动力、传动和振动三部分组成。动力采用 40～45kW 的电动机，传动部分包括联轴器、传动轴、万向节等，振动部分由偏心块、配重体等组成。振动头的工作频率为 24.5Hz，产生的激振力约 100～130kN。

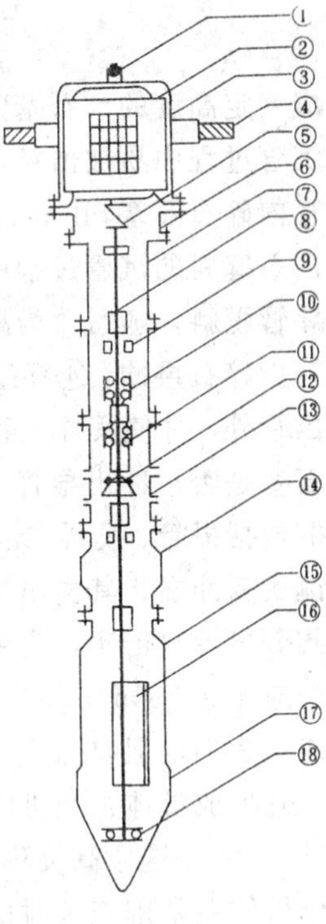

图 6.3-2 干法振动成孔器

①吊点滑轮；②电动机；③电机罩；④反扭臂；⑤联轴器；⑥电机座；⑦套管；⑧传动轴；⑨滚珠轴承；⑩滚珠轴承；⑪滚珠轴承；⑫万向节；⑬减振器；⑭配重体；⑮振动壳；⑯振子；⑰分动头；⑱止推轴承

1. 适用条件

干振碎石桩适用于加固松散的非饱和粘性土（含水量 $w<25\%$）、素填土、杂填土和二级以上非自重湿陷性黄土，加固深度 6m 左右，不适宜加固砂土和孔隙比 $e<0.85$ 的饱和粘性土。

2. 施工工艺

干振碎石桩施工流程见图 6.3-3。

首先用振动成孔器成孔，将桩孔中的土挤入周围土体，提起振孔器，向孔内倒入约 1m 厚的碎石，再用振孔器进行捣实，要求达到密实电流并留振 10～15s，然后提起振孔器。如此分段填料振实，直到形成碎石桩。

三、振挤碎石桩

振挤碎石桩通常是采用定型的振动沉管打桩机，既可施工碎石桩，又可施工砂桩。桩管常用直径为 273mm、325mm 和 377mm。桩头可用活瓣桩头、预制混凝土桩头等。

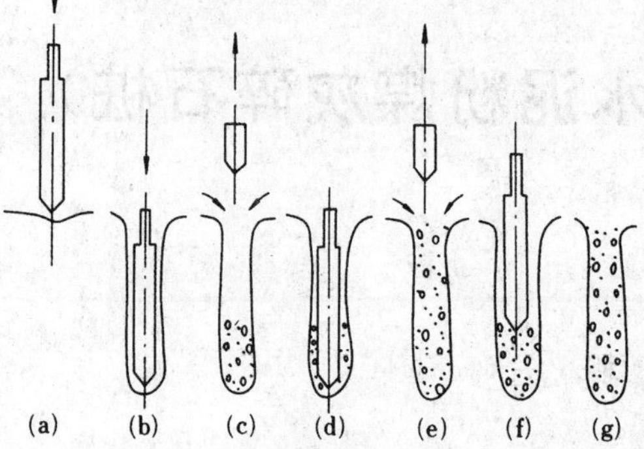

图 6.3-3　干振碎石桩施工流程

(a) 振孔器就位；(b) 振动挤土成孔；(c) 上提振孔器填料；
(d) 振捣；(e) 再提振捣器，填料；(f) 再振捣；
(g) 形成碎石桩

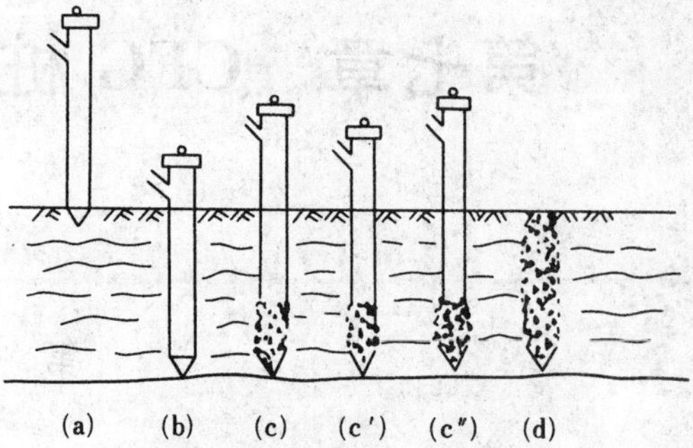

图 6.3-4　振挤碎石桩制桩工艺

(a) 就位；(b) 沉管成孔；(c) 拔管—填料—振密；
(c′) 反插；(c″) 平底桩头压振；(d) 成桩

制桩工艺与振动挤密砂桩相似，包括打桩机就位、沉管成孔、分层填料振密和成桩四个施工过程，见图 6.3-4。

制桩工艺中分层填料振密对桩身质量影响最大。一般填料高度为 1.5～3.0m。振密方式一般采用边拔管边振动、留振和反插（不带活瓣桩尖）相结合或改用封闭平底桩头压振，必要时增加复打次数。

第七章　CFG 桩（水泥粉煤灰碎石桩）

第一节　概　述

CFG 桩是水泥粉煤灰碎石桩（Cement Flyash Gravel Pile）的简称，由碎石、石屑、粉煤灰掺适量水泥加水拌合，用振动沉管打桩机或其它成桩机具制成的一种具有一定粘结强度的桩。桩体主体材料为碎石，石屑为中等粒径骨料，可改善级配，粉煤灰具有细骨料和低标号水泥作用。通过调整水泥掺量和配合比，桩体强度可在 $C_5 \sim C_{20}$ 之间变化，一般为 $C_5 \sim C_{10}$。

CFG 桩是在碎石桩的基础上发展起来的，属复合地基刚性桩，严格意义上说，应该是一种半柔半刚性桩。而碎石桩是散体材料桩，这类桩因自身无粘结强度，要依靠周围土体的约束力来承受上部荷载。由实测资料表明，碎石桩主要受力区在 4 倍桩径范围内，沿桩长方向轴向和侧向应力迅速衰减，因此增加桩长对提高复合地基承载力作用不大。碎石桩的桩土应力比一般为 1.5～4.0，要提高碎石桩复合地基承载力，只有提高置换率，而置换率又与桩径和桩距有关，置换率太高，将给施工带来很多困难。

CFG 桩由于自身具有一定的粘结性，故可在全长范围内受力，能充分发挥桩周摩阻力和端承力，桩土应力比高一般为 10～40。复合地基承载力的提高幅度较大，并有沉降小，稳定快的特点。

CFG 桩可用于加固填土、饱和及非饱和粘性土、松散的砂土、粉土等。对塑性指数高的饱和软粘土使用要慎重。

第二节　材料配合比及力学性能

CFG 桩由碎石、粉煤灰、水泥、石屑加水拌和形成。各种材料之间的配合比对混合料的强度和易性有很大影响。一般水泥采用 425# 普通水泥，碎石粒径 20～50mm，石屑粒径 2.5～10mm，混合料密度 2.1～2.2t/m^3。

1. 石屑掺量的影响

碎石料之间一般为点接触，接触比表面积小，桩体抗剪强度较低。在碎石料中掺入中等粒度的石屑后，可使级配良好，增大接触比表面积，提高桩体的抗剪强度。

石屑的掺量可用石屑率 S 来表示：

$$S = \frac{G_1}{G_1 + G_2} \qquad (\%) \tag{7.2-1}$$

式中：G_1、G_2——单位立方混合料中石屑和碎石的质量。

根据有关试验资料，在相同水灰比（W/C）和粉煤灰水泥之比（F/C）条件下，石屑率 S 与坍落度和强度之间的关系见图 7.2-1 和图 7.2-2。

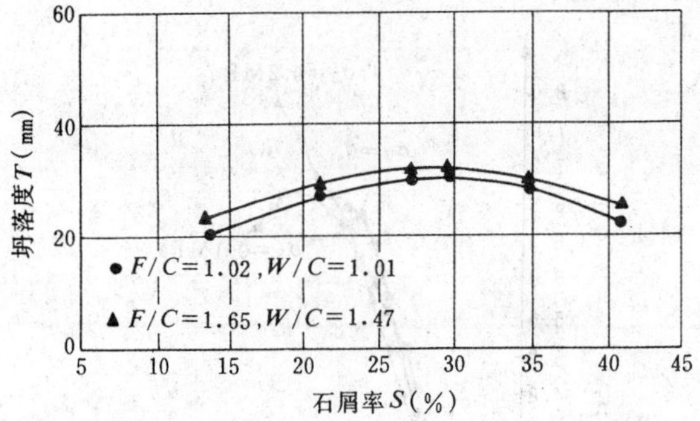

图 7.2-1 坍落度 T 与石屑率 S 的关系曲线

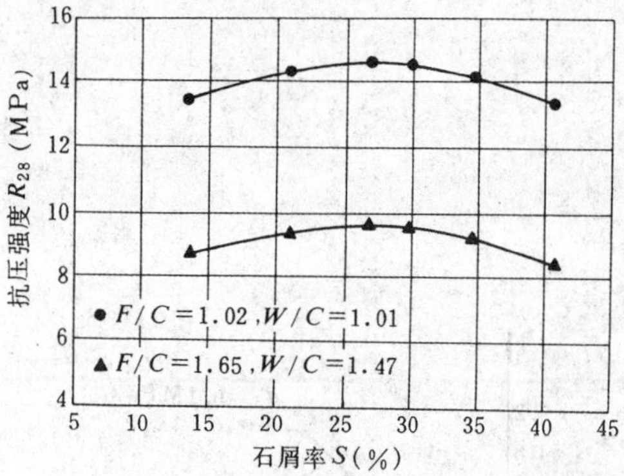

图 7.2-2 抗压强度 R_{28} 与石屑率 S 的关系曲线

由上两图可看出，石屑率都存在一个最佳值，过大或过小对坍落度和强度都不利。两者的最佳值比较接近，都在 25%～30%范围内。

2. 不同水泥、粉煤灰掺量的影响

由有关实验表明，对某一石屑率，不同水泥、粉煤灰掺量得出的混合料的立方抗压强度 R_{28} 与灰水比 C/W 成正比。当石屑掺量为最佳石屑率时，控制混合料坍落度为 30mm。根据不同水泥、粉煤灰掺量的配合比，得出的关系曲线见图 7.2-3。

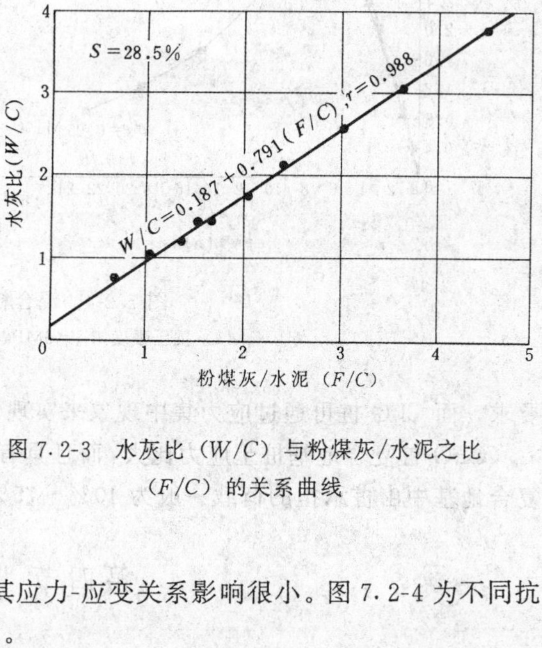

图 7.2-3 水灰比（W/C）与粉煤灰/水泥之比（F/C）的关系曲线

如果增加粉煤灰的掺量，为了保证 30mm 的坍落度，混合料的需水量得增加；反之，需水量得减小。

3. 混合料的应力应变关系

由于混合料具有一定的粘结强度，围压对其应力-应变关系影响很小。图 7.2-4 为不同抗压强度的立方体在不同围压下的应力-应变曲线。

混合料的有关力学性能（据王伟堂等）见表 7.2-1。

表 7.2-1 混合料的有关力学性能

力学性能	龄期（天）	数值范围（MPa）	平均值（MPa）
立方抗压强度	28	6.3～7.3	6.7
劈裂抗拉强度	80	0.50～0.59	0.54
轴心抗压强度	80	3.5～6.3	4.3
静力受压弹性模量		8.4×10^3～9.8×10^3	8.8×10^3

第三节 加固机理

CFG 桩复合地基的加固机理包括置换作用和挤密作用，其中以置换作用为主。当 CFG 桩用于挤密效果好的土层时，既有置换作用，又有挤密作用，当用于挤密效果差的土层时，只有置换作用。CFG 桩与碎石桩的差别之一在于 CFG 桩可全长受力，当地基土质好，荷载又不大时，可将桩设计短一些；当地基土质差，荷载又不大时，可将桩设计长一些；如果地基土很软，而荷载又大时，用柔性桩很难满足设计

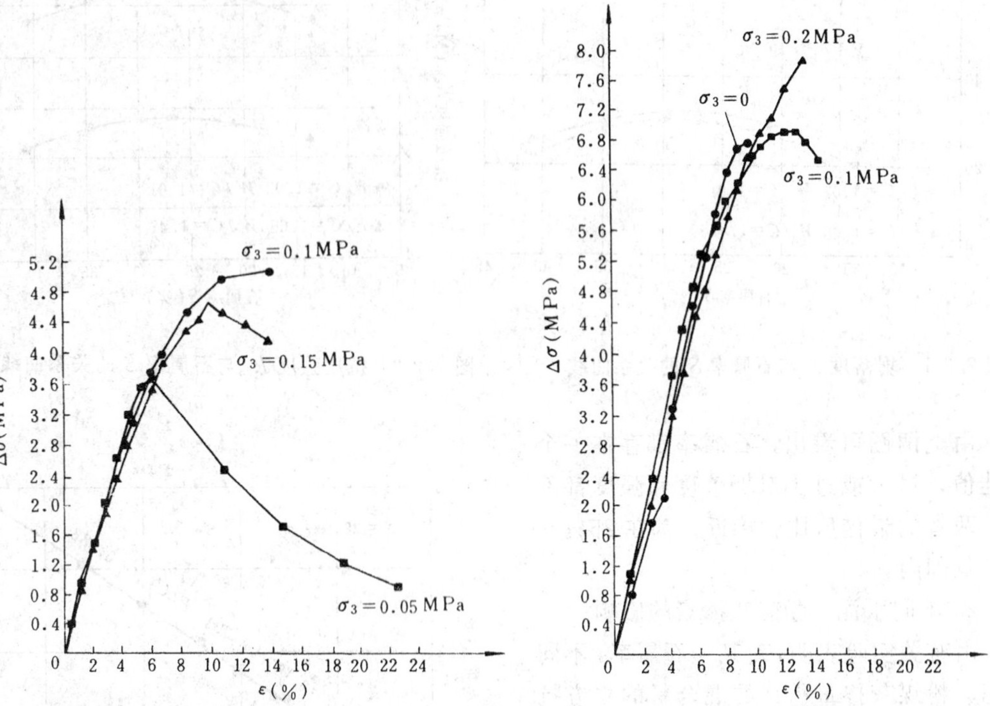

(a)　　(b)

图 7.2-4　混合料的应力-应变关系

(a) 抗压强度 R_{28}=6MPa；(b) 抗压强度 R_{28}=8MPa

要求，而 CFG 桩可通过应力集中现象来实现。

CFG 桩复合地基桩土应力比大，而且具有很大的可调性，在软土中可高达 100 左右。CFG 复合地基中由桩承担的荷载一般为 40%～75%，提高承载力的幅度可达 4 倍或更高。

第四节　褥垫作用

CFG 桩复合地基的褥垫由碎石、级配砂石、粗砂等散体材料组成。由褥垫联接复合地基和基础，见图 7.4-1。褥垫在复合地基中有如下几种作用：

1. 保证桩、土共同承担荷载

在桩基中，当承台承受竖向荷载时，对摩擦桩，承台产生沉降，使桩间土发挥一定的承载能力，且变形越大，桩距越大，作用越明显，但与桩间土承载能力相比，所占比例很小；对端承桩，承台沉降变形一般很小，桩间土承载能力很难发挥。

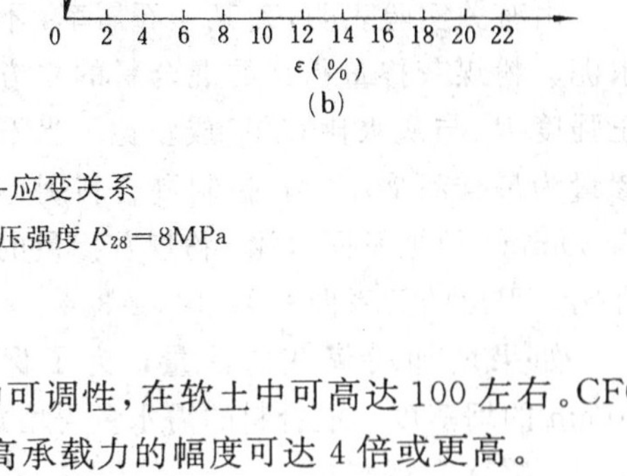

图 7.4-1　CFG 桩复合地基结构

CFG 复合地基的设计原则是充分利用桩间土的垂直和水平承载能力。由于 CFG 桩复合地基的置换率一般不大于 10%，其余不小于 90% 的基底面积为桩间土，总荷载扣除桩间土承担的荷载后就是 CFG 桩应承担的荷载。显然，遵循这一设计原则，可大量减少桩的数量，再加上 CFG 桩不消耗钢筋，桩体利用工业废料和石屑作为掺合料，水泥用量少，可大大降低工程造价。

2. 减少基础底面的应力集中

根据实测的桩土应力比 n（见图 7.4-2）与褥垫层厚度 ΔH 的变化曲线，当褥层厚度很小时，桩对基础底面产生应力集中。但当褥垫厚度大于 10cm 时，应力集中明显降低（桩土应力比约为 6），当褥垫层厚度为 30cm 时，桩土应力比降为 1.23。

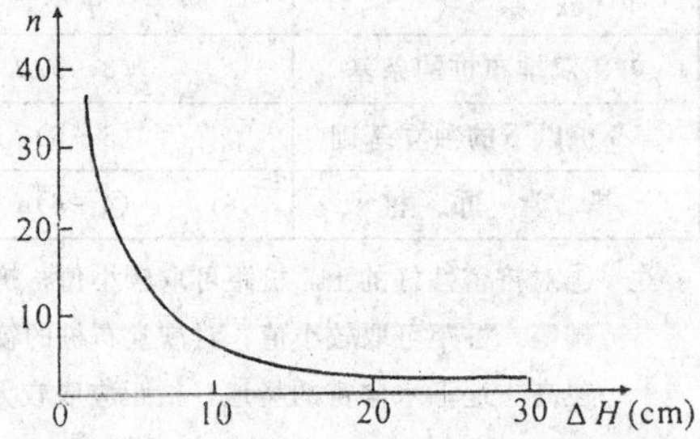

图 7.4-2　桩土应力比与褥垫层厚度关系
（引自闫明礼等）

3. 褥垫厚度可调整桩土荷载分担比

由有关试验测得的结果见表 7.4-1，当荷载一定时，褥垫越厚土承担的荷载越多；褥垫厚度一定时，荷载越大，桩承担的荷载所占比例增大。

表 7.4-1　桩承担荷载百分比

荷载 (kPa)	$P_{桩}/P_{总}$ (%)			备　注
	$H=2$cm	$H=10$cm	$H=30$cm	
20	65	27	14	桩长 2.25m，桩径 16cm，荷载板 1.05m ×1.65m
60	72	32	26	
100	75	39	38	

注：H 为褥垫层厚度。　　引自（阎明礼，1996）

荷载水平较高时，褥垫层厚在 10～30cm 间变化，对桩的分担比影响并不大。

4. 褥垫层厚度可以调整桩、土水平荷载分担比

有关实验表明，褥垫厚度越大，桩顶水平位移越小，当褥垫厚度不小于 10cm 时，桩体不会发生水平折断。

综上所述，褥垫是 CFG 桩复合地基的一个重要组成部分，其厚度直接影响到桩土应力比和荷载分担比。因此，必须确定一个合理的厚度。褥垫厚度太小，桩对基础产生应力集中，需要考虑桩对基础的冲切，必然造成基础厚度增加，当基础承受水平荷载时，可能造成桩体断裂。而且，厚度过小，不能充分发挥桩间土承载力，导致桩数或桩长增加。

褥垫厚度过大，导致桩、土应力比接近 1，桩承担的荷载太少，复合地基承载力提高不大。由试验研究和工程实践经验，一般取 10～30cm 较合适。

第五节　CFG 桩复合地基设计

CFG 桩处理软弱地基的设计原则是充分发挥桩间土和桩体的承载力，从而达到提高地基承载力和减少变形的目的。对松散砂土地基可考虑施工过程产生的挤密作用，对挤密效果差的地基可不考虑其挤密效果。

一、设计内容

CFG 桩复合地基的设计内容包括桩径、桩距、桩长、承载力计算、变形计算和褥垫厚度。

1. 桩径 d

一般桩径为 350～600mm，由施工设备的桩管决定。CFG 桩常采用振动沉管法施工。

2. 桩距 l_p

桩距的大小取决于设计要求的地基承载力、布桩形式、土质与施工机具等，但还要考虑到施工的可行性，新打桩对已打的桩是否会产生不良影响。表 7.5-1 为桩距选用参考值。

表 7.5-1　桩距选用参考值

土性 / 布桩形式	挤密性好的土，如砂土、粉土、松散填土等	可挤密性土，如粉质粘土，非饱和粘性土等	不可挤密性土，如饱和粘土，淤泥质土等
单、双排布桩的条基	(3～5)d	(3.5～5)d	(4～5)d
含 9 桩以下的独立基础	(3～6)d	(3.5～6)d	(4～6)d
满堂布桩	(4～6)d	(4～6)d	(4.5～7)d

注：①对挤密性好的土，桩距可取较小值；挤密性差的土可取较大值。②对单、双排布排的条基和面积不大的独立基础等，桩距可取较小值；对满堂布桩的筏基、箱基及多排布桩的条基、设备基础等，桩距应适当放大。③地下水位高、地下水丰富的场地，桩距应取较大值。

3. 复合地基承载力

CFG 桩复合地基承载力可按下式确定：

$$f_{sp,k} = m \cdot \frac{R_a}{A_p} + \beta \cdot (1 - m) \cdot f_{s,k} \qquad (7.5\text{-}1)$$

或

$$f_{sp,k} = [1 + m(n - 1)] \cdot \beta \cdot f_{s,k} \qquad (7.5\text{-}2)$$

式中：$f_{sp,k}$——复合地基承载力特征值；m——面积置换率；n——桩、土应力比；A_p——桩体的断面积；$f_{s,k}$——天然地基承载力特征值；α——桩间土强度提高系数；β——桩间土强度折减系数，无经验时可取 β=0.75～0.95。R_a——单桩承载力特征值。

4. 单桩承载力

CFG 桩单桩承载力可按以下方式确定：

①由单桩静载试验确定：

$$R_a = R_u / k \qquad (7.5\text{-}3)$$

式中：R_u——静载试验极限承载力；k——安全系数，取 k=2。

②计算确定，按下式估算：

$$R_a = u_p \cdot \sum_{i=1}^{n} q_{si} \cdot l_i + q_p \cdot A_p \qquad (7.5\text{-}4)$$

式中：u_p——桩周长；q_{si}——第 i 层土侧阻力特征值；q_p——端阻力特征值；l_i——第 i 层土的厚度。

5. 变形计算

CFG 复合地基变形 S 包括三部分，即加固土体的压缩变形 S_1、下卧层变形 S_2、褥垫层变形 S_3。由于 S_3 很小，一般忽略不计，则：

$$S = S_1 + S_2$$

S_1、S_2 的计算可参考碎石桩复合地基的变形计算。

6. 褥层厚度

一般取 15～30cm 为宜。

二、设计步骤

在进行具体设计时可遵循以下步骤：

（1）根据地基土性质、施工设备、布桩方式等条件初步确定桩径和桩距，由桩径和桩距可求出置换率。

（2）由要求达到的复合地基承载力确定桩长：

①由式（7.5-2）求出桩土应力比：

$$n=\frac{f_{sp,k}-\beta\cdot f_{s,k}}{\beta\cdot m\cdot f_{s,k}}+1 \tag{7.5-5}$$

②确定单桩承受的荷载：

桩顶应力 $\sigma_p=n\cdot\beta\cdot f_{s,k}$ （7.5-6）

单桩承受的荷载 $p=n\cdot\beta\cdot f_{s,k}\cdot A_p$ （7.5-7）

③由式（7.5-4）估算桩长：

对均质土 $l=\dfrac{k\cdot p-q_p\cdot A_p}{u_p\cdot\Sigma q_{si}}$ （7.5-8）

如果有单桩静载试验资料，可直接由式（7.5-4）估算桩长。

（3）桩身强度设计：

桩身强度可按下式估算：

$$f_{cu}\geqslant 3\cdot\frac{R_a}{A_p}$$

式中：f_{cu}——桩体混合料试块（边长150cm立方体）标准养护28d立方体抗压强度平均值（kPa）。

CFG桩设计的抗压强度应不小于R_{28}。

（4）配料设计：

由桩身设计的抗压强度，根据室内试验及以往工程经验，确定配比。

配料举例：每盘料：碎石（20～40mm）0.2m^3，石屑（≤10mm）0.1m^3，粉煤灰0.05m^3，425$^\#$水泥25～37.5kg，28天龄期的立方体抗压强度为6～7MPa。

（5）确定褥垫厚度：

由要求达到的桩土应力比和桩土分担荷载参照有关试验资料和工程经验确定一个合理厚度。

第六节　CFG桩复合地基施工

为证实工艺的可靠性及取得有关的技术参数，施工前应进行试桩。

1. 混合料要求

混合料要严格按设计配合比配备，搅拌时间不少于2min，碎石和石屑含杂质不超过5%。长螺旋钻孔、管内泵压混合料成桩施工的坍落度宜为160～200mm，振动沉管灌注桩施工的坍落度宜为30～50mm。

2. 施工顺序

打桩顺序有连打法、间隔跳打法，最好由现场试验来确定。

连打法易造成邻桩被挤碎或缩颈，在粘性土中易造成地面隆起；跳打法一般不易造成邻桩被挤扁、缩颈或隆起现象，但土层较硬时，在已打桩中间补打新桩，可能造成已打桩被震裂或震断。

在软土中，桩距较大时可采用隔桩跳打，但施工新桩时与已打桩间隔不少于7天；在饱和的松散粉土中，如桩距较小，不宜采用隔桩跳打；满堂布桩时，应遵循由“中间向四周”或“一边向一边”的原则。

3. 保护桩长

保护桩长是指成桩时预留一定长度的桩长，基础施工时将其剔掉。保护桩长越长，施工质量越易控制，但浪费越多。当设计桩顶标高离地面不大于 1.5m 时，可取 50～70cm，并用粘土封住空孔，桩顶标高离地面距离较大时，可取 70～100cm，并封顶直到地表。

4. 施工工艺

（1）沉管：

①桩机就位，桩管保持垂直，垂直度偏差不大于 1%；

②若采用预制钢筋砼桩尖，需埋入地表以下 300mm 左右；

③开始沉管。为避免对邻桩影响，沉管时间应尽量短；

④记录激振电流变化情况。一般可 1m 记录一次。

（2）投料：

沉管过程中可进行空中投料。沉管至设计标高后须尽快投料，直到管内混合料与钢管投料口平齐。若投料量不够，应在拔管过程中空中投料，以保证成桩桩顶标高满足设计要求。

（3）拔管：

①拔管前，应在原位留振约 10s 再振动拔管。

②控制拔管速度，一般 1.2～1.5m/min 较合适。拔管过快易造成局部缩颈或断桩；拔管太慢、振动时间过长，会使桩顶浮浆增厚，易使混合料离析。

对淤泥质土，拔管速度可适当放慢，拔管过程中也不宜反插留振。

③桩管拔出地面后，应用粒状材料或粘土封顶。

④开槽及桩头处理：

CFG 桩施工完成后 7 天即可开槽，若基坑深度不大于 1.5m 可采用人工开挖，当基坑深度大于 1.5m 时，可考虑人工和机械联合开挖，并通过试开挖确定预留人工开挖深度，一般人工开挖预留厚度不宜小于 700mm，以避免对桩间土和桩产生不良影响。

（4）褥垫铺设：

褥垫厚度由设计设定，虚铺厚度按下式控制：

$$h = \Delta H/\lambda \tag{7.6-1}$$

式中：h——褥垫层虚铺厚度；ΔH——褥垫层设计厚度；λ——压实系数，一般取 0.87～0.9。

褥垫层宽度要比基础宽度大，其宽出的部分不宜小于褥垫层的厚度。

（5）施工监测：

①施工过程中，随时测量地面是否发生隆起，因为地面隆起常与断桩有关；

②施工过程中，应观测已打桩桩顶标高的变化，特别要注意桩距最小的桩；

③对桩顶上升量较大的桩或怀疑质量有问题的桩应开挖查看。

第七节　质量检验

桩间土可采用标贯试验、静力触探、轻便触探等手段进行加固前后土的物理力学性能试验。

竣工验收时，承载力应采用复合地基载荷试验。试验数量宜为总桩数的 0.5%～1%，且每个单体工程的试验数量不应少于 3 点。且应抽取不少于总桩数的 10%的桩进行低应变动力试验，检测桩身完整性。

第八章 排水固结法

第一节 概 述

排水固结法是在建筑物建造前，对天然地基或对已设置竖向排水体的地基加载预压，使土体固结沉降基本完成或完成大部分，从而提高地基土强度的一种地基加固方法。

排水固结法由排水系统和加压系统两部分共同组成，见图 8.1-1。

排水系统由竖向排水体和水平排水体构成，主要作用是改变地基的排水边界条件，缩短排水距离和增加孔隙水排出的途径。当软土层靠近地表且较薄或土的渗透性好且施工周期较长时，可仅在地面铺设一定厚度的砂垫层而不设竖向排水通道，使土中的孔隙水在荷载作用下向上排至砂垫层而产生固结沉降。若软土层较厚时，为加快排水固结，应在地基中设置砂井等竖向排水体，与水平砂垫层一起构成排水系统。

- 排水固结
  - 排水系统
    - 竖向排水体
      - 普通砂井
      - 袋装砂井
      - 塑料排水带
    - 水平排水体——砂垫层
  - 加压系统
    - 堆载法
    - 真空法
    - 降水法
    - 电渗法

图 8.1-1 排水固结系统

加压系统是指对地基施加的荷载。

排水系统与加压系统总是联合使用的。如果只设置排水系统，不施加固结压力，土中的孔隙水没有压差，不会自然向外排出，强度也提不高。如果只施加固结压力，不设置排水体，孔隙水很难排出来，地基土的固结沉降需要较长的时间。

目前，实际工程中应用较多的排水固结法有砂井（塑料排水板）加载预压和砂井（塑料排水板）真空预压。

排水固结法一般适用于饱和软粘土、吹填土、松散粉土、新近沉积土、有机质土及泥炭土地基。应用范围包括路堤、仓库、罐体、飞机跑道及轻型建筑物等。

第二节 排水固结的原理

饱和软粘土地基在荷载作用下，孔隙水在压差作用下，由排水通道缓慢排出，使孔隙体积减少，地基发生固结沉降，同时，土中有效应力增加，地基土强度逐渐增长。这一原理可由图 8.2-1 来说明。当土样的固结压力为 σ_0' 时，其孔隙比为 e_0，在 e-σ_c' 坐标上对应于 a 点，当压力增加 $\Delta\sigma'$，其孔隙比减少 Δe，对应于曲线上 c 点，曲线 $\overset{\frown}{abc}$ 称为压缩曲线。同时，在 τ-σ_c' 坐标中，抗剪强度成比例增长，由 a 点提高到 c 点。如果卸除固结压力 $\Delta\sigma'$，土样发生膨胀，由 c 点回到 f 点，曲线 $\overset{\frown}{cef}$ 为卸荷曲线。若对土样再施加 $\Delta\sigma'$ 的压力，土样发生再压缩，由 f 点沿虚线变化到

c'点，其抗剪强度也相应由 f 点沿虚线变化到 c' 点，曲线 $\widehat{fgc'}$ 称为再压缩曲线。

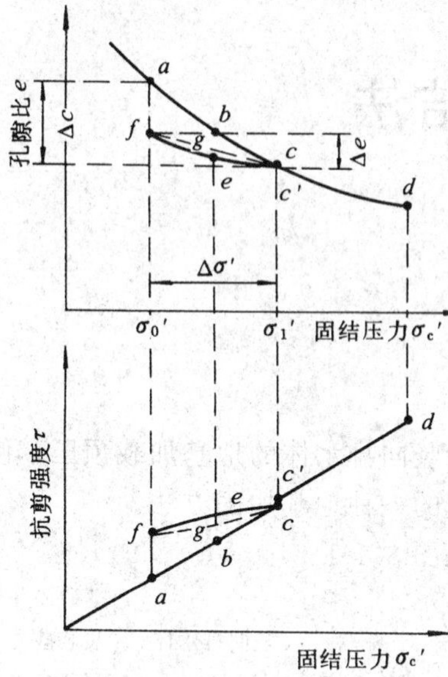

图 8.2-1　排水固结法原理图

从两条压缩曲线 $\widehat{abc}$ 和 $\widehat{fgc'}$ 可看出，施加同样的压力，孔隙比的变化量却不一样，土样在被再压缩时的孔隙比减小值 $\Delta e'$ 比初压缩时的孔隙比减小值 Δe 要小得多。

排水固结法就是运用上述原理来对软土地基进行处理。在建造物建造前，预先对地基施加荷载，使地基完成大部分沉降，抗剪强度也得到提高，卸荷后，再建造建筑物时，在建筑物荷载作用下产生的沉降将大大减少。

排水固结法的关键在于排出孔隙水，使孔隙减少及有效应力增加，从而产生沉降固结。根据固结理论，粘性土固结所需时间为 $t=\frac{T_v \cdot H^2}{C_v}$（式中 t 为固结时间，T_v 为时间因数，C_v 为固结系数，H 为排水距离）。固结时间与排水距离的平方成正比，缩短排水距离可大大缩短固结时间。在地基中设置砂垫层及砂井等（见图 8.2-2）的目的就是为了增加排水途径，缩短排水距离，从而加快软弱土层的排水固结。

排水固结法的加荷方式既可采用上述的直接堆载法，也可采用真空抽吸、预压，降低地下水位及电渗法。

真空预压法是将不透气的薄膜铺设在需要加固的软土地基表面的砂垫层上，通过土体中设置的竖向排水体及埋设于砂垫层中的滤水管道，将薄膜下土体中的水、气抽出，从而在土体与砂垫层及砂井等竖向排水体之间形成压差，发生渗流，使土中孔隙水压力不断降低，有效应力不断增加，促使土体固结沉降。

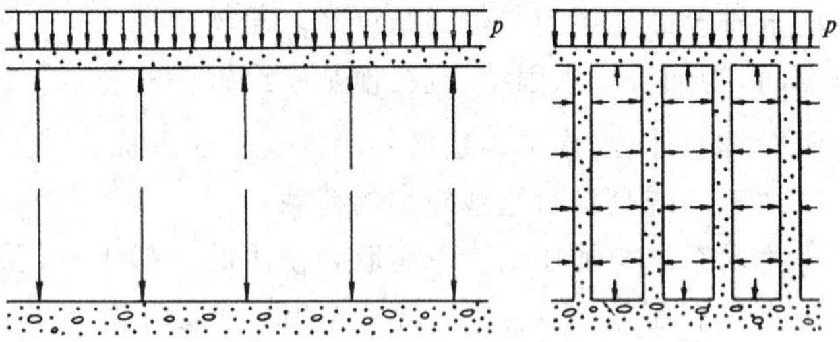

(a)　　　(b)

图 8.2-2　地基土排水原理

(a) 竖向排水情况；(b) 砂井地基排水情况

降低地下水位法是利用井点抽水降低地下水位以增加土的有效应力，从而达到加速固结的目的。

降水法最适用于砂性土和软粘土层中存在砂或粉土的情况。

电渗法是在土中插入金属电极并通以直流电，使土中水分由阳极流向阴极。如将阳极积集的水排除，土体中孔隙水就会减少，有效应力增大导致沉降固结。

第三节　排水固结法设计计算

一、设计前应取得的资料

（1）进行场地勘察，查明土层在水平和竖直方向的分布和变化、透水层的位置及水源补给条件、地下水深度等。

(2) 进行室内土工实验，确定土的固结系数、孔隙比和固结压力关系、三轴试验抗剪强度等。

(3) 进行原位十字板剪切试验，确定各土层十字板抗剪强度。

二、加载预压法设计

加载预压法的设计应包括以下内容：①选择竖向排水体，确定其尺寸、间距、排列方式和深度；②确定预压荷载的大小、范围、速率和预压时间；③计算地基的固结度、强度增长；④进行稳定性和变形计算。

(一) 预压荷载计算

预压荷载的大小应根据设计要求确定，通常取建筑物的基底压力值，对于沉降要求严格的建筑，应采用超载预压法，即预压荷载大于建筑物的基底压力值。

1. 加载预压的计算步骤

由于软粘土地基抗剪强度低，不能快速加载，必须分级施加，待上一级荷载作用下地基强度可承受下一级荷载时，才能施加下一级荷载。在进行具体计算时，可先拟定一个初步加载计划，然后校核这一加荷计划下地基的稳定性和沉降。

(1) 利用天然地基土的抗剪强度，计算第一级容许施加的荷载 p_1。一般可采用以下几个公式估算：

①斯开普顿极限荷载半经验公式：

$$p_1 = \frac{1}{k} \cdot 5 \cdot C_u (1 + 0.2B/A)(1 + 0.2d/B) + \gamma \cdot d \tag{8.3-1}$$

式中：k——安全系数，取 1.1～1.5；C_u——天然地基土的不排水抗剪强度 (kPa)；d——基础埋置深度 (m)；A、B——分别为基础的长边和短边 (m)；γ——基底标高以上土的重度 (kN/m^3)。

②对饱和软粘土，可采用下式：

$$p_1 = \frac{5.14 \cdot C_u}{k} + \gamma \cdot d \tag{8.3-2}$$

③对长条形填土，可采用 Fellenius 公式：

$$p_1 = 5.52 \cdot C_u / k \tag{8.3-3}$$

(2) 计算第一级荷载作用下地基强度增长值（在 p_1 作用下，经过一段时间预压，地基强度将提高）：

$$\tau_{f1} = \eta \cdot (\tau_{f0} + \Delta\tau_{fc}) \tag{8.3-4}$$

式中：τ_{f1}——p_1 作用下，经过一段时间，地基中某点的抗剪强度；τ_{f0}——地基土的天然抗剪强度，由十字板剪切试验测定；$\Delta\tau_{fc}$——该点由于固结而增长的强度，通常取固结度为 70%；η——土体由于剪切蠕动而引起强度衰减的折减系数，可取 0.75～0.90，剪切力大取低值，反之取高值。

(3) 计算 p_1 作用下达到设计要求的固结度所需时间。达到某一固结度所需要的时间可根据固结度与时间的关系求得（见本节有关部分），时间求出来后，就可确定第二级荷载开始施加的时间。

(4) 根据第一级荷载作用下得到的地基强度，计算第二级所能施加的荷载 p_2。

p_2 可近似按下式估算：

$$p_2 = \frac{5.52 \cdot \tau_{f1}}{k} \tag{8.3-5}$$

再求出 p_2 作用下，地基固结度达 70%时的强度及所需时间，然后计算第三级荷载的开始施加时间及荷载大小，依次计算出各级荷载的开始施加时间及荷载大小。

（5）以上步骤就形成一个初步加荷计划，应对每一级荷载下地基的稳定性进行验算，若不满足稳定性要求，应调整加荷计划。

（6）计算预压荷载作用下地基的最终沉降量和预压期间的沉降量。这样就可确定预压荷载的卸除时间。经预压后所剩余的沉降量，应在建筑物的容许沉降量范围内。

2. 超载预压

超载预压的超载量应根据预定时间内要求消除的变形量通过计算确定，并宜使预压荷载下受压土层各点的有效竖向压力等于或大于建物荷载引起的相应点的压力。

采用超载预压可缩短预压时间（见图 8.3-1），在建筑物荷载作用下地基不会产生主固结变形，而且可减少次固结变形。超载大小应使地基主固结度满足下式：

$$\bar{u}_R = \frac{S_f}{S_{s+f}} \tag{8.3-6}$$

式中：S_f——地基土在设计永久荷载作用下主固结最终沉降量；S_{s+f}——地基土在永久荷载和超载作用下主固结最终沉降量。

对于双面排水粘土层，在超载作用下，即使地基固结度达到 $\bar{u}_R$，但由于粘土渗透性不好，地基土中还存在孔隙水压力，卸荷后，在建筑物作用下，还将继续固结沉降。因此，为消除超载卸荷后继续发生固结沉降，应使超载维持到土层中间固结度满足下列要求：

$$u_{(1/2)} = \frac{p_f}{p_f + p_s} \tag{8.3-7}$$

式中：$u_{(1/2)}$——土层中间固结度；p_f——设计永久荷载；p_s——超载。

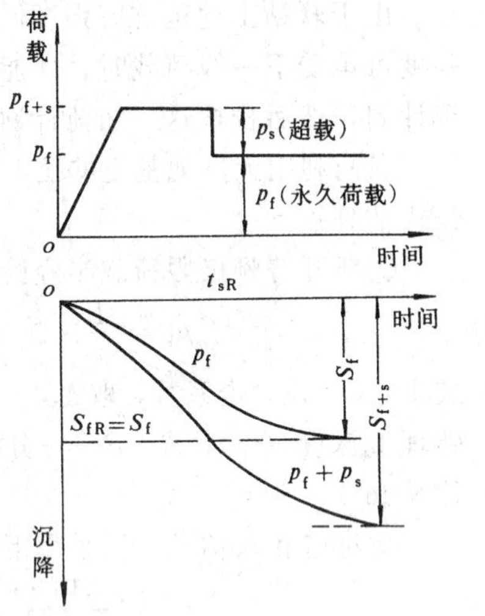

图 8.3-1　超载预压原理图

对于有机质粘土、泥炭土等，次固结沉降较大，采用超载法有助于消除次固结沉降，这时固结度应满足下式：

$$\bar{u}_R = \frac{(S_f + S_s)}{S_{s+f}} \tag{8.3-8}$$

式中：S_s——有机质土次固结沉降量（mm），计算见本节有关部分。

一般超载量 p_s 为设计荷载的 10%～20%。

3. 加载范围

加载范围不应小于建筑物基础外缘所包围的范围。

（二）砂井排水固结的设计计算

常用的砂井有普通砂井、袋装砂井和塑料排水板，三者都属于竖向排水体，加固机理相同，都采用普通砂井的设计方法。

1. 砂井设计

砂井设计内容包括砂井的直径、间距、深度、排列方式及砂料的选择等。

（1）砂井的直径及间距：

砂井直径及间距应根据地基土的固结特性、预定时间所要求达到的固结度以及施工影响等因素综合考虑。根据砂井理论，对不考虑井阻和涂抹作用的理想情况，采用“细而密”的布置方式，效果较好。但是直径越小，施工越容易出现质量问题，井阻影响越明显；间距越小，砂井施工对土结构的扰动越大。根据工程实践，常用的普通砂井直径为 30～50cm，袋装砂井为 7～12cm。塑料排水板已标准化，一般相当于直径 6～7cm。

砂井直径与间距的关系，可由井径比来反映，井径比按下式确定：

$$n = d_e/d_w \tag{8.3-9}$$

式中：n——井径比；d_e——砂井有效排水范围等效圆直径（mm），其计算见式（8.3-10）和式（8.3-11）；d_w——砂井直径（mm）。

普通砂井井径比一般取 6～8，袋装砂井或塑料排水带井径比一般取 15～22。

（2）砂井深度：

砂井的深度，应根据压缩土层的厚度以及建筑物对地基的稳定形和变形要求确定。但砂井过深，深层土的固结效果较差，一般按下列原则确定：

①压缩层不厚时，砂井应贯穿压缩土层；

②当压缩土层较厚但间有砂层或砂透镜体时，砂井应尽量打到砂层或透镜体；

③对无砂层或砂透镜体的深厚压缩层，应根据地基稳定性及建筑物在地基中产生的附加应力与自重应力之比确定（一般为 0.1～0.2）；

④对以地基抗滑稳定性控制的工程，砂井深度应超过最危险滑动面 2m。

（3）砂井排列：

砂井平面排列方式多采用正方形和正三角形。当砂井排列为正方形时，砂井的有效排水范围为正方形；当砂井排列为正三角形时，有效排水范围为正六边形（见图 8.3-2）。在有效排水范围内的水是通过砂井排出的，在进行实际计算时，每个砂井的有效影响范围化作一个等体积的等效圆柱体，等效圆柱体的直径 d_e 与砂井间距 S 的关系如下：

正方形排列时：$d_e = 1.13 \cdot S$ (8.3-10)

正三角形排列时：$d_e = 1.05 \cdot S$ (8.3-11)

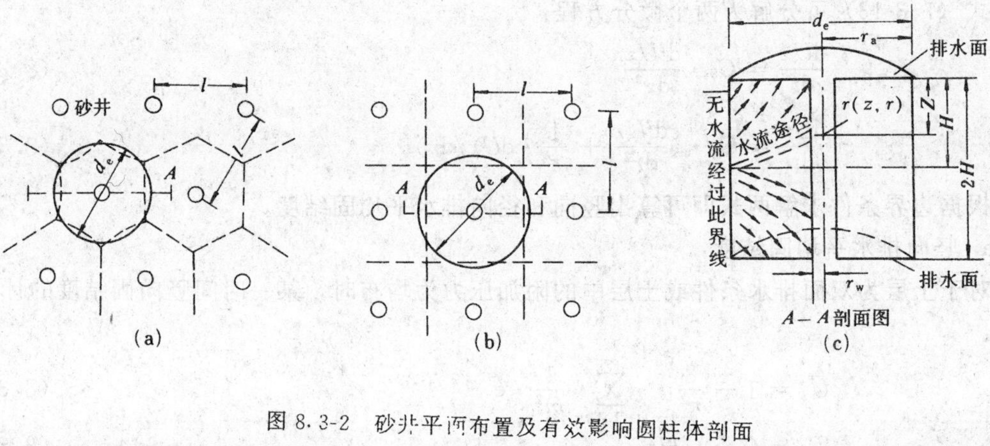

图 8.3-2 砂井平面布置及有效影响圆柱体剖面

（4）砂井布置范围及砂垫层：

砂井布置范围一般比建筑物基础外缘扩大 2～4m 或更大，并在砂顶面铺设砂垫层，以形成一个连续的有一定厚度的砂垫层，厚度不应小于 50cm；水下施工时，可取 0.8～1.0m。砂垫层过厚施工困难，太薄易渗入粘土颗粒而产生堵塞。

2. 砂井地基固结度计算

砂井地基的固结度计算一般先假设荷载是瞬间施加的，然后根据实际情况进行修正。

（1）瞬时加荷条件下砂井地基固结度的计算：

当软土地基中没有设置排水砂井时，孔隙水只能竖向渗透，属一维固结问题。当地基中设置砂井后，土中水向最近的排水面流动〔见图 8.3-2（c）〕，发生径向和竖向渗流，属三维固结轴对称问题。如以圆柱坐标表示，设任意点（r，z）处的孔隙水压力为 U 时，固结微分方程为：

$$\frac{\mathrm{d}U}{\mathrm{d}t}=C_{\mathrm{v}}(\mathrm{d}^2U/\mathrm{d}r^2+\frac{1}{r}\cdot\frac{\mathrm{d}U}{\mathrm{d}r}+\mathrm{d}^2U/\mathrm{d}z^2) \tag{8.3-12}$$

当水平向渗透系数 K_{h} 和竖向渗透系数 K_{v} 不等时，上式应改为：

$$\frac{\mathrm{d}U}{\mathrm{d}t}=C_{\mathrm{v}}\cdot\mathrm{d}^2U/\mathrm{d}z^2+C_{\mathrm{h}}\cdot(\mathrm{d}^2U/\mathrm{d}r^2+\frac{1}{r}\cdot\mathrm{d}U/\mathrm{d}r) \tag{8.3-13}$$

式中：t——时间；C_{v}——竖向固结系数，$C_{\mathrm{v}}=\dfrac{K_{\mathrm{v}}\cdot(1+e)}{a\cdot\gamma_{\mathrm{w}}}$；$C_{\mathrm{h}}$——径向固结系数，$C_{\mathrm{h}}=\dfrac{K_{\mathrm{h}}\cdot(1+e)}{a\cdot\gamma_{\mathrm{w}}}$；$K_{\mathrm{v}}$、$K_{\mathrm{h}}$——竖向、水平向渗透系数；$a$——土的压缩系数；$e$——土的初始孔隙比；$\gamma_{\mathrm{w}}$——水的重度。

砂井固结理论中作了如下假设：

①每个砂井的有效影响范围为一圆柱体；

②砂井地基表面受连续均布荷载下，地基中的附加应力分布不随深度而变化，故地基土只产生竖向压密变形；

③荷载是一次施加上去的，加荷开始时外荷载由孔隙水压力负担；

④在整个压密过程中，地基土的渗透系数保持不变；

⑤井壁土面受砂井施工所引起的涂抹作用（可使渗透性发生变化）的影响不计。

式（7.3-13）可分解为两个微分方程：

$$\frac{\mathrm{d}Uz}{\mathrm{d}t}=C_{\mathrm{v}}\cdot\frac{\mathrm{d}^2Uz}{\mathrm{d}z^2} \tag{8.3-14}$$

$$\frac{\mathrm{d}Ur}{\mathrm{d}t}=C_{\mathrm{h}}\cdot(\frac{\mathrm{d}^2Ur}{\mathrm{d}r^2}+\frac{1}{r}\cdot\mathrm{d}Ur/\mathrm{d}r) \tag{8.3-15}$$

根据边界条件求解两式即可算出竖向和径向排水平均固结度。

a. 竖向排水平均固结度：

对于土层为双面排水条件或土层中的附加压力为均布时，某一时间竖向固结度的计算公式为：

$$\overline{U}_{\mathrm{z}}=1-\frac{8}{\pi^2}\cdot\sum_{m=1,3,\cdots}^{\infty}\frac{1}{m^2}\cdot\mathrm{e}^{-m^2\pi^2/4\cdot T_{\mathrm{v}}} \tag{8.3-16}$$

$$T_{\mathrm{v}}=C_{\mathrm{v}}\cdot t/H^2 \tag{8.3-17}$$

式中：$\overline{U}_{\mathrm{z}}$——竖向排水平均固结度（%）；$m$——正奇数（1，3，5，…）；$T_{\mathrm{v}}$——竖向时间因数；$H$——土层的竖向排水距离（cm），双面排水时 H 为土层厚度的一半，单面排水时 H 为土层厚度；t——固结时间（s），如荷载是逐渐施加的，则从加荷历时的一半起算。

当 $\overline{U}_{\mathrm{z}}>30\%$，可简化为：

$$\overline{U}_z = 1 - \frac{8}{\pi^2} \cdot e^{-\frac{\pi^2 \cdot T_v}{4}} \tag{8.3-18}$$

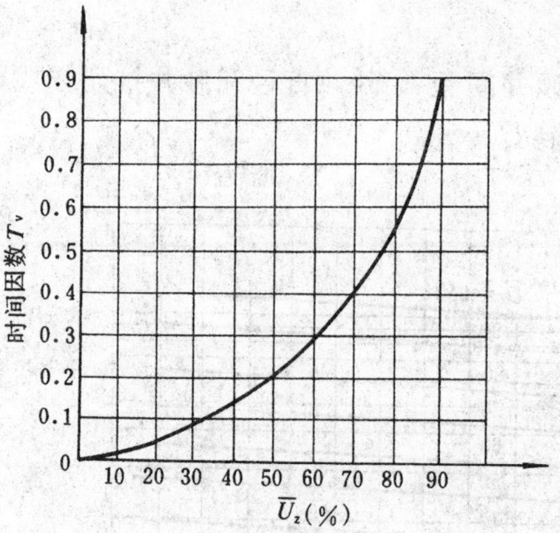

图 8.3-3 双面排水或附加应力为矩形的单面排水 $\overline{U}_z$-T_v 曲线

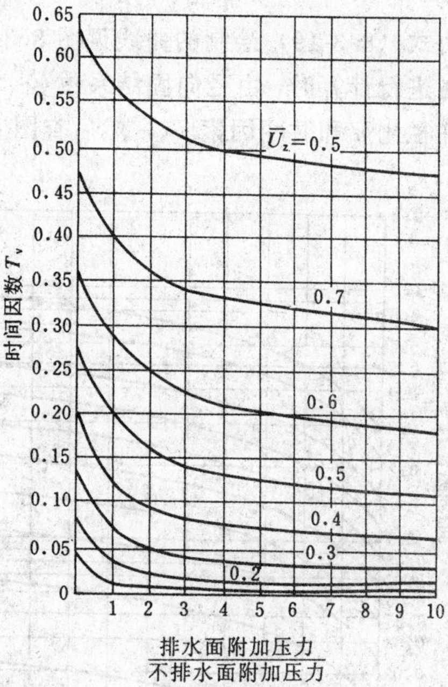

图 8.3-4 各种边界条件下 $\overline{U}_z$-T_v 曲线

为了计算方便，根据不同边界条件绘出 $\overline{U}_z$-T_v 关系曲线，见图 8.3-3、图 8.3-4 和表 8.3-1。

具体计算时求出 T_v，再根据边界条件查图 8.3-4 或图 8.3-5 或表 8.3-1 即可求得 $\overline{U}_z$。

表 8.3-1 $\overline{U}_z$ 和 T_v 关系表

T_v \ $\overline{U}_z$ / σ	0.1	0.2	0.3	0.4	0.5	0.6	0.7	0.8	0.9
0	0.049	0.100	0.154	0.217	0.290	0.380	0.500	0.660	0.950
0.2	0.027	0.073	0.126	0.186	0.260	0.350	0.460	0.630	0.920
0.4	0.016	0.056	0.106	0.164	0.240	0.330	0.440	0.600	0.900
0.6	0.012	0.042	0.092	0.148	0.220	0.310	0.420	0.580	0.880
0.8	0.010	0.036	0.079	0.134	0.200	0.290	0.410	0.570	0.860
1.0	0.008	0.031	0.071	0.126	0.200	0.290	0.400	0.560	0.850
1.5	0.006	0.024	0.058	0.107	0.170	0.260	0.380	0.540	0.830
2.0	0.005	0.019	0.050	0.095	0.160	0.240	0.360	0.520	0.810
3.0	0.004	0.016	0.041	0.082	0.140	0.220	0.340	0.500	0.790
4.0	0.004	0.014	0.040	0.080	0.130	0.210	0.330	0.490	0.780
5.0	0.003	0.013	0.034	0.069	0.120	0.200	0.320	0.480	0.770
7.0	0.003	0.012	0.030	0.065	0.120	0.190	0.310	0.470	0.760
10.0	0.003	0.011	0.028	0.060	0.110	0.180	0.300	0.460	0.750
20.0	0.003	0.010	0.026	0.060	0.110	0.170	0.290	0.450	0.740
∞	0.002	0.009	0.024	0.048	0.090	0.160	0.280	0.440	0.730

注：$\sigma = \frac{\text{排水面附加压力}}{\text{不排水面附加压力}}$。

b. 径向排水固结度计算：

由 Barron 导得的解为：

$$\overline{U}_r = 1 - e^{-\frac{8}{F} \cdot T_h} \tag{8.3-19}$$

式中：$\overline{U}_r$——径向排水平均固结度（%）；T_h——径向排水固结度的时间因素；F——与井径比 n 有关的系数，$F=\frac{n^2}{n^2-1}\cdot\ln(n)-\frac{3n^2-1}{4n^2}$。

由式（8.3-19）绘制的曲线见图 8.3-6。

在进行计算时，由径向固结系数 C_h、固结时间 t、砂井间距 l、砂井直径和砂井排列方式，求出井径比 n 和时间因素 T_h，然后查图 8.3-5 就可得到 $\overline{U}_r$。

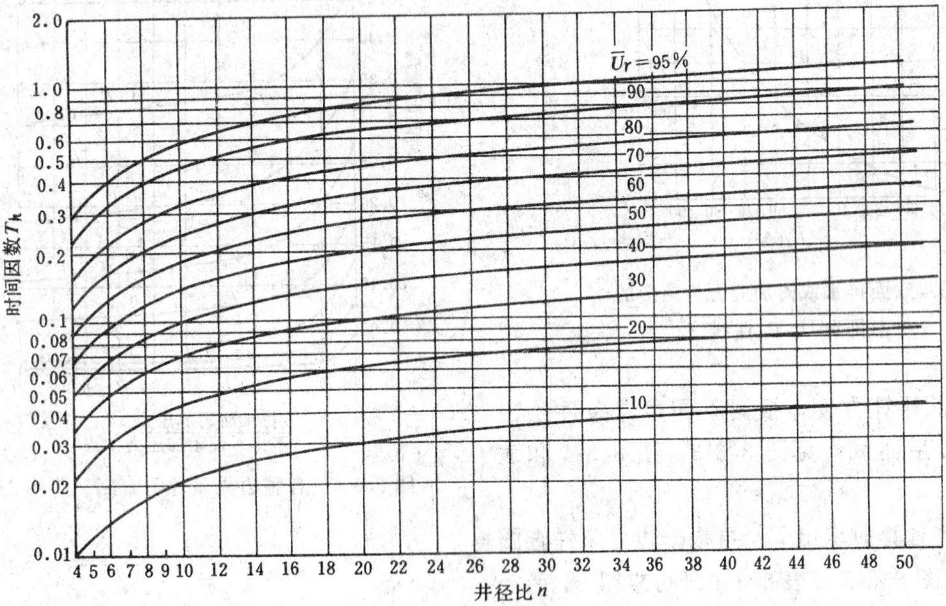

图 8.3-5　径向固结度 $\overline{U}_r$ 与时间因素 T_h 及井径比 n 的关系

c. 总固结度 $\overline{U}_{rz}$：

砂井地基总的平均固结度是由竖向排水和径向排水引起的，总的平均固结度按下式计算：

$$\overline{U}_{rz}=1-(1-\overline{U}_z)(1-\overline{U}_r) \tag{8.3-20}$$

把 $\overline{U}_z$ 和 $\overline{U}_r$ 的表达式代入得：

$$\overline{U}_{rz}=1-\frac{8}{\pi^2}\cdot e^{-\beta t} \tag{8.3-21}$$

$$\beta=\frac{8\cdot C_h}{F\cdot {d_e}^2}+\frac{\pi^2\cdot C_v}{4\cdot H^2} \tag{8.3-22}$$

也可表示为：

$$t=\frac{1}{\beta}\cdot\ln\frac{8}{\pi^2\cdot(1-\overline{U}_{rz})} \tag{8.3-23}$$

（2）砂井地基固结度计算修正：

①砂井未打穿软土层时固结度的计算：

在实际工程中，当软土层很厚时，砂井常常未打穿整个受压层，如图 8.3-6 所示。在这种情况下，砂井部分的固结度不能代表整个受压层的固结度。这时，可分别计算砂井部分地基的固结度 $\overline{U}_{rz}$和砂井以下受压层部分的固结度 $\overline{U}_z$，然后按下式计算整个受压层的平均固结度：

$$\overline{U}=Q\cdot\overline{U}_{rz}+(1-Q)\cdot\overline{U}_z \tag{8.3-24}$$

式中：$\overline{U}_{rz}$——砂井部分土层的平均固结度；$\overline{U}_z$——砂井以下部分土层的平均固结度，把砂井底面看作排水面；Q——砂井深度与整个受压层厚度的比值，即 $Q=\dfrac{H_1}{H_1+H_2}$；H_1、H_2——分别为砂井深度和砂井以下受压层范围内土层的厚度。

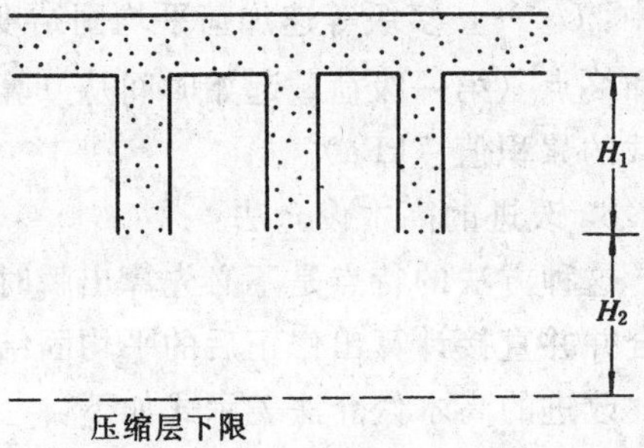

图 8.3-6　砂井未打穿受压层的情况

②逐渐加荷条件下地基固结度计算：

以上在推导固结度的计算公式时，是假设瞬时一次加载，但实际上荷载一般是逐渐分级加上去的。因此，要根据加荷情况，对上述公式进行修正，修正方法有改进的太沙基法和改进的高木俊介法。

a. 改进的太沙基法：

对于分级加荷的情况，太沙基的修正方法作了以下假定：

Ⅰ. 每一级荷载增量 Δp_i 所引起的固结过程是单独进行的，与上一级荷载增量所引起的固结度无关；

Ⅱ. 总固结度等于各级荷载增量作用下固结度的叠加；

Ⅲ. 每一级荷载增量 Δp_i 是在加荷起止时间的中点一次瞬时加足的；

Ⅳ. 在每级荷载 Δp_i 加荷起止时间 t_{n-1} 和 t_n 以内任意时间 t 时的固结状态与 t 时刻所对应的荷载增量瞬间作用下经过时间 $\dfrac{t-t_{n-1}}{2}$ 的固结状态相同，时间 t 大于 t_n 时的固结状态与荷载 Δp_n 在加荷期间（t_n-t_{n-1}）的中点瞬时施加的情况一样；

Ⅴ. 对本级荷载而言的固结度，还得按占总荷载的比例进行修正。

对二级等速加载，各不同时刻的固结度计算过程见图 8.3-7。

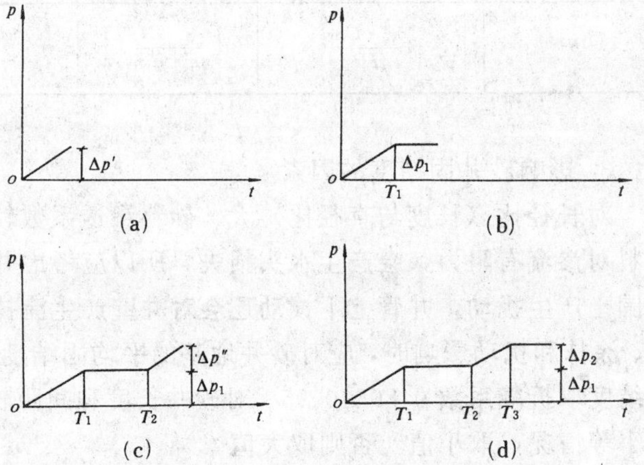

图 8.3-7　二级等速加荷过程

(a) $t<T_1$ 时

$$\overline{U}_t{}'=\overline{U}_{rz}(t/2)\cdot\frac{\Delta p'}{\Delta p_1+\Delta p_2}$$

(b) $T_1<t<T_2$ 时

$$\overline{U}_t{}'=\overline{U}_{rz}(t-T_1/2)\cdot\frac{\Delta p_1}{\Delta p_1+\Delta p_2}$$

(c) $T_2<t<T_3$ 时

$$\overline{U}_t{}'=\overline{U}_{rz}(t-T_1/2)\cdot\frac{\Delta p_1}{\Delta p_1+\Delta p_2}+\overline{U}_{rz}(\frac{t-T_2}{2})\cdot\frac{\Delta p''}{\Delta p_1+\Delta p_2}$$

(d) $t>T_3$ 时

$$\overline{U}_t{}'=\overline{U}_{rz}(t-T_1/z)\cdot\frac{\Delta p_1}{\Delta p_1+\Delta p_2}+\overline{U}_{rz}(t-\frac{T_2+T_3}{2})\cdot\frac{\Delta p_2}{\Delta p_1+\Delta p_2}$$

对多级等速加荷，可依此类推，并归纳如下式：

$$\overline{U}_t{}'=\sum_1^n\overline{U}_{rz}(t-\frac{T_{n-1}+T_n}{2})\cdot\frac{\Delta p_n}{\Sigma\Delta p}\qquad(8.3\text{-}25)$$

式中：$\overline{U}_t'$——多级等速加荷平均固结度修正值（%）；T_{n-1}，T_n——分别为每级等速加荷的起点和终点（第一级荷载起始时间从0算起）；Δp_n——第 n 级荷载增量（kPa）；$\Sigma\Delta p$——各级荷载的累积值（kPa）。

b. 改进的高木俊介法：

这种方法的特点是不必先算出瞬时加荷条件下的固结度，再根据加荷条件修正，而是两者合并并直接计算出修正后的平均固结度。

改进的高木俊介法表示式如下：

$$\overline{U}_t' = \sum_1^n \frac{q_n'}{\Sigma\Delta p}\left[(T_n - T_{n-1}) - \frac{\alpha}{\beta}e^{-\beta t}(e^{\beta \cdot T_n} - e^{\beta \cdot T_{n-1}})\right] \tag{8.3-26}$$

式中：$\overline{U}_t'$——t 时多级等速加荷修正后的平均固结度（%）；q_n'——第 n 级荷载的平均加荷速率（kPa/d）；α、β——参数，按表8.3-2采用。

表 8.3-2　α、β 值表

排水固结条件 / 参数	竖向排水固结（$U_z>30\%$）	向内径向排水固结	竖向和径向排水固结（砂井贯穿受压土层）	砂井未贯穿受压土层的固结
α	$\frac{8}{\pi^2}$	1	$\frac{8}{\pi^2}$	$\frac{8}{\pi^2}\cdot Q$
β	$\frac{\pi^2\cdot C_v}{4H^2}$	$\frac{8\cdot C_h}{F\cdot d_e^2}$	$\frac{8\cdot C_h}{F\cdot d_e^2}+\frac{\pi^2\cdot C_v}{4H^2}$	$\frac{8\cdot C_h}{F\cdot d_e^2}$

3. 影响砂井固结度的因素

对长径比（长度与直径比）大、砂料渗透系数较小的袋装砂井或塑料排水带，砂井中的砂料对渗流有阻力，会产生水头损失，所以应考虑井阻作用。当采用挤土方式施工时，会对周围土产生扰动，井管上下拔动还会对井壁产生涂抹作用，降低土的径向渗透性。当考虑井阻、涂抹和扰动影响时，应对砂井地基的平均固结度进行折减，一般对按式（8.3-26）计算的固结度取折减系数0.80～0.95。对砂井长度和间距较大，土层中无透水夹层，砂料渗透系数较小等情况，取小值，否则取大值。

三、真空预压法设计

真空预压法的设计内容包括：竖向排水体的设计，要求达到的膜下真空度和土层的固结度、预压区面积和分块大小、地基变形计算、真空预压后地基土强度的增长计算等。

（一）竖向排水体设计

一般采用袋装砂井和塑料排水带。竖向排水体将负压由砂垫层传到土体中，将土体中的水抽至砂垫后排出。竖向排水体的尺寸、排列方式、间距和深度等参照本节“砂井设计”确定。

（二）真空度及平均固结度

真空预压的膜下真空度应保持在650mmHg（约80kPa）以上；压缩土层的平均固结度应大于80%。

（三）预压面积及分块大小

真空预压的总面积不得小于基础外缘所包围的面积，一般边缘应超出建筑物基础外缘2

～3m；另外，每块预压的面积应尽可能大，根据加固要求彼此间可搭接或有一定间距。

（四）地基变形计算

根据土层的固结度计算出有效应力，然后从室内固结试验得到的 e-p（e 为孔隙比，p 为固结压力）关系曲线查出相应的孔隙比利用分层总和法进行计算。

真空预压后地基强度的增长计算参照本节“地基土强度增长计算”的有关公式。

四、地基土强度增长计算

在预压荷载作用下，地基土产生排水固结，抗剪强度逐渐增长。但荷载的施加必须与地基土抗剪强度的增长相适应，若加荷过大过急，则地基土得不到充分固结，一旦地基土承受的荷载超过其抗剪强度，就可能导致地基破坏。

地基中某一时刻土的抗剪强度可用下式表示：

$$\tau_{ft} = \tau_{f0} + \Delta\tau_{fc} - \Delta\tau_{fs} \tag{8.3-27}$$

式中：τ_{ft}——地基土某一时刻的抗剪强度（kPa）；τ_{f0}——天然地基抗剪强度（kPa），由十字板剪切试验确定；$\Delta\tau_{fc}$——该点由固结而增长的抗剪强度（kPa）；$\Delta\tau_{fs}$——由于剪切蠕变而引起的抗剪强度衰减量（kPa）。

目前常用的预估抗剪强度增长的方法有有效应力法和有效固结压力法。

（一）有效应力法

由于 $\Delta\tau_{fs}$ 难以推算，故将式（8.3-27）改写为：

$$\tau_{ft} = \eta \cdot (\tau_{f0} + \Delta\tau_{fc}) \tag{8.3-28}$$

式中：η——综合折减系数，根据有些地区的实测反算结果，可取 0.75～0.90，剪应力大取低值，反之取高值。

强度增长值的估算可采用下式：

$$\Delta\tau_{fc} = K \cdot U_t \cdot \Delta\sigma_1 \tag{8.3-29}$$

式中：K——有效内摩擦角的函数，$K=\dfrac{\sin\varphi \cdot \cos\varphi}{1+\sin\varphi}$；$U_t$——地基中某点固结度，可用平均固结度代替；$\Delta\sigma_1$——荷载引起的地基中某点的最大主应力增量；$\varphi$——土的有效内摩擦角，由三轴固结不排水试验确定，一般为 24°～30°。故地基土某点强度可表示为：

$$\tau_{ft} = \eta \cdot (\tau_{f0} + K \cdot U_t \cdot \Delta\sigma_1) \tag{8.3-30}$$

（二）有效固结压力法

有效固结压力法采用只模拟压力作用下的排水固结过程，不模拟剪力作用下的孔隙水压力变化（附加压缩），这对于预计地基抗剪强度以及对荷载面积相对于土层厚度比较大的预压工程，应用此式来预估强度增长是合理的，并且它可以直接用十字板剪切试验结果来检验计算值的准确性。

对于正常固结饱和软粘土，其抗剪强度为：

$$\tau_f = \sigma_c' \cdot \mathrm{tg}\varphi_{cu} \tag{8.3-31}$$

式中：σ_c'——有效固结压力（kPa）；φ_{cu}——由固结不排水剪切试验测定的内摩擦角。

因此，由于固结而增长的强度可表示为：

$$\Delta\tau_f = \Delta\sigma_c' \cdot \mathrm{tg}\varphi_{cu} = \Delta\sigma_z \cdot U_t \cdot \mathrm{tg}\varphi_{cu} \tag{8.3-32}$$

式中：$\Delta\tau_f$——由固结而增长的强度（kPa）；$\Delta\sigma_z$——预压荷载引起的该点的附加竖向应力（kPa）。

五、沉降计算

预压荷载作用下地基最终沉降量 S_f 由三部分组成：瞬时沉降 S_d，固结沉降 S_c 和次固结沉降 S_s，即：

$$S_f = S_d + S_c + S_s \tag{8.3-33}$$

瞬时沉降是指荷载施加后立即发生的沉降量，由剪切变形引起。对于软粘土这部分沉降较大。当软土很厚，荷载为均布时，S_d 可按下式估算：

$$S_d = c_d \cdot p \cdot b \cdot \left(\frac{1-\upsilon^2}{E}\right) \tag{8.3-34}$$

式中：p——均布荷载；b——荷载面积的直径或宽度；c_d——考虑荷载面积形状和沉降计算点位置的系数，见表 8.3-3；E，υ——土的弹性模量和泊松比，υ 可取 0.5，E 可取(250～500)$(\sigma_1-\sigma_3)_f$；$(\sigma_1-\sigma_3)_f$——不排水压缩试验中试样破坏时的主应力差。

固结沉降是地基的排水固结引起的沉降，是地基沉降中最主要的部分，可由分层总和法计算。

次固结沉降是由土骨架在持续荷载作用下，发生蠕变而引起的，一般泥炭土、有机质土或高塑性粘土层较大，其它土可忽略。

表 8.3-3　半无限弹性体表面各种均布荷载面积上的 c_d 值

形　状	中心点	角点或边点	短边中点	长边中点	平均
圆　形	1.0	0.64	0.64	0.64	0.35
圆形（刚性）	0.79	0.79	0.79	0.79	0.79
方　形	1.12	0.56	0.76	0.76	0.95
方形（刚性）	0.99	0.99	0.99	0.99	0.99
矩　形					
长宽比：					
1.5	1.36	0.67	0.89	0.97	1.15
2	1.52	0.76	0.98	1.12	1.30
3	1.78	0.88	1.11	1.35	1.52
5	2.10	1.05	1.27	1.68	1.83
10	2.53	1.26	1.49	2.12	2.25
100	4.00	2.00	2.20	3.60	3.70
1 000	5.47	2.75	2.94	5.03	5.15
10 000	6.90	3.50	3.70	6.50	6.60

目前，比较常用的最终沉降量计算方法有以下二种：

1. 经验计算法

由于具体计算时 S_d 与 S_c 不易区分，且 E 和 υ 不好确定，因此一般采用下式计算：

$$S_f = \xi \cdot S_c = \xi \cdot \sum_{i=1}^{n}\left(\frac{e_{0i}-e_{1i}}{1+e_{0i}}\right) \cdot h_i \tag{8.3-35}$$

式中：ξ——经验系数，对正常固结或轻度超固结粘性土可取 ξ=1.1～1.4，荷载较大、地基土较弱时取较大值，否则取小值；e_{0i}——第 i 层中点土自重压力所对应的孔隙比，由室内固结试验得到的 e-p 曲线查得；e_{1i}——第 i 层中点土的自重压力和附加压力之和所对应的孔隙比，由 e-p 曲线查得；h_i——第 i 层土层厚度。

对于多级加荷任一时刻地基沉降量的计算可用下式计算：

$$S_t = S_d + \overline{U}_t \cdot S_c = \left[(\xi - 1)\frac{p_t}{\Sigma\Delta p} + \overline{U}_t\right] \cdot S_c \tag{8.3-36}$$

式中：S_t——t 时刻地基的沉降量；$\overline{U}_t$——t 时刻地基的平均固结度；p_t——t 时刻的累计荷载；$\Sigma\Delta p$——总的累计荷载。

2. 三点推算法

这一方法是根据现场实测沉降曲线进行推算。

由固结度的定义：

$$\overline{U}_t = \frac{S_{ct}}{S_c} = \frac{S_t - S_d}{S_f - S_d}$$

再由　$\overline{U}_t = 1 - \alpha \cdot e^{-\beta \cdot t}$

可得　　$S_t = (S_f - S_d) \cdot (1 - \alpha \cdot e^{-\beta \cdot t}) + S_d$　　(8.3-37)

从实测沉降曲线（即 S-t 曲线）上任选三点：(S_1, t_1)、(S_2, t_2)、(S_3, t_3)，并使 $t_2 - t_1 = t_3 - t_2$（见图 8.3-8）。

得：$S_1 = S_f \cdot (1 - \alpha \cdot e^{-\beta \cdot t_1}) + S_d \cdot \alpha \cdot e^{-\beta \cdot t_1}$　　[8.3-38(a)]

$S_2 = S_f \cdot (1 - \alpha \cdot e^{-\beta \cdot t_2}) + S_d \cdot \alpha \cdot e^{-\beta \cdot t_2}$　　[8.3-38(b)]

$S_3 = S_f \cdot (1 - \alpha \cdot e^{-\beta \cdot t_3}) + S_d \cdot \alpha \cdot e^{-\beta \cdot t_3}$　　[8.3-38(c)]

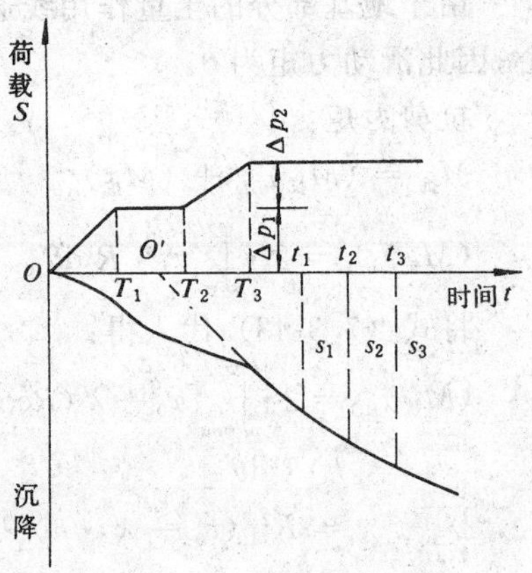

图 8.3-8　两级等速加荷 S-t 曲线

上三式联立求解得：

$$S_f = \frac{S_3 \cdot (S_2 - S_1) - S_2 \cdot (S_3 - S_2)}{(S_2 - S_1) - (S_3 - S_2)} \qquad (8.3\text{-}39)$$

$$S_d = \frac{S_t - S_f \cdot (1 - \alpha \cdot e^{-\beta \cdot t})}{\alpha \cdot e^{-\beta \cdot t}} \qquad (8.3\text{-}40)$$

上式各时间是按修正的 O' 点算起，对于两级等速加荷，O' 点按下式确定：

$$\overline{OO'} = \frac{\Delta p_1 (T_1/2) + \Delta p_2 \cdot (T_2 + T_3)/2}{\Delta p_1 + \Delta p_2} \qquad (8.3\text{-}41)$$

六、稳定分析

进行稳定分析可解决以下问题：

①地基在天然状态下的最大堆载；

②在各级预压荷载作用下的稳定性；

③最大许可预压堆载；

④理想的堆载计划。

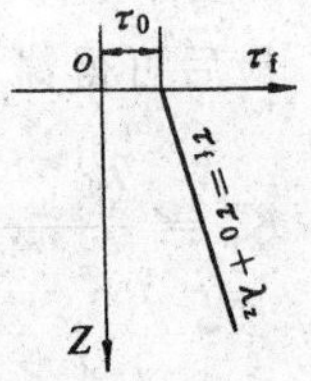

图 8.3-9　地基土强度随深度变化曲线

（一）地基强度沿深度增加时的稳定分析方法

1. 确定强度变化规律

软土地区硬壳层下各土层的强度随深度而变化，见图 8.3-9，一般有如下关系：

$$\tau_f = \tau_0 + \lambda z \qquad (8.3\text{-}42)$$

式中：τ_f——天然地基中某点的抗剪强度（kPa），一般由十字板剪切试验确定；τ_0——地基强度增长线在地面上的截距（kPa）；λ——斜率（kPa/m）；z——深度（m）。

由十字板剪切试验取得的资料，用最小二乘法计算，整理成如下形式：

$$\tau_f = \tau_0' + \lambda' \cdot z \qquad (8.3\text{-}43)$$

式中：τ_0'——截距（kPa）；λ'——斜率（kPa/m）。

2. 稳定分析

对软土地基上的一个堤坝断面，假设 $\widehat{ABD}$ 为滑动面，见图 8.3-10，则抗滑稳定安全系数为：

$$K_h = \frac{M_{抗}}{M_{滑}} \qquad (8.3\text{-}44)$$

滑动力矩为：

$$M_{滑} = \sum_{1}^{n} w_i \cdot d_i \qquad (8.3\text{-}45)$$

式中：w_i——堤坝部分分条质量；d_i——分条的重心到滑动圆心的距离；n——条数。

由于地基部分的土重作用线通过圆心，因此滑动力矩为 0。

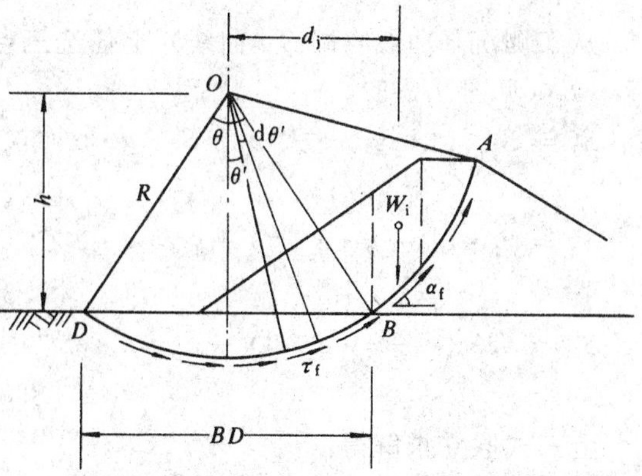

图 8.3-10　强度随深度增加时稳定分析图

抗剪力矩：

$$M_{抗} = (M_{抗})_{\widehat{BD}} + (M_{抗})_{\widehat{AB}}$$

$$(M_{抗})_{\widehat{BD}} = 2\cdot\int_0^{\theta/2}\tau_f\cdot R^2\mathrm{d}\theta'$$

将式（7.3-43）代入得：

$$(M_{抗})_{\widehat{BD}} = 2\cdot\int_0^{\theta/2}[\tau_0+\lambda'(R\cos\theta'-h)R^2\mathrm{d}\theta'] = R^2[(\tau_0-\lambda'\cdot h)\cdot\theta+\lambda'\cdot\overline{BD}]$$

$$(M_{抗})_{\widehat{AB}} = \eta_m\cdot R\cdot\sum_A^B[C_u\cdot l_i+\eta\cdot W_i\cdot\cos\alpha_i\cdot \mathrm{tg}\varphi_u] \tag{8.3-46}$$

式中：η_m——坝体抗滑力矩折减系数，可取 0.6～0.8；η——强度指标折减系数，可取 0.5；C_u、φ_u——坝体土体固结不排水剪强度指标。

最后可得：

$$K_h = \frac{\eta_m\cdot R\cdot\sum_A^B[C_u\cdot l_i+\eta\cdot w_i\cdot\cos\alpha_i\cdot \mathrm{tg}\varphi_u]+R^2[(\tau_0-\lambda' h)\cdot\theta+\lambda'\cdot\overline{BD}]}{\sum_1^n W_i\cdot d_i} \tag{8.3-47}$$

选取不同的滑动面进行计算，要求最小安全系数 $K_{hmin}\geqslant 1.2\sim1.5$。

（二）应用有效固结压力强度指标的稳定分析方法

对于软粘土上的堤坝断面（见图 8.3-11），采用条分法进行稳定分析，抗滑稳定安全系数可按下式计算：

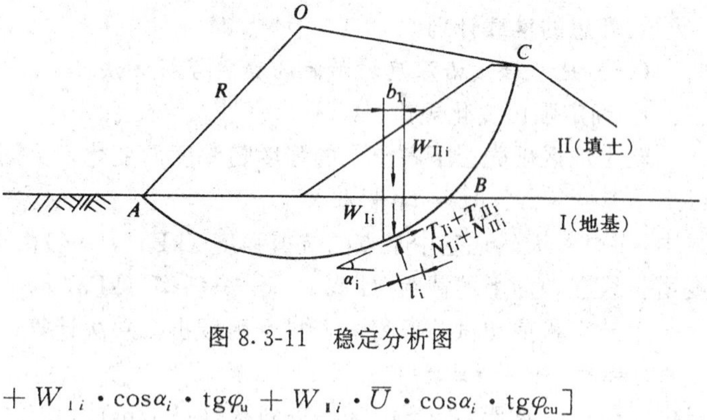

图 8.3-11　稳定分析图

$$K_h = \frac{\sum_A^B[C_u\cdot l_i+W_{\mathrm{I}i}\cdot\cos\alpha_i\cdot \mathrm{tg}\varphi_u+W_{\mathrm{II}i}\cdot\overline{U}\cdot\cos\alpha_i\cdot \mathrm{tg}\varphi_{cu}]}{\sum_A^B(W_{\mathrm{I}}+W_{\mathrm{II}})_i\cdot\sin\alpha_i+\sum_B^C W_{\mathrm{II}i}\cdot\sin\alpha_i} + \frac{\eta_m\cdot\sum_B^C[(C_u' l_i+\eta\cdot W_{\mathrm{II}i})\cdot\cos\alpha_i\cdot \mathrm{tg}\varphi_u]}{\sum_A^B(W_{\mathrm{I}}+W_{\mathrm{II}})_i\cdot\sin\alpha_i+\sum_B^C\cdot W_{\mathrm{II}i}\cdot\sin\alpha_i} \tag{8.3-48}$$

式中：W_{I}、W_{II}——分别为土条在地基和堤坝部分的质量；α_i——土条底面与水平面夹角；C_u、φ_u——不排水剪强度指标；φ_{cu}——固结不排水剪求得的内摩擦角；$\overline{U}$——地基平均固结度。

由式（8.3-48）还可推算维持地基稳定的各级荷载：

(1) 令 $\overline{U}=0$，根据设计要求的安全度 K_h，由式（8.3-48）推算第一级荷载。

(2) 第一级加荷结束后，地基强度提高，将 $W_{1i}\cdot\overline{U}\cdot\cos\alpha_i\cdot tg\varphi_{cu}$一项计算进去，再令 $\overline{U}=0$，由 K_h 推算第二级荷载。

(3) 依此类推，就可确定一个加荷计划。

第四节　排水固结的施工

排水固结的施工包括三个部分：铺设水平垫层、设置竖向排水体和施加荷载。

一、水平排水垫层的施工

铺设水平排水垫层的目的：①连通排水体，把土体中渗出的水迅速排出，同时防止土颗粒堵塞排水通道；②对软粘土地基起持力层的作用。

1. 垫层材料

砂垫层砂料宜用中粗砂，渗透系数不低于 1×10^{-3}cm/s，含泥量小于5%，无杂质，无有机质；砂料中可混有少量粒径小于50mm的石粒，一般不宜用粉砂或细砂；砂垫层的干密度应大于1.5t/m³。

2. 水平排水系统设置

在水平垫层预压区应设置与砂垫层相连的盲沟，盲沟可平行布置（见图8.4-1），并与集水井连通，通过水泵把水排出。盲沟中可采用粒径30～50mm的碎石或砾石，盲沟的尺寸与其布置形式和数量有关。设计时可采用达西定律计算排水量：

$$q=k\cdot A\cdot i/5 \tag{8.4-1}$$

式中：q——盲沟单位时间排水量，对饱和土等于其负担面积单位时间土体的体积压缩（cm³/s）；i——水力梯度，一般为0.01～0.05；k——材料渗透系数（cm/s）；A——盲沟断面面积（cm²）。

若砂粒来源较困难，也可采用网状布置的砂沟代替整片砂垫层（见图8.4-2），并与集水井连通。砂沟的宽度为2～3倍砂井直径，一般深度为40～60cm。

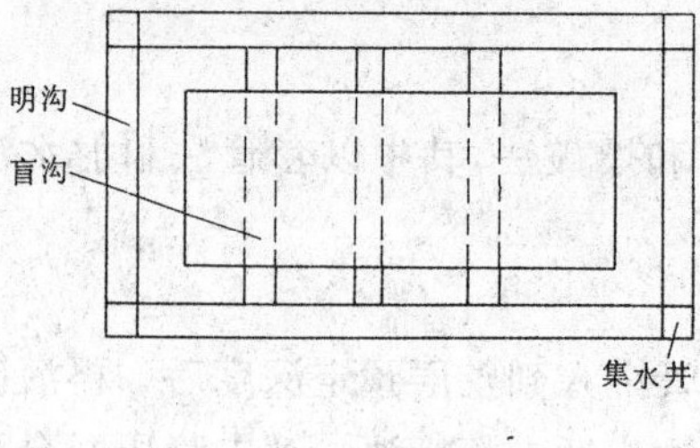

图8.4-1　水平排水系统设置

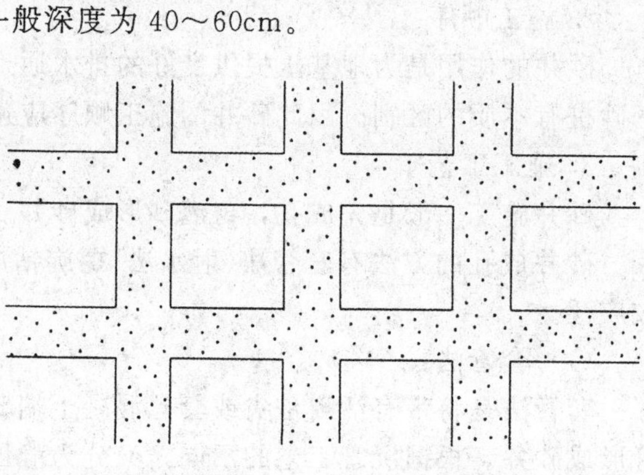

图8.4-2　砂沟排水构造

为便于排水，有时水平垫层可从中心地段往四周留一定坡度。

3. 垫层厚度

排水垫层的厚度一方面要求保证从土中渗出的水能及时排出，另一方面能满足施工设备施工时的承载要求。

一般情况下垫层厚度可取 30～50cm。对新填不久的或无硬壳层的软粘土，应根据具体土质条件和砂井施工机械的性能，采用厚的或混合料排水垫层。

水下施工时，由于砂垫层的质量和铺砂厚度不易掌握，一般可取 0.8～1.0m。

4. 垫层施工

水平砂垫层的施工方法应根据地基土表面的承载情况进行选择。当地基土表层有硬壳层，可承受一般机械运行时，可用机械铺砂，采用机械分堆摊铺法或顺序推进摊铺法。当地基较软不能承受机械运行时，可选用人力车或轻型皮带输送机由外向里或一边向另一边铺设，或采用铺设荆笆或其它透水性好，具有足够抗拉强度的编织物、土工聚合物等，也可使用水力吹填法，形成砂垫层以改善软土的持力条件。

5. 施工要点

①垫层平面尺寸和厚度符合设计要求。厚度误差不超过 10%，每 $100m^2$ 挖坑检验；

②与竖向排水体连接好，不允许混入杂物、粘土、淤泥等，以防堵塞排水通道；

③避免对地基土产生扰动；

④对真空预压垫层，其面层 4cm 厚度范围内不得有带棱角的硬物。

二、竖向排水体的施工

（一）砂井施工

1. 砂井材料

砂井的砂料应采用中粗砂，其渗透系数宜大于 1×10^{-2}cm/s。砂料应干净，不含草根等杂物，含泥量不超过 3%。

砂粒的级配要求满足下式，以保证其具有一定的反滤作用。

$$4d_{15}(\text{土}) \leqslant d_{15}(\text{砂}) \leqslant 4d_{85}(\text{土}) \tag{8.4-2}$$

式中：d_{15}（土）——小于某一粒径土的含量占土总质量的 15%；d_{85}（土）——小于某一粒径土的含量占土总质量的 85%；d_{15}（砂）——小于某一粒径砂的含量占砂总质量的 15%。

2. 施工顺序

砂井的作用是为地基土提供良好的排水通道，要求尽量减小对周围土的挤压力，这与挤密砂桩有本质的区别。因此砂井的施工顺序应遵循“先中间后周边”的原则。

3. 施工工艺

砂井施工一般是先成孔，再灌砂形成砂井。

砂井成孔的方法有套管法、射水法、螺旋钻成孔法和爆破法，其中以套管法和射水法应用较广泛。

（1）套管法：

套管法是将带有活瓣桩尖或套有混凝土端靴的套管沉入到土层预定深度后，再灌砂、拔管形成砂井。根据沉管工艺的不同，又分为静压沉管法、锤击沉管法、锤击静压联合沉管法和振动沉管法。

振动沉管法是国内常用的施工方法，利用低频振动锤将带有活瓣桩尖的桩管沉入土中到设计深度后，上提 50～100cm，再灌砂，然后边拔越振，最后在土中形成砂井。

在施工过程中，由于砂粒总是含有一定的水分，使砂粒间存在一定的毛细粘聚力，这种粘聚力与管壁的摩擦力共同作用，使砂容易形成拱状结构，从而在提管时易把砂料带上来，造成砂井缩颈或夹泥，甚至大量的砂在土压力作用下顶托回冒。为保证灌砂量及砂井的连续性，最简单的方法是往管内灌水，一方面可消除毛细粘聚力，另一方面由于水的润滑作用可大大降低砂与管壁的摩擦阻力。具体作法是：沉管到设计深度；向管内灌水，直到桩管充满水为止；灌砂；拔管。上拔过程中要保证两点：①边振边拔；②水面高出砂面，砂面高出自然地面。

(2) 射水法

射水法是利用射水管射出的高速水流的冲击及环刀的机械切削作用，破坏土体，形成具有一定直径和深度的砂井孔，然后灌砂形成砂井。

①主要机具设备：

a. 高压水泵：可根据地基土的性质及砂井直径选择。对于软土地区可选择压力为 1MPa，流量为 25～40m³/h 的水泵。若压力达不到要求，可采取水泵串联的方式。

b. 冲管：见图 8.4-3，由冲套（一般为 ϕ300mm～ϕ700mm 的无缝钢管）、中心管（可使用普通钻杆）、喷咀及环刀（或三角形翼片）等部分组成。环刀可拆卸更换，其直径取决于砂井直径，一般比砂井直径小 20mm。

c. 卷扬机：要求起落灵活，操作方便。提升能力约为冲管质量的 2 倍。

另外，还有钻架，由钻架将冲管吊起，在冲管上端接有水接头，用耐压胶管与高压水泵相连。

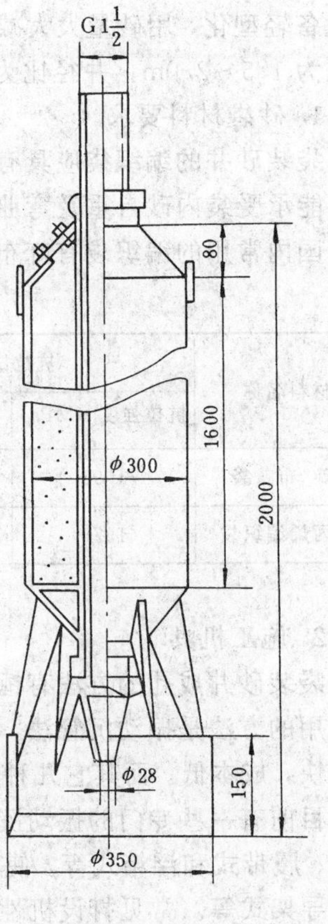

图 8.4-3 某工程使用的冲管构造图

②施工工艺：

a. 施工机具就位，在预定孔位上，先挖一个小坑，深约 200～300mm，并埋设护筒，以防止井口泥土塌落。

b. 将冲管吊到小坑上，保持垂直并对准小坑中心。

c. 开动水泵开始冲水，同时操纵卷扬机，使冲管上下冲切，冲程约 300～500mm，冲切次数可取 15 次/min。在高压水及环刀作用下，土粒与水形成泥浆，溢出地面并从排水沟流走。冲管在自重作用下不断下沉，直至设计深度。

d. 到达设计深度后，将冲管提离孔底 0.5～1.0m，清孔 2～3min。

e. 提出冲管，向孔内灌砂，形成砂井。

③施工要点：

a. 施工过程中要控制好冲孔水压力和时间。

b. 砂井的灌砂量按砂在中密状态的干密度计算，并保证灌砂率不小于 95%。

c. 做好清孔工作。孔内泥浆会降低砂料的渗透性，对排水固结不利。

d. 做好泥浆排放工作，避免影响水平排水垫层的排水性能。

e. 若地基中存在土质很软的淤泥，难以保证砂井的直径和连续性，使用要慎重。

f. 灌砂完毕后，在井口上多倒半车砂，使之高出自然地面，以保证井口有良好的透水性。

4. 砂井施工的质量要求

①保持砂井连续和密实，并且不出现颈缩现象；

②尽量减少对周围土的扰动；

③砂井的长度、直径和间距应满足设计要求；

④砂井位置的允许偏差为该井的直径，垂直度的允许偏差为1.5%。

（二）袋装砂井施工

袋装砂井用具有一定伸缩性和抗拉强度很高的编织袋装满砂子，放入桩孔中形成竖向排水体。与普通砂井相比，它基本上解决了大直径砂井所存在的问题，能保证砂井的连续性，打设设备轻型化，用砂量大大减少，工效高，造价较低。国内袋装砂井的直径一般为7～10cm，间距为1.5～2.0m，井径比为15～20。

1. 砂袋材料要求

袋装砂井的编织袋应具有良好的透水性，袋内砂不易漏失，袋子材料应有足够的抗拉强度，能承受袋内砂自重及弯曲产生的拉力，要有一定的抗老化性能和耐环境水腐蚀的性能。

国内常用的编织袋有麻布袋和聚丙烯编织袋，其力学性能见表8.4-1。

表8.4-1 砂袋材料力学性能

材料名称	抗拉试验		弯曲180°试验			渗透性(cm/s)
	抗拉强度（MPa）	伸长率（%）	伸长率（%）	破坏情况	弯心直径（cm）	
麻布袋	1.92	5.5	4	完整	7.5	
聚丙烯编织袋	1.70	25	23	完整	7.5	>0.01

2. 施工机具

袋装砂井成孔的方法有锤击打入法、射水法、静力压入法、钻孔法和振动沉管法等。目前常用的方法是振动沉管法，由这种方法施工的袋装砂井较密实，不易断桩，排水效果较好，速度快，成本低。而其它几种施工方法技术难度较大，工艺复杂，砂料不易密实，速度也慢。

目前有一些专门的振动沉管法打设机械，其行走方式有：走管移动式、轨道滚动式、步履式、履带式和浮箱式等。使用较普遍的打设设备有轨道门架式、履带臂架式、步履臂架式、吊机导架式等。常见打设机性能见表8.4-2，图8.4-4为施工机械外形图。

表8.4-2 打设机性能表

打设机型号	用途	行走方式	套管驱动方式	整机质量	整机外形尺寸	接地压力	打设深度	打设效率
RC-110	打设塑料板和袋装砂井	履带式	链条静压式	12.99t		10.98kPa	10.5m	
SM-1500A（底盘型号）（日本）	打设塑料板和袋装砂井	浮箱式 履带式	振动式	81.6t		29kPa 31.4kPa	20m	60～80（根/班）
QDS22	打设塑料板和袋装砂井	轨道式	振动式	12t	（长×宽×高）8×6.35×26m	15kPa	22m	1 500（m/台班）
IJB-16	打设塑料板和袋装砂井	步履式	振动式	15t	（长×宽×高）7.6×5.3×15m	50kPa	10m	1 000（m/台班）
SSD-20	打设塑料板和袋装砂井	履带式	振动式	34t	（长×宽×高）12×12.75×26.6m	10kPa	20m	1 500（m/台班）
ZM-19门架式	打设塑料板和袋装砂井	轨道式	振动式	18t	（长×宽×高）9×8×23m	23kPa	20m	1 000（m/台班）

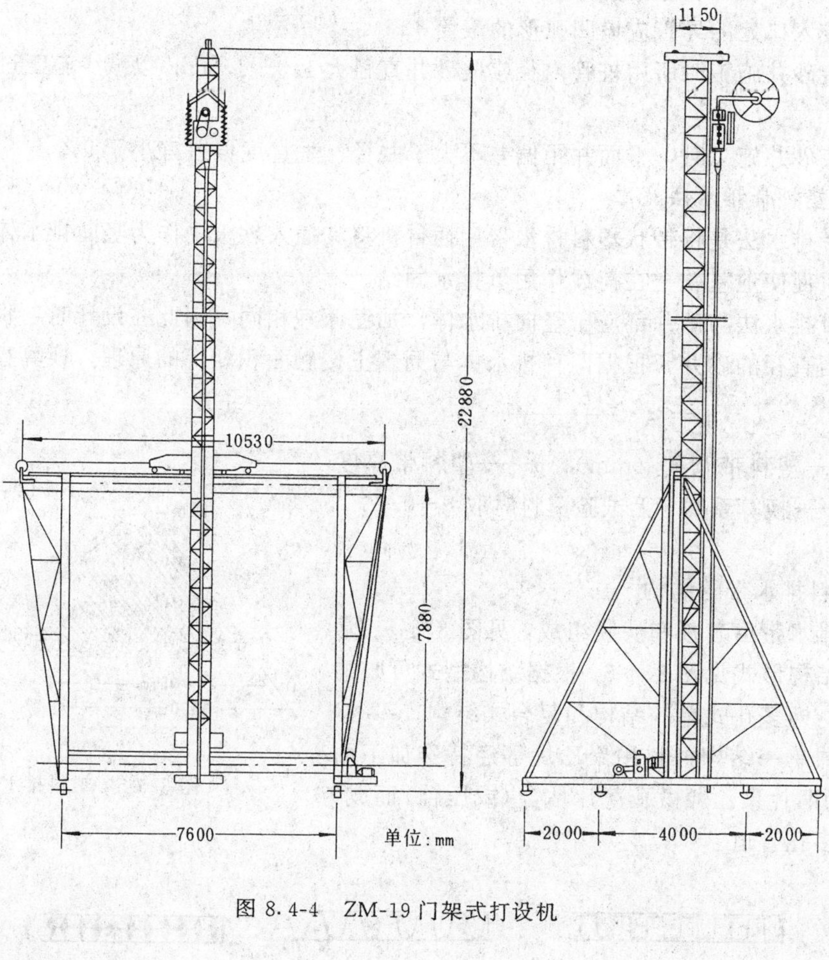

图 8.4-4　ZM-19 门架式打设机

3. 施工工艺

（1）袋装砂井法施工程序：

施工程序为：放线测量→机具定位→设置桩尖（桩靴）→沉管成孔→投送砂袋→拔管成桩。

（2）施工方法：

①灌砂：灌砂有两种方式：a. 先投后灌法。沉管到设计深度后，把已灌了一节（约 0.5～1.0m）砂的砂袋缓慢地投送到沉管内直至管底，然后用漏斗灌砂（或振动灌砂）；b. 先灌后投法。在施工现场用漏斗往砂袋灌砂，边灌边抖，使之密实，直至灌满。

②沉管：先将沉管压入土中 10～20cm（以防桩尖（靴）封闭不严而进土）后，开动振动锤，使桩管下沉，直至设计深度。

③吊送砂袋与拔管成桩：用提升机具将灌好的砂袋起吊，送入桩管直至孔底。然后，缓慢地起拔桩管，砂袋留在地基中成桩。

4. 施工要点

①灌入砂袋的砂宜用干砂，并灌制密实，袋口应扎紧；

②砂袋长度应比砂井深度长 50cm，使其放入井孔后能露出地面，以便埋入排水砂垫层中；

③拔管后，砂袋的上提长度不宜超过 50cm；

④为减少砂袋与管壁的摩擦，可往管内灌水；

⑤砂袋入口处的导管应设凹弧形的滚筒；

⑥袋装砂井施工时所用桩管内径应比砂井直径大1.0～1.5cm，以减少施工过程中对地基土的扰动；

⑦袋装砂井施工时，平面井距偏差不大于井径，垂直度偏差宜小于5%。

（三）塑料带排水法施工

塑料带排水法是将带状塑料排水带用插带机将其插入软土中作为竖向排水体，通过改善排水条件，促使地基软土在荷载作用下排水固结。

塑料带排水法与砂井都属于竖向排水体，加固原理相同，因此在设计时，将塑料排水带换算成相当直径的砂井，根据两种排水体与周围土接触面积相等的原理，换算直径为：

$$D_p = \alpha \cdot \frac{2(b+\delta)}{\pi} \tag{8.4-3}$$

式中：b——塑料带宽度（mm）；δ——塑料带厚度（mm）；α——换算系数，无试验资料时取α=0.75～1.00。

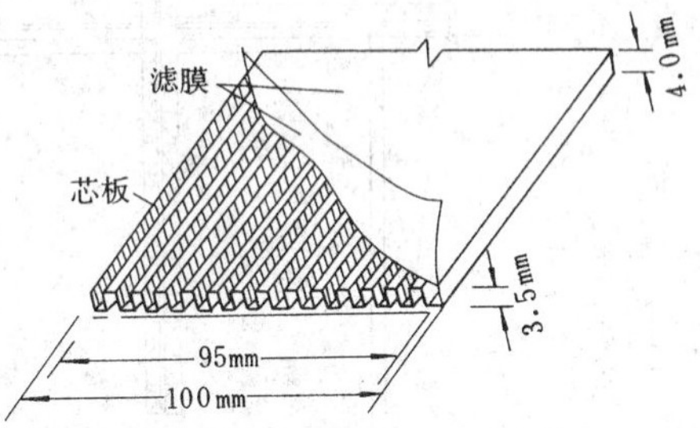

图8.4-5 塑料排水带

1. 塑料排水带的结构

塑料排水带由芯板和滤膜组成，见图8.4-5。常见的断面结构形式见图8.4-6。根据结构型式可归纳为两大类，即多孔式单一结构和复合式结构。

多孔式单一结构材料用聚乙烯等经特殊加工而成，表层为两片聚乙烯微孔薄片粘合（或压合）而成，中间具有多孔管道。

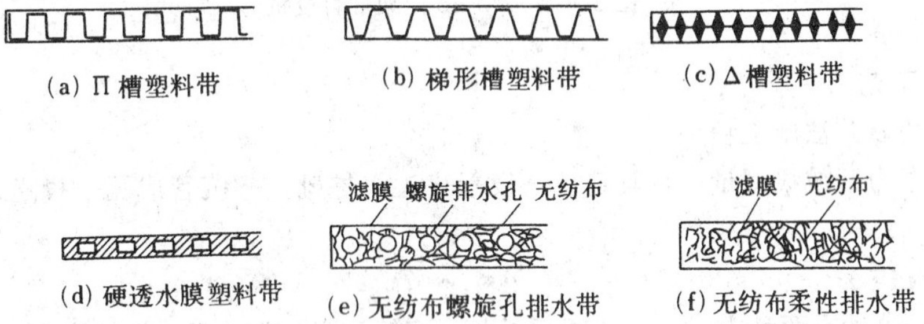

图8.4-6 塑料排水带断面结构

复合式由两种材料组合而成，中间为带有多种通水孔道的芯板，外面套透水挡土的滤膜。

塑料芯板的材料多为聚乙烯、聚丙烯、涤纶丝、聚氯乙烯。滤膜材料一般采用大于60#的涤纶纤维，含胶量大于35%。

2. 塑料排水带的性能

在土中设置塑料排水带后，在荷载作用下，土层中的渗透水通过滤膜渗入芯板沟槽内，并通过沟槽从排水垫层中排出。根据这一结构型式，要求滤膜的透水性好，与土接触后其渗透系数不低于中粗砂，排水沟槽保证排水通畅，受到土压力后过水断面不减小，耐酸，耐碱。

具体要求：①滤膜的渗透系数不小于5×10^{-4}cm/s，纵向通水量不小于15～40cm^3/s；②芯板的抗拉强度≥10～15N/mm，滤膜的抗拉强度，干态时不小于1.5～3.0N/mm，湿态时不小于1.0～2.5N/mm，整个排水带反复对折5次不断裂。

各种塑料排水带性能见表8.4-3。

表 8.4-3　常见塑料排水带性能表

项目 \ 指标 \ 类型			SPB-1	SPB-2	SPD-2	SPD-3	SVD1	SVD2
芯板	单位长度质量（g/m）		90～100	100～110	100～120	110～120	83.4	85.4
	厚度（mm）		>3.5	>4.0	>4.0	>4.0	7.4	7.5
	宽度（mm）		100±2	100±2	100±2	100±2	99.8	99.8
	纵向通水量（cm^3/s）		15	25	25	40	30.2	40.1
	抗拉强度（N/cm）		>100	>130	>130	>150	145	210
	延伸率（%）		<10	<10	10	10	10	51
滤膜	渗透系数（cm/s）		5×10^{-4}	5×10^{-4}	5×10^{-4}	$>5\times10^{-4}$	3.13×10^{-4}	
	抗拉强度（N/cm）	湿态	>15	>30	>25	>30	46.4	80
		干态	>10	>20	>20	>20	22.6	74
	隔土性（μm）		<75	<75	75	<15		

3. 塑料排水带施工

（1）施工机械：

由于塑料排水带打设机械是在软土上作业，因此要求：①具有较低的接地压力和较高的稳定性；②插带速度快，对地基土扰动小；③移位迅速，对位容易等。

打设机械一般由行走装置和工作装置组成。

行走装置有履带式、轨道式、滚动式、步履式、履带浮箱式等，其中以履带式和轨道式最为常用。

工作装置包括导架、套管、驱动装置和电器控制装置等。

常见的打设机性能见表8.4-2。图8.4-7为IJB-16型步履式插板机。

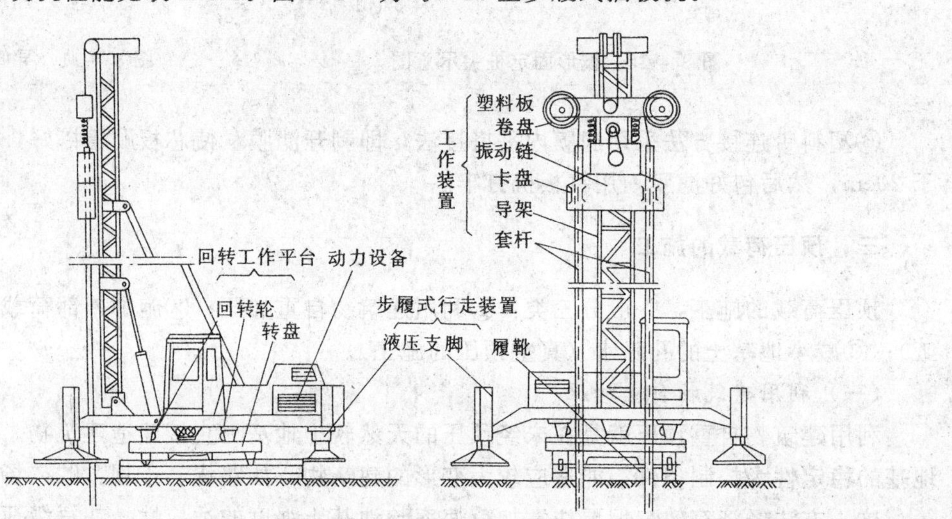

图 8.4-7　IJB-16型步履式插板机

（2）导管靴与桩尖：

打设塑料带的导管靴有圆形和矩形两种。桩尖因导管靴断面不同而异，其作用是在施工过程中防止淤泥进入管内，防止回带及锚定塑料带等。

常见的桩尖形式见图 8.4-8～图 8.4-10。

图 8.4-11 为与图 8.4-9 和图 8.4-10 配合使用的导管靴。

（3）施工工艺：

塑料带排水施工工艺流程见图 8.4-12。

4. 施工要点

①点位放线误差应不大于井径，垂直度偏差宜小于1.5%；

②塑料带与桩尖连接要牢固，避免提管时脱开，将塑料带拔出；

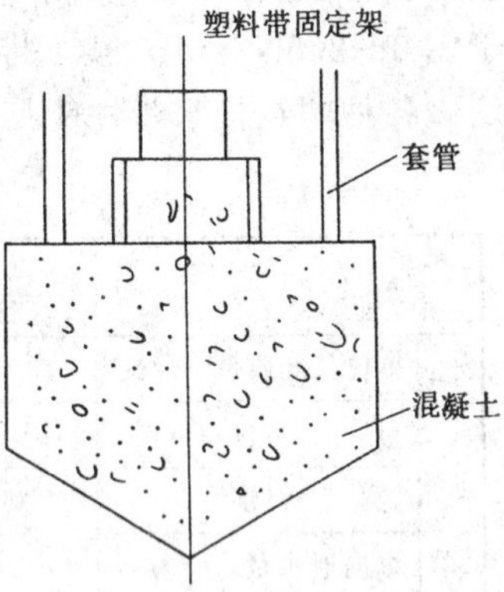

图 8.4-8 混凝土圆形桩尖

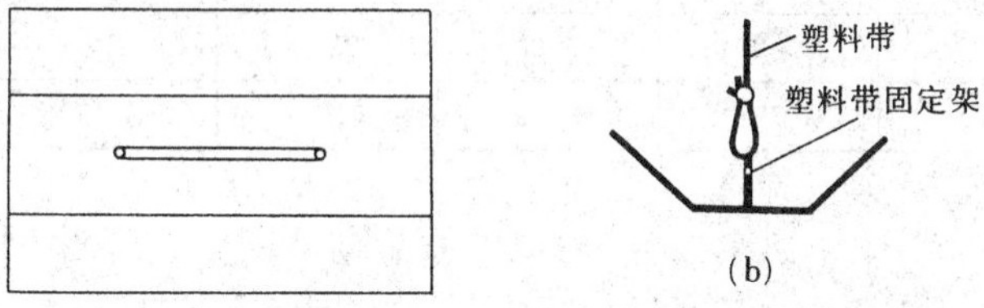

(a) (b)

图 8.4-9 倒梯形桩尖示意图

③防止出现滤膜破损、断裂或扭结等现象；

④桩尖平端与导管靴配合要适当，避免错缝，防止淤泥在打设过程中进入导管；

⑤打设机上设有进尺标志，严格控制塑料带打设深度，如塑料带拔起 2m 以者应补打；

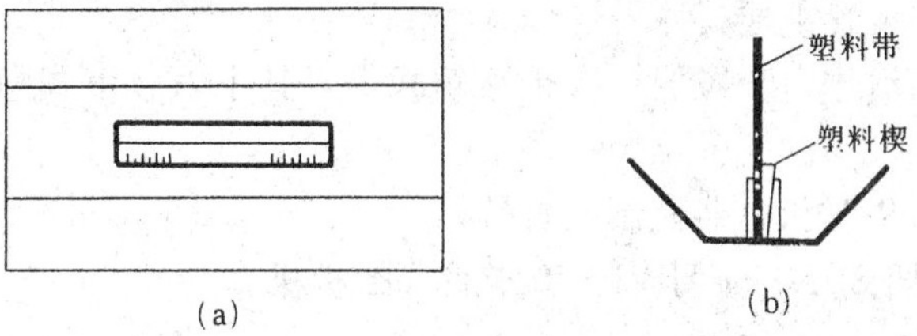

(a) (b)

图 8.4-10 楔形固定桩尖示意图

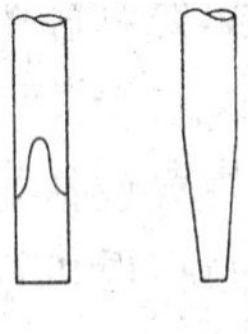

图 8.4-11 导管靴示意图

⑥塑料带连接方法采用滤膜内平搭接法，即剥开滤膜，使芯板顺槽搭好，搭接长度不小于 20cm，然后包好滤膜，用钉板机钉牢。

三、预压荷载的施工

预压荷载的施工，一般分三类：①利用建筑物自重加压；②施加外部荷载（堆载预压施工）；③减小地基土的孔隙水（真空预压的施工）。

（一）利用建筑物自重加压

利用建筑物自重预压就是在未经预压的天然软土地基上直接建造建筑物。此法适用于以地基的稳定性为控制条件，能适应较大变形的建筑物，如路堤、土坝、贮矿场、油罐、水池等。这一方法经济有效，但要注意加荷速率与地基土强度的适应性，在每级荷载作用下，待地基土强度提高后，才建造下一级建筑物，分阶段依次进行。

（二）堆载预压

1. 施工工艺

堆载预压的材料一般以石砂、砂、砖等不污染环境的散体材料为主。其施工工艺流程见图 8.4-13。

2. 施工要点

①堆载面积要足够，预压堆载顶面面积应大于建筑物的面积；

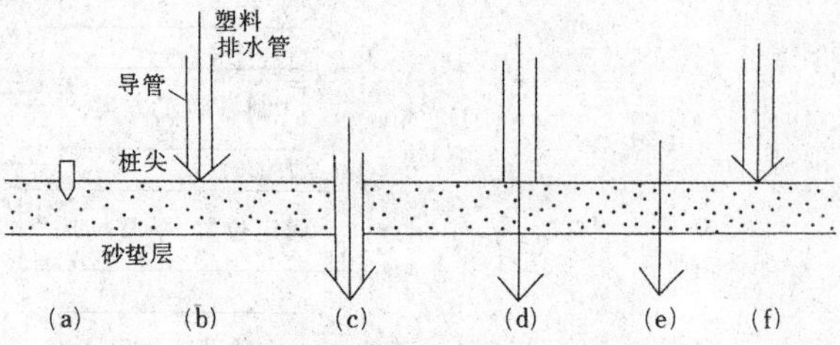

图 8.4-12 塑料带排水施工工艺

a. 用经伟仪放线，定位，打设小木桩；b. 将塑料带通过导管从导管靴穿出，并与桩尖连接后，贴紧导管靴，并对准桩位；c. 插入塑料带至预定深度；d. 拔出插管；e. 剪断塑料带，地面以上预留 20～30cm；f. 移位。对桩位四周形成的空隙用砂回填，并将预留的塑料带叠埋入砂垫层中

②严格控制加荷速率，保证在各级荷载作用下地基的稳定性；

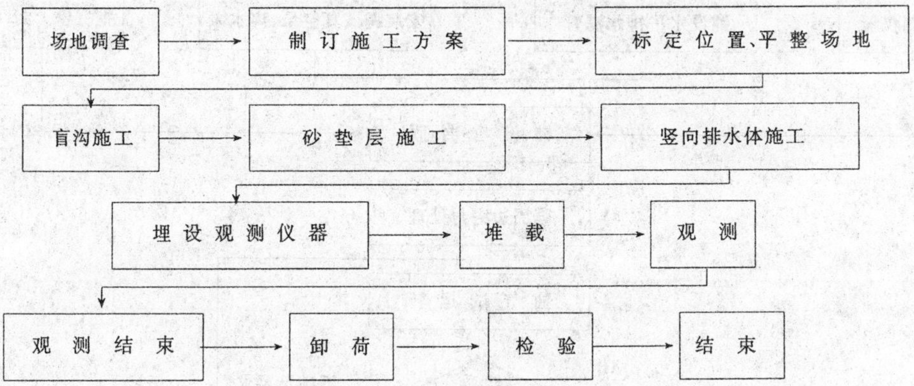

图8.4－13 堆载预压施工工艺流程图

③对打入式砂井地基，应待被扰动的地基土强度恢复后再加载，不可急于求成；

④堆载施工时，分级加荷的堆载高度偏差不应大于本级荷载折算堆载高度的±5%，最终堆载高度不应小于设计总荷载的折算高度。

3. 施工控制

一般通过沉降、边桩位移及孔隙水压力等观测资料进行控制。沉降控制每天不超过 10～15mm，边桩位移每天不超过 4～6mm。孔隙水压力控制可把观测资料整理成 p-u 曲线，当曲线斜率陡增时，认为该点已发生剪切破坏；或由 u/p 值控制，要求 $u/p \leqslant 0.5$。

（三）真空预压施工

1. 施工工艺

真空预压施工工艺流程见图 8.4-14。

2. 施工设备

施工设备包括真空泵和一套膜内、外管路。

（1）真空泵：

可采用普通真空泵或射流真空泵，一般以射流真空泵应用较多。射流真空泵由射流箱及离心泵组成，见图 8.4-15。离心泵一般选用 3BA-9 型。要求射流真空泵空载时的真空度不小于 96kPa，膜下的真空度达到 80kPa。真空泵的设置应根据预压面积大小、真空泵效率大小及工程经验确定，一般一台高质量的真空泵在施工初期可负担 1 000～1 200m^2 的加固面积，后

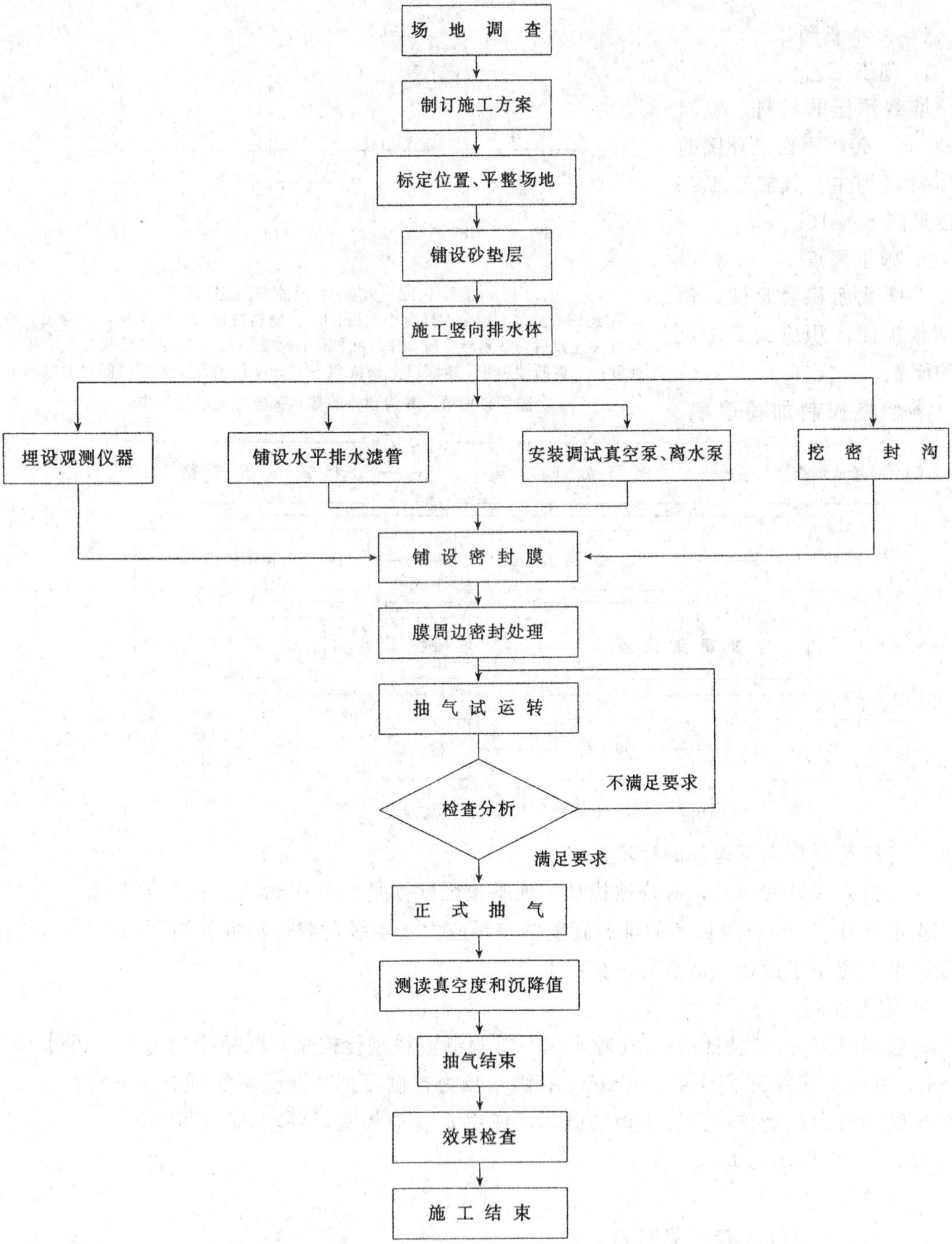

图8.4－14　真空预压施工工艺流程

期可负担 1 500～2 000m^2 的加固面积。

(2) 膜外管路：

膜外管路由止回阀、截止阀和管路组成，与射流装置相连。过水断面应能满足排水量要求，且能承受 100kPa 的径向压力而不产生变形破坏。

(3) 膜内管路：

膜内管路是指水平排水滤管，一般常用直径为 ϕ60mm～ϕ70mm 的铁管或硬质塑料管。

滤水管一般加工成 5m 一根，滤水部分钻有 ϕ8mm～ϕ10mm 的滤水孔，孔距 5cm，三角形排列，见图 8.4-16。滤水管外绕 3mm 铅丝，圈距 5cm，外包一层尼龙窗纱布，再包滤水材料构成滤水层。

滤水管在平面上一般布置成条形或鱼刺形，见图 8.4-17。

滤水管的排距一般为 6～10m，最外层滤水管距场地边的距离为 2～5m。滤水管之间的连接采用软管，以适应场地沉降。

滤水管埋设在水平排水砂垫层的中部，其上覆 10～20cm 砂垫层，防止滤管上尖利物体刺破密封膜。

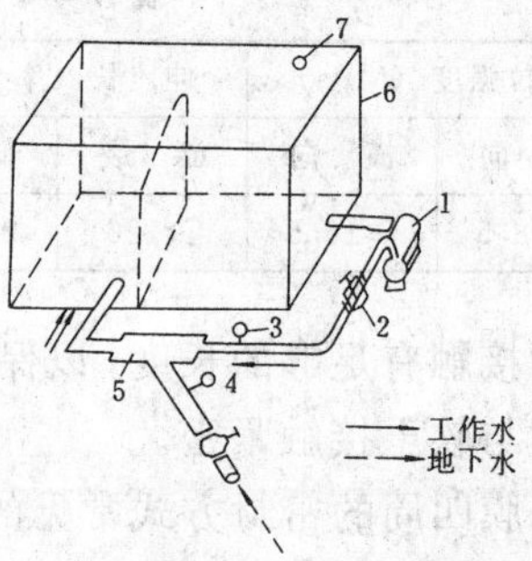

图 8.4-15 射流真空泵工作原理图

1—水泵；2—阀门；3—压力表；4—真空表；5—射流泵；6—水箱；7—溢流管

（4）膜内、外管路的连接：

膜外管与膜内水平排水滤管的连接见图 8.4-18。

3. 密封系统

密封系统由密封膜、密封沟和辅助密封措施组成。

（1）密封膜：

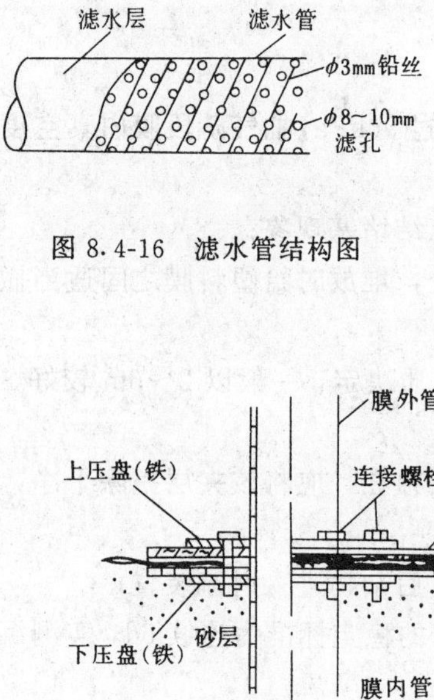

图 8.4-16 滤水管结构图

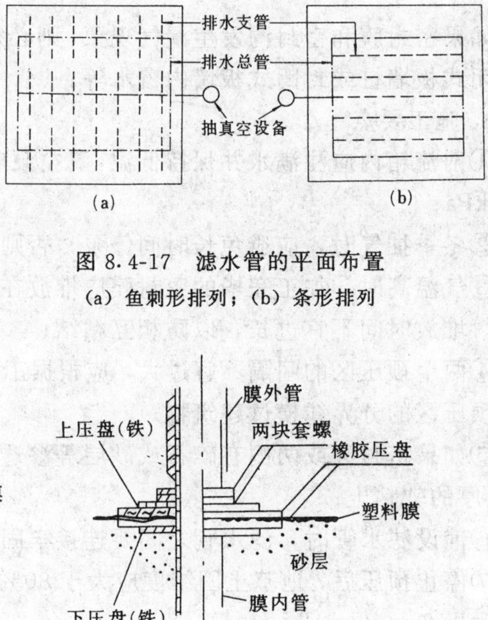

图 8.4-17 滤水管的平面布置

（a）鱼刺形排列；（b）条形排列

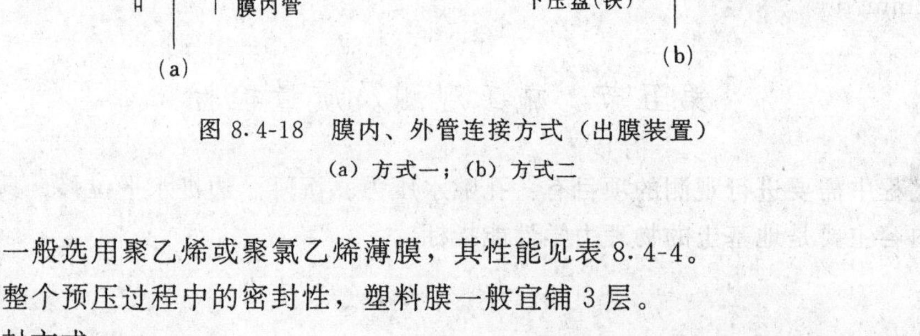

图 8.4-18 膜内、外管连接方式（出膜装置）

（a）方式一；（b）方式二

密封膜一般选用聚乙烯或聚氯乙烯薄膜，其性能见表 8.4-4。

为保证整个预压过程中的密封性，塑料膜一般宜铺 3 层。

（2）密封方式：

在预压过程中既要保证密封膜的密封性，又要把握好膜四周的密封。对膜四周的密封要注意两点：一是膜与软土的接触有足够的长度，以保证有足够长的渗透路径；二是膜周边密封处应有一定的压力，保证膜与软土接触紧密。

表 8.4-4　塑料密封膜性能

抗拉强度（MPa）		伸长率（%）		直角断裂强度（MPa）	厚度（mm）	微孔（个）
纵向	横向	断裂	低温			
≥18.5	≥16.5	≥220	20～45	≥4.0	0.12±0.02	≤10

膜四周的密封方式常见的有两种：一是采用挖沟折铺膜，见图 8.4-19；二是常用平铺膜，见图 8.4-20，这一方式主要适用于地基土颗粒细密，含水量大，地下水位浅的地区。密封沟的截面尺寸根据具体情况而定，一般 a 为 1.3～1.5m，$b>0.8$m，$d>0.8$m。

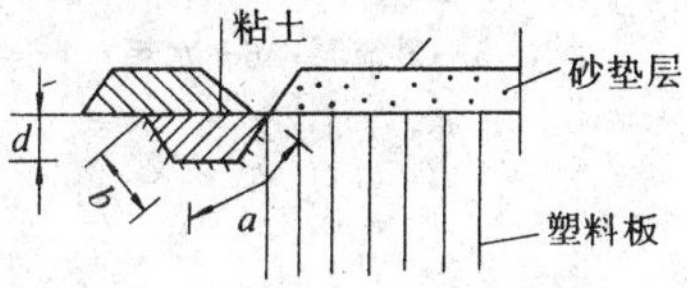

图 8.4-19　密封沟示意图

a—密封膜与密封沟内坡密封性好的粘土接触长度；

b—密封沟的密封长度；d—密封沟深度

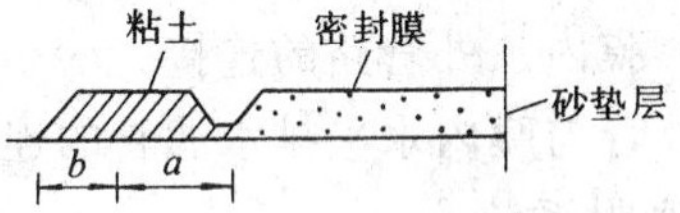

图 8.4-20　平铺膜示意图

a—密封膜与密封沟内坡密封性好的粘土接触长度；

b—密封沟的密封长度

如果密封膜和密封沟发生漏气现象，则必须采取辅助密封措施，如膜上沟内全面覆水，采用封闭式板墙桩或封闭式板墙内覆水等。

4. 施工要点

①射流箱内应注满水并保持低温，真空泵空载下应超过 96kPa，抽气阶段膜内真空度应大于 80kPa；

②冬季抽气时，应避免长时间停泵，否则易发生管冻结堵塞现象；

③气温高时，加工完毕的密封膜应堆放在阴凉通风处，堆放时给塑料膜之间适当撒放滑石粉，堆放时间不宜过长，以防相互粘结；

④两个预压区的间隔不宜过大，应根据工程要求和土质决定，一般以 2～6m 较好，应避免两预压区的分界线横过建筑物；

⑤如果密封沟或两侧有碎石或砂层等渗透性好的夹层存在，应将该夹层挖除干净，回填 40cm 厚的软粘土；

⑥铺设滤水管时，滤水管之间要连接牢固，避免抽气后杂物进入射流装置；

⑦停止预压后，地基土固结度应大于 80%。预压沉降的稳定标准为连续 5d，实测沉降速率不大于 2mm/d。

第五节　施工观测及质量检验

施工过程中需要进行观测的项目有：孔隙水压力、沉降、边桩水平位移、真空度等。需要检验的内容主要是地基土的物理力学性能指标。

一、地基土的物理力学性能指标检验

（1）对以抗滑稳定性为控制的工程，应在预压区内选择代表性地点预留孔位。在加载的不同阶段进行不同深度的十字板抗剪强度试验和取土样进行室内土工实验，以验算地基的抗滑稳定性，并检验地基的处理效果。

（2）预压后的地基应进行十字板抗剪强度试验及室内土工试验等，以检验处理效果。

二、孔隙水压力观测

1. 观测仪器

目前常用的有双管式孔隙水压力计和钢弦式孔隙水压力计，分别见图 8.5-1 和图 8.5-2。

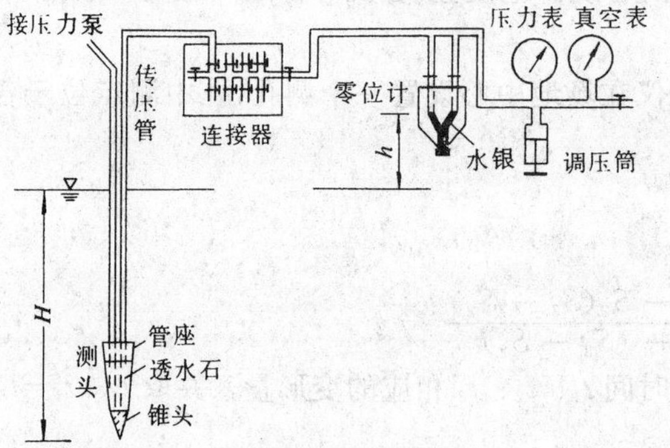

图 8.5-1　双管式孔隙水压力计

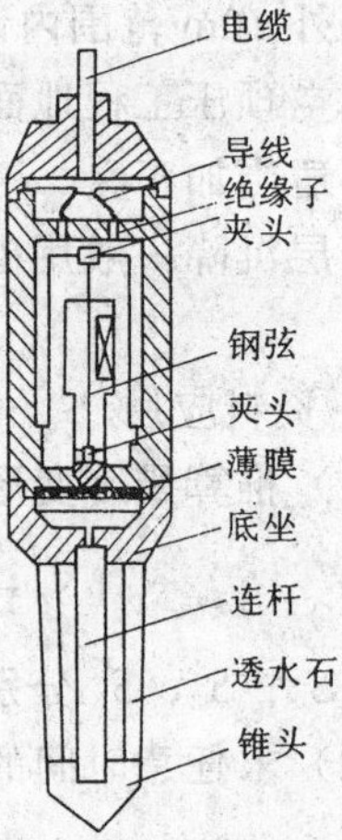

图 8.5-2　钢弦式孔隙水压力计

2. 观测点布置

对堆载预压工程，一般布置在场地中央、堆载坡顶部处及堆载坡脚处不同深度。对真空预压工程只需在场内设几个测孔。测孔中垂直测点布置距离为 1～2m，不同土层也应设置测点，测孔深度应大于待加固地基深度。

3. 资料应用

（1）计算固结度：

$$u = \frac{\sigma'}{\sigma_0} = 1 - \frac{u_t}{\sigma_0} \tag{8.5-1}$$

式中：σ_0——加荷后该点孔隙压力累计增加值（kPa）；σ'——加荷后该点孔隙压力累计消散值（kPa）；u_t——t 时实测超孔隙水压力（kPa）。

（2）用 u/p 值控制加荷速率：

根据工程经验，加荷过快，会造成孔隙水压力上升，导致地基失稳。因此，为了控制加荷速率，须将 u/p 值控制在一定范围内，即：

$$u/p \leqslant 0.5$$

式中：u——实测孔隙水压力值（kPa）；p——与 u 相对应的荷载值（kPa）。

（3）用 u-p 曲线控制加荷速率：

把加荷过程中不同荷载 p 作用下的孔隙水压力整理成 u-p 曲线，见图 8.5-3。对应于转折点的荷载为 p_y，一般 p_y 和极限荷载 p_f 存在下列关系：

$$\frac{p_f}{p_y} = 1.6$$

即在 u-p 曲线中，出现转折点时，极限荷载为该点荷载的 1.6 倍。

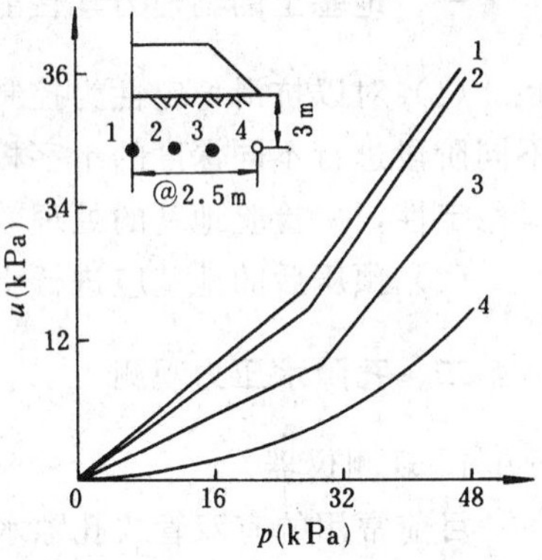

图 8.5-3 p-u 关系曲线

三、沉降观测

1. 观测点布置

地面沉降标应沿场地对称轴线、场地中心、坡顶、坡脚和场外 10m 范围内设置。

真空预压工程地面沉降标应在场内有规律地设置，各沉降标之间距离一般为 20～30m，边界内外适当加密。

深层沉降一般用磁环或沉降观测仪在场地中心设置一个测孔，孔中测点位于各土层的顶部。

2. 资料应用

（1）推算最终变形量 S_f：

$$S_f = \frac{S_3(S_2 - S_1) - S_2(S_3 - S_2)}{(S_2 - S_1) - (S_3 - S_2)} \tag{8.5-2}$$

式中：S_1、S_2、S_3 分别为加荷停止后时间 t_1、t_2、t_3 相应的变形量，并取 $t_2 - t_1 = t_3 - t_2$。

（2）求任意时间的固结度：

$$\beta = \frac{1}{t_2 - t_1} \cdot \ln\left(\frac{S_2 - S_1}{S_3 - S_2}\right) \tag{8.5-3}$$

由 β 就可推算任意时间 t 时的固结度。

（3）控制加荷速率：

在堆载中心处，地面沉降观测点的地面沉降量应控制在每天 10～15mm 以内。

四、边桩水平位移观测

施工过程中，如果加荷过快，荷载接近地基当时的极限承载力，地基土会发生较大的侧向位移。因此，在加荷过程中，严格控制坡脚边桩水平位移，是控制加荷速率的重要手段之一。

地表水平位移标一般用木桩制成，布置在预压场地的对称轴线上的不同距离处；深层水平位移由测斜仪确定，测孔中测头距离为 1～2m。

为防止地基土发生破坏，水平位移的控制原则为：预压场地周边外 1.0m 左右的边桩位移每天不超过 4～6mm。

第九章 强夯法

强夯法又称为动力固结法或动力压密法。这种方法是将100～400kN的重锤（最重达2 000kN），以6～40m的落距落下给地基以冲击和振动，从而达到提高土的强度，降低其压缩性，改善土的振动液化条件，消除湿陷性黄土的湿陷性等目的。

强夯法由法国Menard技术公司于1969年首创，当时，仅用于加固砂土和碎石土地基，但随着施工方法的改进，其应用范围已扩展到细粒土地基。由大量工程实践证明，强夯法适用于处理碎石土、砂土、低饱和度的粉土与粘性土、湿陷性黄土、杂填土和素填土等地基。对高饱和度的粉土与粘性土地基，尤其是淤泥与淤泥质土，处理效果较差，使用要慎重。若在夯坑内回填块石、碎石或其它粗颗粒材料进行强夯置换时，应根据现场试验确定其适用性。

由于强夯法施工方法简单、快速经济，目前被广泛地应用于工业与民用建筑、仓库、油罐、贮仓、公路和铁路路基、飞机场跑道及码头等工程。

第一节　强夯加固机理

强夯法虽然在工程中得到广泛应用，但由于其加固机理比较复杂，至今还没有一套成熟的理论和设计计算方法。根据工程实践和试验研究成果，对不同的土质条件和施工工艺，其加固机理有所不同。目前，强夯法加固机理概括起来有三个方面，即动力固结、动力夯实和动力置换。

一、动力固结

Menard根据饱和土经强夯后瞬时沉降数十厘米这一事实，对传统的固结理论提出不同看法，认为饱和土是可压缩的，并提出了一个新的动力固结模型。图9.1-1为静力固结理论与动力固结理论的模型对比图，表9.1-1为两种模型对比表。

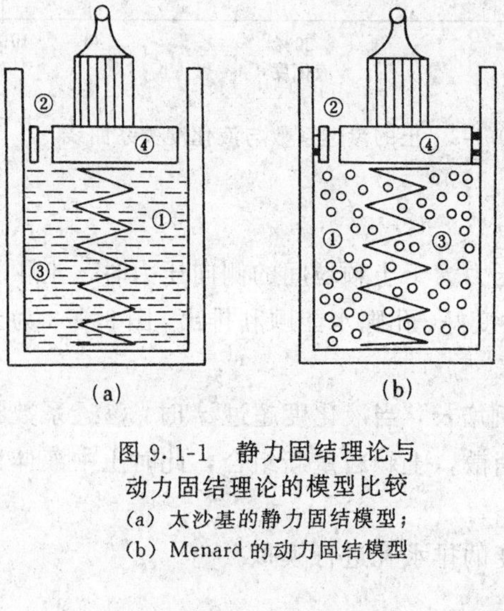

图9.1-1　静力固结理论与动力固结理论的模型比较
(a) 太沙基的静力固结模型；
(b) Menard的动力固结模型

表9.1-1　两种模型对比表

静力固结模型	动力固结模型
①不可压缩的液体； ②固结时液体排出的孔径不变； ③弹簧刚度为常数； ④无摩擦活塞	①含有少量气泡的可压缩液体； ②固结时液体排出的孔径是变化的； ③弹簧刚度为常数； ④有摩擦活塞

动力固结理论可概括为以下几方面：

（一）饱和土的压缩性

传统的固结理论以为孔隙水的排出是饱和细颗粒土出现沉降的前提条件。但在进行强夯施工时，在瞬时荷载作用下，孔隙水不能迅速排出，显然这就无法解释强夯时立即发生沉降这一现象。

Menard 以为，由于土中有机物的分解，第四纪土中大多数都含有微气泡形式出现的气体，其含气量大约在 1%～4%，强夯时，气体压缩、孔隙水压力增大，随后气体有所膨胀，孔隙水排出，液相、气相体积减小，即饱和土具有可压缩性。根据试验，每夯击一遍，气体体积可减少 40%。

强夯时，含气孔隙水不能立即消散而具有滞后现象，气相体积不能立即膨胀，这一现象由动力固结模型中活塞与筒体间存在摩擦来模拟。

（二）局部液化

强夯时，土体被压缩，夯击能越大，沉降越大，孔隙水压力也不断增加，当孔隙水压力达到上覆土压力时，土体产生液化，这时土中吸着水变为自由水，土的强度下降到最小值（见图 9.1-2），即土体的压缩模量是可变的，在动力固结模型中以可变弹簧刚度来模拟。

在图 9.1-2 中，与液化压力相对应的能量为“饱和能”，一旦达到“饱和能”，再继续施加能量，不仅毫无效果，还起重塑破坏作用。

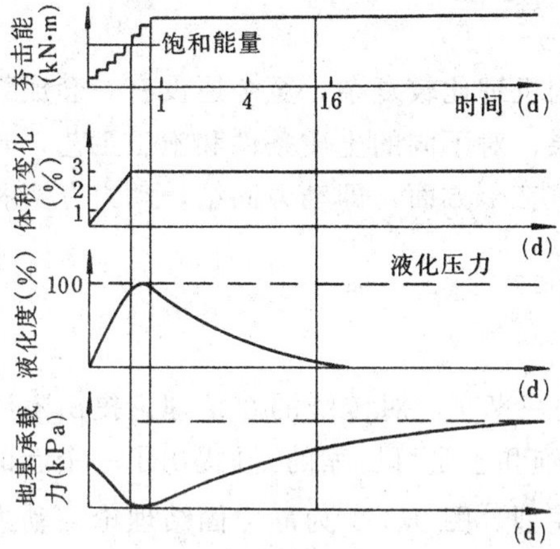

图 9.1-2　夯击一遍各参数的变化情况

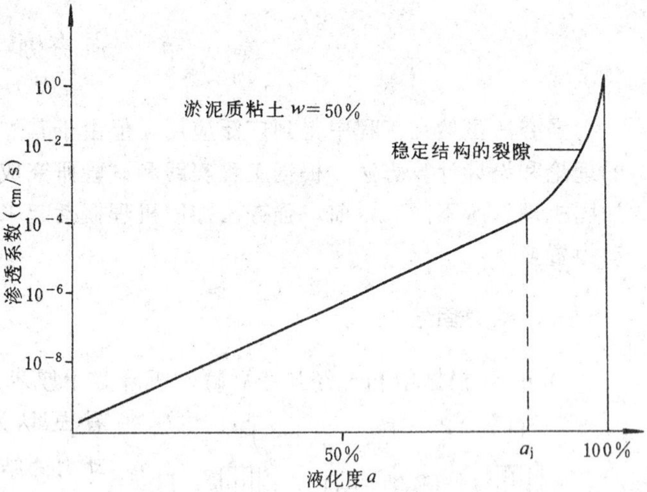

图 9.1-3　土的渗透系数与液化度关系曲线

（三）渗透性变化

在强夯的冲击能量作用下，当土中的超孔隙水压力大于土颗粒间的侧向压力时，土颗粒间会出现裂隙并形成树枝状排水通路，使土的渗透性变好，孔隙水能顺利排出。图 9.1-3 为土的渗透系数与液化度关系曲线。

当液化度小于临界液化度 a_i 时，渗透系数成比例增长，当液化度超过 a_i 时，渗透系数骤增，夯坑周围出现冒气冒水现象。随着孔隙水压力消散，土颗粒重新组合，此时土中液体又恢复到正常状态。

夯击前后土的渗透性的变化，可用一个孔径可变的排水孔进行模拟。

（四）触变恢复

土体在夯击能量作用下，结构被破坏，当出现液化时，抗剪强度几乎为零，但随着时间的推移，土的结构逐渐恢复，强度逐渐增长，这一过程称为触变恢复，也称为时效。

饱和土随强夯过程强度的变化见图 9.1-4。

地基土强度增长规律与土体中孔隙水压力有关。由图 9.1-4，液化度为 100%时，土的强度降到零；但随着孔隙水的消散，土的强度逐渐增长，存在一个触变恢复阶段，这一阶段能持续几个月，据实测资料，夯击 6 个月后所测得的强度比一个月所测得的强度增长 20%～30%，而变形模量增长 30%～80%。

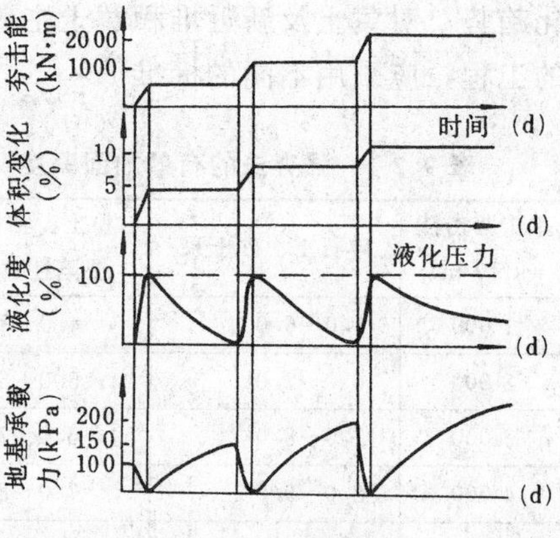

图 9.1-4　强夯三遍土的强度增长过程

二、动力夯实

强夯加固多孔隙颗粒、非饱和土是基于动力夯实的机理。夯锤夯击地面的冲击能量是以振动波的形式在地基中传播，其中对地基加固起作用的主要是纵波和横波。纵波使土体受拉、压作用，使孔隙水压力增加，导致土骨架解体；横波使解体的土颗粒处于更密实的状态。因此，土体在冲击能量作用下，被挤密压实，强度提高，压缩性降低。

根据工程实践，非饱和土夯击一遍后，夯坑可达 0.6～1.0m 深，坑底形成一层厚度为夯坑直径 1.0～1.5 倍的硬壳层，承载力可提高 2～3 倍。

三、动力置换

动力置换是指在冲击能量作用下，强行将砂、碎石等挤填到饱和软土层中，置换饱和软土，形成密实的砂、石层或桩柱。

目前，动力置换有 3 种形式：

(1) 动力置换砂柱：当地基表层为适当厚度的砂覆盖层，其下卧层为高压缩性淤泥质软土时，采用较低的夯击能将表层砂夯挤入软土层中，形成一根根砂柱。

(2) 动力置换碎石桩：先在软土表面堆铺一层碎石料，利用夯锤夯击成孔，向夯坑中填料后再夯击，直至夯实成桩。

(3) 动力置换挤淤：在厚度不是很大的淤泥质软土层上抛填石块，利用抛石自重和夯锤冲击力使块石沉到持力硬土层，将大部分淤泥挤走，少量留在石缝中，利用块石之间的相互接触，提高地基的承载能力。

第二节　强夯法设计计算

一、强夯参数选择

（一）有效加固深度

强夯法的有效加固深度是指起夯面以下，经强夯加固后，土的物理力学指标已达到或超过设计值的深度。根据不同的地层和加固目的，有效加固深度的判别标准和检验方法也不相同。对软土地基，主要是提高地基承载力和减少沉降量；对饱和砂土和粉土，主要是消除液化趋势；对黄土及新近堆积黄土主要是消除湿陷性、提高承载力。对不同的土质条件和不同的工程，应采用不同的标准。

强夯法的有效加固深度应根据现场试夯或当地经验确定，在缺少资料或经验时可按表9.2-1预估。

表 9.2-1　强夯法的有效加固深度（m）

单击夯击能（kN·m）	碎石土、砂土系	粉土、粘性土、湿陷性黄土等
1 000	5.0～6.0	4.0～5.0
2 000	6.0～7.0	5.0～6.0
3 000	7.0～8.0	6.0～7.0
4 000	8.0～9.0	7.0～8.0
5 000	9.0～9.5	8.0～8.5
6 000	9.5～10.0	8.5～9.0
8 000	10.0～10.5	9.0～9.5

另外，也可按修正后的Menard公式进行预估：

$$H = a \cdot \sqrt{\frac{M \cdot h}{10}} \tag{9.2-1}$$

式中：H——加固深度（m）；M——锤重（kN）；h——落距（m）；a——小于1的修正系数，变动范围为0.35～0.8，饱和软土取0.45～0.5，一般粘性土取0.5，砂性土取0.7，填土取0.6～0.8，黄土取0.35～0.5。

（二）夯击能

夯击能包括单击夯击能、单位夯击能和最佳夯击能。

1. 单击夯击能

单击夯击能为夯锤重M与落距h的乘积。单击夯击能越大，加固效果越好。单击夯击能一般根据加固土层的厚度、土质情况和施工条件等确定。

2. 单位夯击能

整个加固场地的总夯击能量（即锤重×落距×总夯击次数）除以加固面积称为单位夯击能。强夯的单位夯击能，应根据地基土类别、结构类型、荷载大小和要求处理的深度等综合考虑并通过试夯确定。一般对于粗粒土取1 000～3 000kN·m/m^2，细颗粒土取1 500～4 000kN·m/m^2。在缺乏试验资料的条件下，可参照表9.2-2选取。

表 9.2-2　单位夯击能参考表

土　层	有效影响深度（m）	单位夯击能（J/m^2）
软　土	5～6	2 000～2 500
	8～10	3 300～3 800
液化砂土	5～6	1 700～2 200
	8～10	2 700～3 200
黄　土	5～6	2 200～2 700
	8～10	3 500～4 200

3. 最佳夯击能（及最佳夯击次数）

由动力固结理论，使地基中产生的孔隙水压力达到土的覆盖压力时的夯击能称为最佳夯击能。当单击夯击能一定时，与最佳夯击能相对应的夯击次数称为最佳夯击数。

最佳夯击能（及最佳夯击数）的确定可采用以下方式：

（1）由孔隙水压力确定。对于粘性土地基，由于孔隙水压力的消散慢，当夯击能逐渐增大时，孔隙水压力可以叠加，因此可根据有效影响深度孔隙水压力的叠加值来确定最佳夯击能。对砂性土地基，由于孔隙水压力的增长与消散很快，孔隙水压力不能叠加。当孔隙水压力增量随夯击次数的增加而趋于稳定时，可以为该砂土所能接受的能量达到饱和状态，这时所对应的能量（夯击次数）为最佳夯击能（夯击次数），因此，可根据最大孔隙水压力增量与夯击次数的关系曲线来确定最佳夯击数，见图9.2-1。

(2) 由夯沉量与夯击次数关系曲线确定。确定原则为：夯坑的压缩量最大，而夯坑的隆起最小。

在试夯过程中对每一夯点的每一击的夯沉量进行量测，并绘出夯沉量与夯击次数关系曲线，见图 9.2-2，图中有两条曲线一条为每击夯沉量曲线，另一条是累计夯沉量曲线。

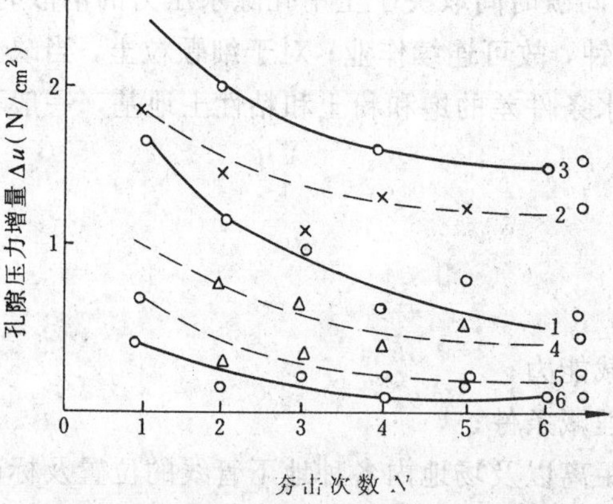

图 9.2-1　孔隙水压力增量与夯击次数关系

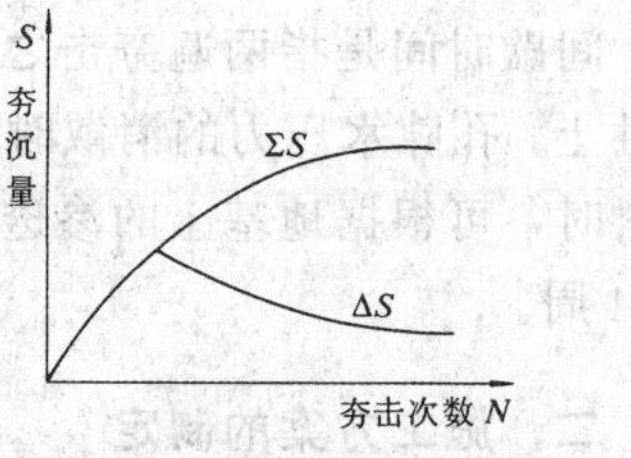

图 9.2-2　夯沉量与夯击次数关系曲线
ΣS—累积夯沉量；ΔS—每击夯沉量

当 ΔS-N 曲线趋于稳定，接近常数，且同时满足以下条件时，可取相应夯击次数为最佳夯击次数。

①最后两击的平均夯沉量不大于下列数值：当单击夯击能小于 4 000kN·m 时为 50mm；当单击夯击能为 4 000～6 000kN·m 时为 100mm；当单击夯击能大于 6 000kN·m 时为 200mm。

②夯坑周围地面不应发生过大的隆起；

③不因夯坑过深而发生起锤困难。

当地面隆起过大时，应适当减少夯击次数。一般实践工程中夯击次数多在 4～15 之间。

（三）夯击点布置及间距

1. 夯击点布置

夯击点的平面位置可根据建筑结构类型进行布置。对于某些基础面积较大的建筑物或构筑物，可按等边三角形或正方形布置；对于办公楼、住宅建筑等，可根据承重墙位置布置夯点，一般可采用等腰三角形布置；对于工业厂房可按柱网布置夯击点。

2. 夯击点间距

夯点的间距一般根据地基土的性质和加固深度确定。第一遍夯击点间距可取夯锤直径的 2.5～3.5 倍，对处理深度较深或单击夯击能较大的工程，第一遍夯击点间距应适当增大。第二遍夯击点位于第一遍夯击点之间。见图 9.2-3。以后各遍夯击点间距可与第一遍相同，也可适当减小。

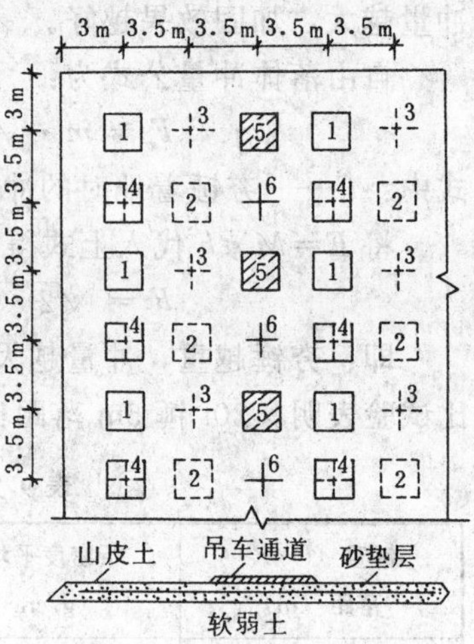

图 9.2-3　夯点布置图

3. 夯击点布置范围

考虑到基础的应力扩散作用，夯击点范围应大于建筑物基础范围，具体放大范围可根据建筑结构类型和重要性等因素确定。对于一般建筑物，每边超出基础外缘的宽度宜为设计加固深度的 1/2～2/3，且不应小于 3m。

（四）夯击遍数

夯击遍数是指将整个强夯场地中同一编号的夯击点，夯完后算作一遍（见图 9.2-3）。夯击遍数应根据地基土的性质确定，可采用点夯 2～3 遍，最后以低能量满夯两遍，锤印搭接。渗透性弱的细颗粒土，必要时可适当增加遍数。

（五）间歇时间

间歇时间是指两遍夯击之间的时间间隔。间歇时间取决于土中孔隙水压力的消散时间。对砂性土，孔隙水压力的消散时间只有 3～4 分钟，故可连续作业；对于细颗粒土，当缺少实测资料时，可根据地基土的渗透性确定；对排水条件差的饱和粉土和粘性土地基，一般不少于 3～4 周。

二、施工方案的制定

（一）应取得的资料

（1）场地地层分布、土层的均匀性及承载能力；

（2）土的物理力学性质、地下水类型及埋藏条件；

（3）场地周围建筑物的情况，离场地的距离以及场地内各种地下管线的位置及标高。

（二）拟定初步施工方案

（1）根据加固目的、土质情况及建筑物的变形要求，确定处理深度。由处理深度根据表 9.2-2 或下式估算单击夯击能 E：

$$E = M \cdot h = (\frac{H}{a})^2 \cdot 10 \qquad (9.2\text{-}2)$$

（2）夯锤与落距的选择：

①锤重与落距：

对于某一单击夯击能，夯锤在接触土体瞬间冲量的大小是影响土体压缩变形的关键因素，冲量越大，加固效果越好。

自由落体冲量公式为：

$$F = m \cdot \sqrt{2gh} \qquad (9.2\text{-}3)$$

式中：F——夯锤着地时的冲量；g——重力加速度；m——夯锤质量；h——落距。

将 $E=M \cdot h$ 代入上式得：

$$F = \sqrt{2 \cdot E \cdot M/g} \qquad (9.2\text{-}4)$$

即：夯锤越重，冲量越大，加固效果越好。根据有关单位在湿陷性黄土地基上进行的对比试验表明，20t 锤 5m 落距比 10t 锤 10m 落距加固效果要好，见表 9.2-3。

表 9.2-3 重锤低落距与轻锤高落距加固效果对比

锤重（t）×落距（m）	干密度平均值（g/cm³）	孔隙比平均值（%）	压缩模量 $E_{s_{1-2}}$ 平均值（MPa）	湿陷系数
20×5	1.657	66.8	13.38	0.003 2
10×10	1.584	72.0	12.3	0.004 1
改善幅度	4.6%	7.2%	8.8%	22%

但锤重越大，对起吊设备要求越高，一般国内常用的夯锤有 8t、10t、12t、16t、20t、25t

几种，落距为 8～20m。因此，在起吊设备能力范围内可选质量大的锤。

②夯锤的选择：

夯锤的材料可采用铸钢，也可采用钢板壳内填混凝土。

夯锤的形状有方柱体和圆台状等，常用的锤体结构见图 9.2-4。根据实践，一般锥底锤、球底锤的加固效果较好，适用于加固较深层土体，而平底锤适用于浅层及表层地基加固。为了减少起锤时的吸力及夯锤着地时的瞬时气垫上托力，夯锤应对称设置上下贯通的排气孔，孔径可取 250～300mm。

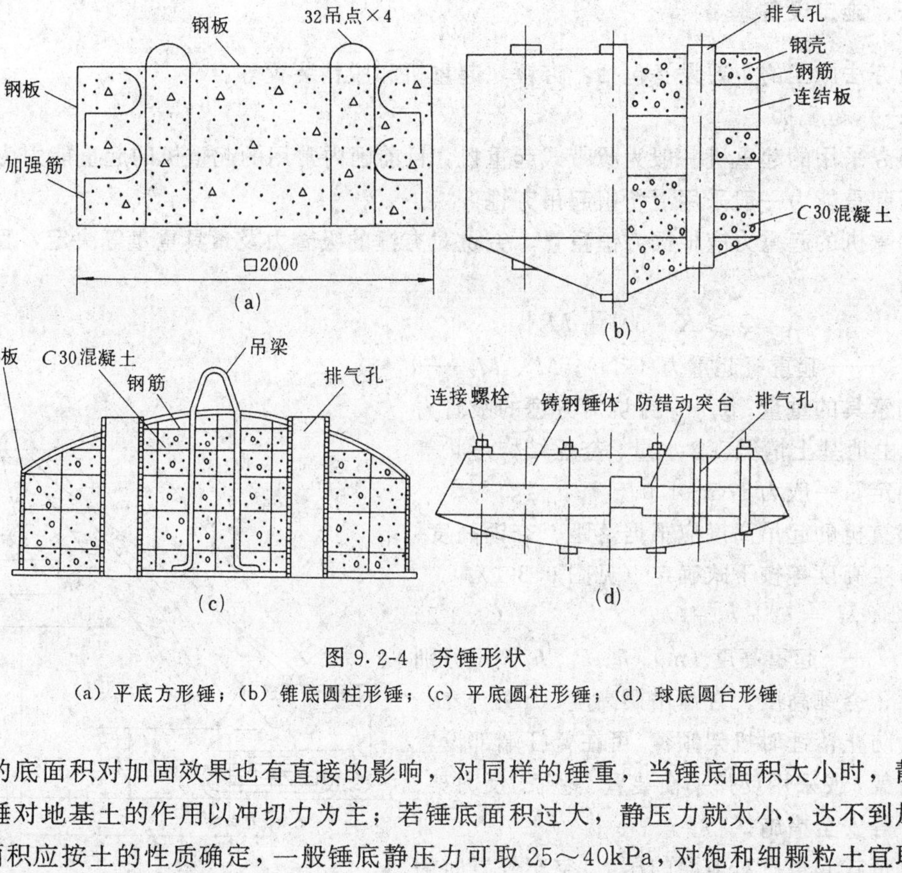

图 9.2-4 夯锤形状

(a) 平底方形锤；(b) 锥底圆柱形锤；(c) 平底圆柱形锤；(d) 球底圆台形锤

夯锤的底面积对加固效果也有直接的影响，对同样的锤重，当锤底面积太小时，静压力就大，夯锤对地基土的作用以冲切力为主；若锤底面积过大，静压力就太小，达不到加固效果。锤底面积应按土的性质确定，一般锤底静压力可取 25～40kPa，对饱和细颗粒土宜取较小值。对砂土，锤底面积一般为 $2 \sim 4m^2$，对粘性土一般为 $3 \sim 4m^2$，淤泥质土可取 $4 \sim 6m^2$。

(3) 初步确定夯击点间距、布置方式及夯击次数、夯击遍数等。

(4) 根据初步确定的强夯参数，提出一组或几组试验方案，并根据实际情况，确定机具类型和数量。

(三) 试夯

(1) 在施工场地选取一个或几个地质条件有代表性的试验区，平面尺寸不小于 20×20m。

(2) 在试验区内进行详细的原位测试，采取原状土样测定有关数据。

(3) 根据拟定的一组或几组试验方案进行现场试夯施工。

(4) 施工中应做好现场测试和记录。测试内容包括：夯点沉降观测（以测出每个夯点的每一击夯沉量及总夯沉量）、夯坑周围隆起、振动影响范围、饱和软粘土孔隙水压力的增长和消散情况等。

(5) 夯击结束后1～4周进行试夯效果检验，并与试夯前的数据进行对比。

(6) 检验试夯前后的测试资料，分析试夯效果是否符合要求。如果不符合要求，应补夯或调整强夯参数后再进行试验。如果符合要求，则由夯沉量与夯击数关系曲线确定最佳夯击数，并正式确定强夯施工所采用的其它技术参数。

第三节 强夯法施工

一、施工设备

强夯法施工的主要设备包括：夯锤、起重机和脱钩装置等。

(一) 起重机

强夯采用的起重机一般为履带式起重机，目前国内常用的起重机的起重能力为15～50t。为提高起重能力一般采用滑轮组起吊夯锤。

起重机的起重力应根据夯锤重量、夯坑对夯锤的吸着力及索具重量等决定，且应满足下式：

$$Q \geqslant K \cdot M_1 + M_2 \tag{9.3-1}$$

式中：Q——起重机起重力(kN)；M_1、M_2——夯锤和索具的重量；K——夯坑对夯锤的吸着力系数，由地基土情况、含水量、夯锤结构形状等因素确定，一般为1.5～4.0。

起重机的起吊高度应根据落距、夯锤高度、夯锤吊梁高度等按下式确定(见图9.3-1)：

$$H = h + h_1 + h_2 \tag{9.3-2}$$

式中：H——起重高度(m)；h、h_1、h_2——分别为落距、夯锤高度、夯锤吊梁高度(m)。

为防止落锤时机架倾覆，可在臂杆端部设置辅助门架，或采用反弹平衡装置(地锚、反力架、桅杆)等安全措施。

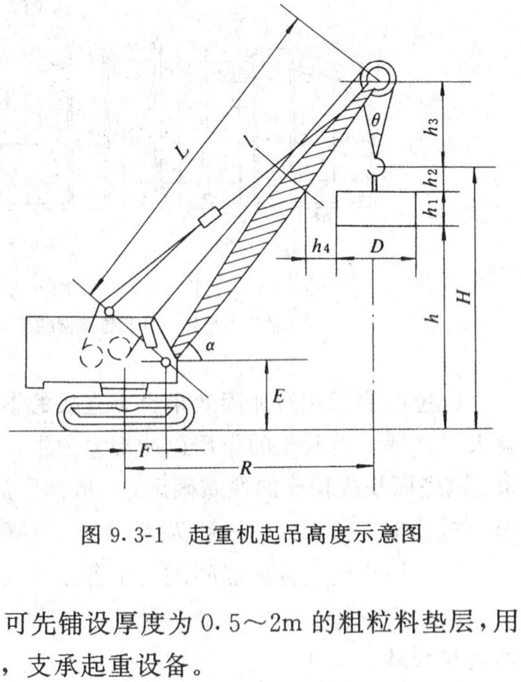

图9.3-1 起重机起吊高度示意图

履带式起重机对地面的压力：空车停置时为80～100kPa；空车行驶时为100～190kPa；起重时170～300kPa。因此，对施工场地的通道有一定要求：当地基表层为细粒土，且地下水位高时，可先铺设厚度为0.5～2m的粗粒料垫层，用推土机推平并来回碾压，以形成一层稍硬的表层，支承起重设备。

表9.3-1为国内常用的履带起重机性能表。

(二) 脱钩装置

脱钩装置是利用特殊结构的吊钩吊挂夯锤，当起重机将夯锤吊升到预定高度时，夯锤自动脱钩，自由下落。目前使用的脱钩装置有转动吊钩式脱钩装置、杠杆式脱钩装置、钳式脱钩装置、蟹瓜式脱钩装置，其中转动吊钩式脱钩装置应用较广，其装置见图9.3-2，工作原理见图9.3-3。

提升夯锤时，将吊钩挂在夯锤提梁下，合上锁卡焊合件，将拉绳的一端固定在起重机上，

表 9.3-1　履带起重机性能表

型号	基本臂			最长主臂		
	臂长(m)	最大起升高度(m)	最大起重量/幅度(t/m)	臂长(m)	最大起升高度(m)	最大起重量/幅度(t/m)
QU151	13	11.0	15/4.5	23	19.0	8/6.5
QU25	13	11.6	25/4.0	30	28.0	8.3/7.54
QU32	10	8.7	32/3.5	28	26.1	8.6/8
QU50	10	8.5	50/3.8	40	37.8	9/11
W200A	15	12.0	50/4.5	30	26.5	20/8
KH125—3	10		35/3.6	40		
KH180—3	13		50/3.7	52		
KH500	16		100/5.3	70		
KH700—2	18		150/5	81		
CC600	6			72		
CC1000	12			78		
CC2000	12			90		

型号	最长主臂＋副臂			动力传动形式	最高行驶速度(km/h)	最大爬坡能力(%)	行驶状态质量(t)	发动机功率(kW)
	臂长(m)	最大起升高度(m)	最大起重量/幅度(t/m)					
QU151	30＋付	32.3	3/10.21	机械	1.5	34	40	110
QU25	28＋4.2	29.3	3/11.5	机械	1.5	34	47.9	110
QU32	40＋6.2	41.0	3/14.5	机械	1.5	36	48	110
QU50	40	36.0	8/10	机械	1.258	30	63	110
W200A				机械	0.4	29	75、77、79	176
KH125—3				液压	1.6	37	35.9	110
KH180—3				液压	1.5	37	46.9	110
KH500				液压	1.2	29	99	184
KH700—2				液压	1.0	29	145	184
CC600				液压	1.5		130	196
CC1000				液压	1.4		188	235
CC2000				液压	1.4		272	335

以拉绳的长短来控制夯锤的落距。当夯锤提升到预定高度时，张紧的拉绳将锁卡焊合件拉转一个角度，在夯锤重力作用下，吊钩绕轴转动，夯锤滑出吊钩，自由下落，夯击地基。

强夯法施工还要用到一些辅助机械，如推土机、静力光面压路机、蛙式打夯机等。

二、施工工艺

（1）试夯后清理并平整施工场地，进行场地测量放线，埋设水准点标桩和各夯点标桩；

（2）标出第一遍夯点位置，并测量场地高程；

（3）起重机就位，使夯锤对准夯点位置；

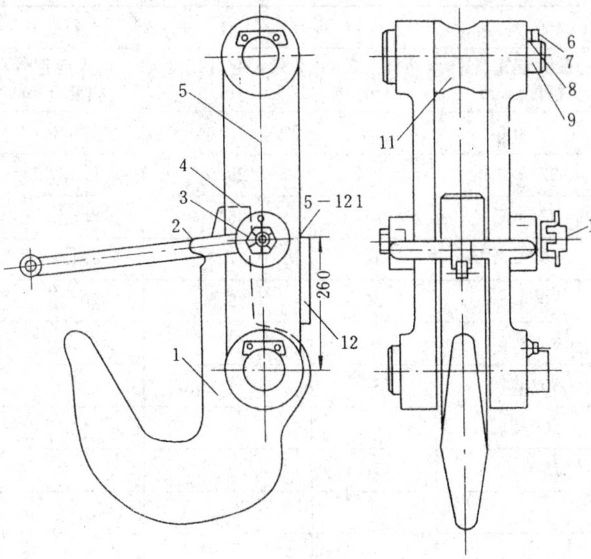

图 9.3-2　脱钩装置图

1—吊钩；2—锁卡焊合件；3—螺栓；4—开口销；5—架板；6—螺栓；7—垫圈；8—止动板；9—销轴；10—螺母；11—鼓形轮；12—护板

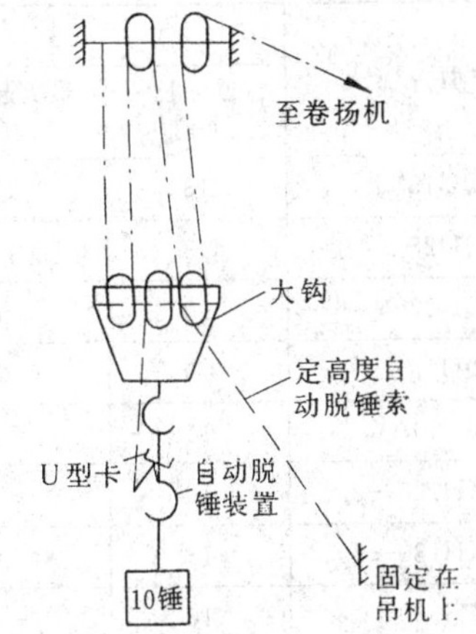

图 9.3-3　定高度索脱钩原理图

(4) 测量夯前锤顶高程；

(5) 将夯锤起吊到预定高度，待夯锤脱钩自由下落后，放下吊钩，测量锤顶高程，若发现因坑底倾斜而造成夯锤歪斜时，应及时将坑底整平；

(6) 重复步骤 (5)，按设计规定的夯击次数及控制标准，完成一个夯点的夯击；

(7) 重复步骤 (3) ～ (6)，完成第一遍全部夯点的夯击；

(8) 用推土机将夯坑填平，并测量场地标高；

(9) 停歇规定时间，待孔隙水压力消散后，按上述步骤逐次完成全部夯击遍数，最后用低能量满夯，将场地表层松土夯实，并测量夯后场地标高。

三、施工要点

(1) 强夯施工时所产生的振动，对邻近建筑物或设备产生有害影响时，应采取防振措施。

强夯振动的主要影响范围一般为10～15m，在此范围内应采取防振措施，如设置防振沟，沟底宽一般大于50cm，沟深应大于邻近建筑物基础底面标高。

(2) 应按规定的起锤高度、锤击数的控制指标施工，也可采用试夯后确定的沉降量控制。

(3) 地基土中含水量对强夯加固效果有直接影响，一般当土体的含水量越近塑限时强夯效果最好，若表土过干应采取加水等相应措施，适当增加含水量。若地基土含水量过多，可能会形成橡皮土，可通过铺设砂垫层或采用人工降低地下水位等措施进行处理。

(4) 夯锤上部排气孔如遇堵塞，应立即疏通。

(5) 强夯时会有石块、土块等飞击，应注意安全。

(6) 雨季施工，夯击坑内或夯击过的场地有积水时，必须及时排除。

第四节　质量检验

强夯地基的质量检验包括施工过程中的质量监测及夯后地基的质量检验。

施工过程的质量监测包括：地面及深层变形监测、孔隙水压力、侧向挤压力监测及振动加速度监测。对监测所得的各项数据和施工记录应认真检查，若不符合设计要求时应补夯或采取其它措施。

强夯施工结束后的地基质量检验应间隔一定时间，待地基强度逐步恢复和提高后再进行。对碎石土和砂土地基可取1～2周；对低饱和度的粉土和粘性土地基可取2～4周。

质量检验方法应根据土性选用原位测试和室内土工实验，对于一般工程应采用两种或两种以上的方法进行检验，如静力触探、十字板剪切试验、标准贯入试验等。对重要工程应增加检验项目，也可做现场大压板载荷试验。

质量检验的数量，应根据场地复杂程度和建筑物的重要性确定。对于简单场地上的一般建筑物，每个建筑物地基的检验点不应少于3处；对于复杂场地或重要建筑物地基应增加检验点数。检验深度不小于设计处理的深度。

第十章 深层搅拌法

第一节 概 述

深层搅拌法是利用水泥、石灰等材料作为固化剂的主剂，通过特制的深层搅拌机械在地基深部就地将软土和固化剂强制拌和，使软土硬结形成加固体，从而提高地基的强度和增大变形模量。加固体与天然地基形成复合地基，共同承担建筑物的荷载。

深层搅拌法按固化剂材料种类及形态的不同可分为不同的种类，见表 10.1-1。

表 10.1-1 深层搅拌法分类

分类依据	类 别	主 要 特 点
固化剂材料种类	水泥土深层搅拌法	喷射水泥浆或雾状粉体
	石灰粉体深层搅拌法（石灰柱法）	喷射雾状石灰粉体
固化剂材料形态	浆液喷射深层搅拌法（湿法）	喷射水泥浆
	粉体喷射深层搅拌法（干法）	喷射雾状石灰粉体或水泥粉体、石灰水泥混合粉体

深层搅拌法适用于加固软弱地基，它所形成的固结体可提高软土地基的承载力，减少沉降量，还可用来提高边坡的稳定性，一般应用于以下方面：

（1）作为建筑物或构筑物的地基；

（2）进行大面积地基加固，防止码头岸壁的滑动，深基坑开挖挡土，抗隆起；

（3）加固道路、桥涵；

（4）作为地下防渗墙，阻止地下水渗透。

其主要特点如下：

（1）基本不存在挤土效应，对周围地基的扰动小；

（2）可根据不同的土质和工程设计的要求，合理选择固化剂及配方，应用较灵活；

（3）施工无振动，无噪音，污染小，可在市区和建筑物密集地带施工；

（4）土体经加固后，重度基本不变，软弱下卧层不致产生较大附加沉降；

（5）结构型式灵活多样，可根据工程需要，选用块状、柱状、壁状、格栅状等。

第二节 水泥土深层搅拌法

一、适用条件

目前国内水泥土深层搅拌法主要用于加固淤泥、淤泥质土、粉土、饱和黄土，素填土，粘性土以及无流动地下水和松散砂土等地基。当地基土的天然含水量小于 30%（黄土含水量小于 25%）、大于 70%或地下水的 pH 值小于 4 时不宜采用干法。当用于处理泥炭土、有机质土、$I_p>25$ 的粘土和地下水具有侵蚀性时，应通过试验确定其适用性。加固深度一般在 18m 以内。

二、加固机理

水泥与土拌和后要产生一系列的物理化学反应。这些物理化学反应与混凝土的硬化机理不同，混凝土的硬化主要是在粗填充料中进行水解和水化作用，凝结速度较快；而在水泥土中，水泥掺量少，且水泥的水解和水化反应是在土中进行的，所以硬化速度缓慢而且复杂，加固土的强度增长也较缓慢。目前一般认为，水泥加固软土主要产生下列反应。

（一）水泥的水解和水化反应

普通硅酸盐水泥主要是由氧化钙、二氧化硅、三氧化二铝、三氧化二铁及三氧化硫组成，由这些不同的矿物分别组成了不同的水泥矿物：硅酸二钙、硅酸三钙、铝酸三钙、铁铝酸四钙、硫酸钙等。用水泥加固软土时，水泥颗粒表面的矿物很快与软土中的水发生反应，生成氢氧化钙、含水硅酸钙、含水铝酸钙及含水铁酸钙等化合物。各自的反应过程如下：

（1）硅酸三钙（$3CaO \cdot SiO_2$）：在水泥中含量最高（约占总量的50%），是决定强度的主要因素。

$$2(3CaO \cdot SiO_2)+6H_2O=3CaO \cdot 2SiO_2 \cdot 3H_2O+3Ca(OH)_2$$

（2）硅酸二钙（$2CaO \cdot SiO_2$）：在水泥中的含量较高（占25%左右），它主要产生后期强度。

$$2(2CaO \cdot SiO_2)+4H_2O=3CaO \cdot 2SiO_2 \cdot 3H_2O+Ca(OH)_2$$

（3）铝酸三钙（$3CaO \cdot Al_2O_3$）：占水泥总量的10%，水化速度最快，促进早凝。

$$3CaO \cdot Al_2O_3+6H_2O=3CaO \cdot Al_2O_3 \cdot 6H_2O$$

（4）铁铝酸四钙（$4CaO \cdot Al_2O_3 \cdot Fe_2O_3$）：占水泥总量的10%左右，能促进早期强度。

$$4CaO \cdot Al_2O_3 \cdot Fe_2O_3+2Ca(OH)_2+10H_2O=3CaO \cdot Al_2O_3 \cdot 6H_2O+3CaO \cdot Fe_2O_3 \cdot 6H_2O$$

由上述反应生成的氢氧化钙、含水硅酸钙迅速溶于水中，使水泥颗粒表面重新暴露出来，再与水发生反应，使周围的水溶液逐渐达到饱和。溶液达到饱和后，水分子虽然继续深入颗粒内部，但新生成物不能溶解，只能以细分散状态的胶体析出，悬浮于溶液，形成凝胶体。

（5）硫酸钙（$CaSO_4$）：含量3%左右，其反应式为：

$$3CaSO_4+3CaO \cdot Al_2O_3+32H_2O=3CaO \cdot Al_2O_3 \cdot 3CaSO_4 \cdot 32H_2O$$

所生成的化合物称为"水泥杆菌"，这种反应较迅速，能把大量自由水以结晶水的形式固定下来，使土中自由水的减少量约为水泥杆菌生成质量的46%。但硫酸钙掺量不能过多，否则水泥杆菌针状结晶会使水泥发生膨胀而遭到破坏。

（二）粘土颗粒与水泥水化物的作用

1. 离子交换和团粒化作用

粘土颗粒表面带负电荷，要吸附阳离子，形成胶体分散体系，表现出胶体的特征。粘土中的二氧化硅遇水后形成硅酸胶体微粒，其表面带有钾离子或钠离子与水泥水化生成的氢氧化钙中的Ca^{2+}进行当量离子交换，使土颗粒分散度降低，产生聚结，形成较大的团粒，提高了土体强度。

水泥水化后生成的凝胶粒子的比表面积比水泥颗粒的比表面积约大1 000倍，具有很大的表面能，吸附性很强，能使团粒进一步结合起来，形成水泥土的团粒结构，进一步提高水泥土的强度。

2. 硬凝反应

随着水泥水化反应的进行，溶液中析出大量的钙离子（Ca^{2+}），当Ca^{2+}的数量超过离子交换的需要量后，在碱性环境中，组成粘土矿物的二氧化硅与三氧化铝的一部分或大部分与Ca^{2+}产生化学反应，并逐渐生成不溶于水的稳定的铝酸钙、硅酸钙及钙黄长石的结晶水化物。

这些化合物在水中和空气中逐渐硬化，提高了水泥强度，且其结构比较致密，水分不易侵入，从而使水泥土具有足够的水稳定性。

（三）碳酸化作用

水泥水化物中游离的氢氧化钙能吸收水中和空气中的二氧化碳，发生碳酸化反应，生成不溶于水的碳酸钙，其反应如下：

$$Ca(OH)_2+CO_2=CaCO_3\downarrow+H_2O$$

这种反应也能增加水泥土的强度，但增长较慢，幅度也较小。

三、水泥土的物理、力学性质

1. 水泥土的物理性质

（1）含水量：

水泥土在硬凝过程中，使部分自由水以结晶水的形式固定下来，所以水泥土的含水量低于原土样的含水量，且随水泥掺入比（a_w）的增加而减小，见表 10.2-1。

表 10.2-1　水泥土的物理性质

项目 / a_w（%）	重　度（kN/m³）	含水量（%）	相对密度	孔隙比	备　注
0	16.63	61.4	2.706	1.63	原状土样
5	16.80	51.4	2.708	1.44	
10	17.10	47.6	2.712	1.34	
15	17.10	46.3	2.736	1.34	
20	17.30	44.4	2.768	1.31	
25	17.40	42.3	2.781	1.27	

注：水灰比 0.43，425# 普通硅酸盐水泥，石膏掺量 2%。

（2）重度：

掺入软土中的水泥浆重度与软土重度相近，所以水泥土的重度与天然软土的重度相差不大，见表 10.2-1。当 $a_w=25\%$时，重度仅增加 4.5%，所以采用水泥土搅拌法加固厚层软土地基时，加固部分对下卧层不致产生过大的附加荷载，也不会产生较大的附加沉降。

（3）相对密度：

水泥的相对密度为 3.1，比一般软土的相对密度（2.65～2.75）要大，故水泥土的相对密度比软土的相对密度稍大，见表 10.2-1。

（4）渗透系数：

水泥土的渗透系数与水泥掺入比和龄期有关。水泥掺入比越大，龄期越大，渗透系数越小，一般可达 $10^{-5}\sim10^{-8}$cm/s。

2. 水泥土的力学性能

（1）水泥土的破坏特性：

由三轴不排水剪切试验表明，水泥土的破坏不仅与水泥土掺入比 a_w 有关，而且与水泥土围压有关，见图 10.2-1 和图 10.2-2。

由试验研究表明，水泥土破坏有三种形式，见图 10.2-3。

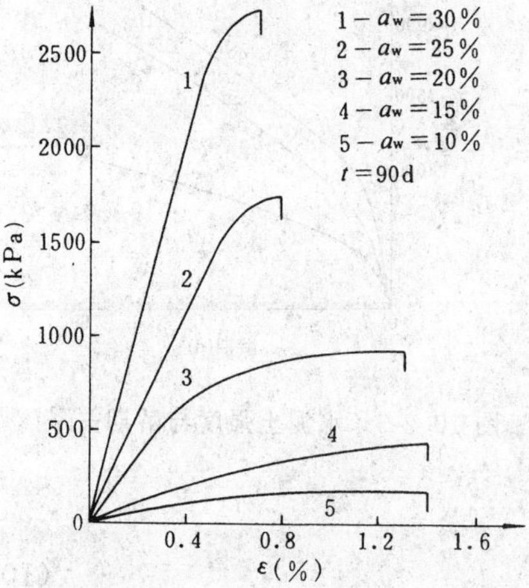

图 10.2-1 水泥土无侧限抗压强度试验应力-应变关系

（淤泥质粘土，龄期 90d）

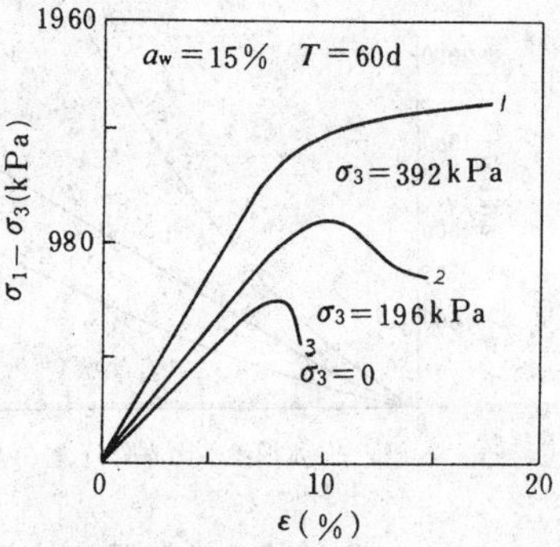

图 10.2-2 水泥土应力-应变关系

（引自张士乔等，1992）

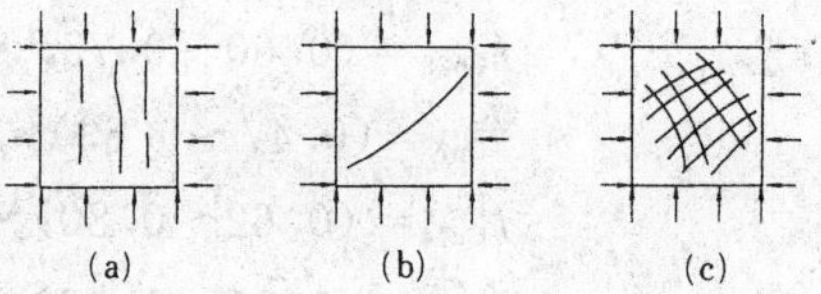

图 10.2-3 三轴压缩试验水泥土破坏形式

(a) 脆性张裂破坏；(b) 脆性剪切破坏；(c) 塑性剪切破坏

图 10.2-3(a)中裂隙沿轴向发展，土体脆性张裂破坏；图 10.2-3(c)中裂隙沿两个方向大量出现，形成塑性流动区，土体发生塑性破坏；图 10.2-3（b）介于上述两种情况之间，土体发生脆性剪切破坏。第一种破坏形式对应水泥掺入比高，围压小的情况，如图 10.2-1 中的曲线 1、2，图 10.2-2 中的曲线 3；第三种破坏形式对应水泥掺入比低或围压高的情况，如图 10.2-1 的曲线 4、5 和图 10.2-2 中的曲线 1；第二种破坏形式介于两者之间，如图 10.2-1 中的曲线 3 和图 10.2-2 中的曲线 2。

（2）无侧限抗压强度及其影响因素：

水泥土的无侧限抗压强度一般在 0.3～4MPa 之间。由图 10.2-1 可见，无侧限抗压强度较高的水泥土（大于 1.5～2.0MPa）表现为脆性破坏，而对无侧限抗压强度较低的水泥土则表现为塑性破坏。

影响水泥土无侧限抗压强度的因素很多，主要有：

①水泥掺入比 a_w：

水泥掺入比 a_w 是指掺入土中的水泥质量与被加固软土的湿质量的比值的百分数。水泥土的强度随掺入比的增加呈增大的趋势，见图 10.2-4。掺入比应根据土质情况和设计要求来选择，当 $a_w<5\%$时，由于水泥与土的反应很弱，水泥土固化程度低，因此，在实际工程中，水泥掺入比不宜小于 7%。

②龄期：

水泥土强度随龄期的增长呈增大趋势，一般龄期超过 28d 后仍有明显增长，龄期超过 3 个月后，水泥土强度增长才减慢，见图 10.2-5。

在实际工程中，对承重搅拌桩取 90d 龄期试块的无侧限抗压强度作为加固土强度标准值。对用于支护目的的搅拌桩取 28d 龄期试块强度作为设计依据。

由无侧限抗压强度试验，在其它条件相同时，不同龄期的水泥土无侧限抗压强度间大致

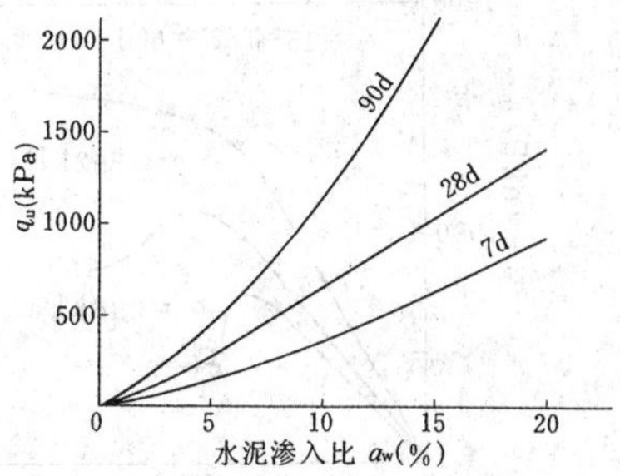

图 10.2-4　水泥掺入比与强度的关系

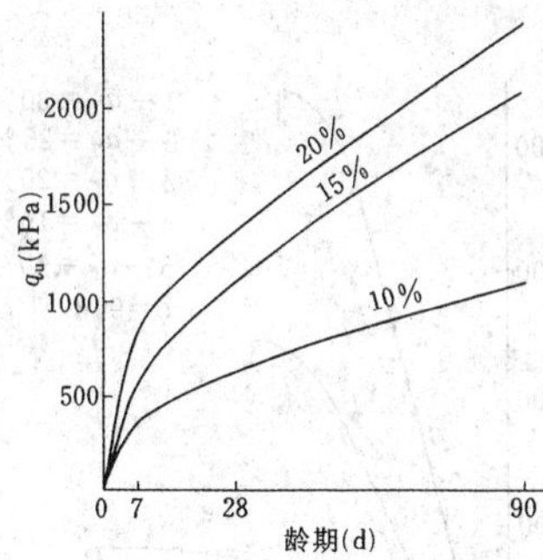

图 10.2-5　水泥土强度与龄期关系

呈线性关系，这些关系如下：

$$f_{Cu7}=(0.30\sim0.50)\cdot f_{Cu90} \quad (10.2\text{-}1)$$

$$f_{Cu28}=(0.60\sim0.75)\cdot f_{Cu90} \quad (10.2\text{-}2)$$

$$f_{Cu7}=(0.47\sim0.63)\cdot f_{Cu28} \quad (10.2\text{-}3)$$

$$f_{Cu14}=(0.62\sim0.80)\cdot f_{Cu28} \quad (10.2\text{-}4)$$

$$f_{Cu60}=(1.15\sim1.46)\cdot f_{Cu28} \quad (10.2\text{-}5)$$

$$f_{Cu90}=(2.37\sim3.73)\cdot f_{Cu7} \quad (10.2\text{-}6)$$

$$f_{Cu90}=(1.73\sim2.82)\cdot f_{Cu14} \quad (10.2\text{-}7)$$

式中：f_{Cu7}、f_{Cu14}、f_{Cu28}、f_{Cu60}、f_{Cu90}分别为 7d、14d、28d、60d 和 90d 龄期的无侧限抗压强度。

③水泥强度等级：

水泥土的强度随水泥强度等级的提高而增加，水泥强度等级提高 10 级，水泥土强度约增大 20%～30%。达到相同强度时，水泥强度等级提高 10 级掺入比可降低 2%～3%。

④含水量：

当水泥掺入比小于 20%时，一般水泥土无侧限抗压强度随土中含水量降低而增大，当土的含水量为 50%～85%，一般土样含水量每降低 10%，强度增加 30%。但当水泥掺入比较大时（a_w>20%），含水量与无侧限抗压强度曲线存在一个峰值，见图 10.2-6。

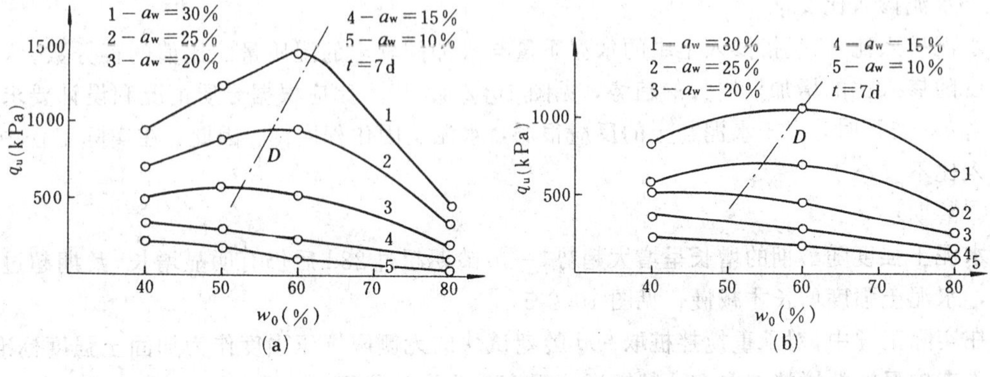

图 10.2-6　水泥土无侧限抗压强度与含水量关系曲线

(a) 淤泥；(b) 淤泥质土

⑤天然地基土中的有机质含量：

天然土中有机质对水泥的水化反应起阻碍作用，影响水泥土的固化，降低水泥土强度。有机质含量越多，阻碍作用越大，水泥土强度降低越多，见图 10.2-7。

⑥外掺剂：

外掺剂对水泥土强度有不同的影响，如木质素磺酸钙主要起减水作用，石膏、三乙醇胺对水泥土强度起增强作用，而增强的效果因土样和掺入比不同而有所差别。

一般早强剂选用三乙醇胺、氯化钙、碳酸钠或水玻璃等，掺入量分别取水泥质量的0.05%、0.2%、0.5%、2%；减水剂可选用木质素磺酸钙，一般掺入量宜取水泥质量的0.2%，石膏兼有缓凝和早强双重作用，加入少量石膏，有利于提高强度，减少水泥用量。当石膏掺量为 3%时，养护 28d 的强度与不掺石膏相比可大幅度提高，见表 10.2-2。

在水泥中掺入适量粉煤灰，也可使水泥土强度有所增强，见表 10.2-3。

⑦搅拌的均匀程度

施工时搅拌的均匀程度对水泥土强度的影响很大。当达到一定的搅拌时间时，强度增长缓慢。见图 10.2-8。

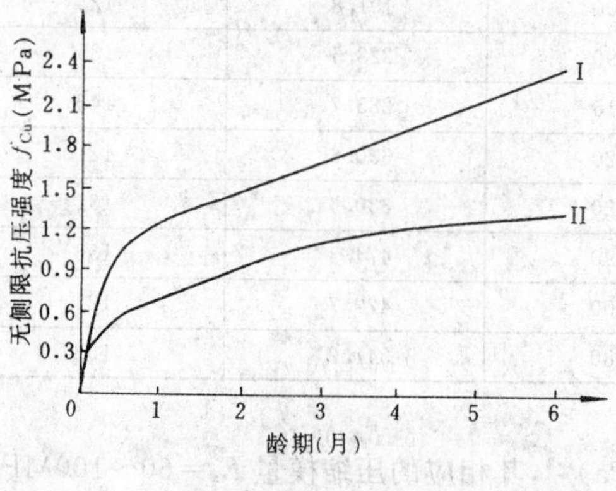

图 10.2-7　有机质含量与水泥强度关系曲线

Ⅰ. 表示有机质含量为 1.3%的软土；

Ⅱ. 表示有机质含量为 10.1%的软土

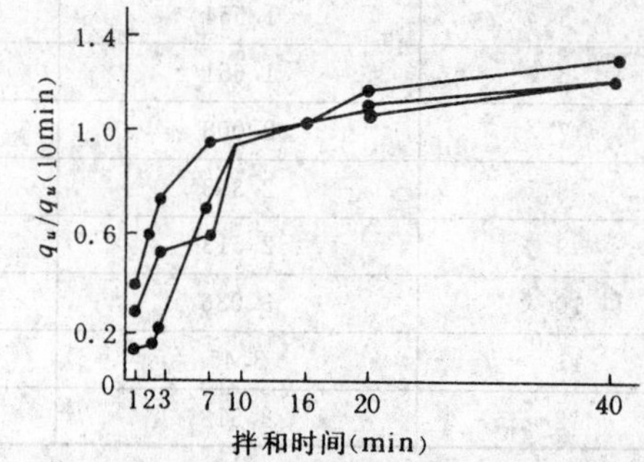

图 10.2-8　搅拌时间与强度关系

在相同搅拌时间的条件下，土的物理力学指标中含水量、塑性指数、液性指数对水泥土的均匀性影响很大。塑性指数越大，土的粘性越大，越难搅均匀；而含水量和液性指数过低，又易产生抱土现象，影响搅拌效果。

表 10.2-2　石膏掺入比与水泥土强度关系

龄期 (d) ＼ 强度值 (MPa) ＼ 石膏掺量 (%)	0	1	2	3
0	0.04	0.052	0.056	0.061
7	0.613	1.02	1.25	1.51
28	1.08	1.40	1.90	2.14

注：掺入比为 15%。

表 10.2-3　粉煤灰对水泥土强度的影响

试件编号	水泥掺入比 a_w (%)	粉煤灰掺入量（占水泥质量的百分数）	水泥土强度 (kPa)
1	10	0	1827
		100	2036
2	10	0	2823
		100	3086
3	12	0	2613
		100	2893

(3) 抗拉强度 σ_t：

水泥土的抗拉强度随无侧限抗压强度的增加而提高，当水泥土的抗压强度 $f_{Cu}=500\sim$

4 000kPa时，抗拉强度$\sigma_t=(0.15\sim0.25)\cdot f_{Cu}$。

(4) 抗剪强度：

水泥土的无侧限抗压强度越高，其抗剪强度也相应提高。当$f_{Cu}=500\sim4\ 000$kPa时，粘聚力c约为$(0.2\sim0.3)\cdot f_{Cu}$，内摩擦角在20°～30°之间变化。

(5) 变形模量，压缩系数和压缩模量：

水泥土的变形模量为垂直应力达到50%无侧限抗压强度时，水泥土的应力与应变比值，用E_{50}表示。当$f_{Cu}=300\sim4\ 000$kPa时，$E_{50}=40\sim600$MPa，一般约为$(120\sim150)\cdot f_{Cu}$，见表10.2-4。

表 10.2-4　水泥土的变形模量

试件编号	抗压强度 f_{Cu}(MPa)	破坏时应变 ε_f(%)	变形模量 E_{50}(MPa)	E_{50}/f_{Cu}
1	0.274	0.80	37	135
2	0.482	1.15	63.4	131
3	0.524	0.95	74.8	142
4	1.093	0.90	165.7	151
5	1.554	1.00	191.8	123
6	1.651	0.90	223.5	135
7	2.008	1.15	285.7	142
8	2.393	1.20	330.6	121
9	2.513	1.20	330.6	131
10	3.036	0.90	474.3	156
11	3.45	1.00	420.7	121
12	3.518	0.80	541.2	153

水泥土的压缩系数为$(2.0\sim3.5)\times10^{-2}(\text{MPa})^{-1}$,其相应的压缩模量$E_s=60\sim100$MPa。

3. 水泥土抗冻性能

当自然温度不低于－15℃时，冰冻对水泥土结构的损害很微小。在负温条件下，水泥与粘土间的反应减弱，水泥土的强度增长缓慢，但升温后强度可继续增长且接近标准值。因此，只要地温不低于－10℃，就可进行深层搅拌法冬季施工。

四、水泥土搅拌法地基加固设计

（一）设计前应取得的资料

(1) 工程地质资料：查明填土层的厚度和组成，软土层的分布范围和厚度以及各土层的物理、力学性能。

(2) 土质分析资料：了解土的主要成分及有机质含量，判断水泥加固地基土的效果。

(3) 水质资料：对拟加固场地地下水的pH值、硫酸盐含量、侵蚀性二氧化碳等进行分析，以判断对水泥的侵蚀性。

（二）水泥土的室内配比试验

在设计前必须进行室内配比试验，根据现场地基土的性质，选择合适的固化剂及外掺剂制备水泥土，进行强度试验，为设计提供必要的参数。

1. 试验目的

了解水泥掺入量、水灰比、水泥的品种及外掺剂掺量对水泥土强度的影响，为设计计算及施工工艺控制提供可靠的参数。

2. 土样制备

在拟加固现场的不同区域采集土样，土样一般有二种：

①原状土样：把在现场钻取或挖取的原状土密封在双层塑料袋内，并在24小时内制成试块。

②风干土样：将现场采取的土样进行风干、碾碎并通过2～5mm的筛子，所形成的粉状土料。

3. 固化剂的选择

①水泥品种：选用不同品种、不同强度等级的水泥（一般为32.5级、42.5级）。水泥出厂日期不应超过3个月，并应在试验前重新测定其标号。

②水泥掺入比：可根据要求选用$a_w=7\%$、10%、12%、14%、15%、18%、20%等；也可按水泥掺量选用，水泥掺量$a=\dfrac{\text{掺入的水泥质量}}{\text{被加固土的体积}}$（$kg/m^3$），一般可采用$a=180\sim250kg/m^3$。

4. 外掺剂选择

可在水泥土中加入木质素磺酸钙、石膏、三乙醇胺、氯化钠、氯化钙及粉煤灰等，通过试验确定经济合理的加量。

5. 试验设备与规程

目前一般仍按土工、混凝土及砂浆试验仪器和规程进行试验。

6. 试件的制作和养护

由配方分别称量土、水泥、外掺剂和水。用搅拌铲人工拌和均匀，然后在70.7mm×70.7mm×70.7mm或50mm×50mm×50mm的试模内装入一半试料，击振试模50下，紧接着填入其余试料再击50下，最后将试块表面刮平盖上塑料布，以防水份过量蒸发。

试样成型后，根据水泥土强度决定拆模时间，一般为1～2d。拆模后，将试样装入塑料袋内，封闭后置入水中，进行标准水中养护。

（三）水泥土搅拌桩的野外试验

1. 试验目的

（1）根据室内配比结果求得的最佳配方进行现场试验；

（2）在相同的水泥掺入比情况下，由现场试验得到的结果，推出室内试块与现场桩身强度之间的关系；

（3）确定施工工艺参数，如泵送时间、搅拌机提升速度、复搅次数、深度等。对喷液施工，还要确定水泥浆的水灰比；

（4）比较不同桩长与不同桩身强度时的单桩承载力；

（5）确定水泥土搅拌桩复合地基承载力。

2. 试验方法

（1）在桩身不同部位采取现场试样，在试验室内分割成与室内试块同样尺寸的试样。在相同龄期时，比较室内外试样强度之间的关系；

（2）进行单桩与复合地基承载力试验；

（3）进行复合地基承载力试验时，可在载荷板下埋设土压力盒，以了解复合地基的反力分布及桩土应力分配情况。

3. 试验结果

（1）正常情况下，现场水泥土强度与室内水泥土试块强度的关系为：

$$f_{Cu,f} = (0.2 \sim 0.5) \cdot f_{Cu,k} \tag{10.2-8}$$

式中：$f_{Cu,f}$——现场水泥土无侧限抗压强度；$f_{Cu,k}$——室内水泥土无侧限抗压强度。

（2）单桩和复合地基承载力特征值可根据载荷试验取 P-S 曲线中 S/b 或 $S/d=0.006$ 所对应的荷载（b——压板宽度；d——压板直径；S——沉降量）。

（3）根据承载力数值结合工程要求初步确定合理的施工工艺参数。

（四）水泥土搅拌桩的地基加固设计计算

水泥土搅拌桩的地基加固设计内容包括布桩形式、单桩竖向承载力及复合地基承载力标准值的确定、下卧层验算及沉降变形验算等。

1. 布桩形式

布桩形式应根据地基土性质及上部建筑对变形的要求进行选择，可采用柱状、壁状、格栅状、块状等不同形式，见图 10.2-9。

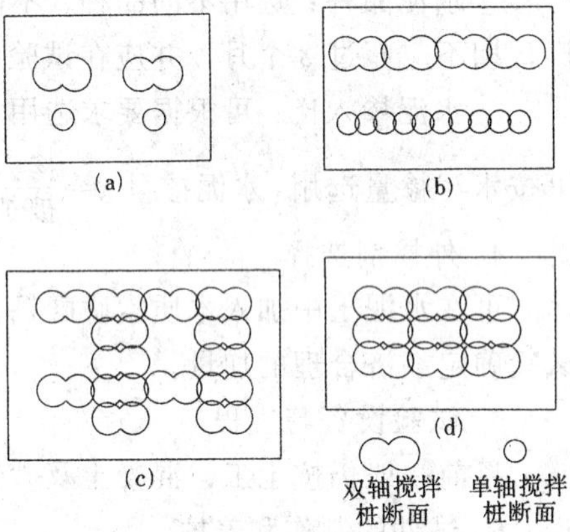

图 10.2-9 深层搅拌加固的布桩形式

（a）柱状加固；（b）壁状加固；（c）格栅状加固；（d）块状加固

（1）柱状加固形式：

这种加固形式适用于处理局部饱和软粘土夹层和表层与桩端土质较好的建筑物地基。一般工业厂房的独立柱基础、设备基础、构筑物基础、多层住宅条形基础下的地基加固以及用来防治滑坡的抗滑桩等常采用这种加固形式。

（2）壁状和格栅状加固形式：

在深厚软土层或土层分布很不均匀的场地，对于上部建筑长高比大、刚度小、易产生不均匀沉降的长条状住宅楼，采用壁状与格栅状加固形式可以减少产生不均匀沉降的可能性。这种形式也常用作基坑开挖的围护结构及用来防止边坡塌方和岸壁滑动。

（3）块状加固形式：

这种形式适用于上部结构单位面积荷载大，不均匀沉降控制严格的构筑物地基。在软土地区开挖深基坑时，为防止基坑隆起或增大坑底土的被动土压力及对基坑进行封底隔渗处理等也常采用块状加固形式。

2. 单桩竖向承载力特征值的设计计算

水泥土搅拌桩的单桩竖向承载力取决于桩身强度和地基土的情况，一般应使土对桩的支承力与桩身强度所确定的承载力相近，并使后者略大于前者最为经济。水泥土搅拌桩单桩竖向承载力特征值应通过现场单桩载荷试验确定，如无试验资料，也可按下列二式计算，并取其中较小值。

$$R_a = \eta \cdot f_{Cu,k} \cdot A_p \tag{10.2-9}$$

$$R_a = u_p \cdot \sum_{i=1}^{n} q_{si} \cdot l_i + \alpha \cdot A_p \cdot q_p \tag{10.2-10}$$

式中：R_a——单桩竖向承载力特征值；$f_{Cu,k}$——与搅拌桩身加固土配比相同的室内加固土试块的无侧限抗压强度平均值；η——强度折减系数，干法可取 0.20～0.30；湿法可取 0.25～0.33；q_{si}——桩周土的侧阻力特征值，对淤泥可取 4～7kPa，对淤泥质土可取 6～12kPa，对软塑状粘性土可取 10～15kPa，可塑状粘性土可取 12～18kPa；u_p——桩周长；A_p——桩的截面积；l_i——桩长范围内第 i 层土的厚度（m）；q_p——桩端天然地基土的承载力特征值；α——桩端天然地基土的承载力折减系数，可取 0.4～0.6。

水泥土搅拌桩在进行单桩设计时，主要是确定桩长和选择水泥掺入比。根据工程具体条件的不同可采用下面三种计算方式：

(1) 当土质条件和施工条件等限制搅拌桩加固深度时，可先确定桩长。由桩长按式（10.2-10）算出承载力特征值 R_a，再将 R_a 代入式（10.2-9）求出水泥土的无侧限抗压强度 $f_{Cu,k}$，然后根据 $f_{Cu,k}$，并参照室内配合比试验资料，选择合适的水泥掺入比。

(2) 当搅拌桩的加固深度不受限制时，可根据室内配合比试验资料选定水泥掺入比，并得出水泥土无侧限抗压强度 $f_{Cu,k}$，然后根据 $f_{Cu,k}$按式（10.2-9）计算承载力特征值 R_a，最后根据 R_a 按式（10.2-10）计算桩长。

(3) 根据上部结构对单桩承载力的要求，由式（10.2-9）求得 $f_{Cu,k}$，然后根据室内试验资料得出相应的水泥掺入比；同时，根据将要求的承载力特征值 R_a 代入式（10.2-10）求出桩长。

3. 水泥土搅拌桩复合地基的设计计算

搅拌桩复合地基承载力标准估值应通过现场复合地基载荷试验确定，如无试验资料，也可按下式计算：

$$f_{sp,k} = m \cdot R_a/A_p + \beta(1-m) \cdot f_{s,k} \tag{10.2-11}$$

式中：$f_{sp,k}$——复合地基的承载力特征值；m——面积置换率；A_p——桩的截面积；$f_{s,k}$——桩间天然土承载力特征值；β——桩间土承载力折减系数，当桩端土未径修正的承载力特征值大于桩周土的承载力特征值的平均值时，可取 0.1～0.4，差值大取低值；小于等于桩周土的承载力特征值的平均值时，可取 0.5～0.9。

根据设计要求的复合地基承载力 $f_{sp,k}$，上式可确定面积置换率 m 和桩数 n：

$$m = \frac{f_{sp,k} - \beta \cdot f_{s,k}}{R_a/A_p - \beta \cdot f_{s,k}} \tag{10.2-12}$$

$$n = \frac{m \cdot A}{A_p} \tag{10.2-13}$$

式中：A——地基加固的面积。

对于大面积新填土，由于重新固结会产生负摩阻力，对刚性桩来说，这是不可忽视的。但水泥土桩能与桩间土同时下沉，不致于在水泥土桩侧壁产生较大负摩阻力，所以，设计时既不考虑负摩阻力，也不考虑桩周围填土层所提供的摩阻力。

4. 下卧层强度验算

当搅拌桩加固区以下存在软弱下卧层时，应对软弱下卧层按下式进行强度验算：

$$p_z + p_{cz} \leqslant f_a \tag{10.2-14}$$

式中：p_{cz}——软弱下卧层顶面处土的自重应力；f_a——软弱下卧层顶面处经深度修正后地基承载力特征值；p_z——软弱下卧层顶面处的附加应力设计值，可以用双层地基中附加应力分布理论或数值分析方法计算，但为简化起见，一般将搅拌桩与桩间土视为一复合土体，用应力扩散法按下列式进行计算。

对条形基础：$$p_z = \frac{b \cdot p_1}{b + 2 \cdot z \cdot \mathrm{tg}\theta} \tag{10.2-15}$$

对短形基础：$$p_z = \frac{b \cdot l \cdot p_1}{(b + 2 \cdot z \cdot \mathrm{tg}\theta)(l + 2 \cdot z \cdot \mathrm{tg}\theta)} \tag{10.2-16}$$

式中：b——矩形基础和条形基础底边的宽度；l——矩形基础底边的长度；p_1——基础底面处附加应力值，可取 $p_1=f_{sp,k}$；z——基础底面至软弱下卧层顶面的距离；θ——应力扩散角，可按表 10.2-5 采用。

对搅拌桩置换率较大（一般大于 20%），而且不是单行排列时，由于每根搅拌桩不能充分发挥单桩承载力的作用，可将搅拌桩群与桩周土视为一假想的实体基础，见图 10.2-10。考虑假想实体基础侧面与土的摩阻力，验算假想实体基础底面的承载力，要求满足下式：

表 10.2-5　地基压力扩散角 θ

E_{s1}/E_{s2}	z/b	
	0.25	0.50
3	6°	23°
5	10°	25°
10	20°	30°

注：①E_{s1}为上层土压缩模量，E_{s2}为下层土压缩模量；
②$z<0.25b$ 时，一般取 $\theta=0°$，必要时，宜由试验确定；$z>0.50b$ 时，θ 值不变。

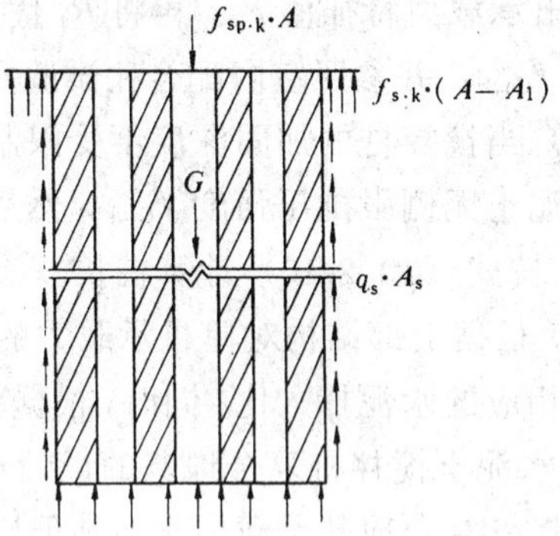

图 10.2-10　搅拌桩下卧层强度验算

$$f'=\frac{f_{sp,k}\cdot A+G-\bar{q}_s\cdot A_s-f_{s,k}\cdot(A-A_1)}{A_1}<f_a \tag{10.2-17}$$

式中：f'——假想实体基础底面压力（kPa）；A——地基加固总面积（m^2）；A_1、A_s——假想实体基础底面积和侧面积（m^2）；G——假想实体基础自重（kN）；$\bar{q}_s$——假想基础边缘土的平均摩阻力标准值（kPa）；$f_{s,k}$——假想实体基础边缘土的承载力（kPa）；f_a——假想实体基础底面处经修正后的地基土承载力（kPa）。

5. 沉降变形验算

对沉降要求较高的建（构）筑物，除进行强度验算外，还应对地基进行沉降变形验算。水泥土搅拌桩复合地基变形 S 的计算，包括搅拌桩群体的压缩变形 S_1 和桩端下未加固土层的压缩变形 S_2 之和，即：

$$S=S_1+S_2 \tag{10.2-18}$$

其中：

$$S_1=(p+p_0)l/2E_0 \tag{10.2-19}$$

$$p=\frac{f_{sp,k}\cdot A-f_{s,k}\cdot(A-A_1)}{A_1} \tag{10.2-20}$$

$$p_0=f'-\gamma_p\cdot l \tag{10.2-21}$$

$$E_0=mE_p+(1-m)E_s \tag{10.2-22}$$

式中：p——桩群顶面的平均压力（kPa）；p_0——桩群底面土的附加应力（kPa）；E_0——桩群体的变形模量（kPa）；E_p——水泥土搅拌桩的变形模量，可取（100～120）f_{Cu}；E_s——桩间土的变形模量（kPa）；l——水泥土搅拌桩桩长（m）；γ_p——桩群底面以上土的加权平均重度（kN/m^3）。

桩群体的压缩变形 S_1 也可根据上部荷载、桩长、桩身强度等按经验取 10～30mm。

桩端以下未处理土层的压缩变形值可按分层总和法计算。

五、水泥土深层搅拌法施工

（一）浆液喷射深层搅拌法

1. 施工设备

水泥浆液喷射深层搅拌法的施工设备包括深层搅拌机和配套设备。

（1）深层搅拌机：

深层搅拌机的类型根据搅拌轴的数量分为单轴和多轴深层搅拌机。国内常用的深层搅拌机见图 10.2-11 与图 10.2-12，其技术参数见表 10.2-6。

表 10.2-6 深层搅拌机械技术参数

水泥深层搅拌机类型		SJB-1	GZB-600	DJB-14D
深层搅拌机	搅拌轴数量（根）	2（∅129）	1（∅129）	1
	搅拌叶片外径（mm）	700～800	600	500
	搅拌轴转数（r/min）	46	50	60
	电机功率（kW）	2×30	2×30	1×22
起吊设备	提升能力（kN）	大于 100	150	50
	提升高度（m）	大于 14	14	19.5
	提升速度（m/min）	0.2～1.0	0.6～1.0	0.95～1.20
	接地压力（kPa）	60	60	40
固化剂制备系统	灰浆拌制台数×容量	2×200	2×500	2×200
	灰浆泵量（L/min）	HB6-3 50	AP-15-B 281	UBJ_2 33
	灰浆泵工作压力（kPa）	1 500	1 400	1 500
	集料斗容量（L）	400	180	
技术指标	一次加固面积（m^2）	0.71～0.88	0.283	0.20
	最大加固深度（m）	15.0	10～15	19.0
	效率（m/台班）	40～50	60	100
	总质量（t）	4.5（不包括吊车）	12	4

注：SJB-1 电机功率 2×40kW，加固深度 15～20m。

深层搅拌机的喷浆方式有叶片喷浆和中心管喷浆两种方式。单轴搅拌机一般采用叶片喷浆方式，水泥浆由中空轴进入搅拌头叶片，再由叶片上若干个小孔沿着旋转方向喷出，见图 10.2-13。这种喷浆方式能喷浆到底且水泥土与土体混合均匀，但因喷浆口小易被浆液堵塞，且只能用纯水泥浆而不能采用其它固化剂。

双轴搅拌机一般采用中心管喷浆方式，水泥浆从两轴搅拌轴间的输浆部分输出，输浆部分由中心管和穿在中心管内部的输浆管以及单向球阀组成，中心管通过横向系板与搅拌轴连成整体。中心输浆方式可适用多种固化剂，除水泥浆外，还可用水泥砂浆等。

（2）配套设备：

水泥浆喷射深层搅拌机械的配套设备包括起吊设备、固化剂制备系统及电气控制装置等，见图 10.2-14 和图 10.2-15。

2. 施工工艺

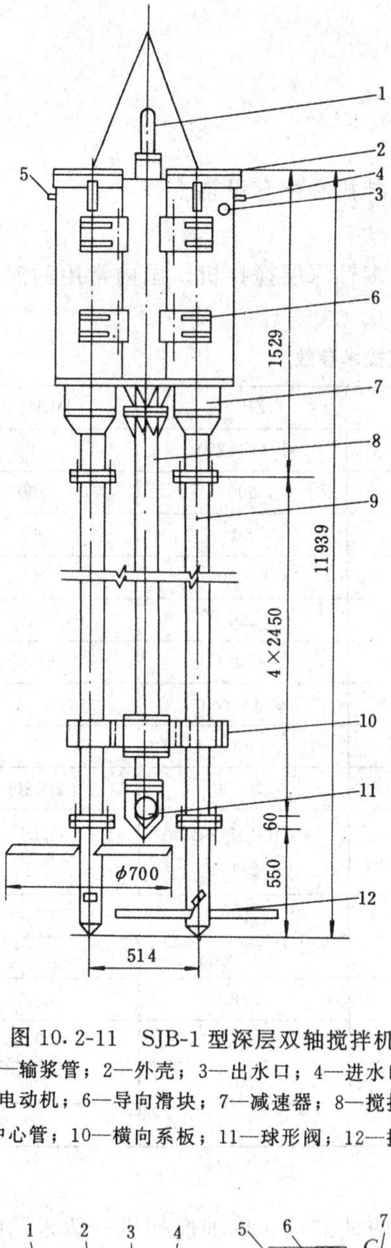

图 10.2-11　SJB-1 型深层双轴搅拌机

1—输浆管；2—外壳；3—出水口；4—进水口；5—电动机；6—导向滑块；7—减速器；8—搅拌轴；9—中心管；10—横向系板；11—球形阀；12—搅拌头

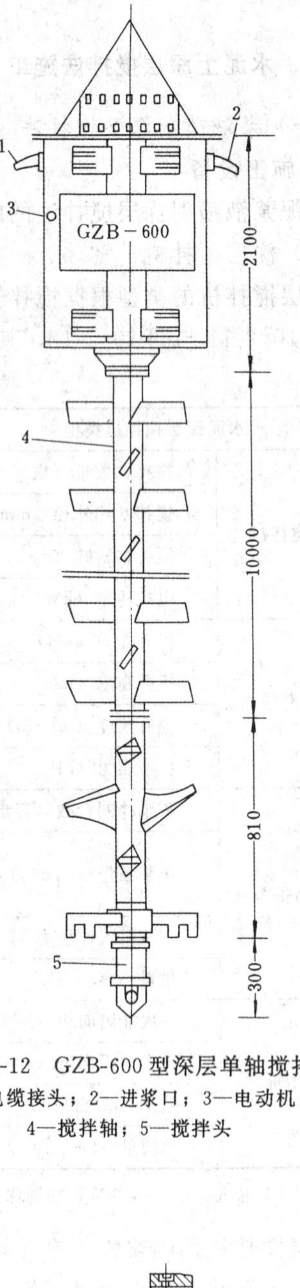

图 10.2-12　GZB-600 型深层单轴搅拌机

1—电缆接头；2—进浆口；3—电动机；4—搅拌轴；5—搅拌头

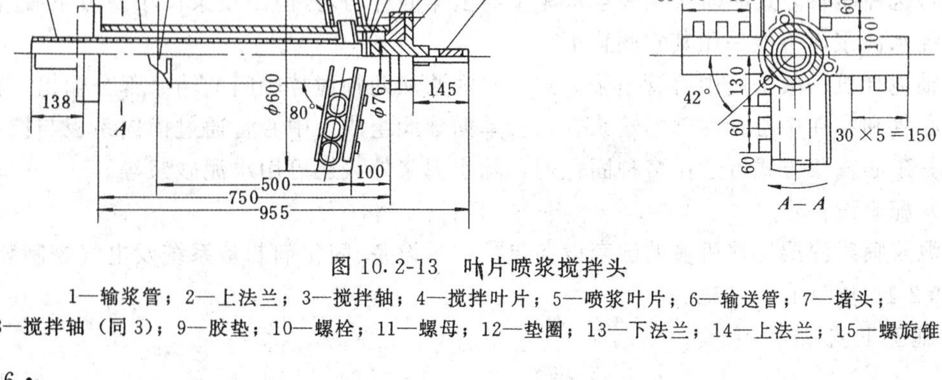

图 10.2-13　叶片喷浆搅拌头

1—输浆管；2—上法兰；3—搅拌轴；4—搅拌叶片；5—喷浆叶片；6—输送管；7—堵头；8—搅拌轴（同 3）；9—胶垫；10—螺栓；11—螺母；12—垫圈；13—下法兰；14—上法兰；15—螺旋锥头

（1）工艺参数确定：

目前国产的深层搅拌机械大都采用定量泵输送水泥浆，而深层搅拌机又是转速恒定的，因此灌入地基中的水泥量完全取决于深层搅拌机的提升速度和复搅次数。

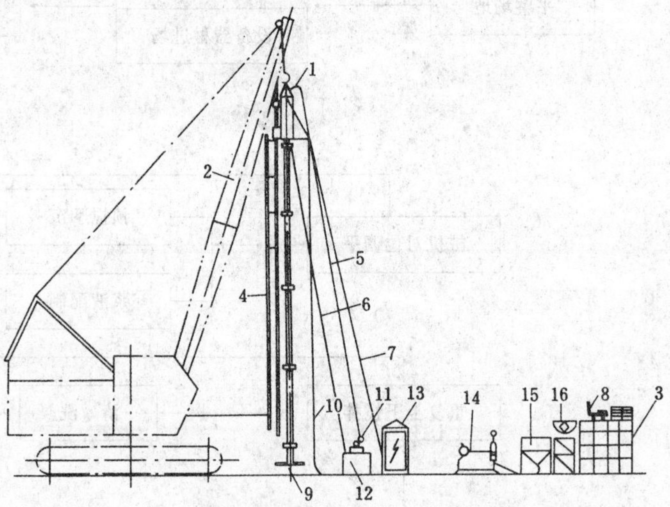

图 10.2-14　SJB-1 型深层搅拌机配套设备

1—深层搅拌机；2—起重机；3—工作平台；4—导向架；5—进水管；6—回水管；7—电缆；8—磅秤；9—搅拌头；10—输浆压力胶管；11—冷却泵；12—贮水池；13—电气控制柜；14—灰浆泵；15—集料斗；16—灰浆拌制机

对于搅拌桩，随着深度增加，桩身轴向应力呈衰减变化，桩承载力发挥度越来越小，因此，从理论上讲，合理的水泥掺量应是沿桩身逐渐减小，即采用变掺量设计以使桩长范围内承载力达到相同的发挥度，避免在较大荷载作用下桩身上部因强度不足而产生浅层破坏现象。从施工工艺上可采用变参数施工，即在桩身上部 1/2～2/3 桩长范围内水泥掺入量比下段部位增加 1 倍，上部采用 2～4 次喷浆，下部 1～2 次喷浆。对于上部不易搅拌均匀部位可不喷浆加搅 1～2 次，但应注意搅拌次数不宜过多。

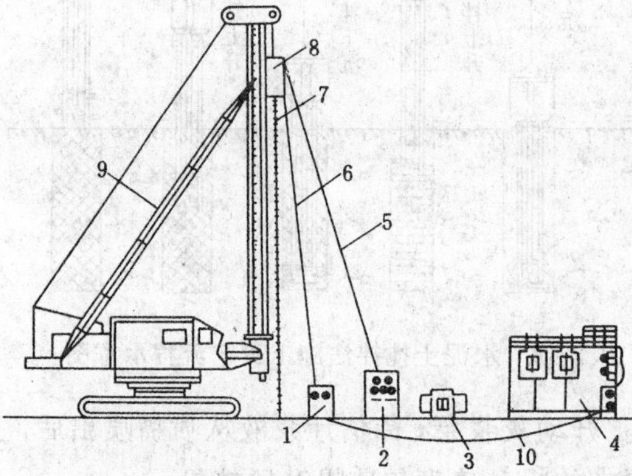

图 10.2-15　GZB-600 型搅拌机配套设备

1—流量计；2—控制柜；3—低压变压器；4—PM2-15 泵送装置；5—电缆；6—输浆胶管；7—搅拌轴；8—搅拌机；9—打桩机；10—电缆

搅拌机的钻进和升降速度宜控制在 1.0m/min 左右（一般变化范围为 0.6～1.2m/min），转速保持在 60r/min 左右。

（2）浆液配制及搅拌：

水泥浆液的配制应严格控制水灰比，一般为 0.45～0.50。水泥必须是新近出厂的，未受潮无结块，宜用袋装水泥且要抽检，加水混合时，要用专用的定量水容器。水泥浆液必须用砂浆搅拌机搅拌，每次时间不得少于 3min，在制作水泥浆液时可按要求加入外掺剂。

制备好的水泥浆不得停置时间过长，超过 2 小时应降低标号使用。浆液在砂浆搅拌机中要不断搅拌，直到送浆前。

（3）施工工艺流程：

水泥土深层搅拌法施工工艺流程见图 10.2-16。

施工工艺流程示意图见图 10.2-17。

①设备安装：铺设走管与桩机平台，然后装塔架、再装导向架及搅拌轴、输浆管。电器系统必须装接地装置，供浆系统应在离搅拌机 50m 范围内。

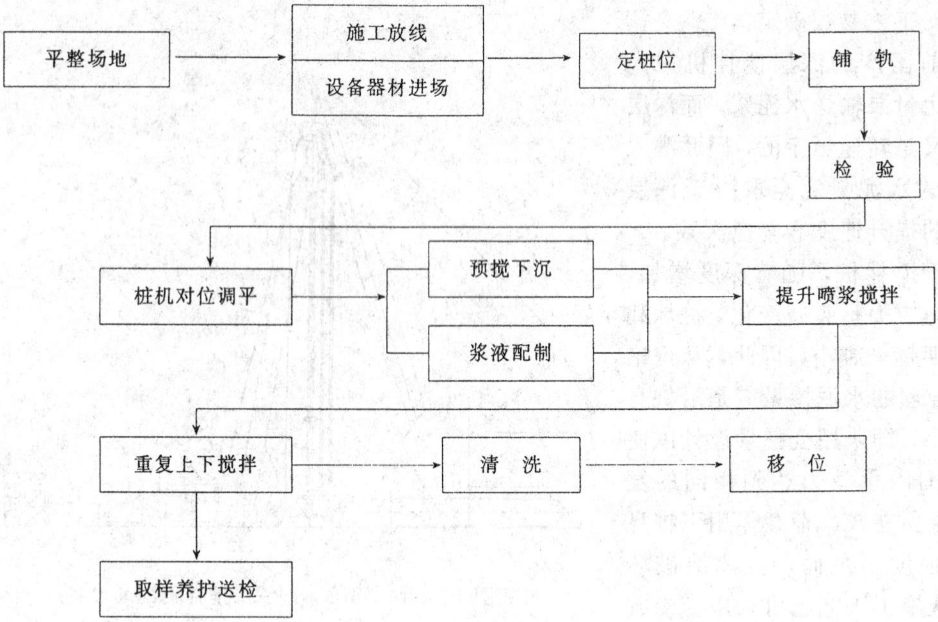

图 10.2-16　深层搅拌法施工工艺流程图

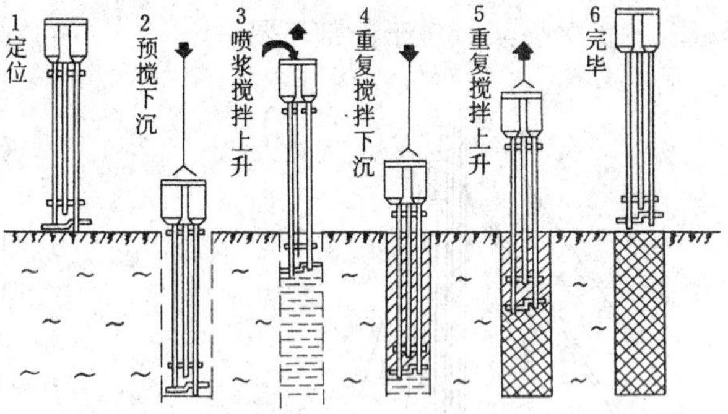

图 10.2-17　水泥土搅拌法施工工艺流程示意图

②桩机定位：用起重机或塔架悬吊深层搅拌机到达指定桩位，桩位对中误差不大于 50mm，搅拌轴和导向架的垂直度偏差不得超过 1%。

③预搅下沉：待搅拌机的冷却水循环正常后，启动深层搅拌机的电机，放松起重机钢丝绳，使搅拌机沿导向架搅拌切土下沉。一般情况下不宜冲水，当遇到较硬土层下沉太慢时（超过 30min/m），可适当冲水下沉。

④提升喷浆搅拌：搅拌机下沉到设计深度后，开动灰浆泵，待估计浆液从喷嘴喷出后，搅拌头自桩底反转，边喷浆边旋转，同时按设计要求的提升速度匀速提升搅拌机。

⑤重复上下搅拌：当搅拌机提升到设计加固深度的顶面标高时，喷浆量应达到设计要求。为使水泥浆与土拌合均匀，可按设计要求复搅若干次。

⑥清洗：向贮浆桶中注入适量清水，开启灰浆泵，清洗全部管路中残存的水泥浆，直到基本干净。

⑦移动：施工下一根桩。

3. 施工要点

(1) 施工前应平整场地，清除桩位处地上、地下一切障碍物（包括大块石、树根和生活垃圾等）。场地低洼时应回填粘土料，不得回填杂填土。

基础底面以上宜预留 500mm 厚的土层，搅拌桩施工到地面。在开挖基坑时应将上部质量较差桩段挖去。

（2）水泥浆从砂浆搅拌机倒入贮浆桶前，须经过滤，将水泥块等杂物滤掉。贮浆桶容量应适中，要保证有一定余量，不会造成因浆液不足而断桩，还要防止浆液在贮浆桶内沉淀离析。

（3）施工前应标定灰浆泵输浆量、灰浆经输浆管到达搅拌机喷浆口的时间和起吊设备提升速度等参数。宜用流量泵控制输浆速度，一般为30L/min，喷口压力保持在0.4～0.6MPa，并应使搅拌提升速度与输浆速度同步。

（4）应有专人记录搅拌机每米下沉或提升时间，深度记录误差不得大于50mm，时间记录误差不得大于5s，施工中发现的问题及处理情况均应注明。

（5）为保证桩端施工质量，当浆液达到出浆口后，应喷浆底座30s，使浆液完全到达桩端。

（6）在成桩过程中，由于电压过低或其它原因造成停机，使成桩工艺中断时，为防止断桩，当搅拌机重新起动时，均应将搅拌机下沉0.5m（如采用下沉搅拌送浆时应提升0.5m）再继续制桩。停机超过3小时，为防止浆液硬结堵管，应拆卸输浆管彻底清洗管路。

（7）设计要求搭接成壁状时，应连续施工相邻桩。施工间隔时间不超过24小时，且搭接长度应大于100mm。

（8）搅拌机提升变搅必须反转，否则正转提升易将土带起造成空洞。

（9）每台班取水泥土试块一组（三块），试块应取第二次复搅。提升时从搅拌轴外壁返出的水泥土，取样位置在桩位图上标出，填好试块记录。

4. 施工中常见的问题及处理方法

施工中常见的问题及处理方法见表10.2-7。

表10.2-7 施工中常见问题和处理方法

序号	常见问题	原因	处理方法
1	预搅下沉困难，电流值高，电机跳闸	①电压偏低 ②土质硬、阻力太大 ③遇大石块、树根等障碍物	①调高电压 ②适量冲水下沉 ③挖除障碍物
2	搅拌机达不到预定深度，但电流不变	土质粘性大，搅拌机自重不够	增加搅拌机自重或加压
3	喷浆未到设计桩顶面（或桩底端）标高，贮浆桶中浆液已排空	①投料不准确 ②灰浆泵磨损漏浆 ③灰浆泵输浆量偏大	①重新标定投料量 ②检修灰浆泵 ③重新标定输浆量
4	喷浆到设计标高，贮浆桶中剩浆液过多	①拌浆加水过多 ②输浆管路部分阻塞	①重新标定加水量 ②清洗输浆管路
5	桩身发生倾斜	①搅拌轴弯曲 ②塔架承受冲击荷载时摇晃 ③遇到石块后侧面挤过	①换刚性好笔直的搅拌轴 ②塔架主腿底应用球形铰链连接 ③挖出浅部石块
6	断桩	①喷浆间歇中断 ②连接法兰松动漏浆 ③硬软土层换层处连结较弱	①保持连续供浆并遵守操作规程 ②法兰连结处要拧紧螺帽 ③换层处增加水泥浆量
7	偏桩 （桩位偏离设计位置）	①桩机就位不准 ②遇大石块后于深部发生横向位移	①严格控制偏差 ②挖出浅部石块 ③若偏差过大，应补桩施工
8	空心桩 （桩中间部位无水泥）	①粘性土糊钻转后同心 ②搅拌叶片有纤维缠绕及土附着	①将搅拌头用水或润滑浆液浸湿 ②及时清除纤维再搅拌

续表 10.2-7

序号	常见问题	原因	处理方法
9	某一段桩身没有固结	①水泥标号低或变质 ②水灰比太大 ③搅拌不均匀 ④使用加水稀释后的凝稠水泥浆	①使用高标号新鲜水泥 ②调整水灰比并加适量外掺剂 ③增加搅拌次数 ④因故凝稠的水泥浆不准使用
10	桩身断面上一部分是固化剂团块，另一部分是无固化剂的土	①搅拌次数不够 ②遇到硬土	①增加预搅次数 ②适量冲水湿润

(二) 粉体喷射深层搅拌法

粉体喷射深层搅拌法是利用喷粉机，使压缩空气携带粉体固化材料，经过高压软管和搅拌轴送到搅拌叶片背后面的喷嘴喷出，喷入旋转叶片背后产生的空隙中，并与土粘附在一起，在不断的搅拌作用下，固化材料与地基土均匀混合，而将固化材料分离后的空气传递到搅拌轴的周围，上升到地面释放掉。

与浆液喷射深层搅拌法相比，粉体喷射深层搅拌法具有如下特点：

(1) 粉体固化材料可吸收软土地基中更多的水分，对加固含水量高的软土、极软土及泥炭土地基效果更显著。图 10.2-18 为两种方法加固软粘土的对比。

(2) 粉体比浆液更易于与原土充分搅拌混合，有利于提高加固土体的强度。

(3) 粉体喷射搅拌钻头在提升搅拌时能对加固体产生挤压作用，也有利于提高加固土体的强度。

(4) 与浆喷搅拌相比，消耗的固化材料要少，且无地面拱起现象。

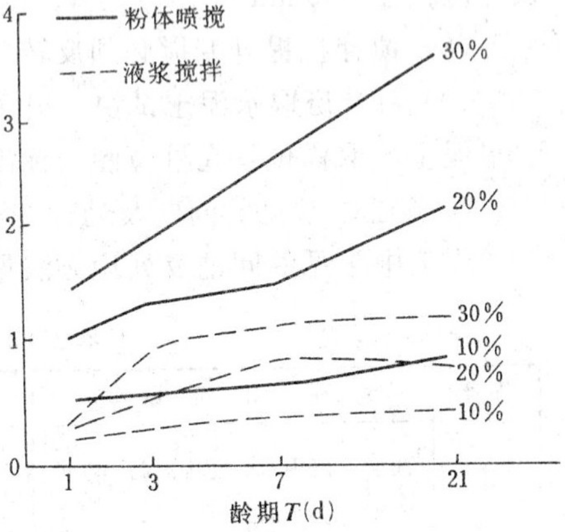

图 10.2-18 浆喷与粉喷加固软粘土各参数的关系

1. 施工设备

粉体喷射搅拌法施工设备由喷粉桩机、粉体发送器、空气压缩机、搅拌钻头等组成，见图 10.2-19。

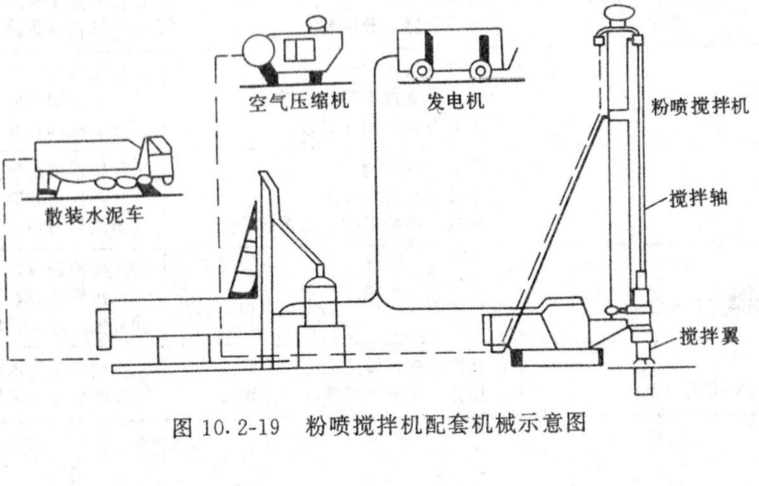

图 10.2-19 粉喷搅拌机配套机械示意图

（1）喷粉桩机：

国内常用的喷粉桩机由电动机、钻架、卷扬机、液压泵、转盘、主动钻杆、变速箱等部件组成，其技术参数见表10.2-8和表10.2-9。

表10.2-8 GPP-5型（原名GPF-5型）粉喷搅拌机技术参数

粉喷搅拌机	搅拌轴规格(mm)	108×108×(7 500+5 500)	YP-1型粉体喷射机	储料量(kg)	2 000
	搅拌翼外径(mm)	500		最大送粉压力(MPa)	0.5
	搅拌轴转速(r/min)	正(反)28,50,92		送粉管直径(mm)	50
	扭矩(kN·m)	4.9、8.6		最大送粉量(kg/min)	100
	电机功率(kW)	30		外形规格(m)	2.7×1.82×2.46
起吊设备	井架结构高度(m)	门型—3级—14m	技术参数	一次加固面积(m²)	0.196
	提升力(kN)	78.4		最大加固深度(m)	12.5
	提升速度(m/min)	0.48、0.8、1.47		总质量(t)	9.2
	接地压力(kPa)	34		移动方式	液压步履

表10.2-9 PH-5A型粉喷搅拌机技术参数

粉喷搅拌机	成桩直径（mm）	500	粉体喷射机	型号	YP-1
	搅拌轴转速（r/min）	27，48，5		功率（kW）	2.6
	扭矩（kN·m）	8.6，5.2，2.9			
	电机功率（kW）	41		容量（m³）	1.3
	钻杆规格（mm）	114×114			
提升设备	井架结构高度（m）	门型-3级-16.86m	技术参数	最大加固深度（m）	14.5
	提升力（kN）	78.4		移动方式	液压步履
	提升速度（m/min）	0.57，0.97，1.7			
	接地压力（kPa）	≤40		纵向单步行程（m）	1.2
空气压缩机	型号	XK0.6～0.10		横向单步行程（m）	0.5
	工作压力（MPa）	0.7			
	排量（m³/min）	116		总质量（t）	8.5
	电机功率（kW）	13			

（2）粉体发送器：

粉体发送器是一种定时定量发送粉体材料的设备，由灰罐、旋转供料器、电子计量系统、水气分离器、阀门和仪表组成，其工作原理见图10.2-20。

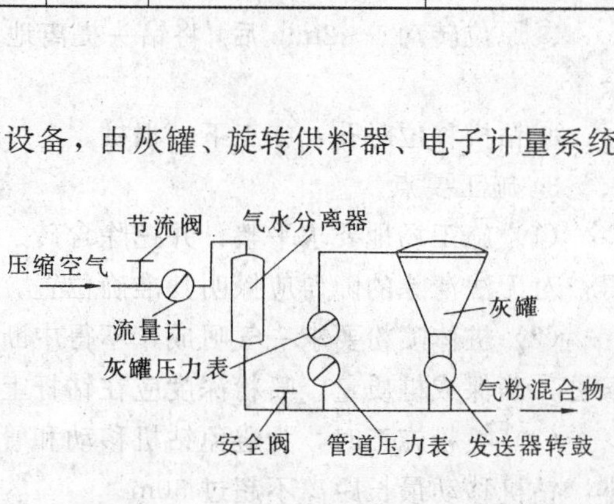

图10.2-20 粉体发送器的工作原理

粉体喷射深层搅拌法的施工设备还包括空气压缩机和搅拌钻头等。空气压缩机起输送粉料的作用，搅拌钻头起搅拌混合和喷粉的作用，要求钻头在反向旋转提升时，对加固土体有压密作用。

2. 施工工艺

(1) 工艺参数：

粉体喷射深层搅拌法施工的工艺参数主要包括提升速度、单位时间喷粉量和喷粉压力等，一般应根据试桩结果，确定各土层和各平面区域内搅拌轴提升速度和喷灰量等，如果缺少试桩资料也可按下列公式进行计算：

①提升速度 v：

$$v = \frac{h \cdot \sum z}{t} \cdot \omega \tag{10.2-23}$$

式中：v——搅拌轴提升速度(m/min)，搅拌钻头每旋转一周，提升高度不得超过16mm；h——搅拌钻头叶片垂直投影高度 (m)；$\sum z$——钻头叶片总数 (个)；ω——搅拌轴转速 (r/min)；t——土体中任一质点经钻头搅拌次数，一般取40～50。

②喷灰量 q：

$$q = \frac{\pi}{4} D^2 \cdot \rho \cdot a_w \cdot v \tag{10.2-24}$$

式中：q——单位时间的喷灰量(kg/min)；ρ——地基土的密度(t/m^3)；a_w——掺入比；D——搅拌钻头直径。

喷粉压力一般控制在0.25～0.4MPa之间，为保证正常送粉，要求喷粉时灰罐内的气压比管道内的气压高0.02～0.05MPa。

(2) 施工工艺：

粉体喷射施工工艺流程见图10.2-21，施工流程示意图见图10.2-22。

①施工前应准确测放轴线和桩位，并用竹签或钢筋标定。

②桩机对位，误差不应大于50mm。调节钻机支腿油缸，使导向架和搅拌轴垂直度偏差不超过1%。

③关闭粉喷机灰路阀门，打开气路阀门。

④开动钻机，启动空压机并缓慢打开气路调压阀，对钻机供气。钻机逐渐加速，正转预搅下沉。当钻至接近设计深度时，应用低速慢钻，钻机原位转动1～2min。

⑤提升喷粉搅拌。当确认粉料已喷到孔底时，一般以0.5m/min左右的速度反转提升；当提升到设计停灰标高后，应慢速原地搅拌1～2min。

⑥重复搅拌。为保证粉体材料与地基土搅拌均匀，可采用复喷及复搅措施。

⑦当提升喷粉距地面0.5m时，应立即停止喷粉，利用管道内余灰量喷入土中，以防止粉尘污染环境，同时要求在孔口加设喷粉防护装置。

⑧原位转动1～2min后，将钻头提离地面约0.2m减压放气，打开灰罐上盖，检查罐内灰余量。

⑨钻机移位对孔，施工下一根桩。

3. 施工要点

(1) 施工场地要求平整，并挖除含砖、瓦等杂物的表面杂填土，回填素土。清除地下障碍，对无法清除的障碍应探明其准确位置。

(2) 桩体喷粉要求一气呵成，不得中断。应按理论计算量往灰罐投料，投一次料，打一根桩，确保成桩质量。喷粉深度应在钻杆上标线控制。

(3) 喷粉施工时，为避免钻机移动和管路过长，施工次序宜先中轴后边轴，先里排后外排，钻机移动最长距离不超过50m。

(4) 施工过程中应经常测量电压，检查钻具、流量计、水气分离器、送粉阀门、空压机

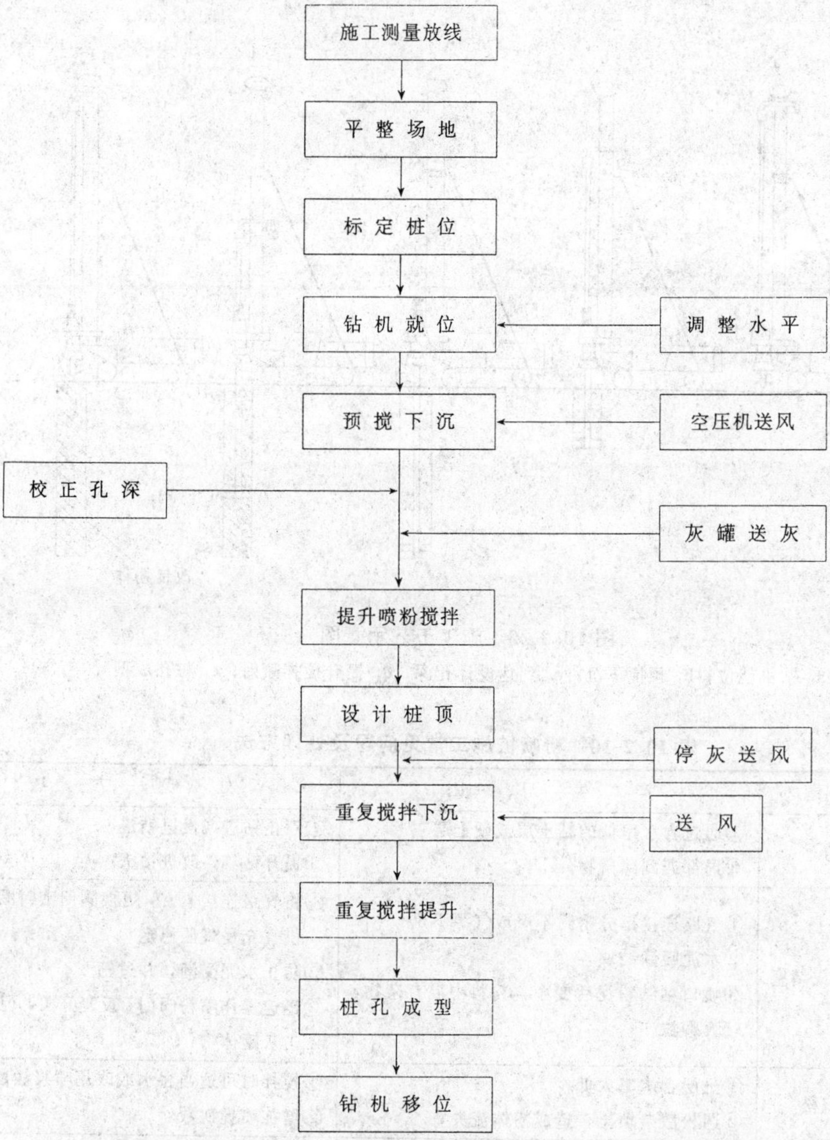

图 10.2-21 粉体喷射深层搅拌法施工工艺流程

和胶管灰路工作情况。

(5) 施工过程中要注意防止因管内水泥结块造成堵管，遇堵管时宜拆洗管路或向上提升再打。第二次复打时要保证至少 1.0m 以上的重叠，以防止发生断桩。

(6) 设计要求搭接的桩体，须连续施工，一般相邻桩的施工间隔时间不超过 8 小时。

(7) 送灰过程中如出现压力突然下降、灰罐加不上压力等现象，应停止提升，原地搅拌，及时查明原因。若由于灰罐内水泥粉体已喷完或容器、管道漏气所致，重新加灰复打，并保证 1.0m 以上的重叠。

(8) 控制好单位桩长喷粉量，实际每米喷粉量与设计要求的喷粉量误差不超过 5kg。

4. 粉喷桩施工常见问题及处理方法

粉喷桩施工常见问题及处理方法见表 10.2-10。

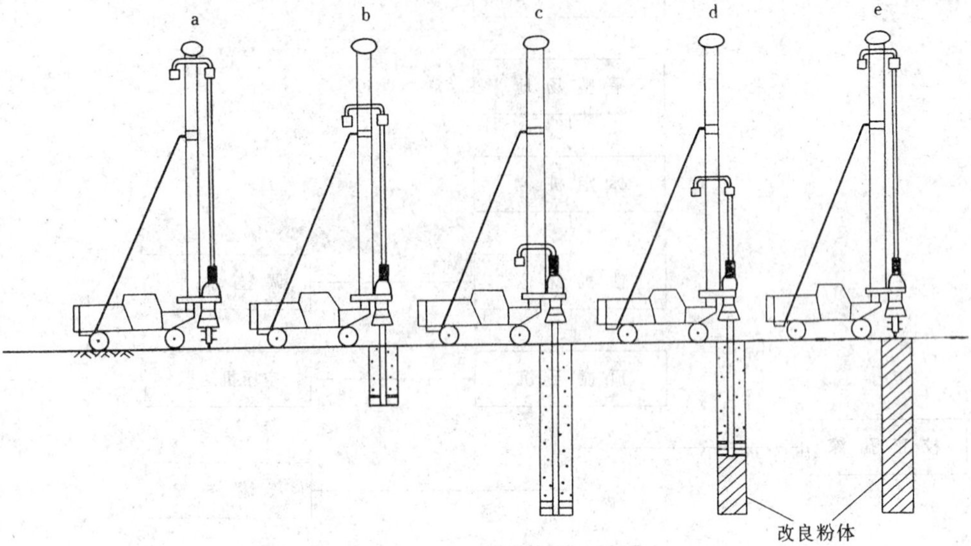

图 10.2-22　施工工艺示意图

a. 钻机就位；b. 预搅下沉；c. 到达设计孔深；d. 提升搅拌喷射；e. 桩孔成型

表 10.2-10　粉喷桩施工常见问题及处理方法

序号	常见问题	产　生　原　因	处　理　方　法
1	卡钻	①通过含水率低的粘土层或硬土层 ②局部遇到障碍物	①停止钻进或慢速钻进 ②提升钻具，改进钻头
2	喷粉不畅或堵塞	①气路连接部分密封不严或气源不足 ②水泥吸潮结块 ③喷口粘结粉泥后变小，粉料中混有杂物，大颗粒	①将气路连接紧密，更换阀门密封圈，保证供气充足气压稳定 ②防止水泥受潮，并过筛 ③迅速操作喷粉阀门，反复开关，但严禁敲击灰罐体
3	桩体疏松	①土层含水率太低 ②遇松散杂填土，造成粉体流失	①搅拌时可适当注水或改用喷浆法成桩 ②增加喷搅次数
4	夹层断桩	①水泥潮湿或有异物堵管 ②管路漏气或供气不足 ③喷粉孔磨损，或被粘土堵塞 ④提升速度太快，先提钻后喷粉 ⑤粉灰喷完或中断后未察觉，仍在搅拌成桩	①注意防潮，使用防潮包装水泥 ②粉灰严格过筛，称量并在施工过程中经常检查气压 ③堵塞时，应将钻头提出清理并在原位复喷 ④控制喷粉与提升速度，应先喷 1～2min，再提升搅拌
5	空心桩	土层含水量太低	对含水量太低（<20%）的土层改用喷浆搅拌法施工，或搅拌时适当加水
6	桩体强度不均	①钻杆提升速度不均 ②喷粉管轻微堵塞，造成气压不稳，灰流量不均匀 ③遇粘土搅不开或局部松软土漏灰	①控制提升速度，使之均匀 ②防止管路堵塞，并及时清除 ③低速钻进搅拌

第三节　石灰粉体深层搅拌法（石灰柱法）

石灰粉体深层搅拌法的加固机理与石灰桩加固机理基本相同。但与石灰桩相比，石灰柱法具有增强灰土反应、节约用灰量、加固深度大等特点。

一、适用条件

石灰与软土混合后使原位软土强度增长，刚度相应增加从而减小沉降。但对不同的土质及含水量，加固效果不同。水泥加固土体时，粘粒含量越少，加固效果越好，而石灰粉体加固土体时，粒径小于60μm的颗粒含量越高，加固效果越好，见图10.3-1。因此，用石灰柱加固软弱地基，最适宜的粒径范围见图10.3-2。

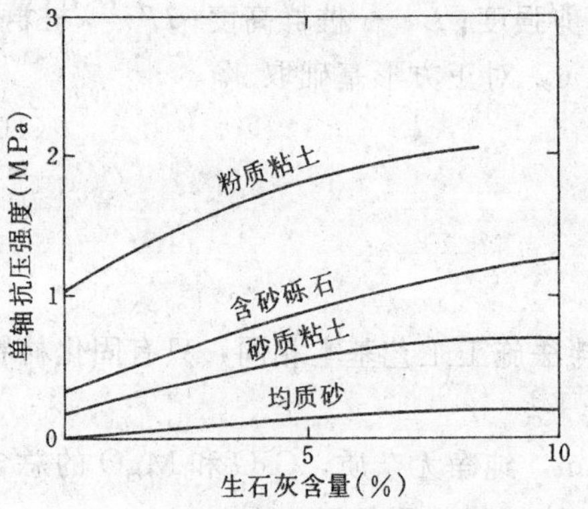

图10.3-1　生石灰处理不同土时的单轴抗压强度

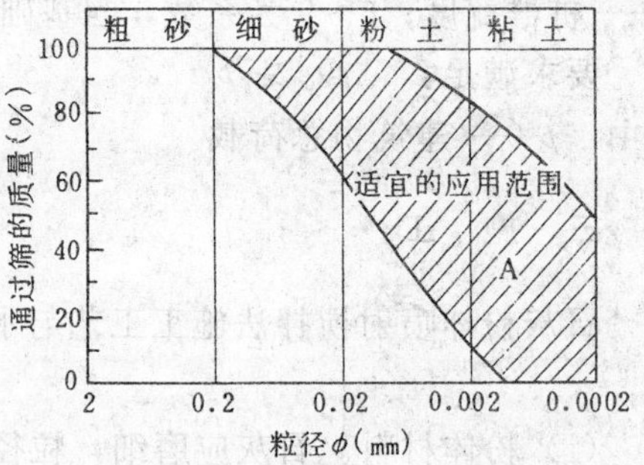

图10.3-2　生石灰适宜加固的土粒径范围

对于不同的含水量，加固效果也有较大差别，见图10.3-3。当土中含水量为40%～60%时，加固效果较好。

另外，用生石灰作固化剂，凝硬反应时间很长，加固土的强度与压缩模量随龄期明显增长，见图10.3-3与表10.3-1。

表10.3-1　石灰土样室内试验性能参数对比

参　数	天然地基	7d龄期	28d龄期	90d龄期
μ (MPa)$^{-1}$	0.6	0.07	0.07	0.05
E (MPa)	3.2	27.4	27.4	37.7
f_{Cu} (kPa)	27	454	785	1 309
c (kPa)	8	101	178	330
φ	7°45′	41°59′	28°56′	35°45′

注：土样为广东云浮硫铁矿淤泥质粉质粘土。

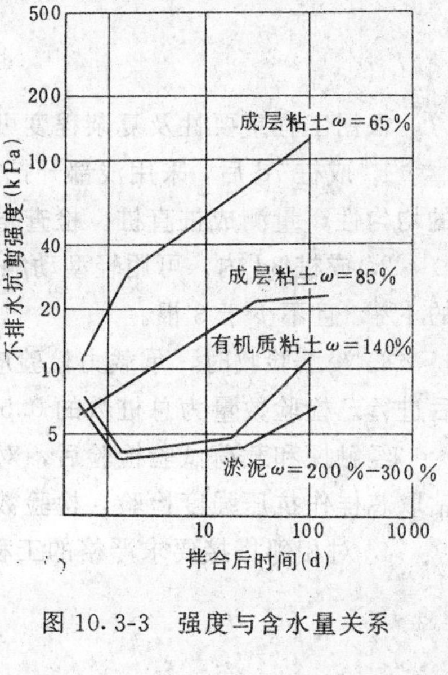

图10.3-3　强度与含水量关系

二、设计计算

粉体喷射搅拌法设计计算方法与浆液喷射搅拌法设计计算方法相同。但考虑到桩土协调变形，会产生应力集中现象，以及在荷载作用下，复合地基中的群桩会因承载力不够而发生

"刺入"破坏，因此，对桩身强度及承载力不很高的桩体应验算桩土应力和群桩承载力。

1．桩土应力验算

桩土应力比应满足下式：

$$\sigma_p = \sigma_0 \cdot \mu_p \leqslant f_{p,k} \tag{10.3-1}$$

$$\sigma_s = \sigma_0 \cdot \mu_s \leqslant f_{s,k} \tag{10.3-2}$$

式中：σ_p——搅拌桩承担的压应力；σ_0——基底平均压应力；σ_s——桩间土承担的压应力；μ_p——应力集中系数，$\mu_p = n/[1+m\cdot(n-1)]$；$\mu_s$——应力降低系数，$\mu_s = 1/[1+m\cdot(n-1)]$；$f_{p,k}$——桩体承载力；$f_{s,k}$——桩间土承载力；$n$——桩土应力比，一般取3～5；$m$——面积置换率。

2．群桩承载力验算

$$Q_u = 2\cdot C_u\cdot L(b+H) + (6\sim 9)\cdot C_u\cdot b\cdot H \tag{10.3-3}$$

式中：Q_u——桩群总承载力；C_u——土的不排水抗剪强度；L——桩群高度；H——桩群长度；b——桩群宽度；6～9为系数，当基础 $H>b$ 时取6，对正方形基础取9。

要求满足：

$$Q_u > p \tag{10.3-4}$$

式中：p——建筑物总荷载。

三、施　工

石灰粉体喷射搅拌法施工工艺与水泥喷射搅拌法施工工艺基本相同，只有固化材料的区别。

（1）粉体材料。石灰应磨细，粒径小于0.5mm，纯净无杂质，CaO和MgO的总含量不少于85%，其中CaO含量不宜低于80%，石灰的流性指数不低于70%。

（2）生石灰对人体腐蚀性大，施工过程中要做好防护工作。

第四节　质量检验

根据工程重要性及复杂程度可选择以下方法进行质量检验。

1．成桩7d后，采用浅部开挖桩头（深度宜超过停浆（灰）面以下0.5m），目测检查搅拌的均匀性，量测成桩直桩。检查量为总桩数的0.5%。

2．成桩3d内，可用轻型动触探（N_{10}）检查每米桩身的均匀性。检验数量为施工总桩数的1%，且不少于3根。

3．竣工验收时，承载力检验应采用复合地基载荷试验和单桩载荷试验。并宜在成桩28d后进行。检验数量为总桩数的0.5%～1%，且每项单体工程不应少于3点。

经触探和载荷试验检验后，对桩身质量有怀疑时，应在成桩28d后，用双管单动取样器钻取芯样作抗压强度检验，检验数量为总桩数的0.5%，且不少于3根。

4．对相邻搭接要求严格的工程，应在成桩15d后，选取数根进行开挖，检查搭接情况。

第十一章　高压喷射注浆法

第一节　概　述

一、高压喷射注浆法的种类

高压喷射注浆法是把注浆管放入（或钻入）预定深度后，通过地面的高压设备使装置在注浆管上的喷嘴喷出 20～40MPa 的高压射流冲击切割地基土体，与此同时，注入浆液使之与冲下的土强制混合，待凝结后，在土中形成具有一定强度的固结体，以达到加固改良土体的目的。

高压喷射注浆法可按喷射流移动方式、注浆管类型分为不同的种类，见表 11.1-1。

表 11.1-1　高压喷射注浆法分类

分类依据	类　型	主 要 特 点
喷射流的移动方式	旋转喷射(旋喷)	喷嘴在喷射时,边提升边旋转,固结体呈圆柱状,见图 11.1-1(a)
	定向喷射(定喷)	喷嘴在喷射时,只提升不旋转,固结体呈板壁状,见图 11.1-1(b)
	摆动喷射(摆喷)	喷嘴在喷射时,边提升,边以一定角度正反转动(称为摆动),见图 11.1-1(c)
注浆管类型	单(重)管	使用单层(根)注浆管,喷射浆液(压力 20MPa 左右),见图 11.1-2
	双(重)管	使用双层(根)注浆管,喷射浆液,气体同轴射流(浆液压力 20MPa 左右,气体压力 0.7MPa 左右),见图 11.1-3
	三(重)管	使用三重(根)注浆管,一个喷嘴喷射水,气体同轴射流切割土体,另一个喷嘴喷入浆液(水压 20MPa,气压 0.7MPa,浆压 2～5MPa),见图 11.1-4

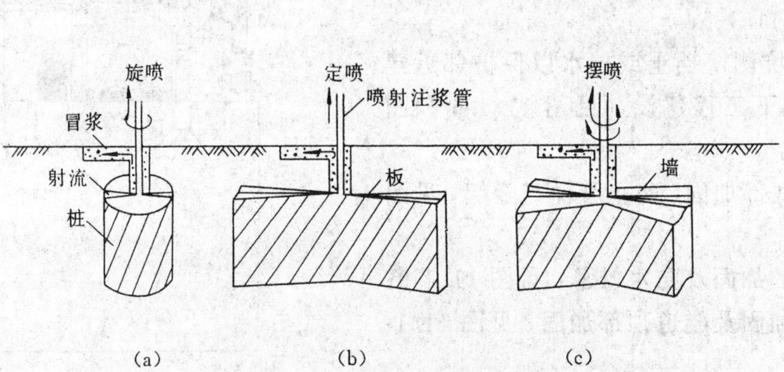

图 11.1-1　注浆管移动方式示意图

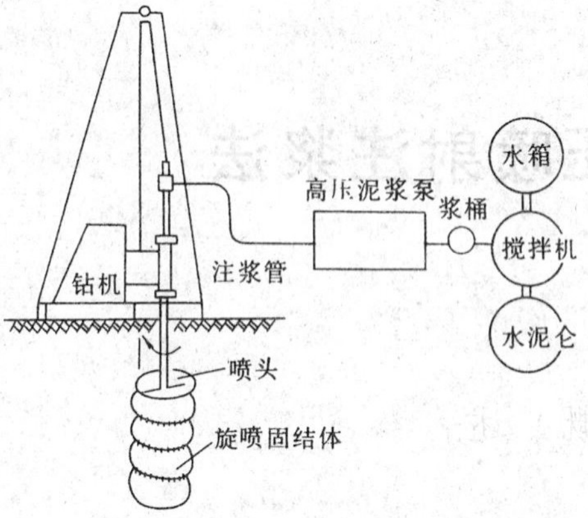

图 11.1-2　单重管旋喷注浆示意图

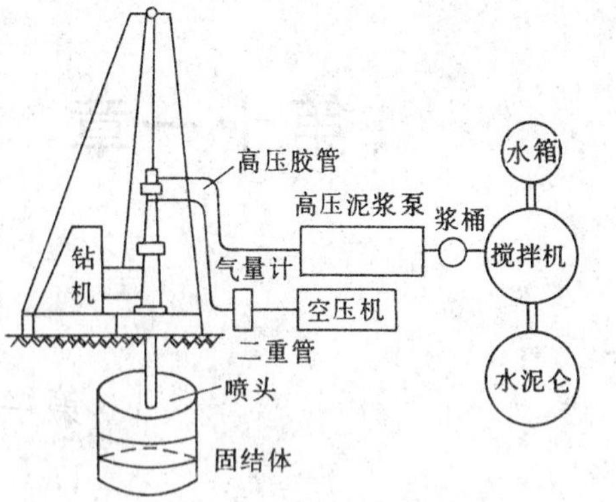

图 11.1-3　双重管旋喷注浆示意图

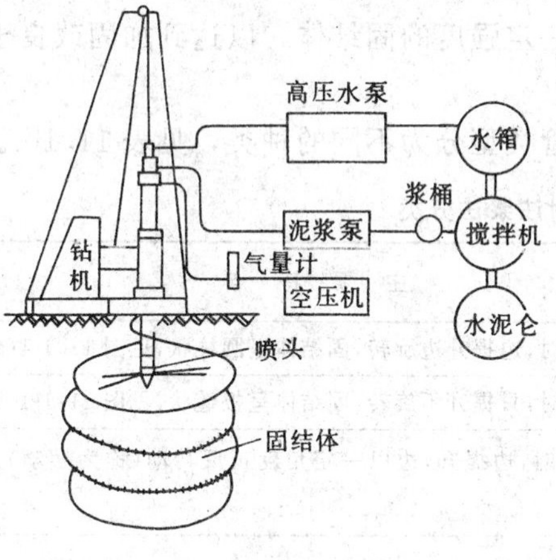

图 11.1-4　三重管旋喷注浆示意图

二、高压喷射注浆法的适用条件

（一）土质条件

高压喷射注浆法适用于处理淤泥、淤泥质土、粘性土、黄土、砂土、人工填土和碎石土等地基。但当土中含有较多的大粒径块石、坚硬粘性土、大量植物茎或含有过多的有机质时，处理效果较差，有时可能不如静压注浆，故应根据现场试验结果确定其适用性。

当地层有地下水径流、永久冻土层和无填充物的岩溶地段，不宜采用。

（二）应用范围

(1) 已有建筑物和新建建筑的地基处理，提高地基强度，减少或整治建筑物的沉降和不均匀沉降，见图 11.1-5；

(2) 深基坑侧壁挡土或挡水以保护邻近建筑物及保护地下工程建设，见图 11.1-6 和图 11.1-7；

(3) 基坑底部加固、防止管涌与隆起，见图 11.1-8；

(4) 坝体的加固及防水帷幕，见图 11.1-9；

(5) 边坡加固及隧道顶部加固，见图 11.1-10。

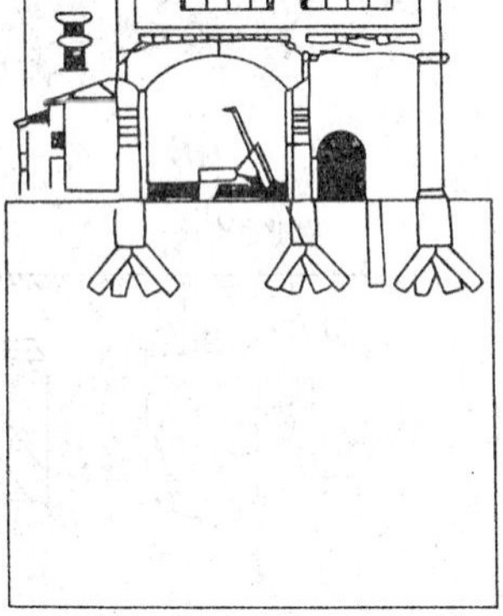

图 11.1-5　基础加固

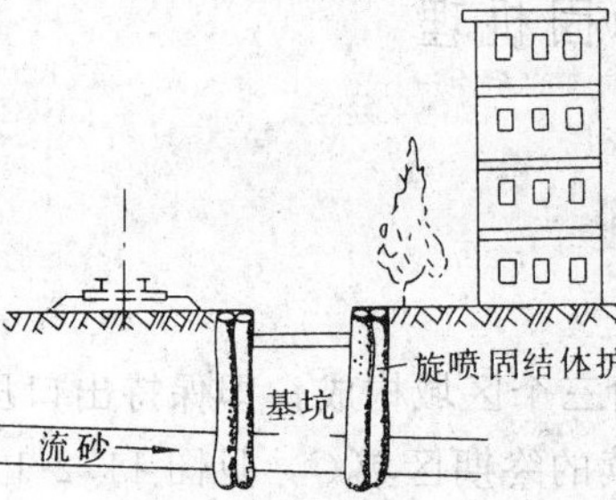

图 11.1-6　保护邻近建筑物

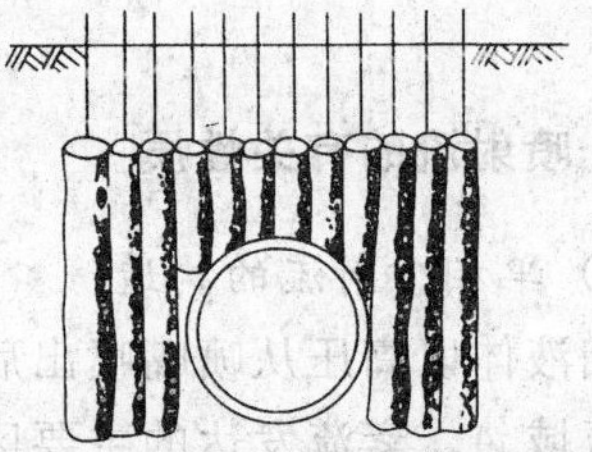

图 11.1-7　地下管道或涵洞护拱

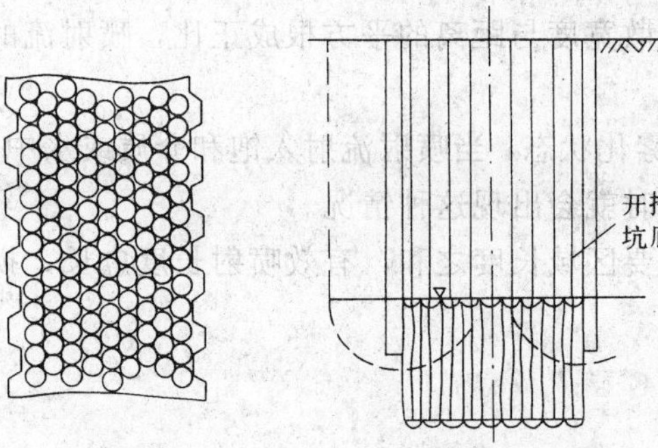

图 11.1-8　防止基坑底部隆起

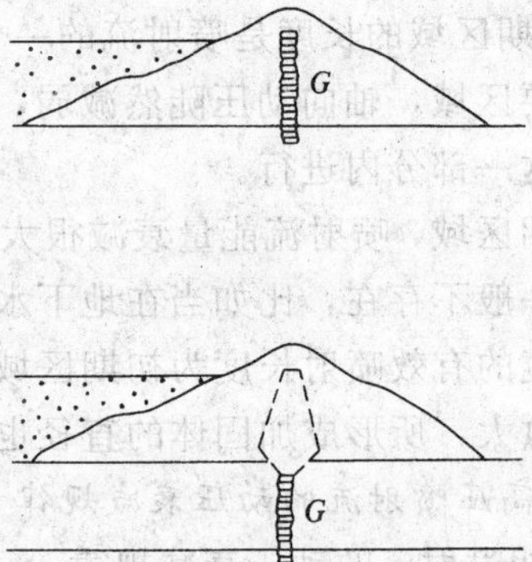

图 11.1-9　坝基防渗

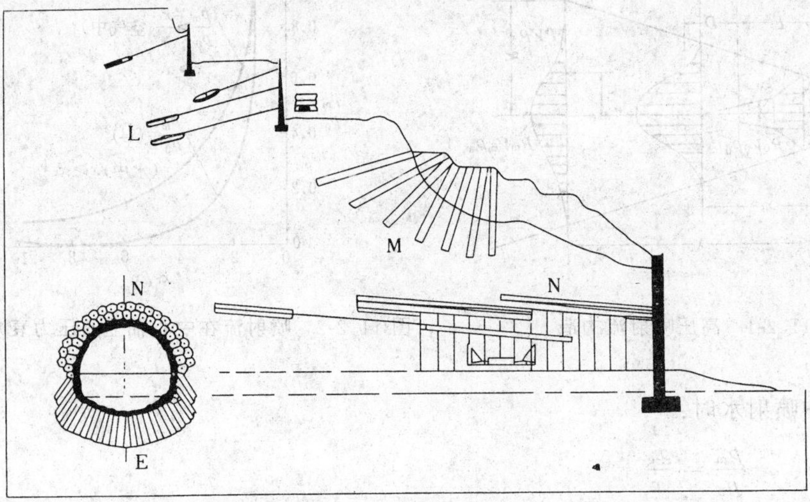

图 11.1-10　边坡加固及隧道顶部加固

第二节　高压喷射注浆法加固机理

一、喷射流的有关性质

（一）单相喷射流的构造

单相液体以高压从喷嘴喷出后，所形成的高压喷射流由三个区域构成，即保持出口压力的初期区域 A、紊流发达的主要区域 B 和喷射流变得不连续的终期区域 C，见图 11.2-1。

在初期区域中，喷嘴出口处速度分布是均匀的，轴向动压是个常数，随着与喷嘴距离的增加，保持均匀分布的部分越来越窄，直到某一位置，断面上的流速分布不再均匀，速度分布保持均匀的这一部分称为喷射核（E 区段），轴向动压有所减小的过渡部分称为迁移区（D 区段）。初期区域的长度是喷射流的一个重要参数，可据此判断破坏土体和搅拌效果。

在主要区域，轴向动压陡然减弱，喷射流扩散宽度与距离的平方根成正比，喷射流的混合搅拌在这一部分内进行。

在终期区域，喷射流能量衰减很大，末端呈雾化状态，当喷射流射入饱和介质或水中时，这一区域一般不存在，比如当在地下水位下喷浆时就会出现这种情况。

喷射流的有效喷射长度为初期区域长度和主要区域长度之和，有效喷射长度愈长，搅拌土的范围愈大，所形成加固体的直径也越大。

（二）高压喷射流的动压衰减规律

1. 单相喷射流的动压衰减规律

在空气中和水中喷射得到的压力与距离关系曲线见图 11.2-2。

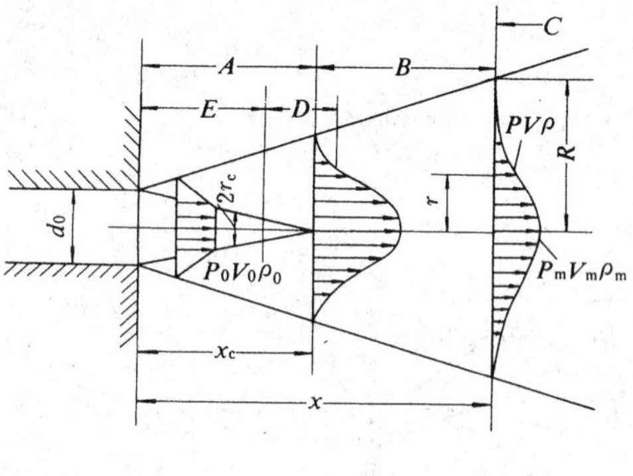

图 11.2-1　高压喷射流构造

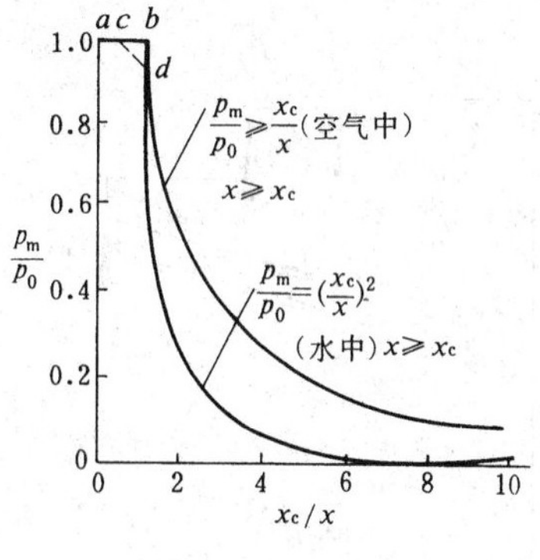

图 11.2-2　喷射流在中心轴上的压力衰减曲线

在空气中喷射水时：

$$\frac{p_m}{p_0}=\frac{x_c}{x} \tag{11.2-1}$$

在水中喷射水时：

$$\frac{p_m}{p_0}=\left(\frac{x_c}{x}\right)^2 \tag{11.2-2}$$

式中：x_c——初期区域的长度，在空中：$x_c=(75\sim100)d_0$；在水中：$x_c=(6\sim6.5)d_0$；d_0——喷嘴直径；x——喷射流离喷嘴出口处的距离；p_0——喷嘴出口压力；p_m——喷射流中心轴上

离喷嘴 x 距离处的压力。

当压力 10～40MPa 的喷射流在介质中喷射时，动压的衰减规律可由下列经验公式表示：

$$p_m = k \cdot d_0 \cdot p_0 / x^n \quad (11.2\text{-}3)$$

式中：k、n——系数（适用于 $x=50 \sim 300d_0$）。

2. 空气帷幕对水（浆）射流动压衰减的影响

单相射流喷射入周围介质后，与周围介质进行动量交换，使动压迅速衰减，其衰减程度与周围介质有关。单相射流在水中喷射时，其衰减程度比在空气中喷射时要快很多，见图 11.2-3。如果采用双相同轴射流在水中喷射，即在水（浆）射流外围环绕空气射流，空气帷幕将减缓水（浆）射流的衰减，使有效喷射长度增加，见图 11.2-3。

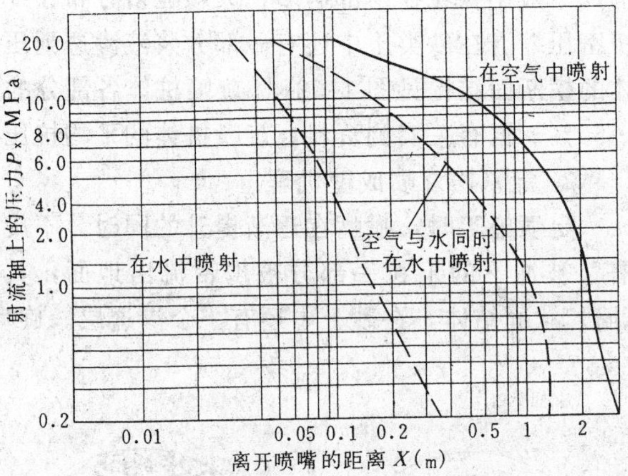

图 11.2-3　射流轴上压力的衰减规律

在土中喷射时，水（浆）高压射流在空气帷幕保护下，喷射破坏条件得到改善，阻力大大减少，动压衰减变缓，因而增大了高压射流的破坏能力，所形成的加固体的直径（长度）也相应增大。

当空气射流的速度等于或略大于水（浆）射流的速度且喷射量在一定范围增大时，效果更好。

二、高压喷射注浆法加固地基机理

（一）高压喷射流对土体的破坏作用

高压射流破坏土体的作用是多方面的，包括射流动压、射流脉动负荷、水锤冲击力、空穴现象、水楔效应、挤压力及气流液流搅动等因素，其中以喷射动压作用为主，由动量定理，喷射流在空气中喷射时，其破坏力为：

$$F = \rho \cdot Q \cdot V_m \quad (11.2\text{-}4)$$

式中：F——破坏力 (N)；ρ——喷射介质的密度 (kg/m^3)；Q——流量 (m^3/s)，$Q=V_m \cdot A$；V_m——喷射流的平均速度 (m/s)；A——喷嘴断面积 (m^2)。

上式亦可表示为：

$$F = \rho \cdot A \cdot V_m^2 \quad (11.2\text{-}5)$$

由上式也知，当喷射流介质密度和喷嘴断面积一定时，要取得更大的破坏力，就要增加平均流速，也就要增加喷射压力，一般要求高压泵的工作压力在 20MPa 以上，使喷射流有足够的能量冲击破坏土体。但单纯依靠增大喷射压力来提高喷射切割效果，在能量上浪费很大，不是获得较大桩径的最好办法。由式(11.2-4)可知决定喷射切割效果的因素是冲量而不是速度，因此，应综合考虑各主要规程参数(喷嘴直径、压力、喷浆量和提升速度)，以获得最好的效果。

在喷射过程中，有效射流长度内的土体结构被破坏至喷射流的终期区域，能量衰减很大，不能冲击切割土体，但能对有效射流边界的土产生挤压力，有挤密效果，并使部分浆液进入土粒之间的空隙中，使固结体与四周土联结紧密。

（二）高压喷射流的成桩（壁）机理

1. 旋喷成桩机理

旋喷时，高压射流边旋转边缓慢上升，对周围土体进行切削破坏，被切削下来的一部分细小的土颗粒被喷射浆液置换，被液流携带到地表（称为冒浆），其余的土颗粒在喷射动压、离心力和重力的共同作用下，在横断面按质量大小重新排列，形成一种新型的水泥-土网络结构，一般小颗粒在中部居多，大颗粒多分布在外侧或边缘部分，四周未被切削下来的土体被挤密压缩。在砂类土中还有一部分浆液渗透到压缩层外，形成渗透层。旋喷施工形成的固结体的横断面结构见图 11.2-4。旋喷桩体各部分的水泥含量和强度不同，一般水泥含量为 30%～50%。据有关实测资料，旋喷桩体的平均抗压强度为 0.8 倍半径处的强度。

2. 定（摆）喷成壁机理

定喷施工时，喷嘴在逐渐提升的同时，不旋转或按某一角度摆动，在土体中冲出一条沟槽。被冲下的土粒一部分被携带流出地面，其余土粒与浆液搅拌混合，最后形成一个板（墙）状固结体，在砂土中还有一个渗透层。旋喷固结体横断面结构见图 11.2-5。

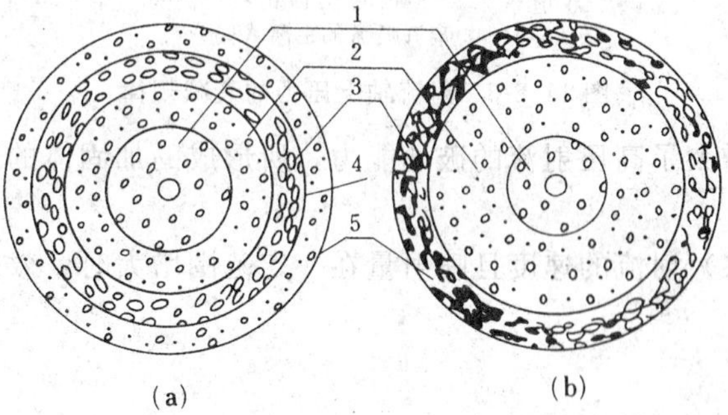

图 11.2-4　旋喷固结体横断面图

（a）砂土中；（b）粘性土中

1—浆液主体部分；2—搅拌混合部分；3—压缩部分；4—渗透部分；5—硬壳

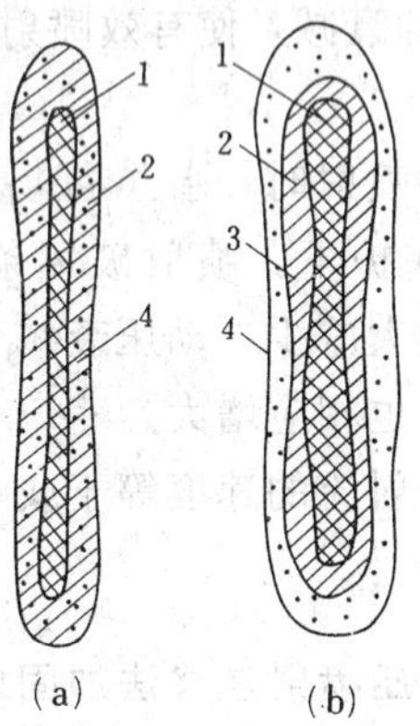

图 11.2-5　定喷固结体横断面图

（a）粘性土中；（b）砂土中

1—浆液主体部分；2—搅拌混合部分；3—渗透部分；4—硬壳

（三）固结体的基本性状及其影响因素

1. 固结体尺寸

固结体的直径或加固长度与下列因素有关：①土的类别及其密实程度；②喷射方式；③喷射技术参数（包括喷射压力与流量、喷嘴直径与个数、注浆管的提升与旋转速度）；④喷嘴出口处的地层静水压力。

（1）喷射方式的影响：

采用不同的注浆管，所形成的加固体的尺寸有较大差别。根据国内外有关试验资料，在其它条件基本相同的情况下，二重管旋喷所形成的加固体直径是单重管的 1.3～1.5 倍，三重管旋喷所形成的加固体直径是单重管的 1.5～2.0 倍。由有关试验资料，在粘性土中复喷一次直径可增大 38%，在砂性土中可增大 50%。

（2）土层性质的影响：

当压力和提升速度不变时，一般土层中粘土含量越高，加固体尺寸越小，并且土层密实度越高所形成的加固体尺寸越小。根据国内外施工经验，加固体尺寸可参考表 11.2-1。

表 11.2-1　旋喷加固体直径参考值（m）

土　质	方　法	单重管法	二重管法	三重管法
粘性土	0<N<5	0.5～0.8	0.8～1.2	1.2～1.8
	6<N<10	0.4～0.7	0.7～1.1	1.0～1.6
	11<N<20	0.3～0.5	0.6～0.9	0.7～1.2
砂　土	0<N<10	0.6～1.0	1.0～1.4	1.5～2.0
	11<N<20	0.5～0.9	0.9～1.3	1.2～1.8
	21<N<30	0.4～0.8	0.8～1.2	0.9～1.5

注：①N 值为标准贯入击数；②定喷及摆喷的加固尺寸为旋喷直径的 1.0～1.5 倍。

当土层中大于 2mm 的土粒在土层中的比例大于 50%加固体尺寸将明显减小。

当土层中含有大的漂石、卵砾石和其它大的障碍物，处理效果较差，类似于静压注浆。

(3) 喷嘴直径的影响：

由有关试验得出的结果，在某一土层中使用同一喷嘴时，喷射距离随喷嘴直径成比例增加，见图 11.2-6，所形成的板厚见表 11.2-2。

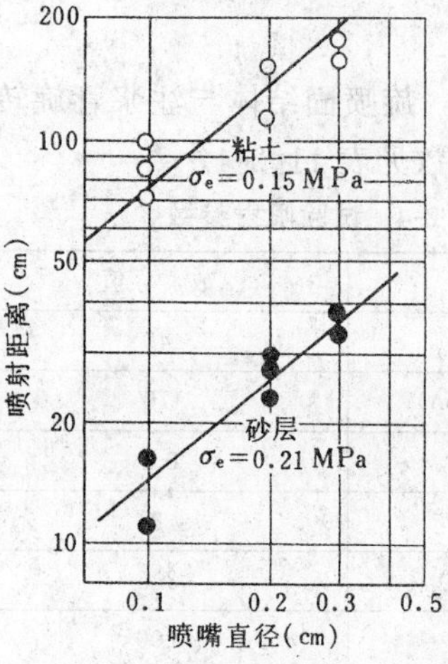

图 11.2-6　喷射距离与喷嘴直径的关系

表 11.2-2　喷嘴直径与定喷板厚关系

喷嘴直径 (mm)	定喷板厚（cm）		
	粘　土	砂　土	砂　砾
2	4～7	6～9	10～15
3	6～9	8～12	12～20

由于喷嘴直径越大，喷射流量越大，在相同压力下，喷射流所携带的能量越大，因此所形成的加固体尺寸越大。

(4) 喷射压力：

当其它条件相同时，喷射压力越大，喷射流的动量越大，破坏力越强，所形成的固结体尺寸就越大，见表 11.2-3。

表 11.2-3　喷射压力对固结体尺寸的影响

喷射压力 (MPa)	水　量 (L/min)	加固体尺寸（cm）		
		旋　喷	摆　喷	定　喷
15～20	90～120	30～90	50～150	75～230
20～30	75～100	60～120	100～205	150～300
30～40	75～100	90～150	150～250	220～370

国内采用的喷射压力一般为 20～40MPa，其中以 20MPa 使用最普遍。国外使用的压力一

般为 40～60MPa。

（5）注浆管提升速度与旋转速度的影响：

①提升速度的影响：

对于某一土层，通过改变提升速度可得到不同尺寸的加固体。若设旋喷管的提升速度是 v（cm/min），加固体平均直径是 $\overline{d}$，那么，每分钟被处理的土量 Q_e（L/min）可表示为：

$$Q_e = \frac{10}{4} \cdot \pi \cdot \overline{d}^2 \cdot v = 2.5\pi \cdot \overline{d}^2 \cdot v$$

对于特定的土层，Q_e 可近似视为常数，那么上式可转换为：

$$v = k \cdot \frac{1}{\overline{d}^2} \tag{11.2-6}$$

式中：k——常数。

由（11.2-6）式可见，提升速度越慢，加固体尺寸越大。由有关试验得出的提升速度与旋喷加固体直径之间的关系见图 11.2-7，与式（11.2-6）中规律基本相符。

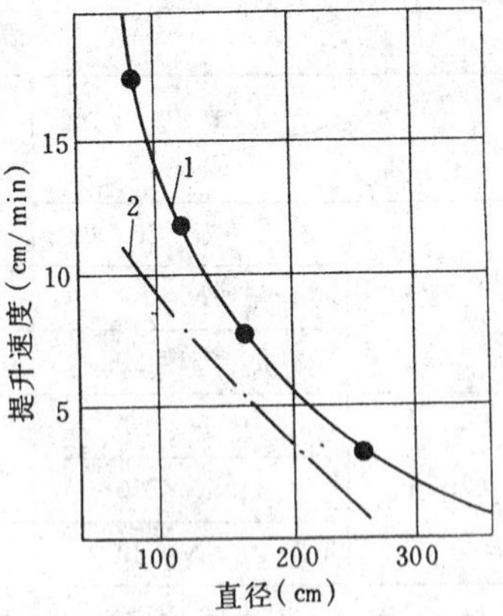

图 11.2-7　三重管旋喷时提升速度与固结体直径关系

1—中密砂层，喷射压力为 20MPa；
2—松散粘土、粉土，喷射压力 40MPa

②注浆管旋转速度的影响：

根据柴崎光弘在砂土和粘性土中进行的三重管旋喷试验，旋喷固结体与注浆管旋转速度之间存在一个最佳值，见图 11.2-8。旋喷试验采用的喷射参数见表 11.2-4。

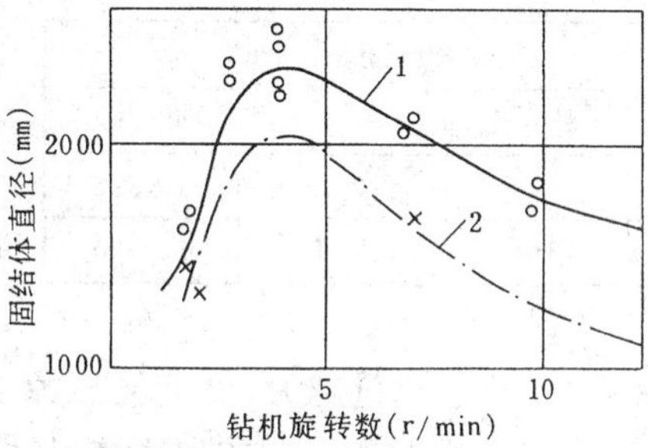

图 11.2-8　三重管旋喷试验的旋转速度与固结体直径关系

1—N=10 的砂土；
2—N=3 的粘土

表 11.2-4　试验喷射参数

喷射参数	数　值
水喷射压力（MPa）	40
水喷射泵量（L/min）	70
气　压（MPa）	0.7
气　量（m^3/min）	3
水泥浆压力（MPa）	3.5
水泥浆量（L/min）	200
提升速度（cm/min）	4

因此，旋转速度和提升速度要进行合理配合，才能取得较好的喷射效果。根据国内外试验研究结果及工程经验，一般每转一圈提升 0.75～1.25cm 效果较好。表 11.2-5 为意大利某公司在粉土类黄土地基中进行单重管旋喷试验得到的结果。

（6）地层静水压力的影响：

喷嘴出口处地层静水压力越大，喷嘴入口与出口的压差减小，喷射速度减小，有效喷射距离缩短，喷射效果减弱，见图 11.2-9。

在施工过程中，随着喷射深度的增加，静水压力增大，喷射距离减小，喷射直径将随之减小，容易形成上粗下细的形状。根据图 11.2-9 当静水压力由 0.02MPa（相当 2m 水柱）增大到 0.2MPa（相当于 20m 水柱）时，喷射距离减小 35%～40%。

表 11.2-5　单重管喷射试验结果

序号＼参数	压力（MPa）	旋转速度（r/min）	提升速度（cm/min）	提升速度/旋转速度	平均直径（cm）
1		20	19	0.95	45～55
2	50	20	25	1.25	40～45
3		20	38	1.90	35～40
4		20	15	0.75	40～45
5	30	20	20	1	35～40
6		20	30	1.5	30～35
7	50	12	25	2.08	40～45
8		20	25	1.25	70～75

因此，在高压喷射注浆施工过程中，应采取相应措施，如在下部增大喷射压力或增大喷射流量，来防止出现上粗下细的现象。

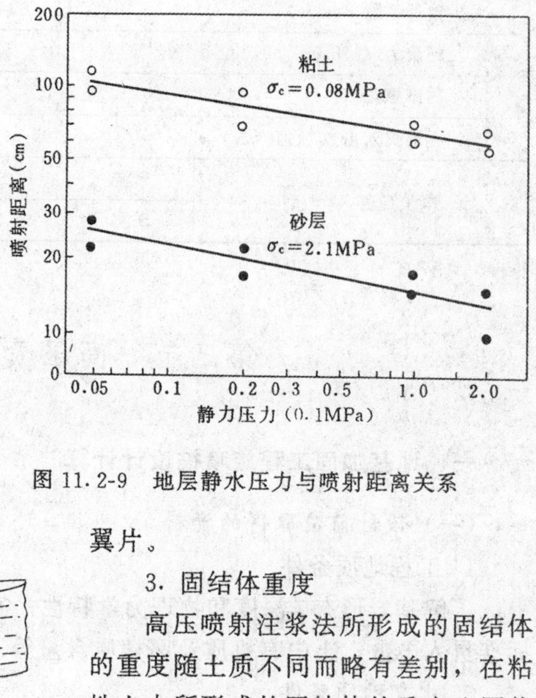

图 11.2-9　地层静水压力与喷射距离关系

2. 固结体形状

固结体的形状可通过调整喷射参数来控制，可喷成均匀圆柱状、非均匀圆柱状、圆盘状、板墙状及扇形状等，见图 11.2-10。

由于喷射流脉动及提升速度不均匀，固结体表面一般较粗糙。三重管旋喷因受气流影响，在粉质粘土中外表很粗糙。

在均质土中，旋喷形成的固结体比较匀称，而在非均质土中或有裂隙的土中，旋喷形成的固结体不均匀，甚至在固结体旁长出翼片。

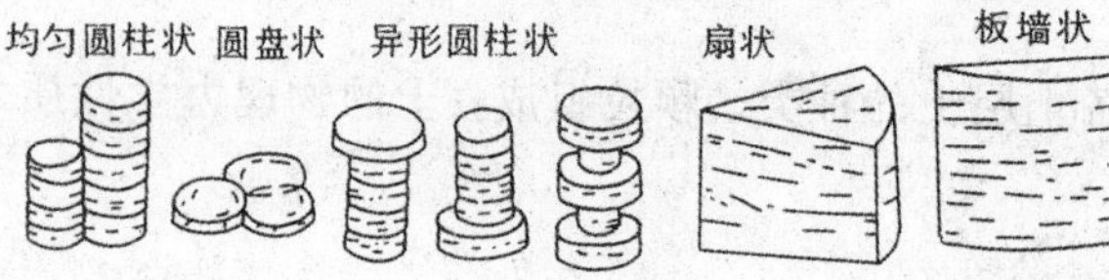

图 11.2-10　固结体的基本形状示意图

3. 固结体重度

高压喷射注浆法所形成的固结体的重度随土质不同而略有差别，在粘性土中所形成的固结体的重度比原状土约轻 10%，在砂土中所形成的固结体的重度约重 10%。

4. 固结体的渗透系数

旋喷固结体中含有气泡，形成一定的孔隙，但这些孔隙并不连通，且固结体的外围有一层致密的硬壳，使固结体具有较好的防渗性能，使渗透系数可小于 1×10^{-6}cm/s。

5. 固结体强度

固结体强度主要取决于原地土质、浆材和填充率，在粘性土中一般可达 1～5MPa，在砂土中可达 4～10MPa，其抗拉强度一般为抗压强度的 1/5～1/10。

由于固结体外侧土颗粒直径大，数量多，浆液成分也多，因此在固结体横截面上外侧强度比中心强度高。

6. 单桩承载力

由于固结体外表粗糙，且固结体本身的抗压强度高，因此，旋喷桩的承载力较高，且固结体直径越大，承载力越高。

固结体的承载力及其它性质见表 11.2-6。

表 11.2-6　高压喷射注浆固结体的承载力及其它性质

固结体性质		高压喷射注浆法类别		
		单重管法	二重管法	三重管法
单桩垂直极限荷载（kN）		500～600	1 000～1 200	2 000
单桩水平极限荷载（kN）		30～40		
原地土质		砂土	粘性土	其它土
干重度（kN/m^3）		16～20	14～15	黄土 13～15
渗透系数（cm/s）		10^{-5}～10^{-6}	10^{-6}～10^{-7}	砂砾 10^{-6}～10^{-7}
粘聚力（MPa）		0.4～0.5	0.7～1.0	
内摩擦角（°）		30～40	20～30	
标准贯入击数 N 值（击）		30～50	20～30	
弹性波速（km/s）	P 波	2～3	1.5～2.0	
	S 波	1.0～1.5	0.8～1.0	

第三节　高压喷射注浆法设计计算

一、地基加固工程旋喷桩设计计算

（一）设计前应取得的资料

1. 工程地质条件

了解基岩形态、深度和物理力学特性；各土层土的种类、颗粒组成；土的物理力学性质、标准贯入击数；土中有机质及腐植质含量等。

2. 水文地质条件

了解地下水埋深、各土层的渗透系数及水质成分、附近地沟、暗河的分布及连通情况等。

3. 周围环境条件

包括地形、地貌、施工场地的空间大小、地下管道及其它埋设物状态、材料和机具运输道路、水电线路等。

在进行设计前，应进行的试验项目见表 11.3-1。

4. 室内配方及现场喷射试验资料

取现场各层土样，在室内按不同的含水量及配合比制作试块进行试验，由试验结果选取合理的浆液配方。

对于较重要的工程，还要在现场进行试喷，查明固结体的直径和强度，验证这一方法对地层的适应性及可靠性，并由试喷结果为合理选择喷射技术参数提供依据。

表 11.3-1　高压喷射注浆土质与水质试验项目

土类	工程重要性	物理性质											力学性质			化学分析			
		天然重度 γ	土粒相对密度 d_s	孔隙比 e	饱和度 S_r	土的颗粒分析	天然含水量 w	液限 w_l	塑限 w_p	渗透系数 K	压缩系数 α	标准贯入试验	无侧限抗压强度	粘聚力	内摩擦角	酸碱度	土中水溶盐含量	有机质含量	碳酸盐含量
砂土	重要	✓	✓	✓	✓	✓	✓			✓		✓		✓	✓	✓	✓	✓	✓
	一般	✓		✓		✓						✓				✓	✓		✓
粘性土	重要	✓	✓	✓	✓	✓	✓	✓	✓	✓	✓	✓	✓	✓	✓	✓	✓	✓	✓
	一般	✓		✓	✓	✓		✓	✓			✓	✓			✓	✓		✓
黄土	重要	✓	✓	✓	✓	✓	✓	✓	✓	✓	✓	✓	✓	✓	✓	✓	✓	✓	✓
	一般	✓		✓		✓		✓	✓			✓	✓			✓			✓

注：①✓为必做试验项目；②黄土须考虑渗透系数的各向异性。

（二）固结体尺寸设定

固结体尺寸可根据现场土质条件、喷射方式参照表 11.2-1 或由当地工程经验进行估计。对于大型或重要的工程应通过现场喷射试验后开挖或钻孔采样进行确定。

（三）固结体强度设定

对于大型或重要工程，应根据现场喷射试验后采样测试结果来确定固结体的强度。

对于一般工程，若无试验资料可结合当地工程经验，参照表 11.3-2 初步设定。

表 11.3-2　固结体抗压强度参考值

土　质	固结体抗压强度（MPa）		
	单重管法	二重管法	三重管法
砂　土	3～7	4～10	5～15
粘性土	1.5～5	1.5～5	1～5

注：浆液为水泥浆。

（四）单桩竖向承载力

旋喷桩的单桩竖向承载力应由现场载荷试验确定，若无试验资料也可按下列二式计算，并取其中较小值：

$$R_a = \eta \cdot f_{Cu} \cdot A_p \tag{11.3-1}$$

$$R_a = u_p \sum_{i=1}^{n} l_i \cdot q_{si} + A_p q_p \tag{11.3-2}$$

式中：R_a——单桩竖向承载力标准值（kN）；f_{Cu}——桩身试块（边长为 70.7mm 的立方体）的无侧限抗压强度平均值，取 28d 强度（kPa）；η——强度折减系数，可取 0.33；n——桩长范围内所划分的土层数；l_i——桩周第 i 层土的厚度（m）；q_{si}——桩周第 i 层土的侧阻力特征值（kPa），可按《建筑地基基础设计规范》GB5007 取值；q_p——桩端天然地基土的承载力特征值（kPa），参照《建筑地基基础设计规范》GB5007 的有关规定确定。

（五）旋喷桩复合地基承载力

旋喷桩复合地基承载力标准值应通过现场复合地基载荷试验确定。若无试验条件，也可按下式计算且结合当地情况与其土质相似工程的经验确定。

$$f_{sp,k} = \frac{1}{A_e}[R_a + \beta \cdot f_{s,k}(A_e - A_p)] \tag{11.3-3}$$

式中：$f_{sp,k}$——复合地基承载力特征值（kPa）；A_e——1 根桩承担的处理面积（m^2）；A_p——桩的平均截面积（m^2）；$f_{s,k}$——桩间天然地基承载力特征值（kPa）；β——桩间天然地基土承载力折减系数，可根据试验确定，在无试验资料时，可取 0～0.5；R_a——单桩竖向承载力特征值（kN)。

（六）复合地基变形计算

旋喷桩复合地基的变形包括桩长范围内复合土层变形及下卧层地基变形两部分，计算方法可参照第六章第二节。

其中复合土层的压模模量可按下式确定：

$$E_{sp}=\frac{E_s\cdot(A_e-A_p)+E_p\cdot A_p}{A_e} \tag{11.3-4}$$

式中：E_{sp}——旋喷桩复合土层的压缩模量（kPa)；E_s——桩间土的压缩模量（MPa)，可用天然地基土的压缩模量代替；E_p——桩体的压缩模量（kPa)。

E_p 的确定方法可采用测定混凝土割线模量的方法，其具体做法是：制作边长为100mm的立方体试块，由室内压缩试验得出试块的应力-应变（σ-ε）曲线，见图11.3-1，图中 σ_a 为破坏强度。在图中取 $\sigma_h=0.4\sigma_a$，作 ε 轴平行线交曲线于一点 o'，连 oo'，oo' 与 ε 轴夹角为 α，则：

$$E_p=\text{tg}\alpha$$

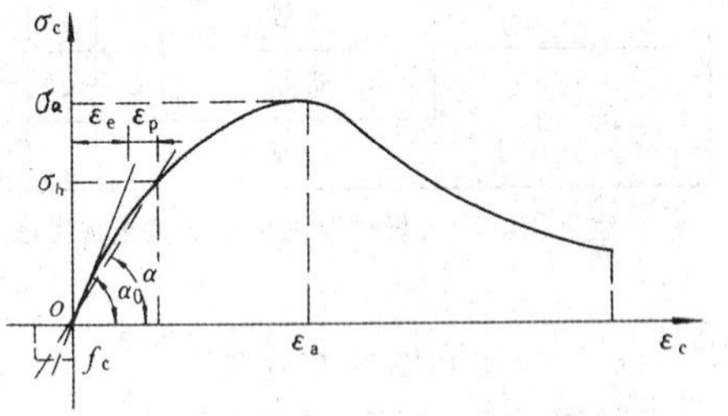

图11.3-1 固结体试块应力-应变曲线

（七）孔距及布置

旋喷桩的孔距应根据工程需要经计算确定，在一般情况可取 $L=(2\sim3)\cdot d$（d 为旋喷桩设计直径）。

布孔方式可采用正方形、矩形或三角形，或根据具体情况采用其它的布孔方式。

（八）喷射注浆材料与配方

1.对浆液材料的要求

(1）有良好的可喷性。浆液的可喷性差容易导致喷嘴及管道堵塞，同时易磨损高压泵。试验证明，水泥浆水灰比越大，可喷性越好，但水灰比过大又会影响浆液的稳定性。一般采用1：1～1.5：1的水灰比，并掺入少量外加剂。浆液可喷性的评定可采用流动度或粘度等指标。

(2）有足够的稳定性。水泥浆液的稳定性是指浆液在初凝前析水率小，水泥的沉降速度慢，分散性好及浆液混合后经高压喷射不改变其物理化学性质。为提高浆液稳定性可采用掺入外加剂，减小水泥粒度及不断搅拌等方法。

(3）气泡少。浆液中含有太多气泡会使固结体硬化后产生许多气孔，从而降低固结体强度及其抗渗性能。因此，在选用外掺剂时必须使用非加气型的外掺剂，如NNO等。

(4）有良好的力学性能及耐久性。

(5）结石率高。

2.常用的水泥浆液的类型

(1）普通型：

适用于无特殊要求的一般工程。一般采用32.5级或42.5级普通硅酸盐水泥，不加外掺剂，水灰比一般为1：1～1.5：1。

(2）速凝早强型：

适用于地下水丰富或要求早期承重的工程，常用的早强剂有氯化钙、水玻璃和三乙醇胺等，掺入为水泥用量的2%～4%。

(3）高强型：

适用于固结体的平均抗压强度在20MPa以上的工程。可采取以下措施：①选用高强度水泥（不低于42.5级）；②在32.5级普通硅酸盐水泥中添加高效能的扩散剂（如NNO、三乙醇胺、亚硝酸钠、硅酸钠等）和无机盐。

（4）填充剂型：

适用于早期强度要求不高的工程。常用的填充剂为粉煤灰、矿渣等。在水泥浆中加入填充剂可大大地降低工程造价，其特点是早期强度较低，而后期强度增长率高、水化热低。

（5）抗冻型：

适用于防止土体冻胀的工程。一般使用的抗冻剂有：沸石粉（加量为水泥的10%～20%），NNO（加量为0.5%），三乙醇胺和亚硝酸钠（加量分别为0.05%和1%）。最好用普通水泥，也可用高标号矿渣水泥，不宜用火山灰质水泥。

（6）抗渗型：

适用于堵水防渗工程。应采用普通水泥，而不宜用矿渣水泥，如无抗冻要求也可用火山灰质水泥。常用水玻璃作为抗渗外加剂，加量为2%～4%，模数要求为2.4～3.4，浓度要求30～45波美度。水玻璃对固结体渗透系数的影响见表11.3-3。

表11.3-3 水玻璃对固结体渗透系数的影响

土样类别	水泥品种	水泥含量（%）	水玻璃含量（%）	渗透系数（cm/s）
细砂	32.5级硅酸盐水泥	40	0	2.3×10^{-6}
		40	2	8.5×10^{-8}
粗砂	32.5级硅酸盐水泥	40	0	1.4×10^{-6}
		40	2	2.1×10^{-8}

注：龄期28d。

对以防渗为目的的工程也可在水泥浆中加入10%～50%的膨润土，使固结体有一定可塑性，并有较好的防渗性。

（7）抗蚀型：

适用于地下水中有大量硫酸盐的工程。采用抗硫酸盐水泥和矿渣大坝水泥。

3. 浆液配方

（1）水灰比：

浆液水灰比随喷射方式不同而有差别。对单重管法、二重管法应取1∶1～1.5∶1；对三重管法水灰比宜取1∶1或更小。

（2）外加剂加量：

国内常用的外加剂配方见表11.3-4。

表11.3-4 国内常用的外加剂配方

序号	外加剂成分及加量（%）	浆液特性	序号	外加剂成分及加量（%）	浆液特性
1	氯化钙2～4	促凝、早强、可喷性好	8	粉煤灰25	调节强度、节约水泥
2	铝酸钠2	促凝、强度增长慢、稠度大	9	粉煤灰25，氯化钙2	促凝、节约水泥
3	水玻璃2	初凝快、终凝时间长、成本低	10	粉煤灰25，硫酸钠1，三乙醇胺0.03	促凝、早强、节约水泥
4	三乙醇胺0.03～0.05，食盐1	早强	11	粉煤灰25，硫酸钠1，三乙醇胺0.03	早强、抗冻性好
5	三乙醇胺0.03～0.05，食盐1，氯化钙2～3	促凝、早强、可喷性好	12	矿渣25	增高强度、节约水泥
6	氯化钙（或水玻璃）2，NNO 0.5	促凝、早强、强度高、浆液稳定性好	13	矿渣25，氯化钙2	促凝、早强、节约水泥
7	食盐1，亚硝酸钠0.5，三乙醇胺0.03～0.05	防腐蚀、早强、后期强度高			

（九）浆液量计算

浆液量的计算有两种方法，即体积法和喷量法，取两者中较大者作为设计喷浆量。

1. 体积法

$$Q=\frac{\pi}{4}D^2\cdot k_1\cdot h_1(1+\beta)+\frac{\pi}{4}\cdot d_0^2\cdot k_2\cdot h_2 \tag{11.3-5}$$

式中：Q——需用浆量（m^3）；D——旋喷体直径（m）；d_0——注浆管直径（m）；k_1——填充率（0.75～0.9）；h_1——旋喷长度（m）；k_2——未旋喷范围土的填充率（0.5～0.75）；h_2——未旋喷长度（m）；β——损失系数（0.1～0.2）。

2. 喷量法

由单位时间喷射的浆液量及喷射持续时间，计算出浆量，计算公式为：

$$Q=\frac{H}{v}\cdot q\cdot(1+\beta) \tag{11.3-6}$$

式中：Q——浆量（m^3）；v——提升速度（m/min）；H——喷射长度（m）；q——单位时间喷浆量（m^3/min）；β——损失系数，一般取0.1～0.2。

浆液量求出后，根据设计的水灰比，就可由以下二式确定水泥和水的用量。

$$M_c=Q\cdot\frac{d_c\cdot\rho_w}{\rho_w\cdot d_c\cdot a+1} \tag{11.3-7}$$

$$M_w=M_c\cdot a \tag{11.3-8}$$

式中：M_c——水泥用量（t）；d_c——水泥的相对密度，对普通水泥d_c=3.05～3.20，计算时可取d_c=3.0；ρ_w——水的密度，取$\rho_w=1t/m^3$；a——水灰比；M_w——水的用量（t）。

二、防渗止水帷幕设计

（一）防渗止水帷幕的形式

1. 柱列型

旋喷桩彼此搭接，形成一道有一定厚度的墙体，不仅可用来防渗，还可挡土，其形式见图11.3-2。

2. 柱墙型

在两旋喷桩间进行定喷或摆喷，形成防渗止水帷幕，见图11.3-3。

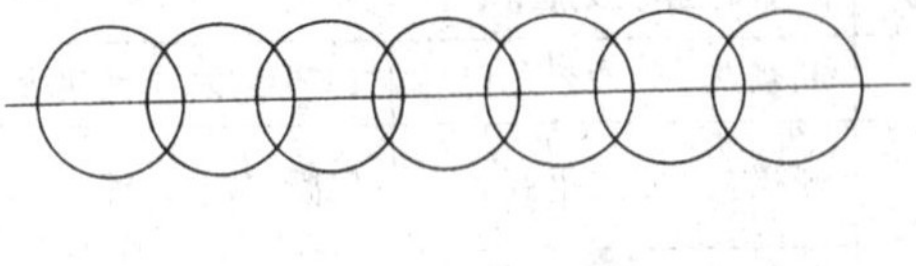

图11.3-2 柱列型防渗止水帷幕

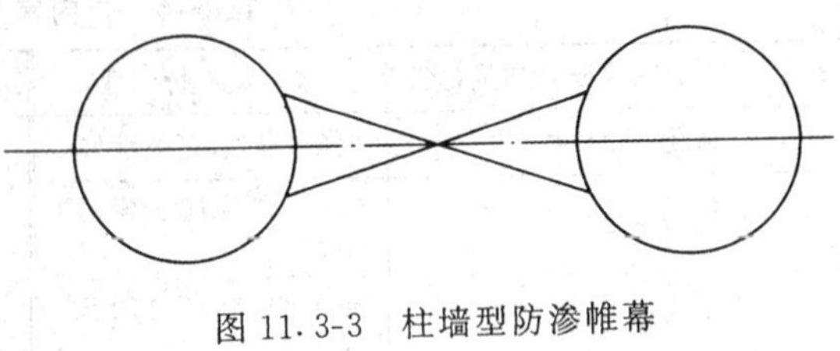

图11.3-3 柱墙型防渗帷幕

3. 定喷防渗帷幕

常见的定喷墙形式见图11.3-4。

4. 摆喷防渗帷幕

常用的摆喷防渗帷幕形式见图11.3-5。

5. 复合型防渗帷幕

在基坑支护工程中，常采用灌注桩与高压喷射注浆相结合的复合支护结构。灌注桩起挡

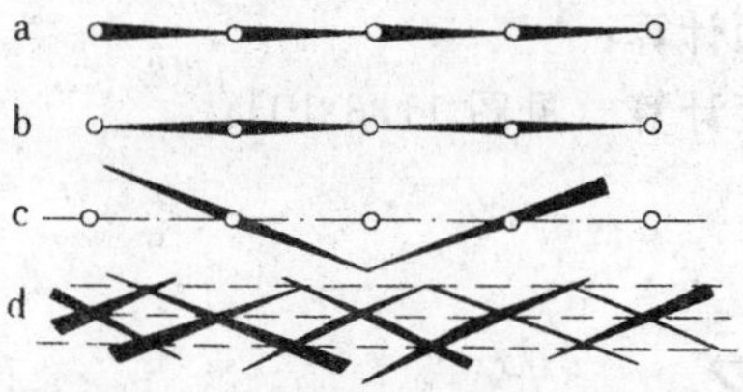

图 11.3-4　定喷帷幕的形式

a—单喷嘴单墙首尾连接；b—双喷嘴单墙前后对接；c—双喷嘴单墙折线连接；d—双喷嘴双墙折线连接

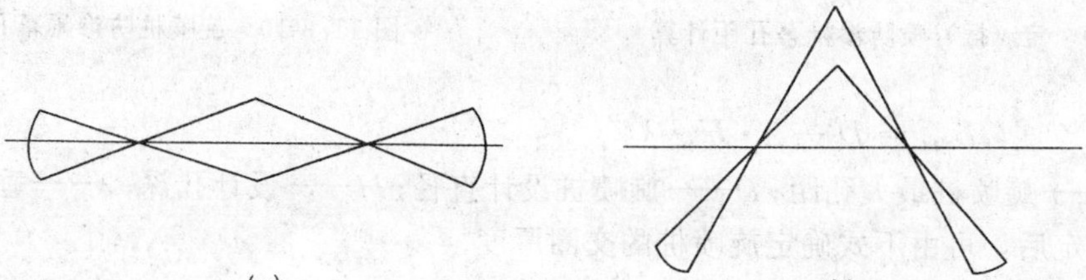

(a)　　(b)

图 11.3-5　摆喷防渗帷幕形式

(a) 直摆型；(b) 折摆型

土作用，承担基坑侧壁的大部分土压力。在相邻灌注桩之间进行旋喷或摆喷，其主要作用是防渗止水，同时分担部分侧压力。由这一结构形成的防渗帷幕，防水性能好，施工速度快，并且支护结构占用场地小。

在实际工程中常见的复合型防渗帷幕见图 11.3-6、7、8。

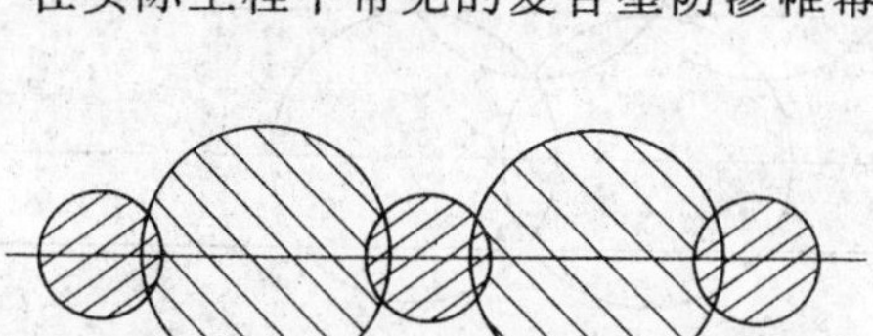

图 11.3-6　灌注桩-旋喷复合结构

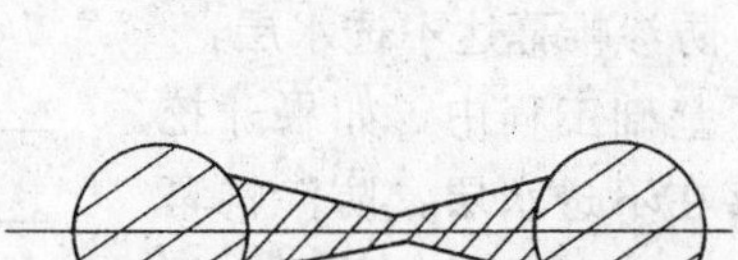

图 11.3-7　灌注桩-摆（定）喷墙复合结构

（二）防渗止水帷幕设计

1. 高压喷射注浆孔孔距计算

(1) 定（摆）喷防渗帷幕孔距计算：

①根据试喷结果确定喷射墙板的有效长度，若无试验资料，也可根据地层条件，结合同类地层的实际施工经验进行确定。

②根据孔深、孔斜及喷射夹角，按下式计算地面的最大孔距（见图 11.3-9）。

图 11.3-8　灌注桩-摆喷复合结构

$$L_{\max} = 2 \cdot (L_0 - H \cdot \lambda) \cdot \cos\theta \qquad (11.3\text{-}9)$$

式中：θ——喷射方向与喷射孔连线夹角，对直线连接取 $\theta=0$；L——地面喷射孔最大孔距；L_0——喷射板墙的有效长度；λ——钻孔垂直度偏差；H——钻孔设计深度。

(2) 旋喷桩防渗帷幕孔距计算：

①单排桩（柱列型）孔距计算（见图 11.3-10）：

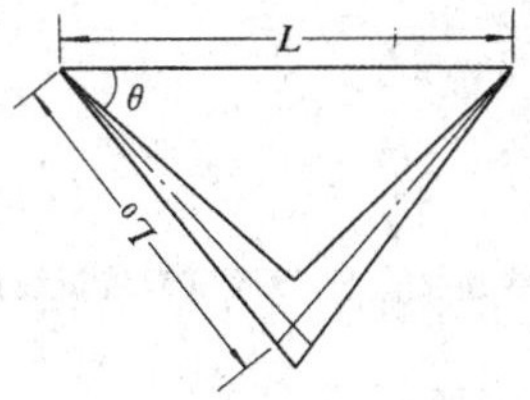

图 11.3-9 定（摆）喷防渗帷幕孔距计算

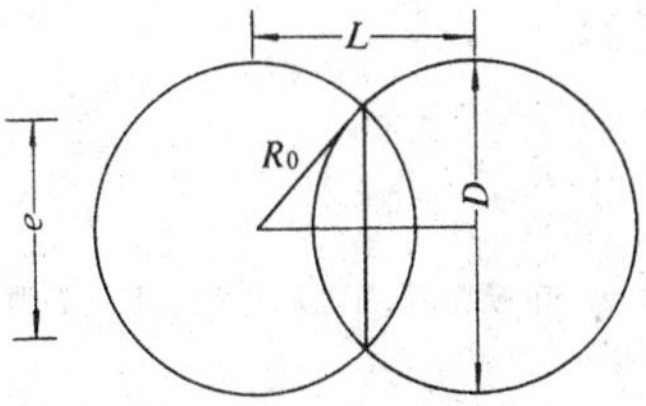

图 11.3-10 旋喷桩防渗帷幕孔距计算

$$L_{\max}=D-2\cdot H\cdot\lambda \quad (11.3\text{-}10)$$

式中：$L_{\max}$——旋喷桩最大孔距；D——旋喷桩设计直径；H——设计孔深；λ——垂直度偏差。

孔距确定后，可由下式确定旋喷桩的交圈厚度

$$e=\sqrt{D^2-L^2} \quad (11.3\text{-}11)$$

式中：e——旋喷桩的交圈厚度。

②多排桩孔距计算：

多排桩防渗帷幕一般按等边三角形布置，其孔距一般取 $L=0.866D$，排距一般取 $S=0.75D$，见图 11.3-11。

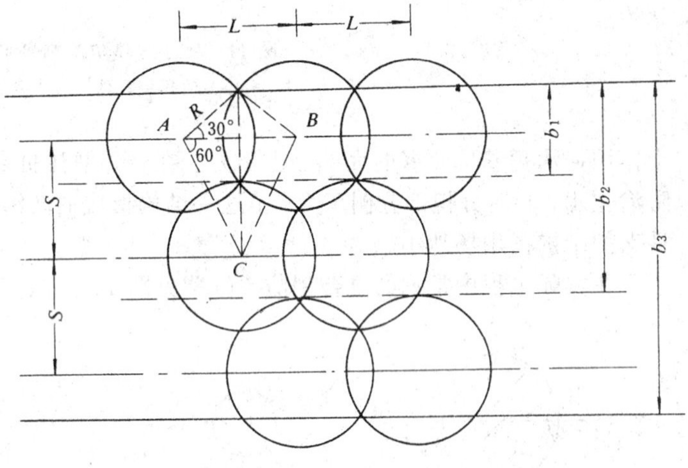

图 11.3-11 多排桩布置

2. 插入深度确定

(1) 防渗帷幕达不透水层：

在深基础工程中，如果开挖面以下存在不透水层，防渗帷幕应尽量插入不透水层，其插入深度应保证基坑底部土体不发生管涌破坏。

防渗帷幕插入深度的计算可采用以下两公式：

① $$D\geqslant\frac{\gamma_w}{\gamma'}(h_C-h_B) \quad (11.3\text{-}12)$$

式中：D——防渗帷幕插入深度，见图 11.3-12；γ_w、γ'——水重度和坑底土的浮重度；h_C、h_B——分别为 C 点和 B 点的水头压力。

② $$D=\frac{\Delta h-B\cdot i_c}{2\cdot i_c} \quad (11.3\text{-}13)$$

式中：D——防渗帷幕插入深度；Δh——作用水头；B——帷幕厚度；i_c——接触面允许水力梯度，取 5～6。

(2) 防渗帷幕在透水层中：

若防渗帷幕座落在透水层中，当支护结构前后存在较大水头差时，很容易出现管涌现象。

此时，一方面可采取降水措施，以降低水压力差，另一方面可通过增加防渗帷幕的插入深度，减少水力梯度来防止发生管涌现象。防渗帷幕的插入深度可按下式计算：

$$D \geqslant \frac{\gamma_w}{\gamma'} \cdot h' \tag{11.3-14}$$

或

$$D \geqslant \frac{1+e}{d_s-1} \cdot h' \tag{11.3-15}$$

式中：h'——水头差，见图 11.3-13。

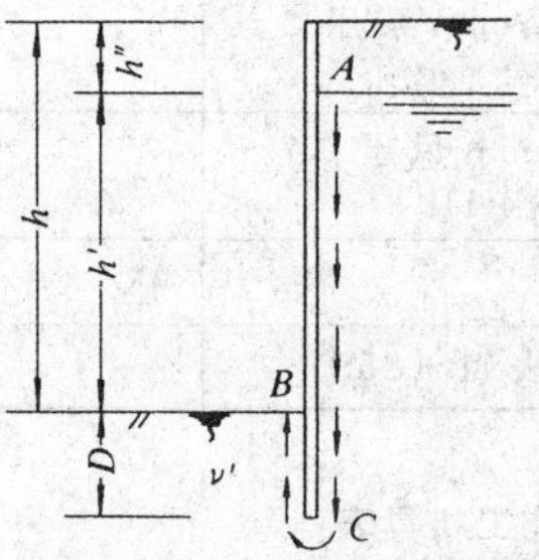

图 11.3-12　防渗帷幕达不透水层示意图

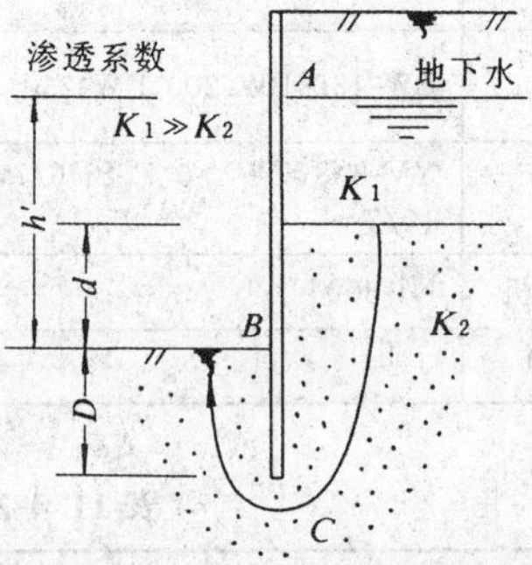

图 11.3-13　防渗帷幕达透水层示意图

高压喷射注浆防渗帷幕的其它设计内容同地基加固工程旋喷桩的设计。

第四节　高压喷射注浆法施工

一、施工机具

高压喷射注浆的施工机具包括钻孔机械和喷射注浆设备两大类。对不同的喷射方式，所使用的施工机具的类型和数量不同。目前国内用于高压喷射注浆的施工机具见表 11.4-1，其布置见图 11.4-1 和图 11.4-2。

国外一些公司生产的多功能钻机不仅可以施工锚杆、微型桩，还可进行高压喷射施工。如意大利土力（SOILMEC）公司的 SM 系列钻机，意大利卡沙特兰地（CASAGRANDE）公司的 C 系列钻机，美国英格索兰（Ingersoil-Rand）公司的 KR 系列钻机等。表 11.4-2 为意大利 TREVIJET 高喷技术使用施工机具表，其布置见图 11.4-3。

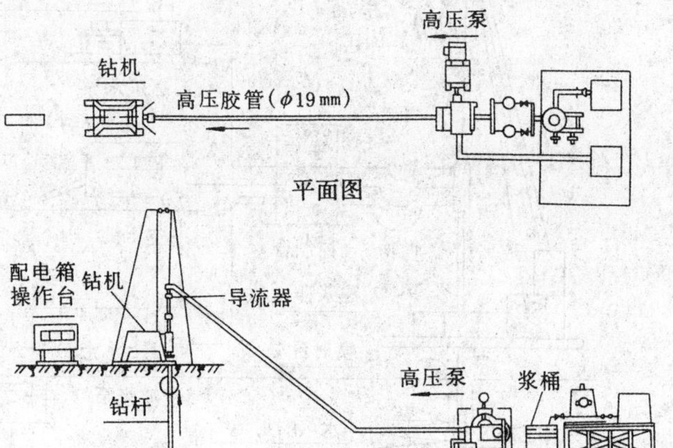

图 11.4-1　单重管法施工机具布置示意图

（一）钻机

高压喷射注浆工艺要求所用的钻机除具有一般钻机的功能外，还能带动注浆管以 10～20r/min 慢速转动和以 5～25cm/min 慢速提升的功能。若钻机不具备上述两种功能，则施工

表 11.4-1　国内高压喷射注浆常用施工设备

设备名称	常见型号	主要性能	注浆管类型		
			单重管	二重管	三重管
钻　机	XY-1,XY-2,XY-2P,XJ-100,SH-30,76 型震动钻	见表 11.4-3	✓	✓	✓
高压泥浆泵	SNC-H300 型注浆车,Y-2 型液压泵	泵量 80～230 L/min,泵压 20～30MPa,见表 11.4-5	✓	✓	
高压水泵	3×B,3W-6B,3W-7B	泵量 80～250 L/min,泵压 20～40MPa,见表 11.4-6			✓
泥浆泵	BW-150,BW-200,BW-250	泵量 90～150L/min,泵压 2～7MPa,见表 11.4-9			✓
空压机	YV-3/8,ZWY-6/7,BH6/7,LGY20-10/7	风量 3～10m³/min,风压 0.7～0.8MPa,见表 11.4-11		✓	✓
浆液搅拌机	NJ-600	容量 0.8～2m³	✓	✓	✓
高压胶管		ϕ19～ϕ22mm,见表 11.4-15	✓	✓	✓

表 11.4-2　TREVIJET 高喷技术施工机具表

设备名称		型号	性能	所用注浆管		
				单重管	二重管	三重管
钻　机		SM 系列	见表 11.4-4	✓	✓	✓
注浆设备	高压泵	5T 302，4TS 350	见表 11.4-8	✓	✓	✓
	低压泵	GP 12	见表 11.4-10			✓
空压机			供气量 8～10m³/min 气压 0.7～1.7MPa		✓	✓
搅拌设备		GM 7，GM 12	见表 11.4-12	✓	✓	✓

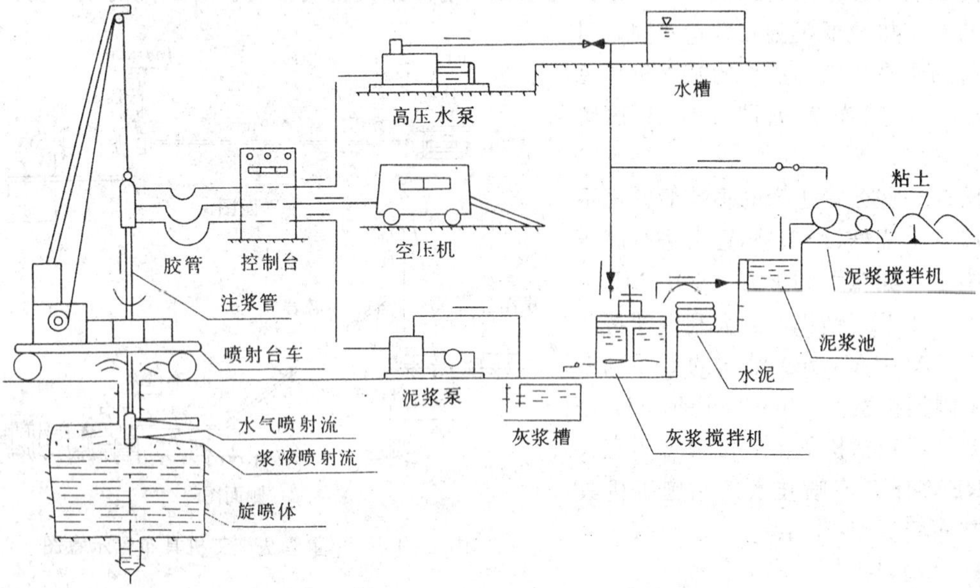

图 11.4-2　三重管法施工机具布置示意图

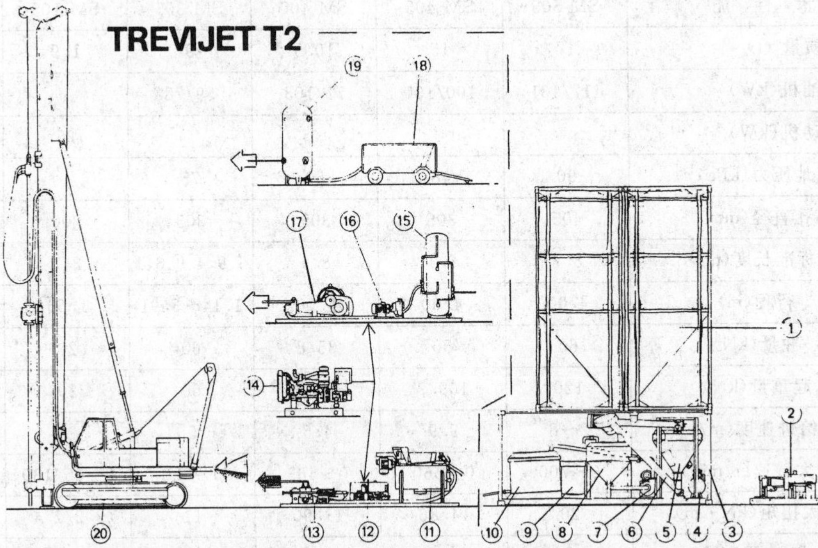

图 11.4-3　TREVIJET T2（三重管）施工机具布置示意图

①筒仓；②发电机组；③底桶；④空压机；⑤自动称重装置；⑥螺旋传送机；⑦气动系统；⑧混合器；⑨控制板；⑩带搅拌机的贮存装置；⑪搅拌机；⑫动力系统；⑬注浆泵；⑭发电机组；⑮过滤器；⑯抽水泵；⑰高压水泵；⑱压缩机；⑲贮气罐；⑳高压喷射设备

时应配备旋喷机与钻机配合使用，或只用钻机成孔，下入注浆管后用人工旋转注浆管，卷扬机提升注浆管。

表 11.4-3 是专门为高压喷射注浆施工而设计的振动钻机技术性能。这类钻机适用于标贯击数 N 值小于 40 的淤泥土层、粘性土层、砂类土层和砂砾层。

表 11.4-3　振动钻机技术性能

技 术 性 能	70 改进型钻机	76 型 钻 机
激振力（kN）	14	约 24
振动频率（Hz）	23.3	18
钻杆转速（r/min）	23	约 20
电机功率（kW）	5.5	10
提升速度（cm/min）	20（旋喷时）	14.4～720（6 级）
提升电动机功率（kW）	8.5	7.5
钻进能力（m）	25	25～33
钻机质量（t）	0.6	1.5
适用注浆管类型	单重管	单重管或二重管

表 11.4-4 为土力公司 SM 系列钻机技术性能。

（二）高压泵

国内常用的高压泥浆泵和高压水泵的技术性能见表 11.4-5、表 11.4-6、表 11.4-7。

表 11.4-4　SOILMEC-SM 系列钻机技术性能

技术性能		SM 505	SM 405	SM 400	SM 305	SM 105	SM 103
质量（t）		17	15	10.5	9	1.9	3.5
柴油机（kW）		117/131	100/130	77/103	59/78		42/51
电动机（kW）						25	45
底盘接地压力（kPa）		90	48	60	75		50
最大钻孔直径（mm）		405	305	305	305	200	
桅杆	标准长度（m）	8.7	9.1	8.9	5、9、4、9、3、1	2.7	2.1
	行程（m）	4.00	4.00	4.00	1.14～3.91	1.65	1.33
	冲量（kN）	60	50	35.8	60	20	30
	起重量（kN）	120	109.9	79.4	60	20	61.8
	最大给进速度（m/min）	2～8	9.9	4.5	5		
回转	最大转速（r/min）	0～700	0～560	0～463	0～350	0～65/130	0～248/359
	最大扭矩（kN·m）	20	14.86	11.90	11	2.2/2.4	7.19/9.15
卷扬机	拉力（一层）（kN）	35.5	35.5	35.5	30.0		8.0
	速度（三层）（cm/min）	0～80	0～85	0～68	0～75		0～120
旋喷注浆	回转速度（r/min）	3～560	3～560	3～463	5～50		
	提升速度（cm/min）	1～140	5～300	5～450	2.5～120		

表 11.4-5　SNC-H300 型水泥浆车中高压泥浆泵的技术性能

工作状态	发动机变速箱挡位	曲轴转速（r/min）	缸套直径为 100mm 时		缸套直径为 115mm 时	
			排量（m^3/min）	压力（MPa）	排量（m^3/min）	压力（MPa）
排量最大时	V	117	0.762	6.1	1.04	4.5
压力最大时	Ⅱ	26	0.154	30.0	0.23	20.1
活塞行程（mm） 蜗杆传动速比		250 1∶20.5	外形尺寸（mm）2 380×945×1 895 泵体和传动机构总重（t）2.775			

表 11.4-6　3W-6B 及 3W-7B 高压泵技术性能

技术性能 \ 型号	3W-6B_1	3W-6B_2	3W-6B_3	3W-6B_4	3W-7B_4	3W-7B_5
泵　压（MPa）	40	32	25	20	25	20
泵　量（L/min）	60	75	100	120	60	75
柱塞直径（mm）	25	28	32	35	25	28
柱塞行程（mm）	120				100	
往复次数（次/min）	380				470	
电机型号	JO$_2$-91-4				JO$_2$-82-4	

续表 11.4-6

技术性能 \ 型号	3W-6B1	3W-6B2	3W-6B3	3W-6B4	3W-7B4	3W-7B5
电机功率（kW）	55				40	
进口管直径（mm）	100				89	
出口管直径（mm）	32				44	
外形尺寸（mm）	3 040×1 530×1 130				2 680×1 360×1 130	
泵　　重（kg）	2 300				1 900	

表 11.4-7　3XB 小机座三柱塞泵技术性能

曲轴转数为 400r/min 时					曲轴转数为 500r/min 时					
泵　　量（L/min）	额定泵压（MPa）				柱塞直径（mm）	额定泵压（MPa）				泵　　量（L/min）
40	50				22	40	55			50
50	40	55			25	32	45	60	75	63
63	32	45			28	25	35	50	65	80
75	30	40	50		30	22	30	40	55	90
80	25	35	45	55	32	20	25	35	50	100
100	20	30	40	50	35	16	20	30	40	125
130	16	20	30	40	40	12.5	16	25	30	160
160	12.5	16	25	30	45	10	12.5	20	25	200
200	10	12.5	20	25	50	8	10	16	20	250
电机型号	JO_2-82-4	JO_2-91-4	JO_2-92-4	JO_2-93-4		JO_2-82-4	JO_2-91-4	JO_2-92-4	JO_2-93-4	
功率（kW）	40	55	75	100		40	55	75	100	

表 11.4-8 为 TREVIJET 高喷技术所用的高压泵技术性能。

表 11.4-8　TREVIJET 高喷技术所用高压泵技术性能

技术性能	4TS-170	4TS-250	4TS-350	5T-302	5T-450
发动机安装功率（kW）	125	183.8	257.3	257.3	330.8
最大间歇性压力（MPa）	100	100	100	90	90
最大排量（L/min）	380	380	380	1 173	1 173

（三）泥浆泵

国内常用的泥浆泵的技术性能见表 11.4-9。

TREVIJET 高喷技术所用的低压注浆泵技术性能见表 11.4-10。

（四）空压机

国内常用的空压机的技术性能见表 11.4-11。

表 11.4-9　国内常用的泥浆泵的技术性能

型　号	泵　压 (MPa)	泵　量 (L/min)	驱动功率 (kW)	质　量 (kg)
BW-150	1.8～7	150～32	7.4	516
BW-200	5～8	200～102	23.5	520
BW-250	2.5～7	250～35	15.4	500

表 11.4-10　TREVIJET 高喷技术所用低压泵技术性能

型　号	最大压力 (MPa)	最大排量 (L/min)
GP-12	20	120

表 11.4-11　国内常用的空压机的技术性能

类　型	型　号	冷却方式	排气量 (m^3/min)	排气压力 (MPa)	动力机型式	功　率 (kW)	质　量 (t)
移动往复式	YV-3/8	风	3	0.8	JO_2-72-6	22	1.84
	YV-6/7	风	6	0.7	JO_2-82-4	40	1.8
	YV-6/8	风	6	0.8	JO_2-82-6	40	2.15
	ZWY-6/7	风	6	0.7	4135C-1 柴油机	58.8	2.5
	W-9/7	风	9	0.7	6135K 柴油机	88.3	3.5
	YV-9/7	风	9.2	0.7	6135C-1 柴油机	88.3	2.8
螺杆	LGY20-10/7	风	10	0.7	6135C-1 柴油机	88.3	3.0
滑片式	BH-6/7（移）	喷油内冷	6	0.7	4135AK-2 柴油机	58.8	3.2
	BH-6/7（移）		12	0.7	6135K-3 柴油机	88.3	约 3

（五）浆液搅拌机

目前国内高压喷射注浆施工用的浆液搅拌机大多是自制的，或由生产厂家根据注浆泵的排量配套供给。国产 WJG-80 型搅拌机可连续搅浆，排量 80～100L/min，需自配高压泵、空压机等。

TREVIJET 高喷技术所用的搅拌设备为 GM 系列搅拌机，这些搅拌设备装有用来生产水泥浆液的自动和手动控制系统。其主要组成部分包括：电子称重装置，带有配水系统的搅拌机，带有搅拌器的贮存装置，气动系统和电气系统等。表 11.4-12 为 GM7 和 GM12 的技术性能。

表 11.4-12　GM7 和 GM12 的技术性能

技　术　性　能	GM7	GM12
电子称重装置的称重能力（t）	2	5
搅拌机容量（m^3）	1	1.5
动力（kW）	18	23.5
压缩空气供量（l/min）	492	492
气压（MPa）	0.8	0.8
供浆量（m^3/h）	7	12

（六）注浆管总成

1. 单层注浆管总成

包括单层注浆管、单管导流器和单管喷头。

单层注浆管一般用外径 50mm 或 42mm 的地质钻杆。每根长 1～3.5m，其连接螺纹处要采取密封措施。TY-101 型单管导流器的结构如图 11.4-4 所示。单管喷头的结构如图 11.4-5 所示。平头型单管喷头底端镶有硬质合金，可以钻进碎石土或较硬夹层。圆锥型单管喷头底端没有硬质合金，适用于粘性土或砂类土。

2. 二重注浆管总成

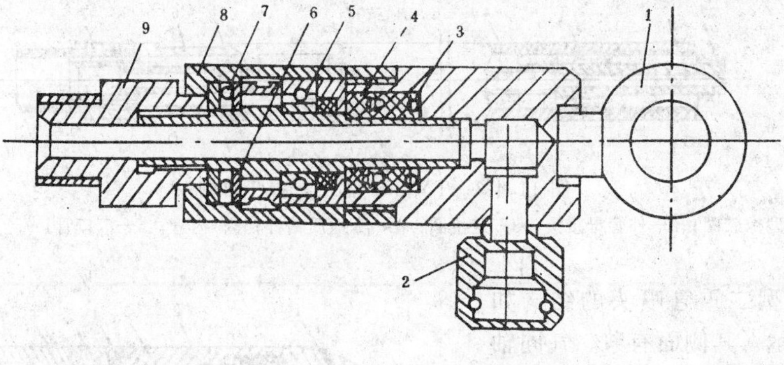

图 11.4-4　TY-101 型单管导流器的结构

1—提升环；2—卡口接头；3—上壳；4—密封圈；5—向心球轴承；6—推力球轴承；7—下壳；8—毡封；9—活接头

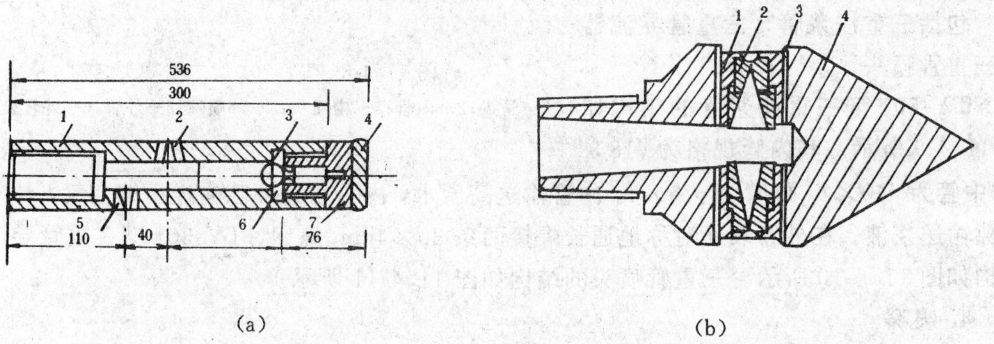

图 11.4-5　单管喷头

(a) 平头型：1—喷嘴杆；2—喷嘴；3—钢球；4—硬质合金；5—喷嘴；6—球座；7—钻头；

(b) 圆锥型：1—喷嘴套；2—喷嘴；3—喷嘴接头；4—钻尖

包括二重管导流器、二重注浆管和二重管喷头。TY-201 型二重管导流器的结构如图 11.4-6 所示。

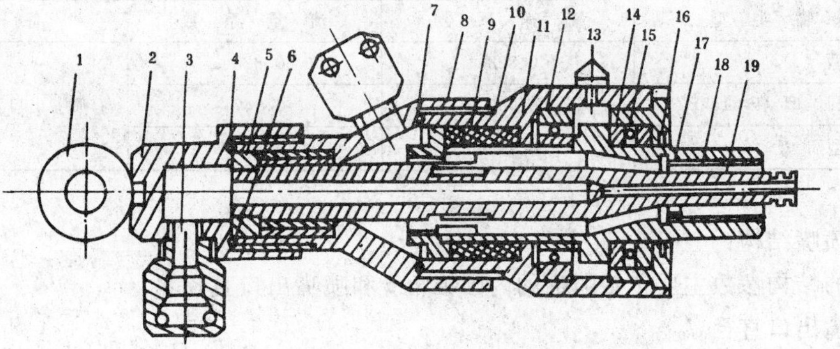

图 11.4-6　TY-201 型二重管导流器

1—吊环；2—上壳；3—接头插座；4—O 型密封圈；5—上压盖；6—V 型密封圈；7—O 型密封圈；8—中壳；9—Y 型密封圈；10—Y 型密封圈；11—下壳；12—向心轴承；13—黄油嘴；14—推力轴承；15—下盖；16—毡油封；17—定位环；18—外管；19—内管

TY-201 型二重注浆管的结构如图 11.4-7 所示。外管规格：42×5，内管规格：18×2。

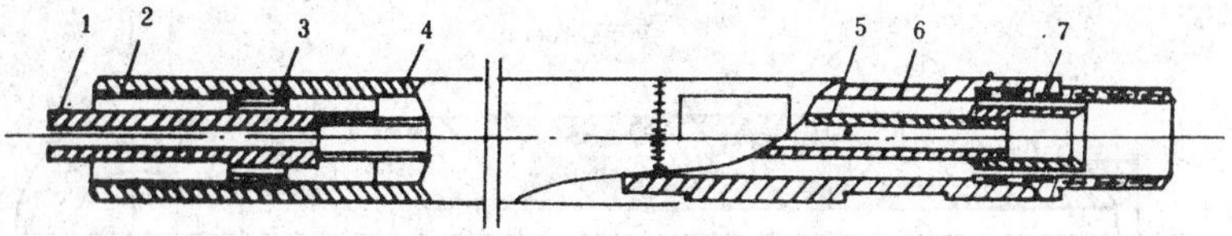

图 11.4-7　TY-201 型二重钻杆结构

1—"O"型橡胶圈；2—外管母接头；3—定位圈；4—42 地质钻杆；5—内管；6—卡口管；7—外管公接头

TY-201 型二重管喷头的结构如图 11.4-8 所示。其侧面有浆、气同轴喷嘴，其环状间隙为 1～2mm。

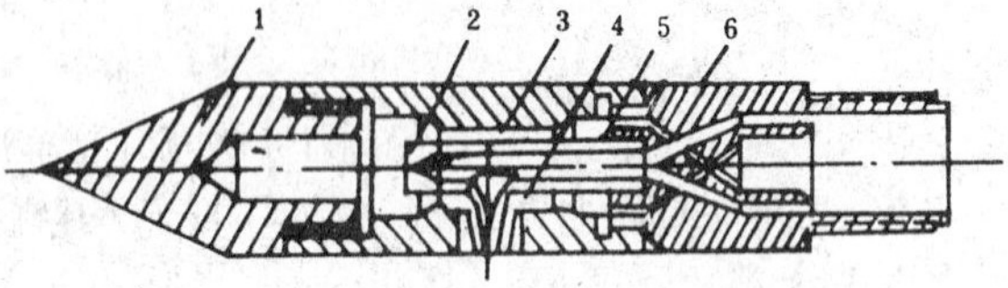

图 11.4-8　TY-201 型二重喷头结构

1—管尖；2—内管；3—内喷头；4—外喷嘴；5—外管；6—外管公接头

3. 三重注浆管总成

包括三重注浆管、三重管导流器和三重管喷头。

TY-301 型三重注浆管的结构如图 11.4-9 所示。其内管规格为 $\phi18\times3$，中管为 $\phi40\times2$，外管为 $\phi75\times4$。内管输送高压水，内—中管环隙输送压缩空气，外—中管环隙输送浆液。在外管表面对称地通长焊接两条 30×4mm 扁钢。TY-301 型三重管导流器的结构如图 11.4-10 所示。三重管喷头的结构如图 11.4-11 所示。

4. 喷嘴

（1）喷嘴形状：

喷嘴是直接影响射流质量的主要因素之一。射流喷嘴通常有圆柱型、收敛圆锥型和流线型三种（见图 11.4-12）。由试验结果表明，流线型喷嘴的射流特性最好，但这种喷嘴加工困难，故很少采用，而收敛圆锥型喷嘴的射流系数与流线型喷嘴很接近，见表 11.4-13，而加工又较容易，因此在实际工作中使用较多。

表 11.4-13　各种喷嘴性能比较

喷 嘴 类 型	流 速 系 数	流 量 系 数	备　注
圆柱型	0.828	0.828	喷嘴出口直径 6mm
收敛圆锥型（$\theta=13°$）	0.960	0.947	
流线型	0.97	0.97	

（2）喷嘴结构：

喷嘴的结构参数主要包括喷嘴的内圆锥角 θ 和喷嘴出口直径 d_0。

①喷嘴出口直径 d_0：

在喷射压力、喷射泵量和喷嘴个数已经确定的情况下，d_0 可由下式求出：

$$d_0 = 0.69\sqrt{\frac{Q}{n\cdot\mu\cdot\varphi\cdot\sqrt{p/\rho}}} \tag{11.4-1}$$

式中：d_0——喷嘴出口直径（mm），常用的喷嘴直径为 2～3.5mm；Q——喷射泵量（L/min）；μ——流量系数，对圆锥型喷嘴可取 $\mu=0.95$；φ——流速系数，良好的圆锥型喷嘴可取 $\varphi=0.97$；p——喷嘴入口压力（MPa）；ρ——喷射液体密度（g/cm^3）；n——喷嘴个数。

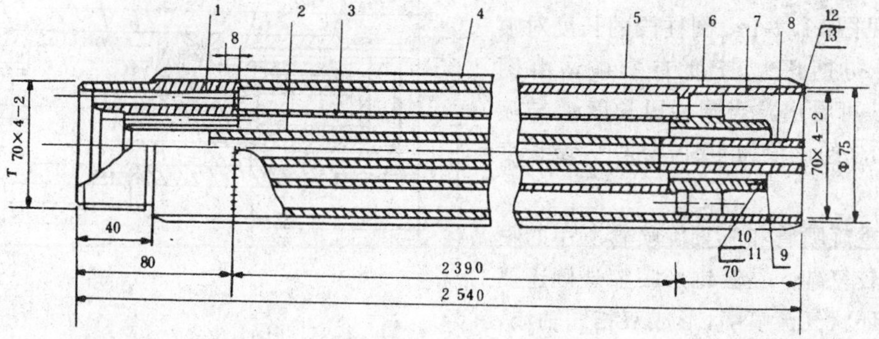

图 11.4-9　TY-301 型三重注浆管

1—内母接头；2—内管；3—中管；4—外管；5—扁钢；6—内公接头；7—外管；8—内管公接头；9—定位器；10—挡圈；11—O 型密封圈；12—挡圈；13—O 型密封圈

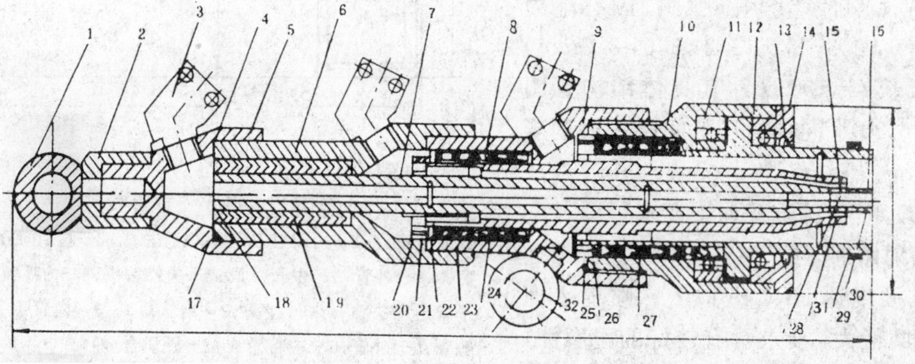

图 11.4-10　TY-301 型三重管导流器

1—吊环；2—螺帽；3—卡口式接头；4—O 型密封圈；5—上壳；6—中壳；7—内管；8—下壳；9—压紧螺帽；10—底壳；11—向心球轴承；12—推力球轴承；13—毡油封；14—底盖；15—O 型密封圈；16—O 型密封圈；17—压紧螺母；18—V 型密封圈；19—支撑环；20—压紧螺母；21—O 型密封圈；22—支撑环；23—Y 型密封圈；24—固定环；25—O 型密封圈；26—支撑环；27—Y 型密封圈；28—定位器；29—挡圈；30—螺纹；31—挡圈；32—定位环

②内圆锥角 θ：

根据有关试验结果，见表 11.4-14。当喷嘴圆锥角 θ 为 13°～14°时，喷射流的流量损失和速度损失最小，则喷射流的动量损失最小，喷射流的初期区域长度最大，见图 11.4-13。

表 11.4-14　收敛圆锥型喷嘴水力试验结果

θ	μ	φ	θ	μ	φ	θ	μ	φ
0°	0.829	0.829	10°21′	0.938	0.951	19°28′	0.924	0.970
3°10′	0.895	0.894	12°04′	0.942	0.955	23°00′	0.914	0.974
5°26′	0.924	0.919	13°24′	0.946	0.963	40°20′	0.870	0.980
7°52′	0.930	0.932	14°38′	0.941	0.966	48°50′	0.847	0.984

注：喷嘴直径 d_0=15mm，压力为 3m 水头，圆锥段长 40mm。

在实际应用中，根据射流特性好同时又易加工的原则，喷嘴内孔的几何形状一般由圆锥段和圆柱段构成，并将进口端加工成喇叭形，见图 11.4-14。圆柱段的长度对喷射流的初期区域长度有影响，由图 11.4-15 可看出，当圆柱段长度 L 与喷嘴直径 d_0 的比值为 4 时，初期区域长度最大。

二重旋喷管和三重旋喷管所用的喷嘴结构较复杂，在圆锥形喷嘴外侧还要套一个环状气流喷嘴，形成双相同轴流，增加喷射流破坏土体的能力。根据试验资料和三重管旋喷工艺特点，目前使用的三重管水喷嘴为收敛圆锥形，圆锥角为 13°，$L/d_0=3\sim4$，喷嘴直径 d_0 为 1.5，2.0，2.5，3.0，3.2，3.5，3.8mm，圆锥段长 $l=15-L$，其具体结构见图 11.4-16，气水同轴的环状间隙一般调至 1～2mm。

(3) 喷嘴材质及加工要求：

喷射水时，可用 45 号钢并进行热处理使其硬度达 HRC45 以上；喷射水泥浆时，磨耗大，要求具有较好的耐磨性，宜用硬合金钢（YG8）制造。

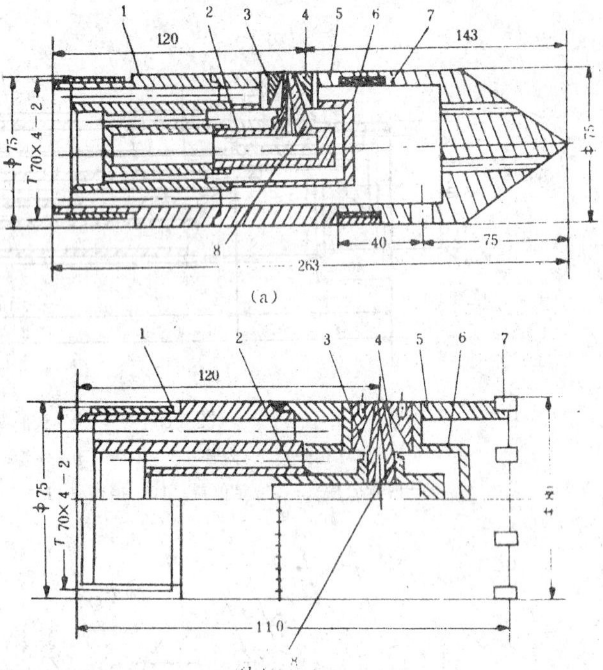

图 11.4-11　三重管喷头

(a)圆锥形喷头：1—内母接头；2—内管总成；3—内管喷嘴；4—中管喷嘴；5—外管；6—中管总成；7—尖锥钻头；8—内喷嘴座；
(b)平口形喷头：1—内母接头；2—内管总成；3—内管喷嘴；4—中管喷嘴；5—外管；6—中管总成；7—硬质合金；8—O 型圈

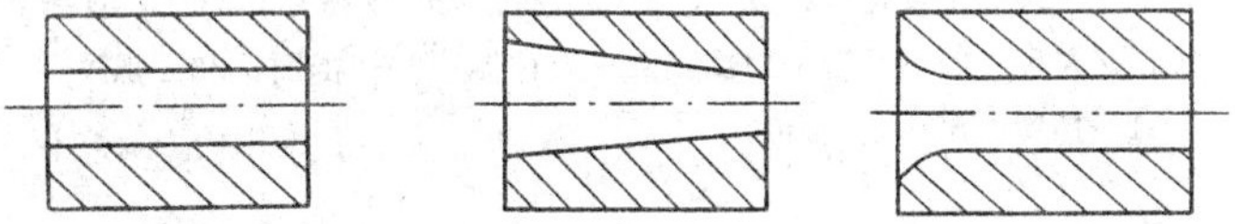

图 11.4-12　喷嘴型状图

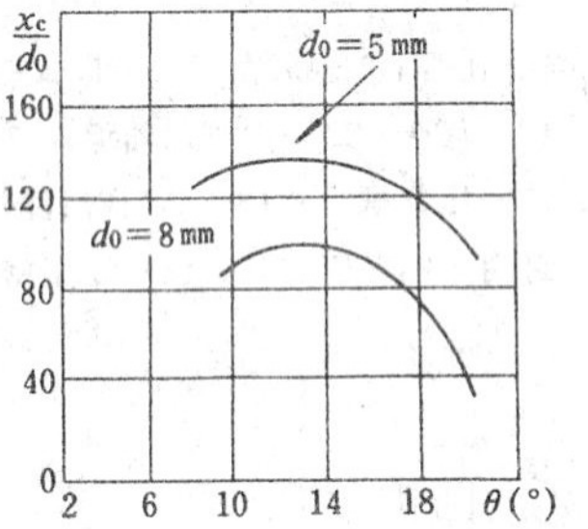

图 11.4-13　喷射流初期区域长度和喷嘴圆锥角关系

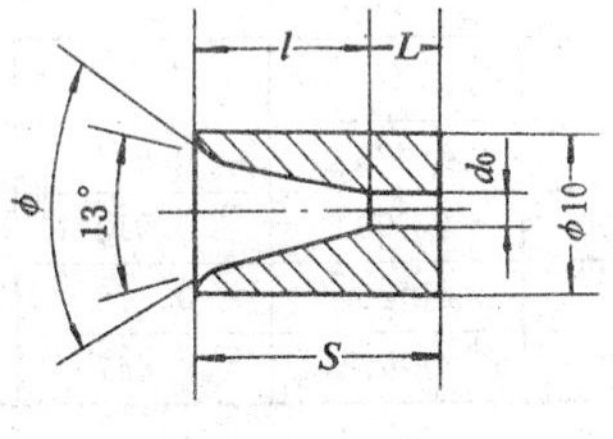

图 11.4-14　实际应用的喷嘴结构示意图

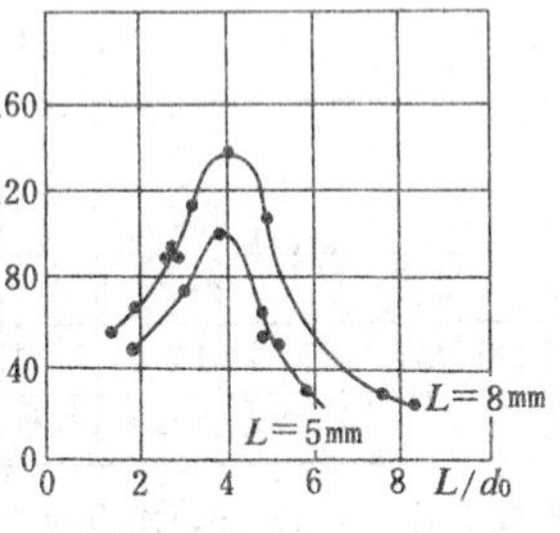

图 11.4-15　喷射流初期区域与喷嘴直线长度关系

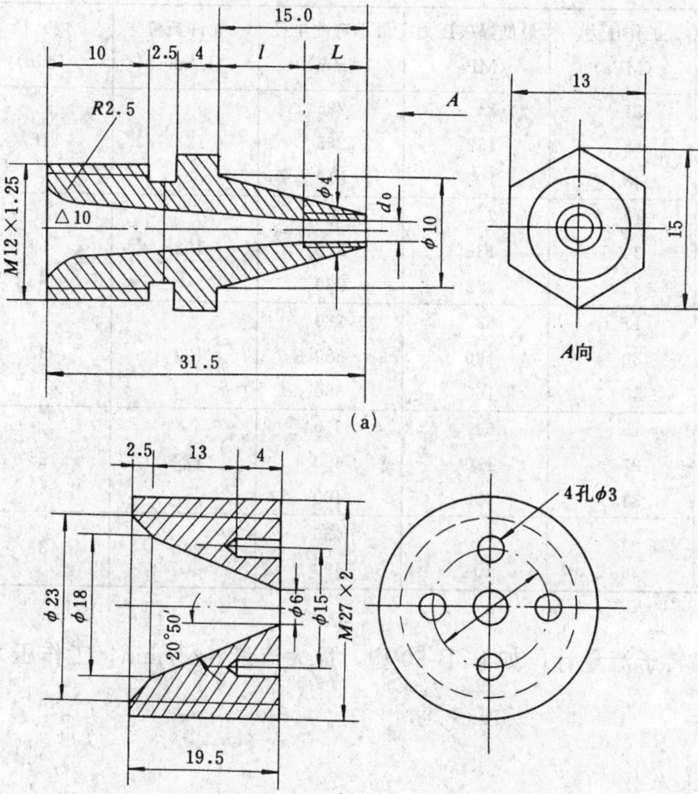

图 11.4-16　三重管气液同轴喷嘴结构

(a) 高压水喷嘴；(b) 气流喷嘴

喷嘴内表面的光洁度要求较高，如果光洁度不够，喷射流的局部水头损失较大，且喷出后射流表面层产生旋转涡流，使射流过早地离散雾化。一般要求喷嘴内表面粗糙度不低于1.0。

(七) 其它器具

1. 高压胶管

用于输送高压水、浆液等。一般采用钢丝缠绕液压胶管，其工作压力不低于喷射泵压，其内径可查表 11.4-15 或根据下式计算：

$$d \geqslant 4.6\sqrt{Q/v} \qquad (11.4\text{-}2)$$

式中：d——高压胶管内径 (mm)；Q——流量 (L/min)；v——适宜的流速 (m/s)，可取 4～6m/s。

2. 压气胶管

用于输送压缩空气。用 3～8 层帆布缠裹浸胶制成，工作压力 1.0MPa 以上，内径 16～32mm。

3. 液体流量计

液体流量计为电磁式，量程 10～200L/min。

4. 风量计

表 11.4-15　钢丝缠绕液压胶管的技术规格

胶管型号	工作压力(MPa)	最低爆破压力(MPa)	最小弯曲半径(mm)	允许流量(L/min)	内　径(mm)	外　径(mm)
B16×2S—210	21	84	225	72	16	28
B16×4S—380	38	152	265			32
B16×6S—480	48	192	310			33.5
B19×2S-180	18	72	265	102	19	31.5
B19×4S-345	34.5	138	310			35
B19×6S-430	43	172	330			38.5
B22×2S-170	17	68	280	137	22	34.5
B22×4S-300	30	120	330			39
B22×6S-400	40	160	360			41.5
B25×2S-160	16	64	310	177	25	37.5
B25×4S-275	27.5	110	350			41
B25×6S-345	34.5	138	400			44.5
B32×4S-210	21	84	420	290	32	50
B32×6S-260	26	104	490			53.8

风量计为玻璃转子流量计，如LZB-50型，最大流量 $3m^3/min$，工作压力0.6MPa。

二、施工工艺

（一）喷射技术参数

国内常用的高压喷射注浆技术参数见表11.4-16，国外高压喷射注浆典型施工参数见表11.4-17。

表 11.4-16　国内常用的高压喷射注浆技术参数

技　术　参　数		单重管法	二重管法	三重管法
水	压力（MPa）	—	—	20～30
	流量（L/min）	—	—	80～120
	喷嘴孔径（mm）	—	—	2～3.5
	喷嘴个数	—	—	1～2
空气	压力（MPa）	—	0.7	0.7
	流量（m^3/min）	—	1～2	1～2
	喷嘴环隙（mm）	—	1～2	1～2
浆液	压力（MPa）	20	20	0.5～3
	流量（L/min）	80～120	80～120	70～150
	喷嘴孔径（mm）	2～3	2～3	8～14
	喷嘴个数	2	1～2	1～2
注浆管	提升速度（cm/min）	20～25	10～20	5～15
	旋转速度（r/min）	约20	10～20	10
	外径（mm）	42.50	42、50、75	75、90

表 11.4-17　国外高喷技术典型施工参数

技术参数 \ 喷射类型	单重管法	二重管法	三重管法
注浆泵压力（MPa）	40～45	40～45	2～6
供浆量（L/min）	80～150	120～180	70～100
高压水泵压力（MPa）	—	—	40～60
供水量（L/min）	—	—	80～120
压缩空气压力（MPa）	—	0.7～1.7	0.7～1.7
供气量（m^3/min）	—	8～10	8～10
提升速度（cm/min）	20～30	16～25	4～7
转速（r/min）	10～30	7～15	4～10

注：上表为意大利 TREVIJET 高喷技术的 T_1、T_1/S 和 T_2 工法施工参数。

（二）施工工艺

高压喷射注浆工艺流程见图 11.4-17。

1. 钻机就位

钻机安放在设计的孔位上。钻孔的位置与设计位置的偏差不得大于50mm，钻杆轴线应垂直对准钻孔中心。

2. 钻孔

钻孔的目的是为了把注浆管置入到预定深度。钻孔方法可根据地层条件、加固深度和机具设备等确定。对单管法常使用 76 型或 70 型旋转振动钻机，深度可达 30m 以上，适用于标贯击数小于 40 的砂土和粘性土层。当遇到比较坚硬的地层时宜用地质钻机成孔。一般在二重管与三重管施工中都采用地质钻机成孔。

3. 下注浆管

成孔后，即可下入注浆管到预定深度。若使用 76 型或 70 型振动钻机，下注浆管与钻孔两道工序合二为一，钻孔与下注浆管同时完成。若使用地质钻机，则必须将钻杆拔出，再换上注浆管。在下管过程中，为防止泥砂堵塞喷嘴，可边射水，边下管，但水压力一般不高于 1MPa，以防射塌孔壁。

4. 喷射注浆作业

将注浆管贯入到预定深度后，即可自下而上进行喷射作业。施工过程中，必须时刻注意检查浆液初凝时间、注浆流量、风量、压力、旋转提升速度等参数是否符合设计要求，并随时做好记录。

当注浆管不能一次提升完成而需分数次卸管时，卸管后喷射的搭接长度不得小于 100mm，以保证固结体的整体性。

5. 冲洗器具

喷射作业完成后将注浆泵的吸水管移到水箱内，在地面上喷射，以便把泥浆泵、注浆管和软管内的浆液全部排除，防止残存的水泥浆将管路堵塞。

6. 回填注浆

喷射注浆完成后，由于浆液的析水作用，一般固结体均有不同程度的收缩，使固结体顶

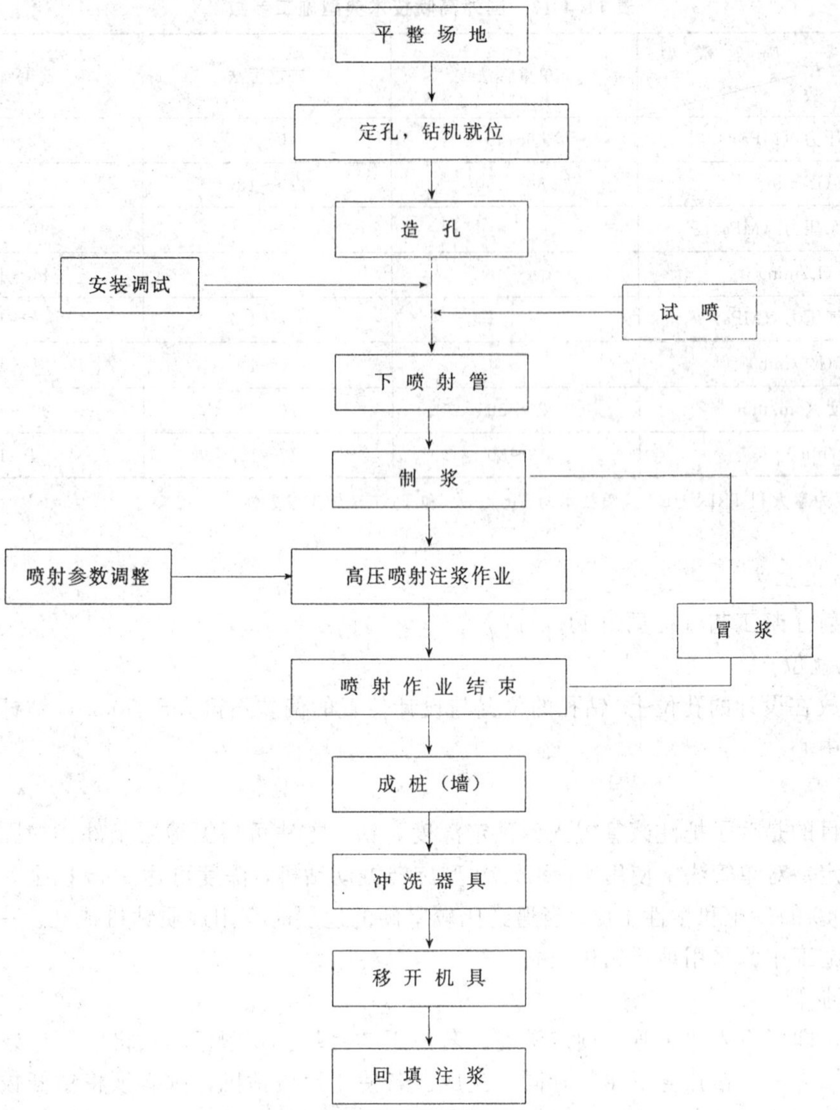

图 11.4-17 高压喷射注浆工艺流程图

部出现一个凹穴，容易造成加固地基与建筑基础结合不紧密或脱空现象。为防止这种现象的出现，可采取回灌冒浆或用水灰比为 0.6 的水泥浆补灌。

三、施工要点

(1) 喷射注浆前要检查高压设备和管路系统。设备的压力和排量必须满足设计要求，使用高压泵时，应对安全阀进行测定，其运行必须可靠。管路系统的密封圈必须良好，各通道和喷嘴内不得有杂物。

(2) 下注浆管时，要预防风、水喷嘴被泥砂堵塞，可在插管前用一层薄塑料膜包扎好。

(3) 喷射注浆时要注意设备开动顺序。对三重管，应先空载起动空压机，待运转正常后，再空载起动高压泵，然后同时向孔内送风和水，使风量和泵压逐渐升高到规定值。风、水畅通后，若为旋喷即可旋转注浆管，并开动注浆泵，先向孔内送清水，待泵压泵量正常后，即可将注浆泵的吸水管移至储浆桶开始注浆。待估计水泥浆的前峰已流出喷头后，才可开始提升注浆管，自下而上喷射注浆。

(4) 喷射注浆过程中需拆卸注浆管时，应先停止提升和回转，同时停止送浆，然后逐渐减少风量和水量，最后停机。拆卸完毕继续喷射注浆时，开机顺序遵守第3条规定。

(5) 喷射注浆完毕后，即可停风、停水，继续用注浆泵注浆，待水泥浆从孔口返出后，即可停止送浆，然后将注浆泵的吸水管移至清水箱，抽吸定量清水将注浆泵和注浆管路中的水泥浆顶出，然后停泵。

(6) 所用水泥浆，水灰比要按设计规定不得随意更改。要保证水泥质量，水泥应过筛，其细度应在标准筛上（4900孔/m^2）的筛余量不大于15%。禁止使用受潮或过期的水泥，在喷射注浆过程中应防止水泥浆沉淀。

(7) 为避免固结体尺寸上大下小或增大固结体尺寸，可采用提高喷射压力，泵量或降低回转与提升速度等措施，也可采用复喷工艺：第一次喷射时，不注水泥浆液。初喷完毕后，将注浆管边送水边下降到初喷开始的深度，再抽送水泥浆，自上而下复喷。

(8) 应处理好冒浆，及时清除沉淀的泥渣，在砂层用单管或双重管喷射时，可利用冒浆补灌已施工的桩孔，但在粘土层，淤泥层中喷射或用三重管喷射时，因冒浆中掺入粘土和清水，因此不宜用冒浆回灌。

(9) 喷射注浆过程中，应注意观察冒浆情况，以及时了解土层情况、喷射效果和喷射参数是否合理。采用单重管或二重管喷射注浆时，冒浆量小于注浆量20%为正常现象；超过20%或完全不冒浆时，应查明原因并采取相应措施。若地层中有较大空隙，引起不冒浆，可在浆液中掺入适量速凝剂或增大注浆量；若冒浆过大，可减少注浆量或加快提升和回转速度，也可缩小喷嘴直径，提高喷射压力。采用三重管喷射注浆时，冒浆量应大于高压水的喷射量，但其超过量应小于注浆量的20%。

(10) 旋喷桩相邻两桩的施工间隔应大于48h。

四、常见故障及处理措施

1. 不冒浆或断续冒浆

(1) 若土质松软造成，可适当复喷。

(2) 附近有空洞、通道，则应不提升注浆管继续注浆直至冒浆为止或拔出注浆管待浆液凝固后重新注浆。

2. 大量冒浆压力稍有下降

注浆管可能被击穿或有孔洞，应拔出注浆管进行检查。

3. 压力骤然上升

喷嘴或管路被堵塞，可采取以下措施：

(1) 在高压泵和注浆泵的吸水管进口和泥浆储备箱中设置过滤网，并经常清理。高压水泵的滤网筛孔规格以1mm左右为宜，注浆泵和水泥储备箱的滤网规格以2mm左右为宜。

(2) 认真检查风、水、浆的通道；在下注浆管前用薄塑料包括好风、水喷嘴；遵守设备开动顺序，避免高压水和风的通道在压力较低的情况下，被泵送的水泥浆侵入造成堵塞。

(3) 注意注浆泵的维护保养，保证注浆过程不发生故障，避免水泥浆在管道内沉淀。

(4) 喷射过程中水泥供不应求时，应将注浆管提起一段距离，抽送清水将管道中的水泥浆顶出喷头后再停泵。

（5）喷射结束后，做好各系统的清洗工作。

4．流量不变而压力突然下降或排量达不到要求

可能存在泄漏现象，可采取以下措施：

（1）检查阀、活塞缸套等零件，磨损大的及时更换。

（2）检查吸水管道是否畅通，是否漏气，避免吸入空气。

（3）检查安全阀、高压管路，清除泄漏。

（4）检查活塞每分钟的往复次数是否达到要求，消除转动系统中的打滑现象。

（5）检查喷嘴是否符合要求，更换过度磨损的喷嘴。

第五节　质量检验

高压喷射注浆处理地基的强度较低，且强度增长较慢，检验时间应待喷射注浆完成后4周进行，以避免固结体强度不高，因检验而受到破坏，影响检验的可靠性。

检验点的数量为施工注浆孔数的1%，并不少于3点。不合格者应进行补喷。

一、检验点布置

（1）建筑物荷载大的部位；

（2）防渗帷幕中心线上；

（3）施工中出现异常情况的部位；

（4）地质情况复杂，可能对高压喷射注浆质量产生影响的部位。

二、检测方法

质量检测方法应根据机具设备条件，结合具体情况选用。选用方法包括：

（1）开挖检查。

（2）室内试验：包括设计过程制作试件，进行物理力学性能试验和施工后开挖取样试验。

（3）钻孔检查：包括：①钻孔取样观察，并做成试件进行物理力学性能试验；②渗透试验，包括钻孔压力注水渗透试验和钻孔抽水渗透试验（图11.5-1与图11.5-2）；③标准贯入试验。一般距注浆孔中心0.15～0.20m，每隔一定深度作一个。

（4）载荷试验：包括平板载荷试验和孔内载荷试验。

①平板静载荷试验：分垂直方向和水平推力载荷试验两种，见图11.5-3和图11.5-4。

垂直载荷试验时，需在顶部0.5～1.0m范围内，浇筑0.2～0.3m厚的钢筋混凝土桩帽；水平推力载荷试验时，需在固结体加载荷受力部位，浇筑0.2～0.3m厚的钢筋混凝土加载荷面。竣工验收时，承载力检验应采用复合地基载荷试验和单桩载荷试验，比例0.5%～1%，且单体工程不少于3点。

②孔内载荷试验。又分：a．气压或液压膨胀法：在钻孔中，用气压或液压使胶囊膨胀，从膨胀量可知横向荷重和位移关系，求得变形系数和地层反力系数。见图11.5-5。b．载荷板法：如图11.5-6所示，载荷通过ϕ108地质套管传给承压底盘，从其变形和载荷的关系求得承载力和沉降量。

（5）其它非破坏性试验方法：包括电阻率法、同位素法和弹性波法等。

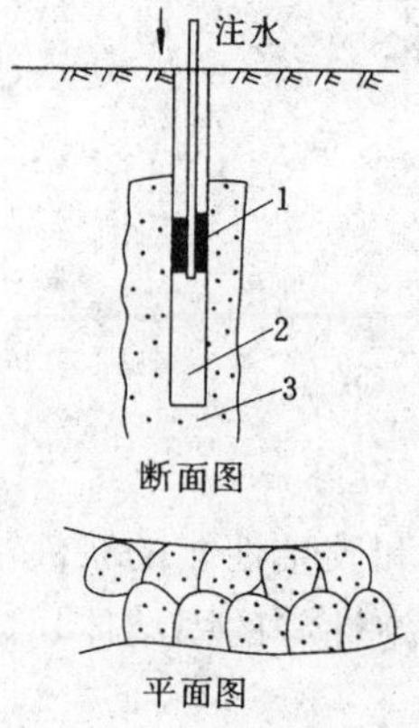

图 11.5-1　钻孔压力注水渗透试验

1—塞子；2—钻孔；3—旋喷固结体防渗墙

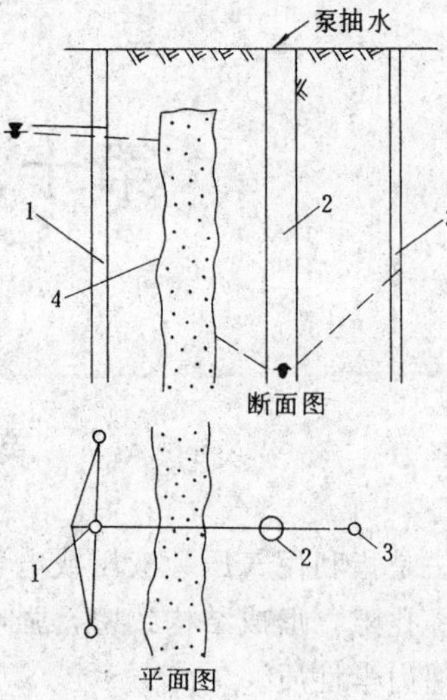

图 11.5-2　钻孔抽水渗透试验

1—观察孔；2—扬水孔；3—观察孔；4—防渗墙

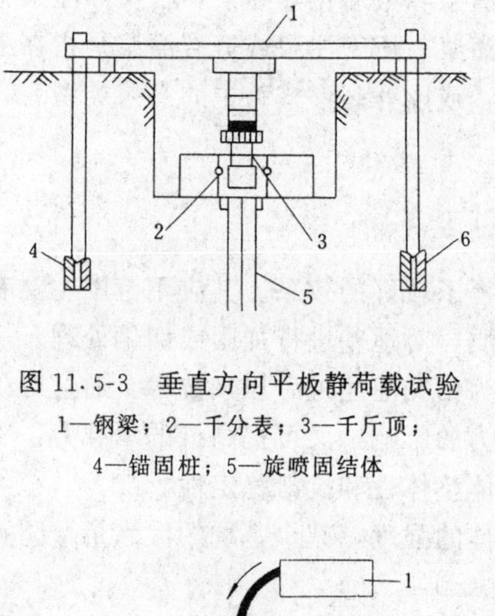

图 11.5-3　垂直方向平板静荷载试验

1—钢梁；2—千分表；3—千斤顶；
4—锚固桩；5—旋喷固结体

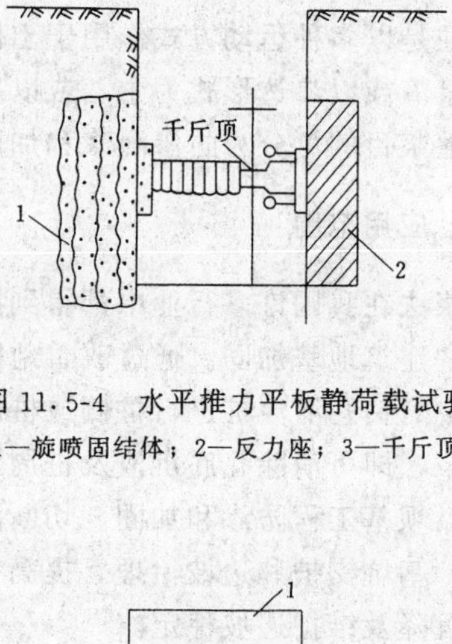

图 11.5-4　水平推力平板静荷载试验

1—旋喷固结体；2—反力座；3—千斤顶

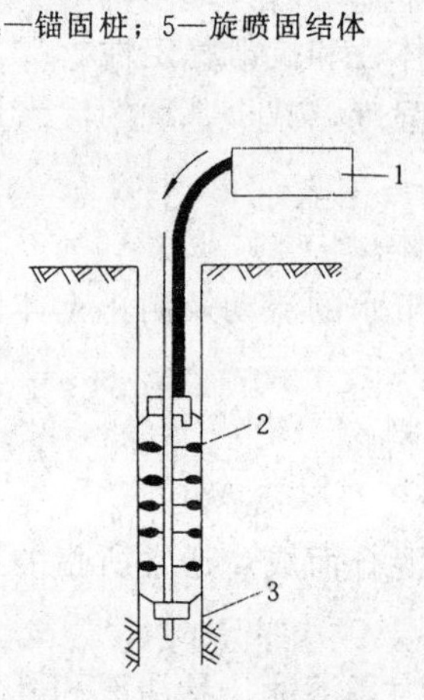

图 11.5-5　孔内气压或液压载荷试验法

1—加压设备；2—胶囊；3—钻孔

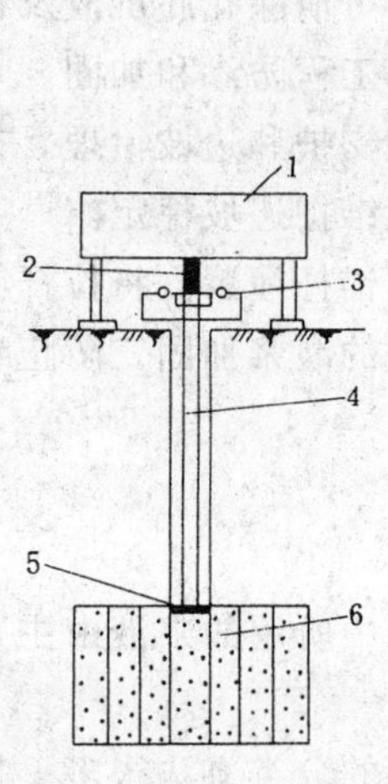

图 11.5-6　孔内载荷板试验

1—重物；2—千斤顶；3—千分表；
4—传力杆；5—承压底盘；6—固结体

第十二章　灌　浆

第一节　概　述

灌浆法是指利用气压、液压或电化学原理，将具有流动性和胶结性能的浆液注入各种介质的裂隙、孔隙，形成结构致密、强度高、防渗性能和化学稳定性好的固结体，以改善灌浆对象的物理力学性质。

一、灌浆的分类

灌浆按浆液材料可分为粒状浆材和化学浆材，或无机浆材和有机浆材。

按灌浆原理可分为渗透灌浆、压密灌浆、劈裂灌浆和电动化学灌浆。在实际灌浆中，灌浆体往往是以多种运动方式作用于土体，所谓渗透灌浆、压密注浆或劈裂灌浆是指在灌浆过程中，浆液或以渗透形式为主，或以压密形式为主，或以劈裂形式为主的灌浆类型。

接灌浆目的可分为防渗灌浆和加固灌浆。

二、应用范围

灌浆法在我国许多行业中都得到广泛应用，取得了较好的效果。其应用范围主要有：

（1）建筑地基加固。通过改善地基土的力学性质，对地基进行加固或纠偏处理。

（2）对钻孔灌注桩进行桩侧或桩底压浆，亦称为钻孔灌注桩后压浆技术。通过对桩侧或桩底压浆，即可消除孔底沉渣及桩周泥皮对桩承载力的影响，又可提高桩的承载力。

（3）坝基工程防渗和加固。切断渗流及提高坝体整体性和抗滑稳定性。

（4）基坑支护和边坡治理。提高支护结构后土体的强度，减少基坑的渗水量，防止邻近建筑物沉降及维护边坡稳定。

（5）后拉锚杆灌浆。将拉杆与土体胶结，形成锚固体。

（6）地铁的灌浆加固。防止地面沉降过大，限制地下水的流动及制止土体位移。

第二节　浆液材料

灌浆工程中所用的浆液由主剂、溶剂及各种外加剂混合而成。通常所指的浆液材料是指浆液中的主剂。

浆液材料的分类方法很多。按浆液所处状态，可分为真溶液、悬浮液和乳化液；按工艺性质，可分为单浆液和双浆液；按主剂性质，可分为无机系和有机系，见图 12.2-1。

- 浆液材料
  - 无机系
    - 水泥类
      - 单液水泥浆
      - 水泥水玻璃浆
      - 粉煤灰水泥浆
    - 水泥粘土类
    - 粘土类
    - 水玻璃类
  - 有机系
    - 木质素类
    - 丙烯酰胺类
    - 聚氨酯类
    - 环氧树脂类
    - 其它

图 12.2-1 浆液材料按主剂性质分类

在传统的渗透灌浆中，有机系浆材具有粘度低、胶凝时间可精确控制、应用范围广等优点，但由于存在一定的毒性，易污染环境且费用较高，因此，在实际工程中，浆液材料以水泥类和无毒的水玻璃类为主。只有在使用水泥浆难以达到预期效果、条件特殊的情况下，才采用有机系浆液材料，作为补充灌浆。

一、水泥类浆材

（一）单液水泥浆

以水泥浆为主，添加一定量的外加剂，并采用单液工艺进行灌浆的浆液称为单液水泥浆。这种浆液是一种悬浮液，凝固后结石强度高，渗透性小，无毒性，不污染环境且来源广，价格低廉，在灌浆工程中应用最广泛。在地下水无侵蚀性条件下，一般都采用普通硅酸盐水泥。

1. 浆液的性能指标

（1）相对密度。相对密度反映浆液中水泥的含量。通过浆液的相对密度可判断水灰比的大小。由相对密度 d_c 与水灰比 a 之间的关系式 $d_c=1+\dfrac{2}{1+3\cdot a}$，两者间为反函数关系。测定方法可采用泥浆比重称或比重计进行测定。

（2）粘度。粘度是度量流体粘滞性大小的指标。浆液粘度的大小直接影响到浆液的扩散半径及压力、流量等参数的确定。施工现场常用野外漏斗粘度计进行测量，其外形尺寸见图 12.2-2。测量时，往漏斗中注入 700mL 浆液，测量从管子中流出 500mL 浆液的时间即为浆液的漏斗粘度。测量前，仪器用清水校正，水的粘度为 15s，允许误差±1.0s。

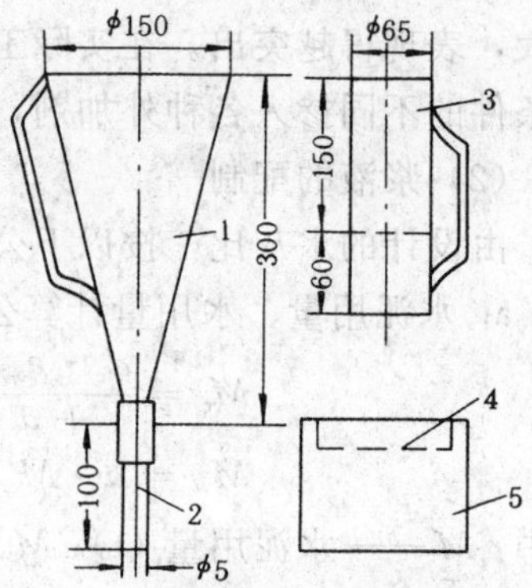

图 12.2-2 野外漏斗粘度计

1—漏斗；2—管子；3—量杯；4—筛网；5—泥浆杯

浆液的粘度与水灰比间为反函数关系，水灰比越大，流动性越好，粘度越小。

(3)凝结时间。水泥类浆液的凝结过程分为初凝和终凝两个阶段。选择初凝时间时，既要考虑扩散距离的要求，又要考虑地下水流动的影响。为了取得良好的灌浆效果，凝结时间要求能够调节和控制。浆液的初凝和终凝时间可采用圆锥稠度仪来测定。

（4）析水率。浆液凝结后析出的水量与浆液体积之比称为析水率，其表达式为：

$$a = \frac{V_w}{V} \times 100\%$$

式中：a——浆液析水率；V_w——从浆液中析出的水量（L）；V——浆液体积（L）。

浆液的析水将使结石率降低，在灌浆固结体中形成空隙，影响加固效果。

（5）结石强度。结石强度是指按规定配合比制成的浆液在试模中养护后所测得的各龄期的抗压强度和抗折强度。影响结石强度的因素主要有：浆液水灰比、水泥品种、外掺剂等，其中以水灰比影响最大。水灰比越大，结石强度越低。灌浆目的不同，对浆液结石性能有不同的要求。防渗灌浆要求浆液结石密实，防渗和耐久性好；加固灌浆要求结石的抗压和抗折强度高。加固灌浆工程中，一般采用水灰比为0.5∶1～2∶1。对防渗灌浆工程，水灰比一般较大，为稳定浆液，一般加入少许膨润土。

（6）渗透性。浆液结石的渗透性主要与水灰比，配比及龄期有关。单液水泥浆结石的渗透性很小，一般可达10^{-7}～10^{-10}cm/s。

2. 浆液的性能调节与配制

（1）浆液的性能调节

由水泥和水组成，不掺外加剂的浆液称为纯水泥浆。据有关试验结果，纯水泥浆性能见表12.2-1。

表12.2-1　纯水泥浆的性能

水灰比	粘　度（10^{-3}Pa·s）	密　度（t/m³）	凝结时间		结石率（%）	抗压强度（MPa）			
			初　凝	终　凝		3d	7d	14d	28d
0.5∶1	139	1.86	7h41min	12h36min	99	4.1	6.5	15.3	22.0
0.75∶1	33	1.62	10h47min	20h33min	97	2.4	2.6	5.5	11.3
1∶1	18	1.49	14h56min	24h27min	85	2.0	2.4	2.4	8.9
1.5∶1	17	1.37	16h52min	34h47min	67	2.0	2.3	1.8	2.2
2∶1	16	1.30	17h7min	48h15min	56	1.7	2.6	2.1	2.8

注：①采用普通硅酸盐水泥；②测定数据均为平均值。

纯水泥浆的早期强度一般较低，凝结时间较长，析水性大，稳定性差，且随着水灰比的增大，表现得越突出。在实际工程中，为了调节浆液的性能，往往根据灌浆目的和地下水具体条件的不同掺入各种外加剂，见表12.2-2。

（2）浆液的配制

由设计的水灰比，按以下公式可分别计算出水泥用量、水用量及水泥浆液的密度。

a. 水泥用量、水用量计算公式

$$M_c = \frac{d_c \cdot \rho_w \cdot V}{1 + a \cdot d_c} \quad 或 \quad M_c = \frac{3 \cdot V}{1 + 3 \cdot a} \tag{12.2-1}$$

$$M_w = a \cdot M_c \tag{12.2-2}$$

式中：M_c——水泥用量（t）；M_w——水用量（t）；d_c——水泥的相对密度，普通水泥$d_c=3.05$～3.20，计算时可取$d_c=3.0$；ρ_w——水的密度（t/m³），$\rho_w=1$t/m³；V——欲配制的水泥浆液体积（m³）；a——水灰比。

b. 水泥浆液的密度ρ

$$\rho = \frac{d_c \cdot \rho_w (1 + a)}{1 + a \cdot d_c} \tag{12.2-3}$$

表12.2-2　水泥浆的外加剂及掺量

名　称	试　剂	掺量占水泥重（%）	说　明
速　凝　剂	氯　化　钙	1～2	加速凝结和硬化
	硅　酸　钠	0.5～3	加速凝结
	铝　酸　钠		
缓　凝　剂	木质磺酸钙	0.2～0.5	亦增加流动性
	酒　石　酸	0.1～0.5	
	糖	0.1～0.5	
流　动　剂	木质磺酸钙	0.2～0.3	
	去　垢　剂	0.05	产生空气
加　气　剂	松香树脂	0.1～0.2	产生约10%的空气
膨　胀　剂	铝　　粉	0.005～0.02	约膨胀15%
	饱和盐水	30～60	约膨胀1%
防析水剂	纤　维　素	0.2～0.3	
	硫　酸　铝	约20	产生空气

或 $$\rho=\frac{3(1+a)}{1+3\cdot a} \tag{12.2-4}$$

现场配料时，也可参照表12.2-3。

表12.2-3　水泥浆液现场配料表

水灰比	无外加剂			有　外　加　剂*					
	水泥加量(kg)	水的加量(L)	配成浆液(m^3)	加 $CaCl_2$ 3%		水玻璃加4.5%		加三乙醇胺与NaCl混合液	
				浓度50%(L)	加水量(L)	40Be′(L)	加水量(L)	混合液(L)	加水量(L)
0.5	1 200	600	1.000	75.0	525	37.5	563	30	570
0.6	1 100	660	1.026	67.5	593	30.0	630	28	632
0.75	950	713	1.029	60.0	625	30.0	682	24	688
1.0	750	750	1.000	45.0	705	22.5	727	19	731
1.25	650	813	1.029	37.5	774	22.5	790	16	796
1.50	550	825	1.028	30.0	795	15.0	810	14	811
2.0	450	900	1.050	30.0	870	15.0	885	11	889

注：*水量加量和配成浆液的量与无外加剂相同。

（二）水泥水玻璃浆

水泥水玻璃浆是以水泥和水玻璃为主剂，必要时加入速凝剂或缓凝剂所形成的复合注浆材料。

1. 浆液的性能

水泥水玻璃浆的性能主要包括凝胶时间和抗压强度。

（1）凝胶时间。凝胶时间受水泥品种、水灰比、水玻璃浓度、水泥与水玻璃体积比及温度的影响。其相互关系见图12.2-3至图12.2-6。

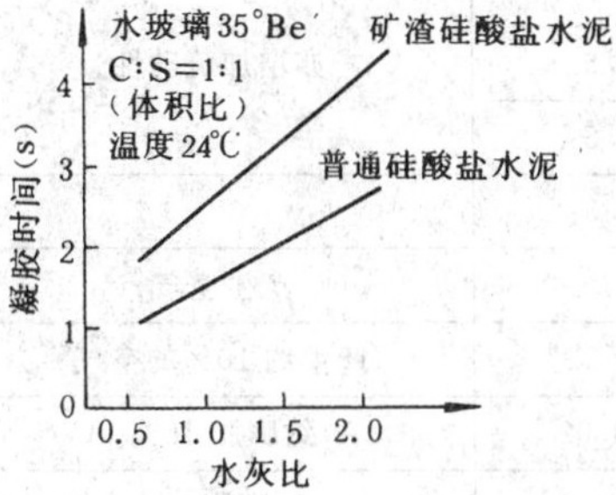

图 12.2-3　水泥品种及水灰比对凝胶时间的影响

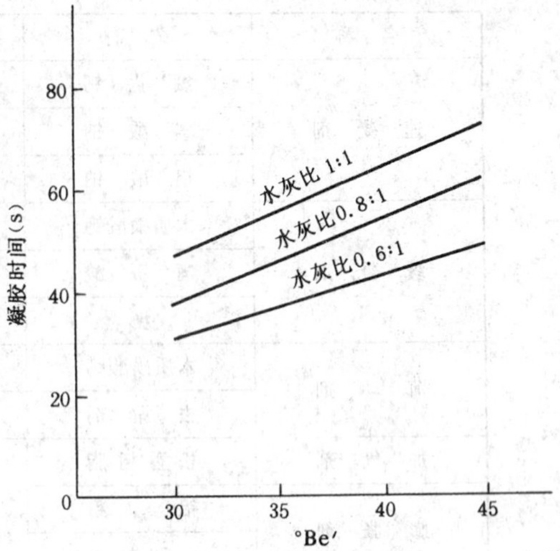

图 12.2-4　水玻璃浓度对凝胶时间的影响

C：S=1：0.6（体积比）；温度 23°C；普通硅酸盐水泥

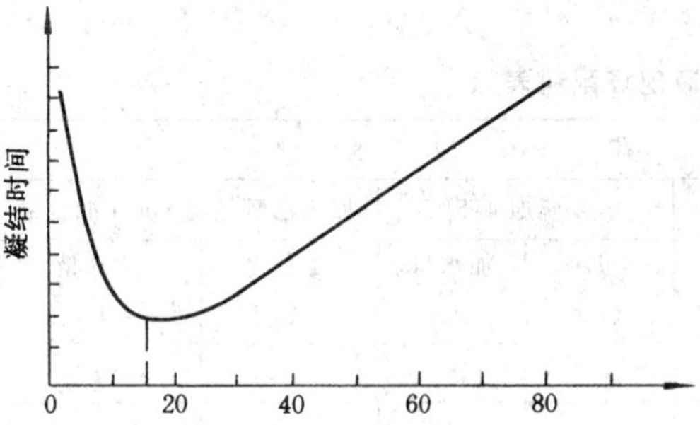

图 12.2-5　水玻璃与水泥浆体积比（S/C）对凝胶时间的影响

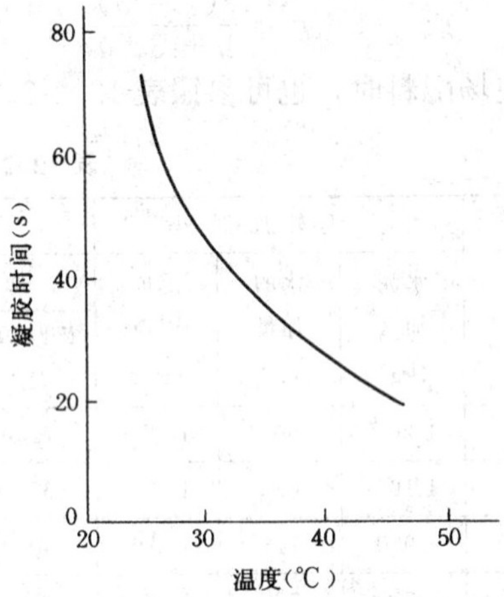

图 12.2-6　温度对凝胶时间的影响

水灰比 0.75：1，水玻璃 30°Be′，C：S=1：1（体积比）；普通硅酸盐水泥

（2）抗压强度。水泥水玻璃浆液结石体的强度一般为 10～20MPa，且早期强度较高，14d 以后强度变化不显著。抗压强度随水灰比、水玻璃浓度的增大而降低，见表 12.2-4；水玻璃与水泥浆体积比（S/C）对抗压强度的影响存在最佳值，一般以 S/C=0.6～0.8 时较高，见表 12.2-4。

2. 浆液配制

配制水泥水玻璃浆液时，应分别配制水泥浆和稀释水玻璃。

（1）水玻璃的稀释

a. 水玻璃的有关性能参数。表达水玻璃的化学和物理性质的参数是模数（M）和波美度

表 12.2-4　浆液水灰比，S/C 值，水玻璃浓度对浆液抗压强度的影响

水玻璃浓度 40°Be′					水泥浆与水玻璃体积比（C：S=1：1）				
水灰比 W/C	C/S	凝结时间 (min：s)	抗压强度（MPa）		水玻璃浓度 (°Be′)	水灰比 W/C	抗压强度（MPa）		
			7d	28d			7d	14d	28d
0.6	1：1	1：46	17.6	21.6	35	0.50	17.4	20.0	20.2
	1：0.8	1：21	19.8	23.8		0.75	14.4	13.2	14.8
	1：0.6	1：00	21.8	23.7		1.00	7.3	8.5	14.0
	1：0.4	0：37	14.0	18.3		1.25	3.2	4.0	5.8
0.75	1：1	1：58	12.7	16.6		1.50	1.2	2.0	2.8
	1：0.8	1：29	16.0	21.0	40	0.50	20.4	24.4	24.8
	1：0.6	1：06	17.9	21.8		0.75	11.6	17.7	18.5
	1：0.4	1：44	14.1	15.8		1.00	4.4	10.6	11.3
1.0	1：1	2：10	2.2	12.8		1.25	0.9	4.4	9.0
	1：0.8	1：40	9.4	13.0		1.50	0.5	0.9	2.3
	1：0.6	1：15	11.5	16.0	45	0.50	24.5	25.0	25.3
	1：0.4	0：52	11.8	14.8		0.75	8.2	16.9	19.2
1.5	1：1	3：55	0.6	5.2		1.00	2.9	6.9	11.3
	1：0.8	2：58	1.5	7.0		1.25	0.5	2.6	5.8
	1：0.6	2：08	6.8	8.3		1.50	0.3	0.6	0.8
	1：0.4	1：28	7.6	10.3					

(Be′)。模数（M）是表示其所含二氧化硅（SiO_2）的克分子数与氧化钠（Na_2O）的克分子数的比值。即：

$$M=\frac{SiO_2\text{ 的克分子数}}{Na_2O\text{ 的克分子数}} \tag{12.2-5}$$

市场上销售的水玻璃，其模数在 1.5～3.5 之间，而灌浆所用的水玻璃浆液的模数宜在 2.4～3.0 之间选择。

波美度（Be′）是表示水玻璃浓度的指标。波美度与相对密度之间的关系为：

$$d=\frac{145}{145-\mathrm{Be}'} \tag{12.2-6}$$

式中：d——相对密度；Be′——波美度。

b. 水玻璃的稀释。市场所售的水玻璃溶液的浓度为 50～56°Be′，比灌浆所需的浓度大，因此需要加水稀释至 30～45°Be′。稀释所用的加水量按下式计算。

$$V_{水}=\frac{d_{原}-d_{配}}{d_{配}-d_{水}}\cdot V_{原} \tag{12.2-7}$$

式中：$V_{水}$——稀释用水量（L）；$d_{原}$——水玻璃稀释前的相对密度；$d_{配}$——水玻璃稀释后的相对密度；$d_{水}$——水的相对密度取 1；$V_{原}$——稀释前水玻璃溶液的体积（L）。

（2）使用缓凝剂时，应注意配制顺序，一般应先将缓凝剂溶入水中后加水泥搅拌，搅拌时间不宜少于 5min，放置时间不宜超过 30min。

（三）粉煤灰水泥浆

粉煤灰的化学成分由 SiO_2、Al_2O_3 和 Fe_2O_3 组成，其中 SiO_2 的含量一般为 45%～60%，

Al_2O_3 含量一般为 20%～30%，Fe_2O_3 含量为 5%～10%。这些矿物成分本身不具有或只有极低的胶凝特性，但在常温下能与水泥水化析出的部分 $Ca(OH)_2$ 发生反应生成与水泥水化产物基本相同的低钙水化物，从而使浆液结石的抗溶蚀能力和防渗帷幕的耐久性得到提高，并可减少水泥用量和降低成本。

粉煤灰的活性主要与 SiO_2、Al_2O_3 和 Fe_2O_3 的含量有关，而其烧失量主要与含碳量有关，试验表明，只要粉煤灰中的含碳量控制在 8%以下，对水泥的水化硬化就无明显的不利影响。粉煤灰类似于粉土，比水泥要粗一些，所以粉煤灰水泥浆液一般只灌孔隙较大的地层。

二、水泥粘土类浆材

水泥粘土类浆液以水泥和粘土为主剂，必要时加入外加剂来调整性能。该类浆液兼有粘土浆与水泥浆的优点，成本低、流动性好，稳定性高，抗渗能力强。

1. 浆液性能

水泥粘土浆的性能取决于浆液中水泥、粘土和水的加量，一般规律如下：

（1）粘土加量不变时，随浆液水灰比增大，粘度减小，凝胶时间延长，见表 12.2-5。

（2）浆液水灰比相同时，粘土加量越多，粘度越大，凝胶时间越长，结石率越高，浆液稳定性越好，但强度降低，见表 12.2-5。

表 12.2-5　水泥粘土浆液有关性能表

水灰比	粘土用量（占水泥%）	粘度（$\times10^{-3}$Pa·s）	密度（g/cm³）	凝胶时间		结石率（%）	抗压强度(MPa)			
				初凝	终凝		3d	9d	14d	28d
0.5∶1	5	滴流	1.84	2h42min	5h52min	99	11.85	—	33.2	13.6
0.75∶1	5	40	1.65	7h50min	13h1min	93	4.05	6.96	7.94	7.89
1∶1	5	19	1.52	8h30min	14h30min	87	2.41	5.17	4.28	8.12
1.5∶1	5	16.5	1.37	11h5min	23h50min	66	1.29	3.45	3.24	7.30
2∶1	5	15.8	1.28	13h53min	51h52min	57	1.25	2.58	2.58	7.85
0.5∶1	10	不流动	—	2h24min	5h29min	100	—	—	20.3	—
0.75∶1	10	65	1.68	5h15min	9h38min	99	2.93	6.96	5.12	—
1∶1	10	21	1.56	7h24min	14h10min	91	1.68	4.55	2.88	—
1.5∶1	10	17	1.43	8h12min	20h25min	79	1.56	2.79	3.30	—
2∶1	10	16	1.32	9h16min	30h24min	58	1.25	1.58	2.52	—
0.5∶1	15	—	—	—	—	—	—	—	—	—
0.75∶1	15	71	1.70	4h35min	8h50min	99	0.40	2.40	2.95	—
1∶1	15	23	1.62	6h20min	14h13min	95	1.30	1.56	2.18	—
1.5∶1	15	19	1.51	7h45min	24h5min	80	0.85	0.97	1.40	—
2∶1	15	16	1.34	9h50min	29h16min	60	0.73	1.13	2.24	—

注：采用 425 号普通硅酸盐水泥；采用峰峰粘土配成 50%浓度粘土浆使用。

（3）浆液的性能可用外加剂进行调整，表 12.2-6 为水玻璃掺量对其性能的影响。

2. 浆液配制

（1）水泥、粘土及水的用量计算

根据设计的配比可按下式计算出水泥用量 M_c，粘土用量 M_e 和水用量 M_w。设配比为 $M_c : M_e : M_w = n_c : n_e : n_w$，则：

表 12.2-6　水玻璃用量对水泥粘土浆性能的影响

水灰比	粘土重量/水泥重量 (%)	水玻璃重量/水泥重量 (%)	凝胶时间		抗压强度 (MPa)		
			初凝	终凝	3d	7d	14d
1∶1	50	10	6h30min	26h40min	0.31	0.71	0.85
1∶1	50	15	4h6min	11h52min	0.86	1.47	1.70
1∶1	50	20	3h18min	6h36min	1.55	1.94	2.19
1∶1	50	25	2h55min	5h	1.77	1.97	2.64
1∶1	50	30	1h43min	3h42min	2.04	3.12	3.76

$$M_c = \frac{n_c \cdot \rho_w \cdot V}{\frac{n_c}{d_c} + \frac{n_e}{d_e} + n_w} \tag{12.2-8}$$

$$M_e = \frac{n_e \cdot \rho_w \cdot V}{\frac{n_c}{d_c} + \frac{n_e}{d_e} + n_w} \tag{12.2-9}$$

$$M_w = \frac{n_w \cdot \rho_w \cdot V}{\frac{n_c}{d_c} + \frac{n_e}{d_e} + n_w} \tag{12.2-10}$$

式中：M_c、M_e、M_w——浆液中水泥、粘土和水的用量（t）；n_c、n_e、n_w——浆液中水泥、粘土和水的份数；d_c、d_e——水泥和粘土相对密度，取 $d_c=3.0$，$d_e=2.7$；V——浆液体积（m^3）；ρ_w——水的密度，$\rho_w=1t/m^3$。

（2）浆液密度计算

浆液密度可由下式计算：

$$\rho = \frac{n_c + n_e + n_w}{\frac{n_c}{d_c} + \frac{n_e}{d_e} + n_w} \tag{12.2-11}$$

三、粘土类浆材

粘土类浆液是以粘土为主剂，外加一定量的固化剂而形成的浆液。该类浆材成本低，来源广，稳定性和可灌性好，应用范围较广。

四、水玻璃类浆材

水玻璃类浆液以水玻璃为主剂，另外加入胶凝剂配制而成。利用水玻璃作为灌浆主剂的地基加固法又称为硅化灌浆或硅化法。该类浆液无毒、价廉、可灌性好，胶凝时间可控性好，占目前使用的化学浆液的90%以上。

胶凝剂的品种很多，可分为盐、酸和有机物等几类，有些胶凝剂与水玻璃的反应速度很快，如氯化钙、磷酸和硫酸铝等，它们和水玻璃必须在不同的灌浆管或不同的时间内分别灌注，故称为双液注浆法；另一些胶凝剂如盐酸、碳酸氢钠和铝酸钠等与水玻璃的反应速度较慢，胶凝剂可与水玻璃混合灌注，称为单液注浆法。

表12.2-7为常用的几种胶凝剂制成浆液的主要性能。

表 12.2-7　常用水玻璃浆液的有关性能

性能要求 \ 浆液		水玻璃—氯化钙浆液	水玻璃—铝酸钠浆液	水玻璃—硅氟酸浆液	水玻璃—乙二醛浆液
水玻璃	模　数	2.5～3.0	2.3～3.4	2.4～3.4	3.2
	浓度（°Be′）	43～45	40	30～45	4.2
胶凝剂规格要求		浓度 28%～30%，模数 30～32°Be′	浓度 28%～30%，含 Al 160～190g/L	浓度 28%～30%	乙二醛浓度 35%，醋酸浓度 90%
水玻璃与胶凝剂用量（体积比）		1.0∶1.1	1.0∶1.0	1.0∶(0.1～0.4)	水玻璃 1.0，乙二醛 0.2～0.1，酵酸 0～0.02
粘度（10^{-3}Pa・s）		100	5～10		2～4
胶凝时间		瞬时	数分～数十分	数秒～数十分	数秒～数十秒
抗压强度（MPa）		<3.0		<1.0	<2.0
注入方式		双液	单液	双液	
用　途		地基加固	堵水或地基加固		
备　注		注浆效果受操作因素影响较大	改变水玻璃模数、浓度、铝酸钠含量和温度可调节胶凝时间	双液等体积注入，硅氟酸部分加水补充	

五、木质素类浆材

木质素类浆液由纸浆废液与相应的胶凝固化剂和促进剂组成。目前有铬木质素和硫木质素两类。该类浆液具有粘度低、胶凝时间调节范围大、可灌性好、防渗能力强等特点。固化剂一般采用重铬酸钠，促进剂有三氯化铁、硫酸铝、硫酸铜、氯化铜等。

木质素类浆液典型应用配方及性能见表 12.2-8。

表 12.2-8　纸浆废液-三氯化铁-重铬酸钠浆液配方及主要性能

浆液组成		作　用	浓　度（%）	配　方（体积比）	性能	
					胶凝时间	抗压强度（MPa）
甲液	纸浆废液	主　剂	20～40	1.0	几分钟至几十分钟	0.4～1.0
乙液	重铬酸钠	固化剂	100	0.1～0.5		
	三氯化铁	促进剂	100	0.1～0.5		

注：两液等体积注入，重铬酸钠用量不足部分加水；三氯化铁增大会影响强度。

六、丙烯酰胺类浆材

丙烯酰胺类又称“丙凝”，由主剂丙烯酰胺、引发剂、促进剂，阻聚剂等组成。是目前所有灌浆材料中可灌性最好的浆材，其粘度仅为 1.19×10^{-3}Pa・s，与水很接近，能渗入到粘径仅为 0.01mm 或渗透系数仅为 1×10^{-4}cm/s 的地层。

浆液的粘度在凝结前保持不变。浆液的凝结是瞬时完成的，凝结后的几分钟内就能达到极限强度。胶凝时间可通过调节引发剂、促进剂和阻聚剂的用量来控制，可精确地控制在几秒钟到几小时内。胶凝时间随着引发剂或促进剂用量的增加而缩短，随阻聚剂用量的增加而延长。该类浆液凝固后，凝胶本身基本不透水，渗透系数可达 10^{-9}cm/s，且耐久性和稳定性较好，但强度较低，现场实测得到的固结体强度为 0.5～0.7MPa，故一般只适用于防渗工程。其主要缺点为有一定毒性。丙烯酰胺类浆液常用配方见表 12.2-9。

表 12.2-9　丙烯酰胺类浆液常用配方表

浆材名称		作用	常用重量百分比（%）
甲液	丙烯酰胺	主剂	9.5
	N-N' 甲基双丙烯酰胺	交联剂	0.5
	β-二甲氨基丙腈	促进剂	0.1—0.4
	或三乙醇胺	促进剂	0.1—0.4
	或硫酸亚铁	促进剂	0—0.01
	铁氰化钾	阻聚剂	0—0.01
乙液		引发剂	0.5

注：表中所列反为化学材料部分，占全部浆液的 10%，还有其余 90% 的水量未列入表内。

七、聚氨酯类浆材

聚氨酯类是以多异氰酸酯和聚醚等为主剂，再加入增塑剂、稀释剂、催化剂、表面活性剂等外加剂配制而成。浆液遇水反应时发泡膨胀，进行二次渗透。这种浆液粘度较低，可灌性好，结石强度高、抗渗性好，耐久性好，具有防渗和加固功能。

浆液制备可分为“一步法”和“二步法”两种方式。“一步法”是指在灌浆时，将主剂的组分和外加剂直接一次混合成浆液。“二步法”又称预聚法，是把主剂先合成为聚氨酯的低聚物（预聚体），然后把预聚体和外加剂按需要配成浆液。表 12.2-10 为较有效的三种配方及性能指标。

表 12.2-10　聚氨酯浆液的配方及性能指标

配方						性能指标				
预聚体类型	材料质量比					游离[NCO]含量（%）	相对密度	粘度（Pa·S）	固结体	
	预聚体	二丁酯（增塑剂）	丙酮（稀释剂）	硅油（表面活性剂）	三乙醇胺（催化剂）				抗压强度（MPa）	弹性模量（MPa）
PT-10	100	10～30	10～30	0.5～0.75	0.5～2	21.2	1.12	2×10^{-2}	16	455
TT-1/TM-1	100	10	10	0.5～0.75	—	18.1	1.14	1.6×10^{-1}	10	287
TT-1/TP-2	100	10	10	0.5～0.75	—	18.3	1.15	1.7×10^{-1}	10	296

八、环氧树脂类浆材

环氧树脂浆液由环氧树脂和固化剂组成。按工程需要可加入稀释剂、增塑剂和其它外加剂。

环氧树脂浆液具有粘结力强、结石强度高、室温下固化及化学稳定性好等特点。其缺点主要是粘度偏大，固化时间长。表 12.2-11 为常用的环氧树脂浆液配方。

表 12.2-11 为常用的环氧树脂浆液配方

作 用	主 剂	固化剂	稀 释 剂		增塑剂	促进剂		抗压强度（MPa）	粘结强度（MPa）
材料名称	环氧树脂 6010#	乙二胺	丙酮	糠醛	聚酰胺树脂 651#	苯酚	DHP-30	47～55	1.8～2.1
配 方（质量比）	100	15.3	25～55	25～55	10	20			

第三节 灌浆理论

一、渗透灌浆

渗透灌浆是指在压力作用下使浆液充填土的孔隙和岩石的裂隙，排挤出孔隙中存在的自由水和气体，而基本上不改变原状土的结构和体积，所用灌浆压力相对较小。这类灌浆一般只适用于中砂以上的砂性土和有裂隙的岩石。代表性的渗透灌浆理论有：球形扩散理论、柱形扩散理论和袖套管法理论。

（一）球形扩散理论

Maag（1938）的简化计算模式（图 12.3-1）假定是：①被灌砂土为均质的和各向同性的；②浆液为牛顿体；③浆液从注浆管底端注入地基土内；④浆液在地层中呈球状扩散。

根据达西定律：

$$Q = k_g iAt = 4\pi r^2 k_g t(-\mathrm{d}h/\mathrm{d}r)$$

$$\mathrm{d}h = \frac{-Q\beta}{4\pi r^2 kt}\cdot \mathrm{d}r$$

积分后得：

$$h = \frac{Q\beta}{4\pi kt}\cdot\frac{1}{r} + c$$

当 $r=r_0$ 时，$h=H$；$r=r_1$ 时，$h=h_0$，代入上式得

$$H - h_0 = \frac{Q\beta}{4\pi kt}\left(\frac{1}{r_0} - \frac{1}{r_1}\right)$$

已知：$Q = 4/3 \times \pi r_1^3 n$，$h_1 = H - h_0$，

代入上式得：

$$h_1 = \frac{r_1^3\beta\left(\frac{1}{r_0} - \frac{1}{r_1}\right)n}{3kt}$$

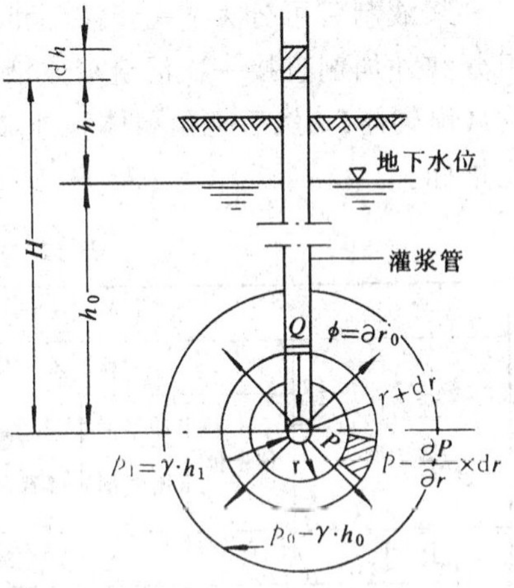

图 12.3-1 注浆管底端注浆球形扩散

由于 r_1 比 r_0 大得多，故考虑 $\frac{1}{r_0}-\frac{1}{r_1}\approx\frac{1}{r_0}$，

则

$$h_1 = \frac{r_1^3\beta n}{3ktr_0}$$

$$\therefore \quad t = \frac{r_1^3\beta n}{3kh_1 r_0} \qquad (12.3\text{-}1)$$

或
$$r_1=\sqrt[3]{\frac{3kh_1r_0t}{\beta\cdot n}} \tag{12.3-2}$$

式中：k——砂土的渗透系数（cm/s）；Q——注浆量（cm^3）；k_g——浆液在地层中的渗透系数（cm/s），$k_g=\frac{k}{\beta}$；β——浆液粘度对水的粘度比；A——渗透面积（cm^2）；r，r_1——浆液的扩散半径（cm）；h，h_1——灌浆压力，厘米水头；h_0——注浆点以上的地下水压头；H——地下水压头和灌浆压力之和（cm）；r_0——灌浆管半径（cm）；t——灌浆时间（s）；n——砂土的孔隙率。

（二）柱形扩散理论

图 12.3-2 为柱形扩散理论的模型。当牛顿流体作柱形扩散时：

$$t=\frac{n\beta r_1^2\ln\frac{r_1}{r_0}}{2kh_1} \tag{12.3-3}$$

$$r_1=\sqrt{\frac{2kh_1t}{n\beta\ln\frac{r_1}{r_0}}} \tag{12.3-4}$$

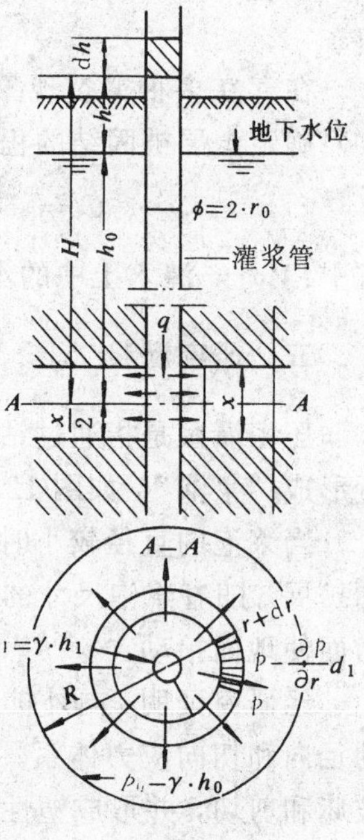

图 12.3-2　浆液柱状扩散

（三）袖套管法理论

假定浆液在砂砾石中作紊流运动，则其扩散半径 r_1 为：

$$r_1=2\sqrt{\frac{t}{n}\sqrt{\frac{k\upsilon h_1r_0}{d_e}}} \tag{12.3-5}$$

式中：d_e——为被灌土体的有效粒径；υ——浆液的运动粘滞系数；其余符号同 Maag 球状公式。

二、劈裂灌浆

劈裂灌浆是指在压力作用下，浆液克服地层的初始应力和抗拉强度，引起岩石和土体结构的破坏和扰动，使其沿垂直于小主应力的平面上发生劈裂，使地层中原有的裂隙或孔隙张开，形成新的裂隙或孔隙，浆液的可灌性和扩散距离增大，而所用的灌浆压力相对较高。

（一）砂和砂砾石地层

可按照有效应力的库仑-莫尔破坏标准进行计算：

$$\frac{\sigma_1'+\sigma_3'}{2}\cdot\sin\varphi'=\frac{\sigma_1'-\sigma_3'}{2}-\cos\varphi'\cdot c' \tag{12.3-6}$$

式中：σ_1'——有效大主应力；σ_3'——有效小主应力；φ'——有效内摩擦角；c'——有效粘聚力。

由于灌浆压力的作用，使砂砾石土的有效应力减小。当灌浆压力 P_e 达到式（12.3-7）时，就会导致地层的破坏：

$$p_e=\frac{(\gamma h-\gamma_w h_w)(1+K)}{2}-\frac{(\gamma h-\gamma_w h_w)(1-K)}{2\sin\varphi'}+c'\cdot\cot\varphi' \tag{12.3-7}$$

式中：γ——砂或砂砾石的重度；γ_w——水的重度；h——灌浆段深度；h_w——地下水位高度；K——主应力比。

图 12.3-3 为上述公式所代表的破坏机理，从图中可见，随着孔隙水压力的增加，有效应力就逐渐减小而至与破坏包线相切，此时表明砂砾土已开始劈裂。

（二）粘性土地层

在粘性土地层中，水力劈裂将引起土体固结及挤出等现象。在只有固结作用的条件时，可用下式计算注入浆液的体积 V 及单位土体所需的浆液量 Q：

$$V=\int_0^a (p_0-u)m_v\cdot 4\pi r^2 \mathrm{d}r \qquad (12.3\text{-}8)$$

$$Q=p\cdot m_v \qquad (12.3\text{-}9)$$

式中：a——浆液的扩散半径；p_0——灌浆压力；u——孔隙水压力；m_v——土的压缩系数；p——有效灌浆压力。

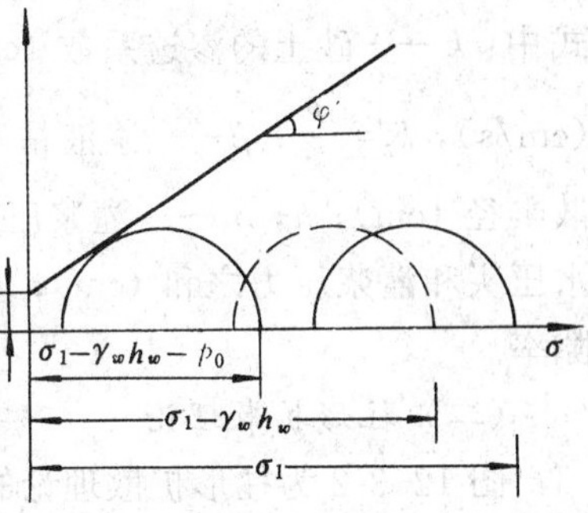

图 12.3-3　假想的水力破坏机理

在存在多种劈裂现象的条件下，则可用式（12.3-10）确定土层被固结的程度 C：

$$C=\frac{(1-V)(n_0-n_1)}{(1-n_0)}\times 100\% \qquad (12.3\text{-}10)$$

式中：V——灌入土中的水泥结石总体积；n_0——土的天然孔隙率；n_1——灌浆后土的孔隙率。

三、压密灌浆

压密灌浆是指通过钻孔在土中灌入极浓的浆液，在注浆点使土体压密，在注浆管端部附近形成“浆泡”，如图 12.3-4 所示。

当浆泡的直径较小时，灌浆压力基本上沿钻孔的径向扩展。随着浆泡尺寸的逐渐增大，便产生较大的上抬力而使地面抬动。

经研究证明，向外扩张的浆泡将在土体中引起复杂的径向和切向应力体系。紧靠浆泡处的土体将遭受严重破坏和剪切，并形成塑性变形区，在此区内土体的密度可能因扰动而减小；离浆泡较远的土则基本上发生弹性变形，因而土的密度有明显的增加。

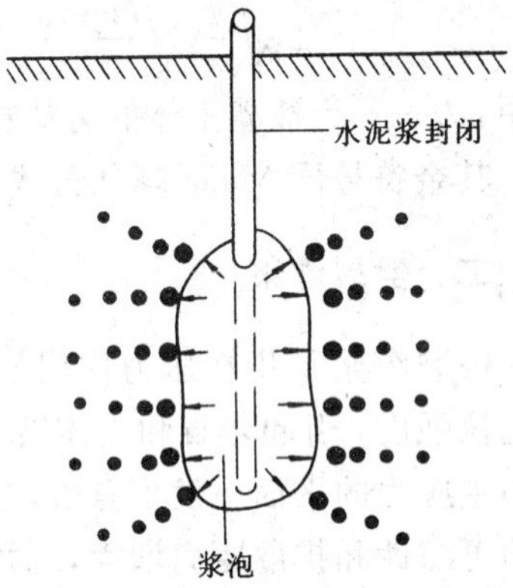

图 12.3-4　压密灌浆原理示意图

浆泡的形状一般为球形或圆柱形。在均匀土中的浆泡形状相当规则，而在非均质土中则很不规则。浆泡的最后尺寸取决于很多因素，如土的密度、湿度、力学性质、地表约束条件、灌浆压力和注浆速率等。有时浆泡的横截面直径可达 1m 或更大，实践证明，离浆泡界面 0.3～2.0m 内的土体都能受到明显的加密。

压密灌浆常用于中砂地基，粘土地基中若有适宜的排水条件也可采用。如遇排水困难而可能在土体中引起高孔隙水压力时，这就必须采用很低的注浆速率。压密灌浆可用于非饱和的土体，以调整不均匀沉降进行托换技术。

四、电动化学灌浆

如地基土的渗透系数 $k<10^{-4}$cm/s，只靠一般静压力难于使浆液注入土的孔隙，此时需用电渗的作用使浆液进入土中。

电动化学灌浆是指在施工时将带孔的注浆管作为阳极，用滤水管作为阴极，将溶液由阳极压入土中，并通以直流电（两电极间电压梯度一般采用0.3～1.0V/cm），在电渗作用下，孔隙水由阳极流向阴极，促使通电区域中土的含水量降低，并形成渗浆通路，化学浆液也随之流入土的孔隙中，并在土中硬结。因而电动化学灌浆是在电渗排水和灌浆法的基础上发展起来的一种加固方法。但由于电渗排水作用，可能会引起邻近既有建筑物基础的附加下沉，这一情况应予慎重注意。

第四节　灌浆设计与计算

一、设计程序和内容

1. 设计程序

进行灌浆设计时，应遵循以下程序：

①了解地质条件。查明场地的工程地质条件和水文地质条件。

②方案选择。根据地质条件、工程的性质及灌浆目的，初步选定灌浆方案。

③灌浆试验。包括室内试验和现场灌浆试验。寻求最佳灌注方法和最优灌浆参数。

④设计和计算。确定各项灌浆参数和技术措施。

⑤调整和修改设计。在施工过程中，根据所出现的具体情况，对原设计进行必要的调整和修改。

2. 设计内容

设计内容主要包括以下几方面：

①灌浆标准。通过灌浆要求达到的效果和质量指标。

②灌浆材料。包括浆材的种类、配方及制备工艺。

③灌浆范围。灌浆孔的平面图（孔距、排距、孔数、排数）及灌浆深度。

④浆液影响半径。指浆液在设计压力下所能达到的有效扩散距离。

⑤灌浆压力。规定允许最大灌浆压力。

⑥灌浆效果质量检测方法、手段及设备，评价结论。

二、灌浆方案选择

灌浆方案应根据地层条件、灌浆目的和工程性质等进行综合考虑，一般主要考虑灌浆材料和灌浆方法的选择。

灌浆材料的选择一般应遵循以下原则：

①对加固灌浆，一般宜采用以水泥为基本材料的水泥浆、水泥水玻璃浆液或采用环氧树脂、聚氨酯等。

②对防渗灌浆，可用粘土水泥浆、粘土水玻璃浆、水泥粉煤灰混合物、丙凝以及以无机试剂为固化剂的水玻璃浆液等。

③对孔隙较大的砂砾层或裂隙性岩层，一般用渗入性灌浆，在砂层中灌粒状浆液宜用劈裂灌浆，在粘土层中用劈裂灌浆或电动硅化法。矫正不均匀沉降时只用压密灌浆法。

表12.4-1为不同灌浆对象所适用的灌浆方法和灌浆材料参考表。

表 12.4-1　根据不同对象和目的选择灌浆方案

编号	灌浆对象	适用的灌浆原理	适用的灌浆方法	常用灌浆材料	
				防渗灌浆	加固灌浆
1	卵砾石	渗入性灌浆	套阀管法最好，也可用自上而下分段钻灌法	粘土水泥浆或粉煤灰水泥浆	水泥浆或硅粉水泥浆
2	砂及粉细砂	渗入性灌浆、劈裂灌浆	同 1	酸性水玻璃、丙凝、单宁水泥系浆材	酸性水玻璃、单宁水泥浆或硅粉水泥浆
3	粘性土	劈裂灌浆、压密灌浆	同 1	水泥粘土浆或粉煤灰水泥浆	水泥浆、硅粉水泥浆、水玻璃水泥浆
4	岩层	渗入性或劈裂灌浆	小口径孔口封闭自上而下分段钻灌法	水泥浆或粉煤灰水泥浆	水泥浆或硅粉水泥浆
5	断层破碎带	渗入性或劈裂灌浆	同 4	水泥浆或先灌水泥浆后灌化学浆	水泥浆或先灌水泥浆后灌改性环氧树脂或聚氨酯
6	混凝土内微裂缝	渗入性灌浆	同 4	改性环氧树脂或聚氨酯浆材	改性环氧树脂浆材
7	动水封堵	采用水泥水玻璃等快凝材料，必要时在浆液中掺入砂等粗料，在流速特大的情况下，尚可采取特殊措施，例如在水中预填石块或级配砂石后再灌浆			

三、灌浆标准

（一）防渗灌浆的标准

在砂或砂砾石层中，比较重要的工程，一般要求把地基渗透系数降至 10^{-4}～10^{-5}cm/s 以下；对临时性工程或允许出现较大渗漏量而不致发生渗透破坏的地层，也可采用 10^{-3}cm/s。

（二）固结灌浆的标准

由于灌浆目的不同，不同的工程只能根据自己的特点规定强度和变形要求，并通过现场灌浆试验确定相应的浆材配比及工艺。

四、浆液的扩散半径

由于地层条件往往复杂多变，浆液的扩散半径一般通过现场试验来确定。现场灌浆试验常采用三角形或矩形布孔，见图 12.4-1。灌浆实验结束后，可通过钻孔压水或注水，求灌浆

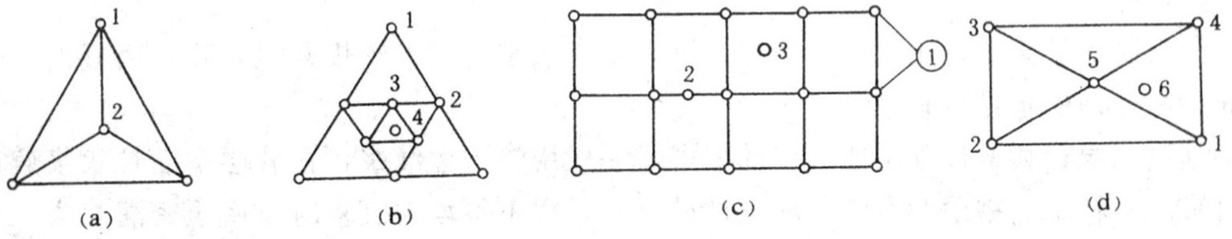

图 12.4-1　灌浆试验

(a) 1—灌浆孔；2—检查孔；(b) 1—Ⅰ序孔；2—Ⅱ序孔；3—Ⅲ序孔；4—检查孔；(c) 1—灌浆孔；2—试井；3—检查孔；(d) 1—4：第Ⅰ次序孔；5—第Ⅱ次序孔；6—检查孔

体的渗透系数或钻孔取样，检查孔隙充浆情况来评价浆液的扩散半径。

在初步估算扩散半径时，可参照表 12.4-2。

表 12.4-2　浆液扩散半径计算方法

地　层	公　式		符　号
砂　层	1	$R=\sqrt[3]{\frac{3k\cdot h_1\cdot r_0\cdot t}{\beta\cdot n}}$	R——浆液扩散半径（cm）； k——地层渗透系数（cm/s）； h——以厘米水柱表示的灌浆压力，用Pa表示时，为 100Pa； r——灌浆管半径（cm）； t——灌浆延续时间（s）； β、β_0——浆液相对粘度和有效充填系数； n——砂土孔隙率，取 $n=0.3\sim0.4$； c——单位长孔段内灌入的浆量（kg）； ρ——浆液密度（kg/cm^3）
砂砾石层	2	$R=2\cdot\sqrt{\frac{t}{n}\cdot\sqrt{\frac{k\cdot r_0\cdot h_1\cdot\gamma}{d_0}}}$	
	3	$R=5.65\sqrt{\frac{c}{\beta_0\cdot n\cdot\rho}}$	
砾石层	4	$R=1.54\sqrt{\frac{k\cdot h_1\cdot r\cdot t}{\beta\cdot\beta_0\cdot n}}$	
均质裂隙岩石	5	$R=\sqrt{\frac{2k\cdot t\cdot\sqrt{h_1}\cdot r}{\beta\cdot n}}$	

五、孔位布置

灌浆孔位的布置是根据浆液的扩散半径，在保证固结体彼此搭接的条件下，使钻孔和灌浆总费用最低。

（一）单排孔的布置

假定浆液扩散半径 R 已知，浆液呈圆柱状扩散，灌浆有效厚度为 b，孔距为 L，见图 12.4-2，则：

$$b=2\cdot\sqrt{R^2-L^2/4}$$

为达到同样的厚度 b，可同时加大或减小 R 和 L 值，L 值增大，可减小钻孔数量，节省钻孔费用，但同时加大 R 值，将延长灌浆时间，增大灌浆费用。据有关资料，当孔距为扩散半径的 $\sqrt{2}$ 倍时，灌浆帷幕的连续性和密实性才能得到保证。固结灌浆的孔距一般取 0.8～1.5m。

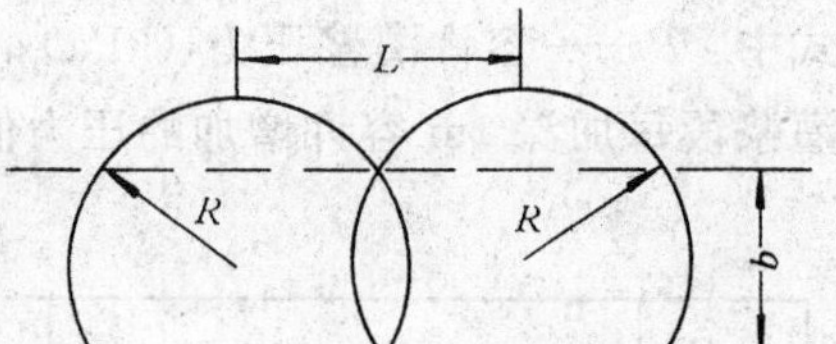

图 12.4-2　单排孔布置

（二）多排孔布置

若单排孔厚度不能满足要求时，可布置成多排孔，其有效厚度 b_m 可用下式计算：

奇数排　$$b_m=(n-1)\cdot\left[R+\left(\frac{n+1}{n-1}\right)\cdot\sqrt{R^2-\frac{L^2}{4}}\right]\qquad(12.4\text{-}1)$$

偶数排　$$b_m=n\cdot\left(R+\sqrt{R^2-\frac{L^2}{4}}\right)\qquad(12.4\text{-}2)$$

式中：b_m——灌浆有效厚度；n——灌浆孔排数。

最优排距 S，可由下式计算：

$$S = R + b/2 \qquad (12.4\text{-}3)$$

式中：S——灌浆孔排距。

六、灌浆压力

灌浆压力是指不会使地面产生变化和邻近建筑物受到影响的条件下可能采用的最大压力。

渗入性灌浆以不破坏地层的天然结构为控制原则，存在一个灌浆容许压力。在此压力下，地层不会发生变形和抬动。灌浆时实际采用的压力应根据实际情况确定，达到设计的扩散半径即可。一般情况下，当吸浆量小时，可采用较快速率的升压法，尽快达到规定的灌浆压力；当吸浆量较大时，则可缓慢地升高灌浆压力。

灌浆过程中，灌浆压力的控制通常可分为“一次升压法”和“分级升压法”两种方式。当地质条件允许时，可优先采用“一次升压法”，在灌浆开始时，将压力尽快地升高到规定的压力，但应注意对吸浆量有一定限制。若在规定的压力下，吸浆量超过了限制值，则需采用“分级升压法”，就是以吸浆量为主要控制条件，将压力分为2～3级，逐级升高到规定的压力。压力施加方法为：先使用最低一级的压力进行灌浆，当吸浆量减少到一定限度（称为下限）例如30L/min，则将压力升高一级，此时吸浆量将会增加，当吸浆量又减少到30L/min时，再将压力升高一级，直到规定的压力。

灌浆压力值受很多因素的影响，与地层土的密度、强度和初始应力、钻孔深度、位置及灌浆次序等有关，应通过现场试验来确定。进行现场试验时，一般是逐步提高压力，得到注浆量与注浆压力关系曲线，该曲线拐点所对应的压力即为容许灌浆压力。有些工程以试验所得的容许压力的80%为灌浆压力。

当缺乏试验资料或进行现场试验前预定一个压力时，也可按经验数值或理论公式预估一个压力值，然后根据试验或工程实际调整。

1. 地面有压重的情况下按下式计算

$$P = P_0 + m \cdot H \qquad (12.4\text{-}4)$$

式中：P——容许灌浆压力（kPa）；P_0——地面段容许灌浆压力（kPa），查表12.4-3；m——灌浆段每加深1m容许增加的压力值（kPa/m），查表12.4-3；H——灌浆段深度（m）。

表12.4-3　P_0和m选定表

分类	岩性	P_0 (kPa)	m_1 (kPa/m) 灌浆方法		m_2 灌浆次序		
			自上而下	自下而上	Ⅰ	Ⅱ	Ⅲ
Ⅰ	裂隙很少、面细、结构致密	150～300	200	100～120	1	1～1.25	1～1.5
Ⅱ	略受风化的裂隙岩石，无大裂隙，但其中有层理的沉积岩	50～150	100	50～60	1	1～1.25	1～1.5
Ⅲ	严重风化裂隙岩石，有水平或接近水平层理的沉积岩	25～50	50	25～30	1	1～1.25	1～1.5
Ⅳ	砂砾层		80	60	1	1.25	1.5

注：$m = m_1 \times m_2$。

2. 地面有附加压重时

$$P = P_0 + K \cdot \gamma \cdot h \tag{12.4-5}$$

式中：P——有附加压重时的容许灌浆压力（kPa）；K——系数，一般取 $K=1\sim3$；γ——压重层的重度（kN/m^3）；h——压重层的厚度（m）。

3. 砂砾层灌浆时，按以下两式之一计算

$$P = m_2(0.75 \cdot T + m_1 \cdot \lambda \cdot H) \tag{12.4-6}$$

或

$$P = K \cdot \gamma_1 \cdot T + m \cdot \lambda \cdot H \tag{12.4-7}$$

式中：T——地基覆盖层厚度；λ——与地基土层性质有关的系数；一般情况 $\lambda=0.3\sim0.5$，结构松散，渗透性强的地层取下限，反之取上限；γ_1——覆盖层的重度（kN/m^3）。

压密灌浆的灌浆压力应控制在最大容许压力下并根据浆液的稠度控制在 1～7MPa 范围内，坍落度较小时，可取高压；对于水泥-水玻璃双液快凝浆液，注浆压力应小于 1MPa。

劈裂灌浆很难依靠控制压力来控制劈裂。灌浆时，将给定数量的浆液强行挤入土体，并记录压力的变化，以判断劈裂灌浆的进行情况。

七、灌浆量

浆液占据的体积为地层孔隙或裂隙的体积，但在实际灌浆过程中，浆液不可能完全充满全部，所以在计算灌浆量时，应乘上一个折减系数，并考虑浆液的损耗。灌浆量计算公式为：

$$Q = K \cdot V \cdot n \cdot 1\,000 \cdot (1+\beta) \tag{12.4-8}$$

式中：Q——浆液总用量（L）；V——灌浆加固区的总体积（m^3）；n——土的孔隙率；K——孔隙充填系数，应通过现场试验确定。在无试验资料时，可按表 12.4-4 取；β——浆液损耗系数，可在 5%～15%之间取值。

表 12.4-4　孔隙充填系数取值参考表

软土、粘性土、细砂	中砂、粗砂	砾　砂	湿陷性黄土
0.3～0.5	0.5～0.7	0.7～1.0	0.5～0.8

第五节　灌浆施工

一、灌浆施工方法分类

（一）按注浆管设置方法分类

1. 钻孔法

该方法适用地层较广，可根据具体地层条件调整工艺参数，保证孔壁稳定。具有对地基土扰动小和可使用填塞器等优点。

2. 打、压入法

在注浆管顶端安装柱塞，将注浆管或有效注浆管用打桩机、电动落锤或液压式压桩机打入地层。用水玻璃加固地基土进行灌浆时，常用这种方法。

3. 喷注法

在比较均质的砂层或注浆管打入困难的地方而采用的方法。对地基扰动较大。

（二）按浆液混合方式分类

1. 一种溶液一个系统方式

将所有注浆材料混合放进同一箱子中，再进行注浆，这种方式适用于凝胶时间较长的情况。

2. 两种溶液一个系统方式

将 A 溶液和 B 溶液预先分别装在各自准备的不同箱子中，分别用泵输送，在注浆管的头部使两种溶液混合。也可使 A 溶液和 B 溶液在送往泵中前混合，再用一台泵灌注。

3. 两种溶液两个系统方式

将 A 溶液和 B 溶液分别准备放在不同的箱子中，用不同的泵输送，在注浆管（并列管、双层管）顶端流出的瞬间，两种溶液混合注浆。这种方式适用于凝胶时间是瞬间的情况。

（三）按注浆方法分类

1. 钻杆注浆法

钻杆注浆法是把注浆用的钻杆，钻进到设计深度后，将注浆材料通过钻杆内管送入地层中的一种方法。注浆材料在进入钻孔前，先将 A、B 两液混合，随着化学反应的进行，粘度逐渐升高，并在地基内胶结。

该方法容易操作，施工费用较低，但浆液易沿钻杆和钻孔的间隙往地表喷浆。

2. 单管注浆法

单管注浆法是把过滤管（花管）置入钻孔中，并以砂充填，管与地层的间隙（从地表到注浆位置）用填充物封闭，使浆液不溢出地表。注浆时，一般从上往下依次进行。每注完一段，用水将管内的砂冲洗出后，重复上述操作。

3. 双层管双栓塞注浆法

该法是沿着注浆管轴将注浆限定在一定范围内的一种方法。注浆时，在注浆管中有两处设有两个栓塞，使注浆材料从栓塞中间向管外渗出。目前，有代表性的方法主要是 Manchette 套阀管法。

4. 双层管钻杆注浆法

双层管钻杆注浆法是将 A、B 液分别送到钻杆的端头，浆液在端头所安装的喷枪里或从喷枪中喷出之后就混合而注入地基。

这种方法的注浆设备及其施工原理与钻杆注浆法基本相同，不同的是双层管钻杆法的钻杆在注浆时为旋转注浆，同时在端头增加了喷枪。注浆顺序等也与钻杆法注浆相同，但段长较短，注浆密实。

二、注浆次序

灌浆施工应遵循的主要原则是将灌浆孔有序的逐渐加密，使浆液限制在灌注范围以内。施工次序有两种方法，即逐渐加密法则和分段灌浆法则。

1. 逐渐加密法则

逐渐加密法则是指按计划好的灌浆孔网格布置图分序逐渐加密灌浆的法则。

灌浆孔可根据需要分为若干序，对于帷幕灌浆，第一序的孔距应等于最终孔距的 2^n 倍（n 为加密次数）。

帷幕灌浆通常有单排孔、双排孔或三排孔。双排孔时，若地层内有地下水活动或在水头压力情况下，宜先灌下游排。如三排孔，则先灌下游排，再灌上游排，最后灌中排。单排孔施工次序见图 12.5-1。

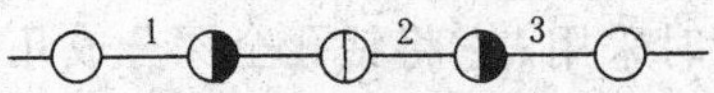

图 12.5-1　单排孔施工次序图

1—第一次序孔；2—第二次序孔；3—第三次序孔

固结灌浆常布置呈梅花形和方格形。梅花形布孔的施工工序为：首先灌奇数排的奇数孔，再灌奇数排的偶数孔，第三次序为偶数排的奇数孔，第四次序为偶数排的偶数孔。见图 12.5-2。这样安排，第三次序孔就已为第一、二次序孔所包围，而在灌第四次孔时，其四周不仅都为已灌孔，而且包围地又紧密了，更有利于第四次序孔的挤密压实，并可用它来检查灌浆质量和灌浆效果。这种布孔型式的缺点是，若需补加钻孔时，则无合适的位置布孔。

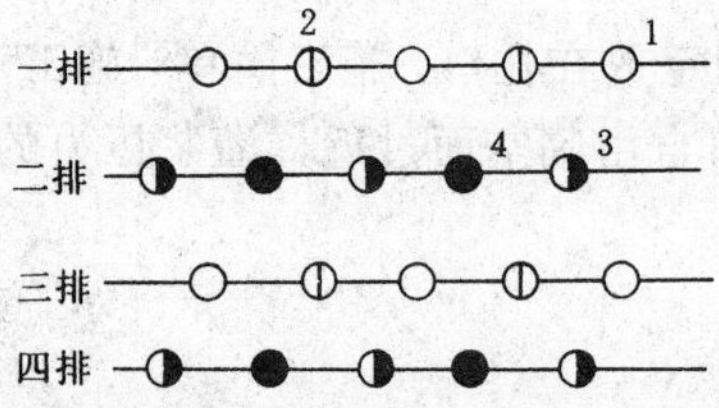

图 12.5-2　梅花形和六角形布孔施工次序图

1—第一次序孔，奇数排的奇数孔；2—第二次序孔，奇数排的偶数孔；3—第三次序孔，偶数排的奇数孔；4—第四次序孔，偶数排的偶数孔

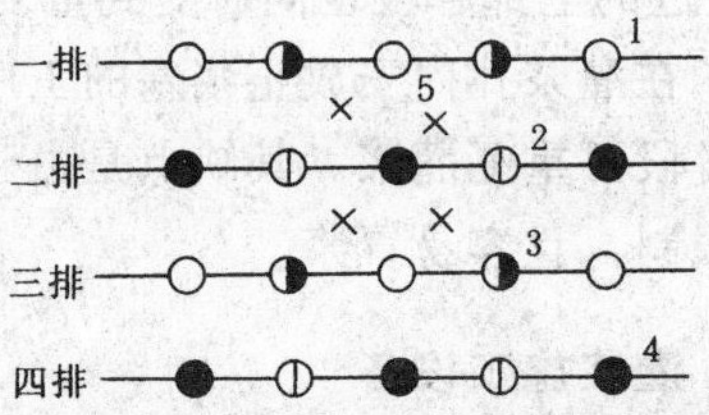

图 12.5-3　方格形布孔施工次序图

1—第一次序孔，奇数排的奇数孔；2—第二次序孔，偶数排的偶数孔；3—第三次序孔，奇数排的偶数孔；4—第四次序孔，偶数排的奇数孔；5—补加钻孔的位置

方格形布孔最理想的施工次序为首先灌奇数排的奇数孔，再灌偶数排的偶数孔，第三次序为奇数排的偶数孔，第四次序为偶数排的奇数孔。见图 12.5-3。这样安排具有如前所述相同的优点，自第二次序孔起，每一次序孔即为前次序孔所包围。这种布孔形式的优点在于依照设计布孔完成灌浆任务后，若发现哪一地段尚未达到预期的要求时，可以在该地段四个灌浆孔的中心再补加一个次序的灌浆孔，如仍不合格，还可补加，直至达到要求时止。

2. 分段灌浆法

岩石基础中的帷幕灌浆孔，一般都比较深，在一般地质条件下，帷幕灌浆孔段大都控制在 5～6m。岩石坚硬完整，渗透性小的地区，段长可略长些，但不宜超过 8m。在岩石破碎、裂隙发育、渗漏量大的地区，段长应适当缩短至 3～4m。

固结灌浆孔，在深度小于 6m 时，可一次灌注，深度大于 6m 时，也应分段灌浆。

岩层中的分段灌浆法主要有四种：

(1) 自上而下分段灌浆法，见图 12.5-4 (a)。

从孔口开始，钻一段灌一段，止浆塞置于受灌段的顶端。

其优点是对地层的适应能力强；其次是由于上部已经过灌浆，耐压能力得到提高，以下各段可采用较高的灌浆压力。其缺点是钻孔工作和灌浆工作交错进行、相互干扰、影响工效。

(2) 自下而上分段灌浆法，见图 12.5-4 (b)。

灌浆孔一次钻到底，然后由孔底向上分段灌浆。灌浆时止浆塞放在受灌段顶。其优点是钻孔和灌浆可分开进行，互不干扰，工效高。缺点是在裂隙发育的地层中，容易造成串浆；对岩石质量不好的地层，孔壁容易坍塌掉块。

(3) 综合分段灌浆法

该法是将自上而下与自下而上两种方法结合起来的一种施工方法，适合于在深的帷幕孔中进行灌浆时采用。它将钻孔全深分成几个灌浆段，从全孔的灌浆看，表现为自上而下；从每个综合段内看，又表现为自下而上灌。

（4）孔口封闭分段全断面灌浆法，见图 12.5-4（c）。

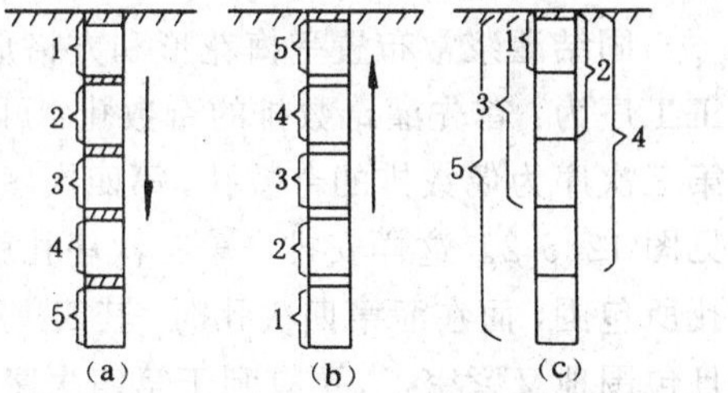

图 12.5-4 分段灌浆方法

（a）自上而下分段灌浆；（b）自下而上分段灌浆；（c）孔口封闭分段全断面灌浆

自上而下钻一段灌浆，灌浆时，止浆塞均安置于孔口，全孔充浆，除对最下面一段新的灌浆段灌浆外，已灌过的上部各段也同时受到重复灌浆。其优点是省去了在灌浆孔内安放止浆塞的工序，而把止浆塞固定放在孔口。施工简单，施工进度快，对已灌各段可重复灌浆。其缺点是由于止浆塞距离孔口自由临空面过近，灌浆压力的提高受到一定限制，且容易冒浆。

三、灌浆施工设备

灌浆施工设备主要包括钻机、灌浆泵、搅拌机及配套机具等。

1. 钻机。钻机选择应考虑施工灌浆孔的工程地质条件，最大灌浆深度，现场环境及施工方法等因素。可选用一般的地质勘察钻机。

2. 灌浆泵。表 12.5-1 和表 12.5-2 分别为部分专用灌浆泵和部分代用灌浆泵的性能。

3. 浆液搅拌机。目前常用的搅拌机有立式与卧式两种。立式搅拌机适用于浆液供给强度不大的工程。其结构简单，由上下两槽组成，上部容积 200～500L，用以搅拌浆液，下部为储浆桶，灌浆时只需将灌浆泵的吸浆口与搅拌机出浆口连通即可。表 12.5-3 为 MVM5 型搅拌机性能。

卧式搅拌机中最常用的是由“U”形筒体和两根水平搅拌轴组成，有 $2m^3$ 和 $4m^3$ 两种规格，搅拌机的转速分别为 80r/min 和 108r/min。

4. 专用器具。包括止浆塞，孔口封闭器和输浆管材等。

a. 止浆塞。目前常见的几种止浆塞见图 12.5-5 和图 12.5-6。

b. 孔口封闭器。采用全孔一次灌浆或用无塞孔口封闭式分段灌浆时，孔口设置封闭器可以防止浆液从孔口返出。封闭器的结构见图 12.5-7，胶球尺寸可根据注浆管外径选定。

四、施工工艺

（一）单管注浆

1. 单管注浆法施工步骤（见图 12.5-8）。

（1）钻机与灌浆设备就位；

（2）钻孔；

（3）插入注浆花管进行注浆；

（4）注浆完毕后，用清水冲洗花管中的残留浆液。

2. 施工要点

（1）注浆孔的孔径一般为 70～110mm，垂直偏差应小于 1%，注浆孔有设计角度时应预先调节钻杆角度。

表 12.5-1　部分专用灌浆泵性能

性能＼型号		YBS-250/120	KBY-50/70	2JGZ-60/120	QZB-50/60	2MJ-3/40	HGB	HG20-12	NJ-4
型　式		液力变矩调速		柱塞泵	气动泵	隔膜泵	可控硅调速	可控硅调速	转子泵调节排量
最大工作压力(MPa)		12	0.5～0.7	21,18,9.5,6.0	6.0	4.0	3.0,6.0,3.0,6.0	2.0	1.5
最大排量(L/min)		250	50	16,19,36,60	50	50	25,12.5,6.25,3.13	12	2.0
缸　数(个)		2				2	2	2	
缸套直径(mm)		80	110	柱塞 52	75	75		40	10
活塞行程(mm)		150	180	150	120	45		60	
往复次数(次/min)			16	26,31,54,96	55	144	118	80	750
吸浆口径(mm)		75			25.4	30	25		
排浆口径(mm)		45			13	30	20		
电机	功率(kW)	75	7.5	75	供气压 0.6～0.7MPa，耗气量小于 0.7L/min	7.5	4.0	3(直流)	0.6
	转速(r/min)	1 480				1 500	1 500	3 000	
	型　号	BJO_2-92-4		BJO_2-51-4		ASO_2-52-4	Z_2-42(直流)		
外形尺寸(mm)	长	3 900	1 300	1 750	1 000	1 130	1 300	750	540
	宽	700	720	945	470	1 000	600	430	410
	高	1 600	700	1 120	650	1 050	680	700	520
质量(kg)		3 000	300	1 050	130	1 000	378	120	30
用　途		灌注水泥浆或水泥-水玻璃浆液				化学灌浆(单、双液)			

表 12.5-2 部分代用灌浆泵性能

性能 \ 型号		TBW 200/40	BW 250/50	2DN 6/30	2DSJ 3/30	2DN 15/40	2DN 25/80	100/15 (C232)	100/20	CB_5540	HP-013
最大压力(MPa)		4.0	2.5,5.0	3.0	3.0,1.5	4.0	8.0	1.5	2.0	6.0～3.5	1.5
最大排量(L/min)		200	250,150	100	1.5,3.0	250,170,100	420	100	100	180～540	50
缸　数(个)		2	3	2		2		1		2	
缸套直径(mm)		85	75	70	70	90,75,70	85	110	110	90,100,115	
活塞行程(mm)		140	85	100		150	140	110		150	
往复次数(次/min)		81	250,150	84	62	76	170		110	50,90	
吸浆管口径(mm)		89	62.5	54		75					
排浆管口径(mm)		38	38	44		54		65			
电机功率(kW)		18	20	10	4.2	30	70	7	7	40	
外形尺寸(mm)	长	1 670	1 100	1 695		1 750	2 150	1 200		1 940	1 580
	宽	890	810	920		700	2 075	560		960	798
	高	1 600	680	634		1 130	750	1 000		1 390	1 078
质量(kg)		680	400			825				1 200	
生产厂家			衡阳探矿厂		重庆水泵厂		本溪水泵厂		吉林水工机械厂	上海力生机械厂	济南风动工具厂
用　途					化学灌浆			砂浆液			砂浆液

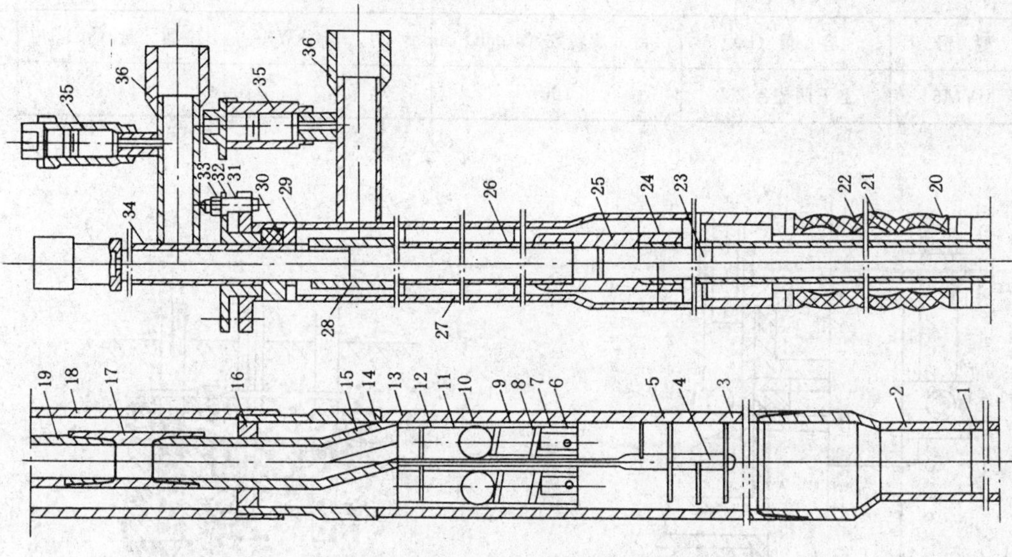

图 12.5-5　孔内双管止浆塞

1—尾管；2—变径接头；3—混合器；4—混合片芯；5—混合片；6—弹簧座；7—销钉；8—弹簧；9—球罩；10—ϕ37mm 钢球；11—球座；12—隔板；13—连接板；14—立体接头；15—弯管；16—支撑铁块；17—ϕ57mm 接头；18—托盘管；19—内管；20—铁丝圈；21—芯管；22—胶塞；23—下挡接头；24—下挡；25—上挡；26—内管；27—外管接头；28—内管接头；29—孔口外三通；30—盘根；31—螺钉；32—压盖；33—垫圈；34—孔口内三通；35—压力表缓冲器；36—活接头

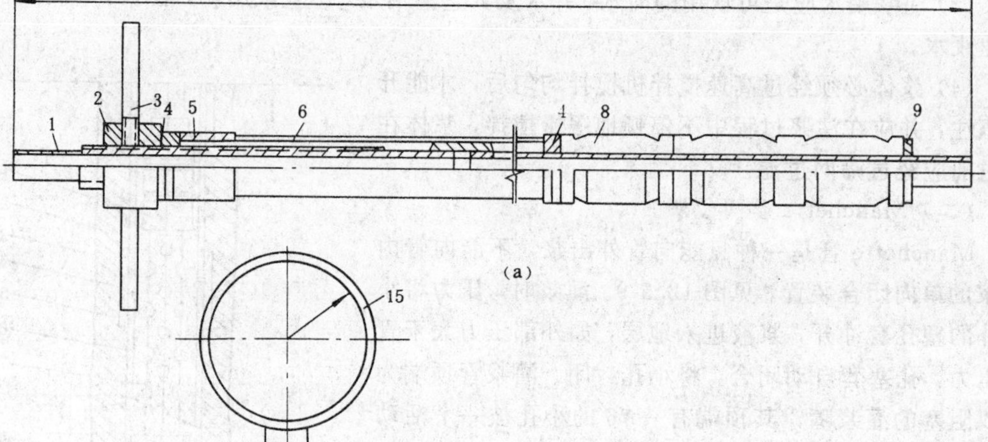

图 12.5-6　小型双管止浆塞

1—丝杆；2—圆形螺母；3—手柄；4—垫圈；5—接头；6—外管；7—管接头；8—胶塞；9—托盘；10—推力螺母；11—注浆管；12—推力管；13—挡盘；14—顶头螺母；15—刻度盘

表 12.5-3　MVM5 型搅拌机性能

型　号	容　量（L）	叶片旋转数（r/min）	功　率（kW）	重　量（kg）
MVM5	上下两槽各 250	160	2.2	340

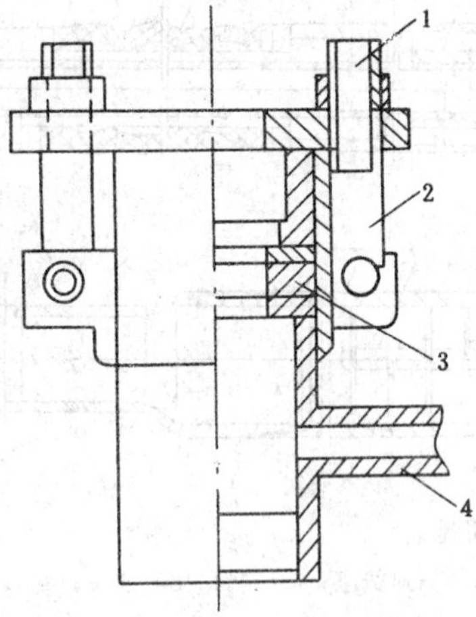

图 12.5-7　孔口封闭器

1—螺帽；2—螺杆；3—胶球；4—回浆管

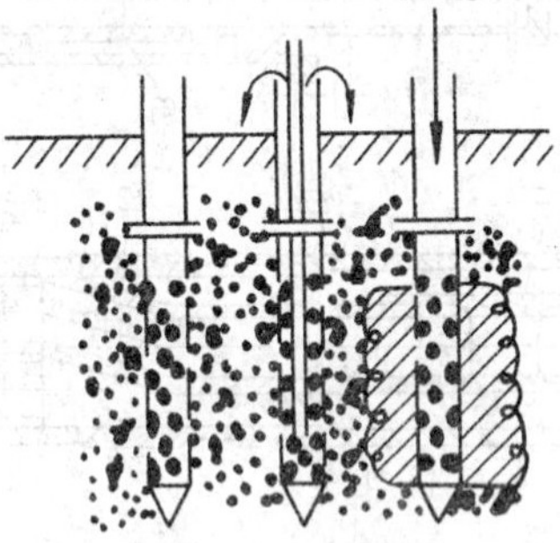

图 12.5-8　单管灌浆法

(a) 钻孔后插入注浆花管；(b) 注浆；(c) 注浆完成

(2) 注浆的流量一般为 7～10L/s，对充填型灌浆，流量可适当加快，但也不宜大于20L/s。

(3) 注浆用水应是可饮用的河水、井水及其它清洁水，不宜采用 pH 值小于 4 的酸性水和工业废水。

(4) 浆体必须经过高速搅拌机搅拌均匀后，才能开始压注，并应在注浆过程中不停顿地缓慢搅拌，浆体在泵送前应经过筛网过滤。

（二）Manchette 套阀管法

Manchette 管是一种只能向管外出浆，不能向管内返浆的单向闭合装置。见图 12.5-9。灌浆时，压力将小孔外的塞孔套冲开，浆液进入地层，如外部压力大于管内压力，孔塞套自动闭合，将小孔封闭。灌浆管顶端为一双阻塞的灌浆嘴，其顶端有一 $\phi6$ 的小孔被一个活动 $\phi8$ 的钢球盖住。中间为根据不同需要制成的长度、孔形不同的花管，其两端为止浆塞。止浆塞由几个相对的橡皮碗组成。在浆液的压力下，喇叭口张开，紧紧压紧套阀花管的内壁，阻止浆液的流失。止浆塞灌浆嘴的中心对准出浆口单向阀门，形成一密闭间，止浆塞一般能承受 2MPa 的压力。在下管时，钻孔内的水把顶端的钢球顶开，以减少下管时的浮力。灌浆时，浆液将球顶紧并从花管中喷出，冲向喇叭口，紧压两端橡皮碗。因此浆液只能从套阀花管的小孔中喷出，冲出塞孔套进入地层。

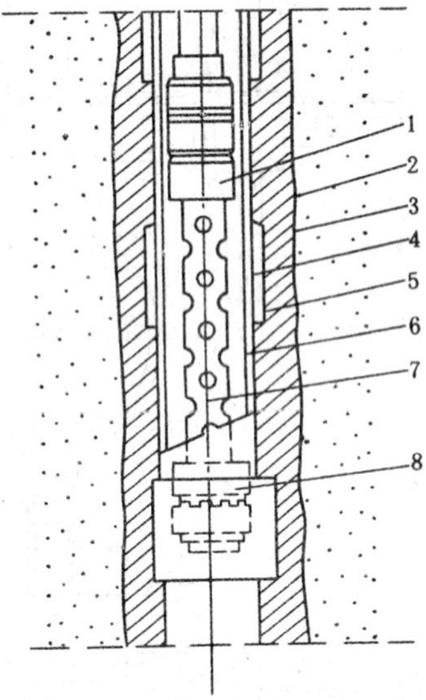

图 12.5-9　Manchette 管的结构

1，8—止浆塞；2—钻孔壁；3—套壳料；4—出浆孔；5—塞孔套；6—钢管；7—Manchette 管在套阀花管与地基间，可用优质膨润土浆和水泥浆固壁，它具有防止串浆、冒浆并能避免地层中细小颗粒进入套阀花管的作用。为防止固壁料在进浆部位形成硬壳，而阻止浆液穿透，在其具有一定强度（一般为5～7d）后，就应进行灌浆。

Manchette套阀管法施工步骤大致为（见图12.5-10）：

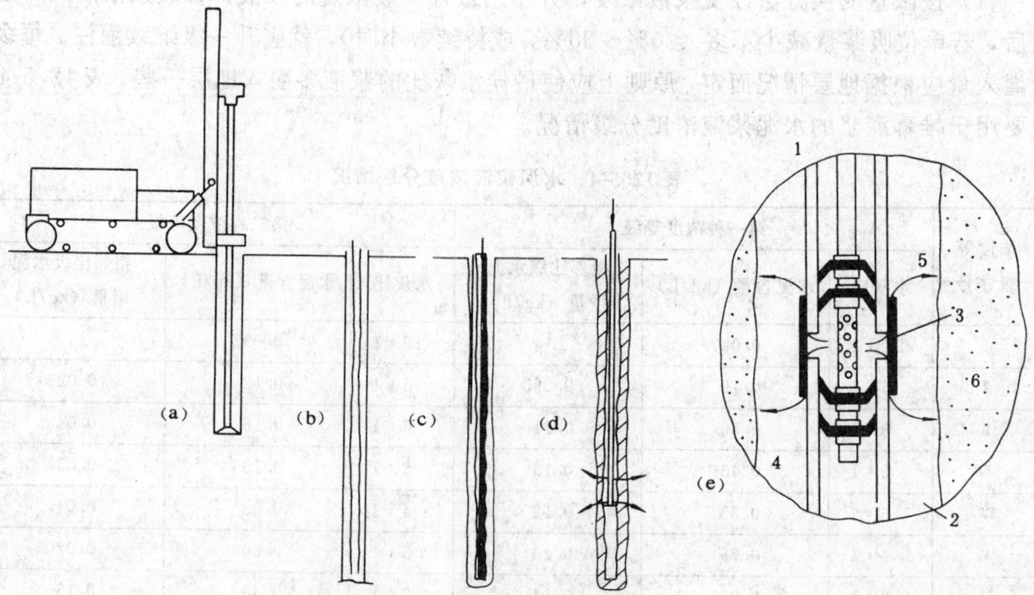

图12.5-10　施工工艺流程图

(a) 钻孔；(b) 插入套阀管；(c) 用封隔器灌入套壳料置换泥浆；(d) 灌浆；(e) 构造示意；1—浆液进入；2，4—套壳料；3—橡皮套阀；5—浆液；6—土层

(1) 钻孔。一次钻完全孔，并用泥浆或套管护壁。

(2) 放入花管。为使套壳料的厚度均匀，应设法使花管位于钻孔中心。

(3) 浇注套壳料。在花管与钻孔孔壁之间的空间，用粘土水泥混合填料加以封填。

(4) 灌浆。待套壳料具有一定强度后，在花管内放入带双塞的灌浆管进行灌浆。Manchette管套阀法的特点：

1) 可根据需要灌注任何一个灌浆段，还可重复灌浆；

2) 可使用较高的灌浆压力，灌浆时冒浆和串浆的可能性小；

3) 钻孔和灌浆分开，提高了钻孔设备的利用率；

4) 可在同一孔内灌注几种浆材；

5) 每个灌浆段长度固定为33～50cm，不能根据地层情况调整灌浆长度；

6) 套阀管难以拔出重复使用；

7) 在灌浆过程中很难准确地测定压力-流量曲线，并判定地层情况。

(三) 灌浆参数的控制

1. 灌浆压力的控制。当地层透水性不大、裂隙不太发育、岩性较完整时，采用一次升压法。当岩层透水性强、单位吸浆量和规定灌浆压力难以很快达到时，采用分级升压法。

由灌浆压力与地层单位吸浆量的关系调整灌浆压力。一般当单位吸浆量超过上限时，将压力降低一级，单位吸浆量达到上限时，再将压力升至原来一级继续灌浆。

压力可分两级，也可分为三级，每级压力值应根据具体地层条件选定。三级升压常按0.4，0.7，1.0或0.5，0.8，1.0倍的次序升压。吸浆量的上下限，一般对帷幕灌浆上限可定为60～80L/min，下限为30～40L/min。

2. 浆液浓度的控制。浆液浓度的调换方法：

（1）按限量变换方法改变浆液浓度，开始用最稀一级浓度的浆液，每级浆液灌入一定数量后，若单位吸浆量减少不多（20%～30%，或持续数小时），就应升一级继续灌注。每级累计灌入量应根据地层情况而定，原则上应使最佳水灰比的浆液多灌入地层一些。表12.5-4为主要用于帷幕灌浆的水泥浆液浓度分级情况。

表12.5-4　水泥浆液浓度分级情况

浓度等级序号	第一种浓度等级			第二种浓度等级		
	水灰比	水泥含量（kg/L）	相邻比级水泥增量（kg/L）	水灰比	水泥含量（kg/L）	相邻比级水泥增量（kg/L）
Ⅰ	10：1	0.097		10：1	0.097	
Ⅱ	5：1	0.19	0.093	8：1	0.12	0.023
Ⅲ	3：1	0.30	0.11	6：1	0.16	0.04
Ⅳ	2：1	0.43	0.13	5：1	0.19	0.03
Ⅴ	1.5：1	0.55	0.12	4：1	0.23	0.04
Ⅵ	1：1	0.75	0.20	3：1	0.30	0.07
Ⅶ	0.8：1	0.89	0.14	2：1	0.43	0.13
Ⅷ	0.6：1	1.10	0.21	1：1	0.75	0.32
Ⅸ	0.5：1	1.20	0.10	0.8：1	0.89	0.14
Ⅹ				0.6：1	1.10	0.21

注：①细小缝隙可用第二种浓度等级；②固结灌浆配比也有两种，即水灰比为8，3，2，1.5，1.0，0.8和8，5，2，1（或8，4，2，1）。

（2）以一定时间内同一级浓度浆液的灌入量作为变换浓度的标准，其值见表12.5-5。

表12.5-5　浆液浓度变换标准

原浆液水灰比	以稀浆开始浓浆结束灌浆		以浓浆开始稀浆结束灌浆	
	改变前吸浆量（L/20min）	改变后浆液水灰比	改变前吸浆量（L/20min）	改变后浆液水灰比
10：1	＞800	8：1	＞800	8：1
8：1	＞700	6：1	＞800	6：1
6：1	＞600	4：1	＞750	4：1
4：1	＞500	2：1	＞650	2：1
2：1	＞400	1：1	＞550	1：1
1：1	直至结束		＞500	不变
1：1			＜400	4：1
4：1			＜200	8：1或10：1
8：1			直至结束	

(3) 当吸浆量大于 30L/min 时，可越级变换浓度，直到结束。一般根据地层情况确定水泥浆开灌水灰比。

3. 终灌标准

终灌标准随工程的具体情况而异，一般有以下几种：

(1) 达到该段指标灌浆量。

(2) 灌浆压力对累积的灌浆量的对数坐标（或假定灌浆率为常数时的对时间的对数坐标）出现灌浆压力突然停止增加，地面发生轻微隆起时。

(3) 在规定灌浆压力下，若灌浆段单位吸浆量小于 0.2～0.4L/min·m，延续 30～60min 即可。

(4) 在规定灌浆压力下，单位吸浆量小于 0.002L/min·min 时，延续 30min 即可。

(5) 在规定灌浆压力下，固结灌浆孔段的吸浆量小于 0.4～0.6L/min，再延续 30min 即可。

第六节 质量检验

对注浆效果的检查，应根据设计提出的注浆要求进行，可采用以下方法：

(1) 统计计算浆量，对注浆效果进行判断。

(2) 静力触探测试加固前后土体强度指标的变化，以确定加固效果。

(3) 抽水试验测定加固土的渗透系数。

(4) 钻孔弹性波试验测定加固土体的动弹性模量和剪切模量。

(5) 标准贯入试验测定加固土体的力学性能。

(6) 室内试验。对比加固前后土的物理力学性质，判定加固效果。

第十三章　树 根 桩

第一节　概　述

树根桩是一种用压浆方法成桩，桩径在 100～300mm 的小直径就地钻孔灌注桩，又称为钻孔喷灌微型桩、小桩或微型桩，是由意大利 Fondedile 公司的 Lizzi 在 20 世纪 30 年代发明的一项专利技术。树根桩可是单根的，也可是成排的，可以是垂直的，也可是倾斜的。当布置成三维结构的网状体系时，称为网状结构树根桩。

与其它地基处理方法相比，树根桩有以下特点：

(1) 施工引起的噪音和振动很小，适合于市区作业并不会对既有建筑物的稳定带来危害；

(2) 所需施工场地较小，在平面尺寸 1.0×1.5m 和净空高度 2.5m 即可施工；

(3) 采用压力注浆，使桩与土体结合紧密，桩土表面摩擦力较大，因而具有较高的承载力；

(4) 由于孔径很小，对基础和地基土几乎不会产生任何应力，也不干扰建筑物的正常使用；

(5) 处于设计荷载下的桩沉降很小，可应用于建筑物对沉降限制较严的工程。

树根桩可用于杂填土、素填土、碎石土、砂土、粉土、粘性土、湿陷性黄土、膨胀土等各种不同地质条件及喀斯特岩溶地区，既能用于地下水位以上，也可用于地下水位以下。

树根桩的应用范围包括：新建建筑物的地基加固、已有建筑物的基础托换、池形构筑物抗压抗浮基础、基坑支护、边坡的稳定加固以及地下工程中的挡土结构。

第二节　树根桩的设计计算

一、单桩承载力的确定

采用或借鉴同类工程的静荷载试验来确定单桩承载力是确定单桩承载力最可靠的方法。无静荷载试验资料时，也可按有关规范或采用静力触探资料来确定单桩承载力。

(一) 单桩静荷载试验确定法

树根桩的作用实质是分担基底土所承受的总荷载。因此，进行基础托换时应充分考虑和利用基底土的承载能力。设计时，根据被托换建筑物的变形限制值 S_a 和树根桩单桩静荷载试验曲线 $Q-s$，可确定在桩体允许变形条件下单桩分担的最大荷载 Q_a（见图 13.2-1）。根据树根桩的布置形式和数量，可确定桩体分担的总荷载量 Q_m，即：

$$Q_m = \xi \sum_{i=1}^{n} Q_{ai} \tag{13.2-1}$$

式中：ξ——群桩效率系数，当桩间距大于 6 倍桩径时，取 1.0；桩间距为 3～4 倍桩径时，取 0.8～0.9；桩间距为 2.5～3 倍桩径时，取 0.7。

由 Q_m 即可推算出桩间土上作用的荷载量，利用桩间土上作用的附加荷载，可计算出加固区的压缩量 s_1；由等效实体法或应力扩散法计算出桩尖处的附加荷载，再用分层总和法计算下卧层的压缩量 s_2。当土层的总变形 $s(s=s_1+s_2)$ 小于或等于变形限制值时，设计满足要求；否则，应考虑增加桩数或增加桩长。

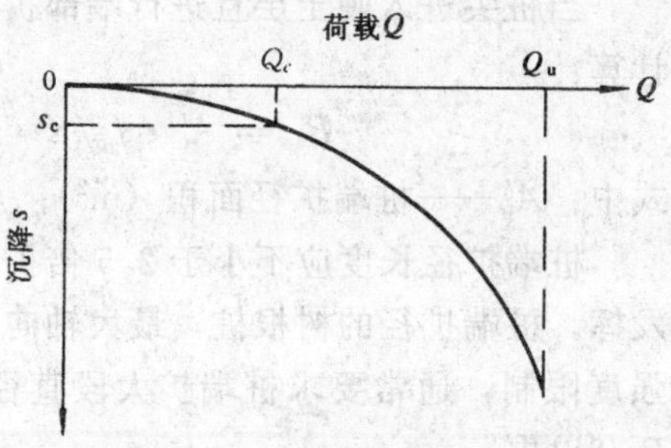

图 13.2-1　单桩静荷载 $Q-s$ 曲线

（二）上海《地基处理技术规范》（DBJ08-40—94）计算法

单桩容许承载力可表示为：

$$P_a = P_{af} + P_{ac} \tag{13.2-2}$$

式中：P_a——单桩容许承载力（kN）；P_{af}——桩端容许支承力（kN）；P_{ac}——桩侧容许摩擦力（kN）。

树根桩一般按摩擦桩考虑，即不考虑 P_{ac}，则：

$$P_a = P_{af} = \frac{U_p}{K} \cdot \sum f_i \cdot l_i \tag{13.2-3}$$

式中：U_p——桩周长（m）；f_i——第 i 层土的摩阻力（kPa），可取表 13.2-1 中的上限值；当采用一次注浆工艺时，可再提高 30%；l_i——第 i 层土层中的桩长（m）；K——安全系数，一般取 2，对沉降有特殊要求的托换工程，可适当增大。

表 13.2-1　桩周土极限摩阻力与桩端土极限端承力

土层编号	土层名称	埋藏深度 (m)	预制桩		灌注桩	
			f_i (kPa)	f_p (kPa)	f_i (kPa)	f_p (kPa)
②	褐黄色粘性土	0～4			15	
	灰色粘质粉土	4～15	20～40	500～1 000	15～30	
	灰色砂质粉土	4～15	30～50	1 000～2 000	25～40	600～800
	灰色粉砂	4～15	40～60	2 000～3 000	30～45	700～900
③	灰色淤泥质粉质粘土	4～15	15～30	200～500	15～25	150～300
		15～25	30～40	500～1 000	25～35	250～350
	灰色砂质粉土、粉砂	15～23	35～55	1 500～2 500	30～45	800～1 000
		23～32	45～65	2 500～3 500	35～55	1 000～1 200
④	灰色淤泥质粘土	15～35	40～55	1 000～2 500	30～40	250～550
⑤或⑤$_1$	灰色粘性土	20～35	45～65	1 500～2 500	35～45	350～650
⑤$_2$	灰色砂质粉土	20～35	50～70	2 000～3 500	40～50	1 000～1 500
	灰色粉砂	20～35	70～100	4 000～6 000	60～80	1 500～2 000
⑤$_3$	灰黑色粘性土	25～40	50～70	1 500～3 000	40～50	450～750
⑥	暗绿、褐黄色粘性土	22～26	60～80	1 500～2 500	50～60	750～1 000
		26～30	80～100	2 000～3 500	60～80	1 000～1 200
⑦$_1$	草黄色砂质粉土、粉砂	30～45	70～100	4 000～6 000	60～80	1 500～2 000
⑦$_2$	灰色粉细砂	35～50	100～120	6 000～8 000	70～90	2 000～3 000
⑧$_1$	灰色粉质粘土夹粉砂	40～55	55～70	2 000～3 000	50～60	1 000～1 500
⑧$_2$	灰色粉质粘土与粉砂互层	50～65	65～80	3 000～4 000	55～70	1 500～2 000
⑨	灰色细、中、粗砂	70～100	110～120	8 000～10 000	80～100	2 500～3 500

当桩尖进入硬土层且进行端部扩径时，单桩承载力可考虑桩端承载力，桩端 P_{ac}可按下式计算：

$$P_{ac} = A'_p \cdot f_p / K \tag{13.2-4}$$

式中：A'_p——桩端扩径面积（m^2）；f_p——桩端土层极限端承力（kPa），查表 13.2-1。

桩端扩径长度应不小于 2.5 倍扩大后的直径，且扩径段应进入硬土层，以确保端承力的发挥。桩端扩径的树根桩，最大轴向力作用于桩顶，因此，其单桩容许承载力受桩身混凝土强度限制，通常要求桩端扩大段直径不超过树根桩直径的两倍，且桩端容许承载力限制在 $P_a/3$以内。

树根桩的桩身强度受施工工艺限制，很难达到 C30 以上，因此要对桩身强度进行验算，应满足下式：

$$P_a / A_p \leqslant 250 f_{Cu,k} \tag{13.2-5}$$

式中：A_p——桩身截面积（m^2）；$f_{Cu,k}$——边长为 15cm 的桩身混凝土立方体抗压强度标准值（MPa），桩身混凝土强度等级不小于 C15。

（三）《建筑桩基技术规范》JGJ94—94 计算法

参照《建筑桩基技术规范》JGJ94—94，树根桩单桩竖向极限承载力特征值，可按下式计算：

$$Q_{uk} = Q_{sk} + Q_{pk} = u \sum \cdot q_{sik} \cdot l_{si} + q_{pk} \cdot A_p \tag{13.2-6}$$

式中：u——桩身周长（m）；q_{sik}——桩侧第 i 层土的极限侧限力特征值（kPa）；l_i——桩穿越第 i 层土的厚度（m）；q_{pk}——极限端阻力特征值（kPa）；A_p——桩端面积（m^2）。

上式中的参数宜参照规范中有关表格结合当地经验进行合理选择。

（四）静力触探法

由于国内普遍采用的是单桥探头，树根桩的单桩承载力可用比贯入阻力计算：

$$P_a = \frac{1}{k}(a \cdot P_b + u_p \cdot \sum f_i \cdot l_i) \tag{13.2-7}$$

式中：a——桩端阻力修正系数，查表 13.2-2；P_b——桩端静力触探比贯入阻力(kPa)；f_i——各层土的极限摩阻力，采用各层土的比贯入阻力 P_s 估算。当桩长在 6m 之内时，取 f_i=15kPa；对粘性土，当 $P_s \leqslant$1 000kPa 时，取 $f_i=P_s/20$（kPa）；当 $P_s>$1 000kPa 时，取 $f_i=0.025P_s+25$（kPa）；对粉土及砂土，取 $f_i=P_s/50$（kPa）。

表 13.2-2　桩端阻力修正系数

桩长 l（m）	$l \leqslant 7$	$7 < l \leqslant 30$	$l > 30$
a	2/3	5/6	1

二、树根桩复合地基

树根桩复合地基是由树根桩和改良后的桩间土共同构成，属刚性桩复合地基。由于树根桩的刚度远比桩间土大，当桩土共同承担基底应力时，会产生应力向树根桩集中的现象，根据实际工程的静荷载资料，仅占承压板面积约 10%的树根桩承担了总荷载的 50%～60%，而占承压板面积约 90%的桩间土仅承担了总荷载的 40%～50%。

树根桩复合地基的承载力应通过静荷载试验确定。当无静荷载试验资料时，也可参照类似工程实践经验，按下式估算：

$$f_{sp,k} = [R_a + \beta(A - A_p) \cdot f_{s,k}] / A \tag{13.2-8}$$

式中：$f_{sp,k}$——树根桩复合地基承载力特征值（kPa）；R_a——单桩承载力特征值（kN）；A——单桩的加固面积（m^2）；A_p——单桩横截面积（m^2）；$f_{s,k}$——桩间土的承载力（kPa）；β——

桩间土承载力折减系数，桩端为软土时，β 取 0.6～1.0，桩端为硬土层时，β 取 0.1～0.5，若不考虑桩间土的作用取 $\beta=0$。

对桩间土承载力 $f_{s,k}$，由于施工时要注浆，其值实际上高于天然土的承载力，有经验的地区可根据土质不同提高 10%～30%，也可作为安全储备。

三、网状结构树根桩的设计计算

（一）承受压力的网状结构树根桩的设计计算

对于受压的网状结构的树根桩，可根据作用在加固计算基准面上的垂直力 N、水平力 H 和弯矩 M（见图 13.2-2）计算内力。

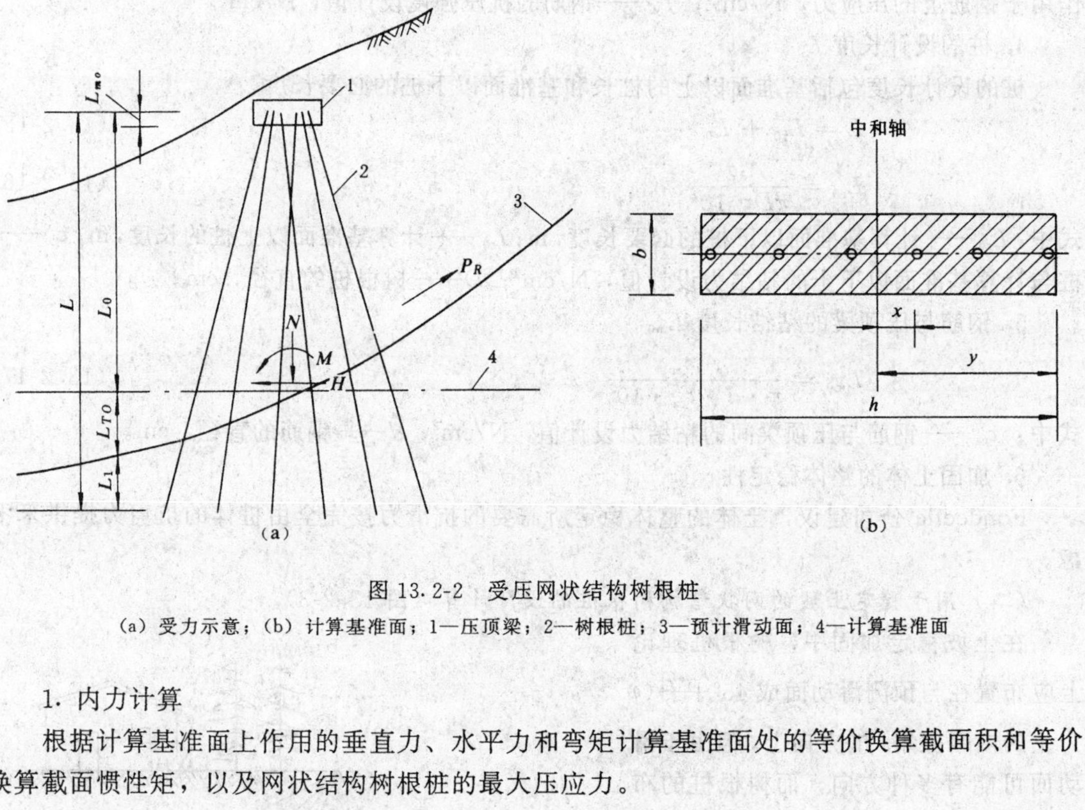

图 13.2-2　受压网状结构树根桩

(a) 受力示意；(b) 计算基准面；1—压顶梁；2—树根桩；3—预计滑动面；4—计算基准面

1. 内力计算

根据计算基准面上作用的垂直力、水平力和弯矩计算基准面处的等价换算截面积和等价换算截面惯性矩，以及网状结构树根桩的最大压应力。

$$\left.\begin{aligned} A_{RRP} &= mA_pS_2 + bh \\ A_p &= (S_2-1)A_a + A_c \end{aligned}\right\} \tag{13.2-9}$$

$$I_{RRP} = mA_p\sum x^2 + \frac{bh^3}{12} \tag{13.2-10}$$

式中：A_{RRP}——计算基准面处，网状结构树根桩的等价换算截面积，cm^2；I_{RRP}——计算基准面处，网状结构树根桩的等价换算截面惯性矩，cm^4；A_p——树根桩的等价换算截面积，cm^2；S_2——计算基准面内包含的树根桩根数；m——桩与周围土的弹性模量比，取 200；b、h——树根桩布置的单位宽度与长度，cm；A_a——钢筋的截面积，cm^2；A_c——树根桩的截面积，cm^2；x——计算基准面中和轴至各个树根桩的距离，cm。

由此求得计算基准面处，网状结构树根桩的最大压应力：

$$\sigma_{RRP} = \frac{N\cdot 10^3}{A_{RRP}} + \frac{M\cdot 10^5}{I_{RRP}}\cdot y \tag{13.2-11}$$

式中：N——作用于计算基准面上的垂直力，kN；M——作用于计算基准面上的弯矩，kN·m；y——计算基准面中和轴至计算基准面边缘的距离，cm。

2. 土的压应力计算

$$\sigma_{\mathrm{RRP}} < f \tag{13.2-12}$$

式中：f——计算基准面处地基土的承载力设计值，N/cm²。

3. 作用于砂浆和钢筋上的压应力

$$\sigma_{\mathrm{R}} = m\sigma_{\mathrm{RRP}} < f_1 \tag{13.2-13}$$

$$\sigma_{\mathrm{sc}} = n\sigma_{\mathrm{R}} < f'_{\mathrm{y}} \tag{13.2-14}$$

式中：σ_{R}——作用于砂浆上的压应力，N/cm²；f_1——砂浆的抗压强度设计值，N/cm²；σ_{sc}——作用于钢筋上的压应力，N/cm²；f'_{y}——钢筋的抗压强度设计值，N/cm²。

4. 桩的设计长度 L

桩的设计长度包括基准面以上的桩长和基准面以下桩的必要长度

$$L = L_{\mathrm{r0}} + L_0 \tag{13.2-15}$$

$$L_{\mathrm{r0}} = \frac{A_{\mathrm{c}}\sigma_{\mathrm{R}}}{\pi D\tau_{\mathrm{r0}}10^2} \tag{13.2-16}$$

式中：L_{r0}——计算基准面以下桩的必要长度，m；L_0——计算基准面以上桩的长度，m；τ_{r0}——桩与计算基准面以下土的粘结力设计值，N/cm²；D——树根桩的直径，cm。

5. 钢筋与压顶梁的粘结长度 L_{m0}

$$L_{\mathrm{m0}} = \frac{A_{\mathrm{s}}\sigma_{\mathrm{sc}}}{\pi \cdot d \cdot \tau_{\mathrm{ca}} \cdot 10^2} \tag{13.2-17}$$

式中：τ_{ca}——钢筋与压顶梁间的粘结力设计值，N/cm²；d——钢筋的直径，cm。

6. 加固土体的整体稳定性

Fondedile 公司建议，土体的整体稳定所需要的抗滑力按完全由桩体的抗剪力提供来考虑。

（二）用于稳定土坡的网状结构树根桩的设计计算（图 13.2-3）

在土坡稳定加固中，树根桩理论上应布置在与预测滑动面成 $45° + \frac{\varphi}{2}$（φ 为土的内摩擦角）的方向上，但由于滑动面可能有多种方向，而树根桩的布置也可能有多种方向，因此必须考虑树根桩与受拉变形间的角度误差，故而可将树根桩布置在与土的受拉变形成 0°～20°的角度范围内，见图 13.2-4。

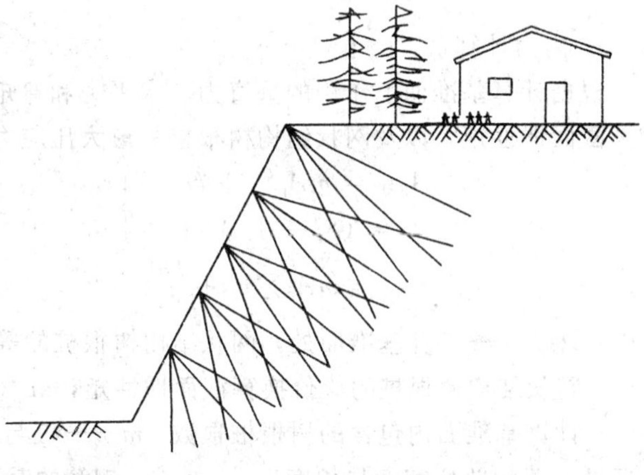

图 13.2-3　用于土坡稳定的网状结构树根桩

1. 内力计算

受拉网状结构树根桩设计时，桩体所承受的拉力应取按压顶梁背面作用力为主动土压力和按抗滑力分析时的较大值。

（1）按压顶梁背面的作用力为主动土压力时树根桩的拉力以下式计算：

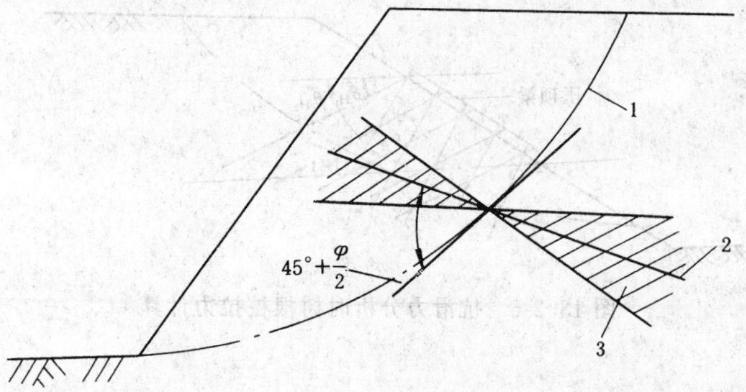

图 13.2-4　树根桩布置范围

1—假想滑动面；2—受拉变形方向；3—树根桩布置范围

$$T_{Ri} = P_i \cdot \Delta H \cdot \Delta B \cdot \cos\alpha_i \cdot \frac{1}{\cos\theta_H} \cdot \frac{1}{\cos\theta_B} \tag{13.2-18}$$

式中：T_{Ri}——第 i 根树根桩上作用的拉力，kN；P_i——第 i 根树根桩上作用的土压力，kPa；ΔH——树根桩的纵向间距，m；ΔB——树根桩的横向间距，m；α_i——土压力作用方向与水平线所成的交角，(°)；θ_H——树根桩布置方向与水平线所成的投影角，(°)；θ_B——树根桩水平方向的角度，(°)。

而

$$P_i = K_a(\gamma_{sat} \cdot h_i + q) \tag{13.2-19}$$

式中：K_a——主动土压力系数；γ_{sat}——土的饱和重度，kN/m³；h_i——由上覆荷载作用面至第 i 根树根桩的深度，m；q——上覆荷载，kPa。

（2）按抗滑力分析时，作用于树根桩的拉力可按下式计算（图 13.2-5）：

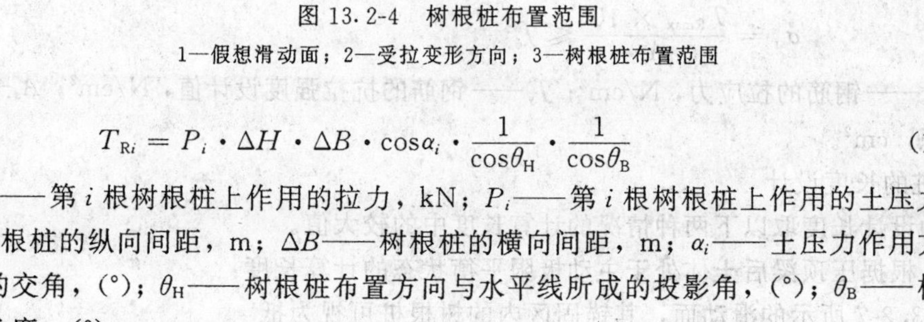

图 13.2-5　压顶梁背面的作用力为主动土压力时树根桩拉力计算

$$T'_{Ri} = \frac{P_R}{s_1} \cdot \cos\alpha_2 \cdot \frac{1}{\cos\theta_H} \cdot \frac{1}{\cos\theta_B} \tag{13.2-20}$$

式中：T'_{Ri}——每根树根桩上作用的拉力，kN；P_R——为避免发生圆弧滑动需增加的抵抗力，kN/m；s_1——单位宽度 1m 中树根桩根数；α_2——滑动力作用方向与水平线所成的角度，(°)。

2. 钢筋的拉应力（图 13.2-6）

取计算所得的树根桩的最大拉力 T_{Rmax}：

$$T_{Rmax} = [T_{Ri}, T'_{Ri}]_{max} \tag{13.2-21}$$

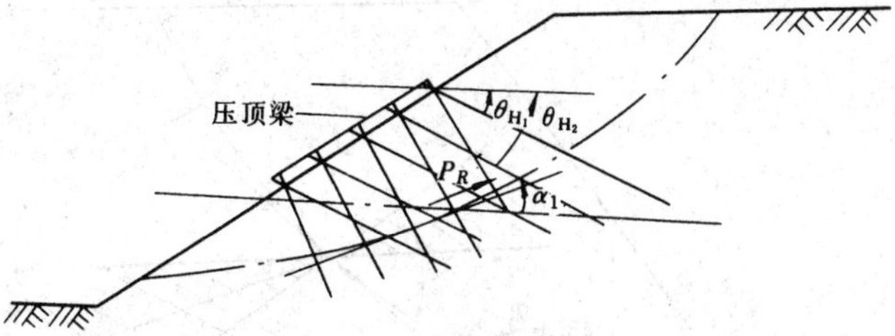

图 13.2-6　抗滑力分析时树根桩拉力计算

则钢筋的拉应力为

$$\sigma_{st} = \frac{T_{Rmax} \times 10^3}{A_s} \leqslant f_y \tag{13.2-22}$$

式中：σ_{st}——钢筋的拉应力，N/cm^2；f_y——钢筋的抗拉强度设计值，N/cm^2；A_s——钢筋的截面面积，cm^2。

3. 桩的长度设计

桩的设计长度取以下两种情况的计算长度中的较大值。

（1）根据压顶梁后土体处于主动极限平衡状态的计算长度：

图 13.2-7 所示的滑动面，其锚固区内的树根桩可视为抵抗拉力作用；主动区内则不予考虑抵抗拉力的能力。

$$L_{r0} = \frac{T_{Rmax} \times 10}{\pi D \tau_{r0}} F_{sp} \tag{13.2-23}$$

式中：L_{r0}——树根桩锚固长度，m；D——树根桩直径，cm；F_{sp}——树根桩与桩间土的粘着安全系数。

树根桩的设计长度等于树根桩的锚固长度加主动区内的树根桩长度，但其总长不应小于 4m，亦即：

$$L = (L_{r0} + L_0) \geqslant 4.0 \tag{13.2-24}$$

式中：L——树根桩设计长度，m；L_0——主动区内树根桩的长度，m。

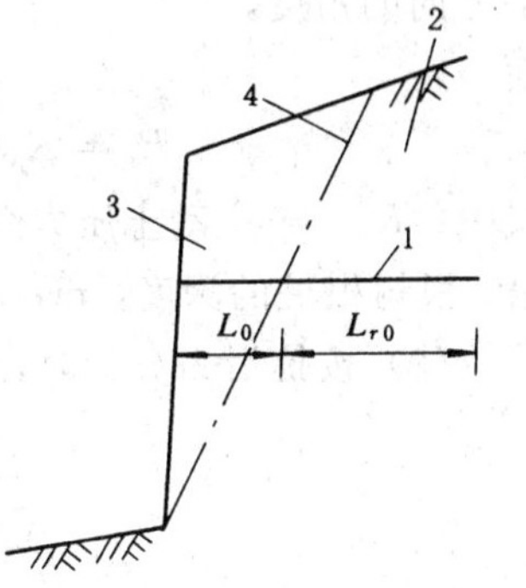

图 13.2-7　树根桩设计长度

1—树根桩；2—锚固区；3—主动区；4—滑动面

（2）根据土坡稳定要求取值：

桩的加固长度应大于未加筋时抗滑安全系数等于 1.5 的滑动面的范围。

4. 钢筋与压顶梁的粘着长度

$$L_{m0} = \frac{T_{Rmax} \times 10}{\pi d \tau_{ca}} \tag{13.2-25}$$

式中：L_{m0}——钢筋与压顶梁的粘着长度，m；d——钢筋直径，cm；τ_{ca}——钢筋与压顶梁的粘着力强度设计值，N/cm^2。

在压顶梁的构造不能满足此粘着长度的要求时，应在钢筋顶部加承压板。

5. 压顶梁计算

一般压顶梁为钢筋混凝土结构，对作用于树根桩的拉力所引起的应力，压顶梁应具有足够的承受能力。

6. 网状结构树根桩在内的土整体稳定性计算

由于网状结构树根桩的布置与滑动方向成$45°+\frac{\varphi}{2}$的角度，这可约束土的受拉变形。其加固效果可看作是使土体的粘聚力增大了Δc值，增大了小主应力就可使其与大主应力的比值增大，从而提高土体的强度和增加其稳定性。

$$\Delta c=\frac{R_t}{\Delta H\cdot\Delta B}\cdot\frac{\sqrt{K_p}}{2} \tag{13.2-26}$$

式中：Δc——粘聚力的增量，kPa；R_t——树根桩的抗拉破坏强度，kN；K_p——被动土压力系数。

考虑到树根桩和受拉变形方向实际上存在的角度误差，因此粘聚力的增量可修正为：

$$\Delta c'=\cos\theta\cdot\cos\theta_B\cdot\Delta c \tag{13.2-27}$$

式中：$\Delta c'$——近似修正后的粘聚力增量，kPa；θ——推算所得土的拉伸变形方向与树根桩布置方向所成的角度，(°)；θ_B——树根桩水平方向的角度，(°)。

求得加固后土坡的粘聚力，即可按常规稳定分析方法计算抗滑安全系数。

Lizzi（1978）介绍另一种保证加固后土坡稳定的经验验算方法，即要求土坡中抗滑安全系数为1.0的滑动面所产生的总抗剪力R_g与树根桩的总抗剪力R_p之和不小于滑动面上总剪切力T的1.5倍。

$$\frac{R_g+R_p}{T}\geqslant 1.5 \tag{13.2-28}$$

其中 $$R_p=25nD^2c_u$$

式中：n——树根桩的桩数；D——树根桩的直径；c_u——土的不排水抗剪强度。

（三）承受水平荷载作用的网状结构的树根桩的计算

用于地下工程中地铁、隧道等工程中的挡土墙或深基坑开挖中重力式挡土墙的网状结构的树根桩体系，尽管土和桩的相互作用机理十分复杂，但它外部稳定性（滑动、倾斜及地基失稳）仍可按常规的方法进行计算，内部稳定安全系数则可通过假定的滑块（即滑楔）进行估算。

第三节 树根桩施工

一、施工设备

施工设备主要有成孔设备和压力注浆设备。

常用的成孔设备为工程地质钻机或由探矿钻机改造成的钻孔机械。也有采用人工洛阳铲成孔。成孔及方法可根据地层条件选择回转、冲击或泥浆护壁跟管钻进。对斜桩可选择任意调整主轴角度的液压回转钻机，如XY-1型钻机等。

压力注浆设备通常采用BW-150型、BW-250型泥浆泵或UB3型灰浆泵等。

二、施工工艺

树根桩施工步骤如下：

（一）定位和校正垂直度

对新建工程桩位偏差应控制在5cm以内，对支护工程应控制在20cm以内。垂直度误差应不超过1%。

（二）成孔

垂直孔钻进时，除地表有较厚的杂填土层，一般不用套管护壁，或仅在孔口下设套管，孔口套管应高出地面 10cm，以防止孔口坍塌。当穿过杂填土地层时，应设置护壁套管。钻进斜孔时，套管应随钻跟进。钻孔至设计标高以下 10～20cm 时停止钻进，进行清孔。

（三）吊放钢筋笼和下注浆管

钢筋笼应尽可能一次吊放，以缩短钻孔暴露时间。当钢筋笼需分节吊放时，主筋焊接搭接长度不小于 10 倍钢筋直径（单面筋）并须错开，应尽可能缩短孔口焊接时间。

注浆管可采用 1—2 根外径 20～25mm 的铁管。注浆管最下端一节可在管底 1m 范围内加工成花管状，以利注浆。

在吊放钢筋笼的过程中，若发现缩颈、塌孔而使钢筋笼下放困难时，应起吊钢筋笼，分析原因后进行扫孔。

（四）填灌碎石

碎石粒径宜在 10～25mm 范围内，用水冲洗后定量投放。填入量应不小于计算空间体积的 0.8～0.9 倍。当填料量过小时，应分析原因，采取相应的措施。

在投放碎石过程中，应利用注浆管继续冲水清孔。

（五）注浆

浆液可根据设计要求配制成纯水泥浆或水泥砂浆。通常采用 425 号或 525 号普通硅酸盐水泥，纯水泥浆的水灰比一般控制在 0.4～0.5 左右，水泥砂浆的水灰比可控制在 0.5～0.6 左右。水泥砂浆常用的重量配比为：水：水泥：砂＝0.5～0.6：1：0.3，砂粒粒径一般不大于 0.5mm。

当桩长为 20m 时，注浆压力可控制在 0.3～0.5MPa；当桩长为 30m 时，可控制在 0.6～0.7MPa。采用二次注浆时，二次注浆压力须在 1.5MPa 以上，并在第一次注浆的浆液达到初凝后及终凝前进行。

注浆应注意的事项：①从开始注浆起，对注浆管要进行不定时上下松动。注浆结束后要立即拔注浆管，每拔 1m 必须补浆一次，直至拔出为止。②注浆过程会扰动碎石，使桩顶下沉，故在整个注浆过程中应逐渐灌入碎石，保持桩顶标高。③浆液在孔口冒浆后，注浆方可停止，并且额定注浆量应不超过桩身体积计算量的 3 倍；当注浆量达到额定注浆量时应停止注浆。

（六）拔注浆管和振捣桩头

拔出注浆管之后，再往桩头加入水泥、砂子和石子振捣密实，振捣设备用细长软管振动棒。

树根桩施工过程见图 13.3-1。

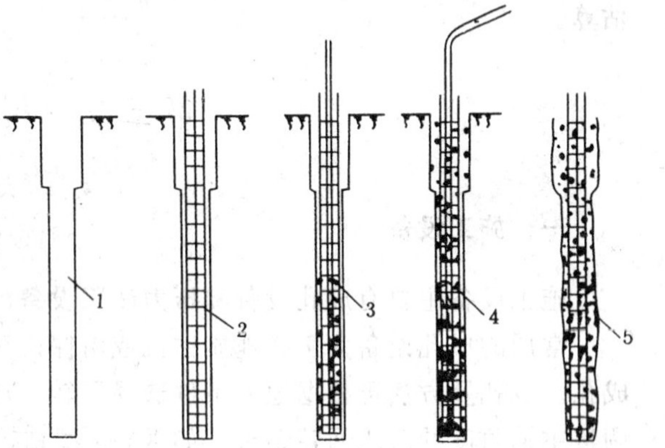

图 13.3-1　树根桩施工过程

1—成孔；2—下钢筋笼；3—下注浆管和填石子；4—注浆；5—振捣成桩

第二篇　基坑支护工程

第十四章　土的抗剪强度与土压力计算

第一节　土的抗剪强度

土的抗剪强度是指土体抵抗剪切破坏的极限能力。当土体中某点的剪应力达到土的抗剪强度时，该点就发生剪切破坏。

土的抗剪强度首先决定于土的基本性质，即土的组成、土的状态和土的结构，其次还与它所受的应力状态有关。

测定土的抗剪强度的试验方法有很多，可分为室内试验和现场原位测试试验。室内试验根据加荷方式的不同分为直接剪切试验、三轴压缩试验和无侧限抗压强度试验；根据试验时排水条件的不同又可分为：快剪试验（不排水剪）、固结快剪（固结不排水剪）试验和慢剪（排水剪）试验。现场原位试验包括十字板剪切试验和大型直接剪切试验等。

了解土的抗剪强度，可以进行以下几项工作：

(1) 判断地基承载力；

(2) 验算边坡的稳定；

(3) 确定土压力。

一、土的屈服与破坏

对于一种理想的弹塑性材料，其应力-应变关系见图 14.1-1。斜直线表示线弹性材料的应力-应变特性，它具有如下特点：①应力-应变成直线关系；②变形完全是弹性的。

水平线段表示理想塑性材料的应力-应变关系，它的特点如下：①应变都是不可恢复的塑性应变；②一旦发生塑性应变，应力不再增加，而应变持续发展，直到材料破坏。

斜直线与水平直线的交点 c 所对应的应力，称为屈服应力 $(\sigma_1-\sigma_3)_y$，同时它又是破坏应力 $(\sigma_1-\sigma_3)_f$，所以 c 点即是屈服点又是破坏点。

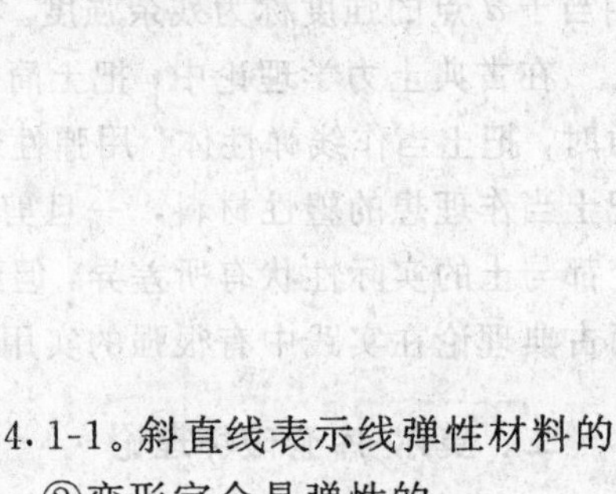

图 14.1-1　理想弹塑性材料应力-应变关系曲线

土既不是理想的弹性材料，又不是理想的塑性材料，而是一种弹塑性材料。在应力作用下，弹性变形和塑性变形几乎同时发生。根据三轴压缩试验结果，密砂、超固结土的应力-应变关系如图 14.1-2 (a)；正常固结土或松砂的应力-应变关系曲线如图 14.1-2（b）。

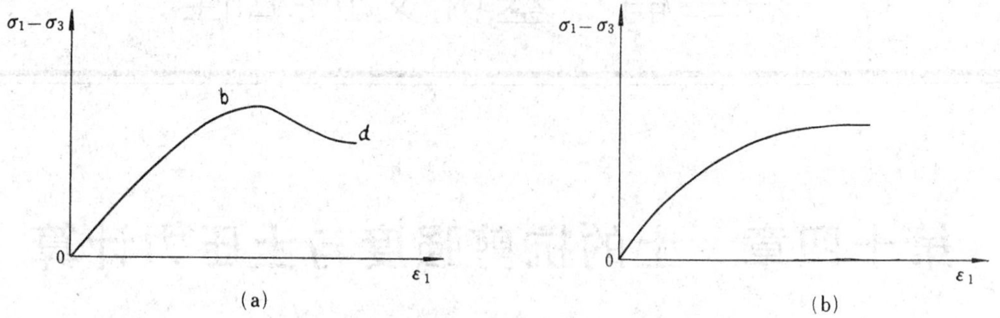

图 14.1-2　土的应力-应变关系曲线

（a）密砂、超固结土；（b）正常固结土或松砂

土与理想弹塑性材料相比，不但曲线形状不同，性质也有很大差异。在曲线的初始段，即应力很小的阶段，可以以为接近线性，但随着应力增加，应变既包含有弹性变形，又包含有显著的塑性变形。由于出现了显著的塑性变形，表明土已经进入屈服阶段。但与理想弹塑性材料不同的是，塑性变形增加了土对继续变形的阻力，所以土开始屈服以后，不是应力保持不变，而是能够承受更大的应力，屈服点的位置不断提高，这种现象称为应变硬土或加工硬化。当屈服点提高到 b 点后，土体才发生破坏，$\overline{ob}$段就是土的应变硬化阶段，这一段土的每一点都可以为是屈服点。另外，对于曲线（b），应变再发展，应力反而下降，这种现象称为应变软化或加工软化。在应变软化阶段，土体处于破坏状态。所以，对密砂和超固结土，土的抗剪强度不是单一值，而是与应变的发展程度有关。相当于峰值点 b 点的强度称为峰值强度，相当于 d 点的强度称为残余强度。在研究土的抗剪强度时，一般取峰值应力作为抗剪强度值。

在古典土力学理论中，把土简化为图 14.1-1 中的理想弹塑性材料。在计算土中的附加应力时，把土当作线弹性体，用弹性理论公式求解。在研究土压力、边坡稳定和地基承载力时，把土当作理想的塑性材料，一旦剪应力达到土的抗剪强度就会产生无限变形而破坏。这些假定都与土的实际性状有所差异，但到目前为止，还没有一种理论能够准确描述土的变形特性，而古典理论在实践中有很强的实用性，所以目前在工程界广泛应用的还是一些古典理论。

二、莫尔-库仑破坏理论

在进行直接剪切实验时（如图 14.1-3），把土样放入上、下盒中，上盒固定，下盒可沿水平方向滑动。首先在土样上施加一个法向压力 P，然后推动下盒，使土样在预定的剪切面上发生剪切破坏，那么，土样破坏时剪切面上的剪应力就是土的抗剪强度 τ_f。试验结果表明，土的抗剪强度不是一个常量，而是随剪切面上的法向应力σ的增加而增加。由试验结果绘制的 τ_f-σ 曲线如图 14.1-4 所示。

法国科学家库仑通过总结土的破坏现象和影响因素，提出土的抗剪强度公式可表示为：

$$\tau_f = c + \sigma \cdot \mathrm{tg}\varphi \qquad (14.1\text{-}1)$$

式中：τ_f——土的抗剪强度（kPa）；c——土的粘聚力（kPa），对无粘性土 $c=0$；σ——作用于剪切面上的正压应力（kPa）；φ——内摩擦角。

粘聚力、内摩擦角是决定土的抗剪强度的两个重要指标，称为抗剪强度指标。对于同一

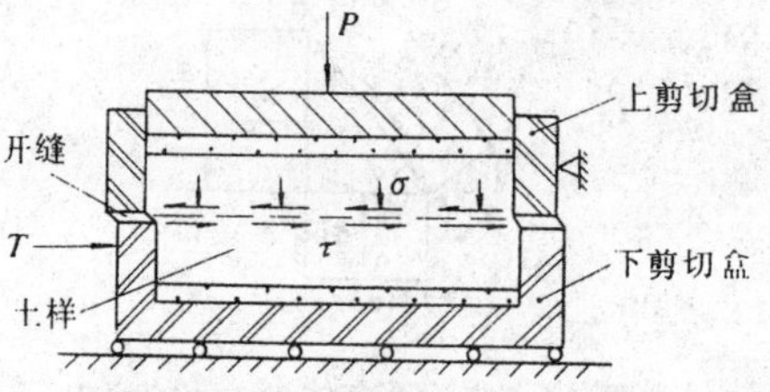

图 14.1-3　直剪试验示意图

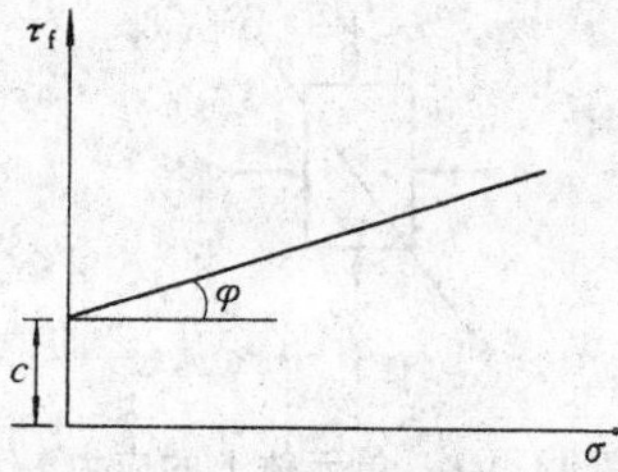

图 14.1-4　抗剪强度与正应力关系曲线

种土，在相同的试验条件下 c、φ 应为常数，但试验方法不同，c、φ 会有很大的差异，慢剪指标大于固结快剪指标，固结快剪指标大于快剪指标。

对于有效应力，库仑公式可改写为：

$$\tau_f = c' + \sigma' \cdot \mathrm{tg}\varphi' = c' + (\sigma - u) \cdot \mathrm{tg}\varphi' \tag{14.1-2}$$

式中：c'——土的有效粘聚力（kPa）；φ'——土的有效内摩擦角；σ'——有效法向应力（kPa）；u——孔隙水压力（kPa）。

c'、φ' 称为土的有效抗剪强度指标。对于同一种土，它的值理论上与试验方法无关，应接近常数。

莫尔在库仑早期研究工作的基础上提出材料的破坏是剪切破坏，在破裂面上，抗剪强度 τ_f 是法向应力的函数，即 $\tau_f = f(\sigma)$。由这个函数所定义的曲线称为莫尔破坏包线或抗剪强度包线。由抗剪强度包线可判断土中某点在法向应力 σ 作用下是否发生破坏：①若代表土中某一单元体某一个面上的 τ、σ 的点落在曲线以下，比如 A 点（见图 14.1-5），由于在这一个面上 $\tau < \tau_f$，土体不会沿着这个面发生破坏；②若点落在曲线上，比如 B 点，此时 $\tau = \tau_f$，表明土中某点处于破坏状态，这一状态也称为极限平衡状态；③若点落在曲线以上，比如 C 点，表明土体已经破坏，实际上这种情况不会存在，因为剪应力达到抗剪强度 τ_f 时，土体已发生破坏，不可能再继续增长。

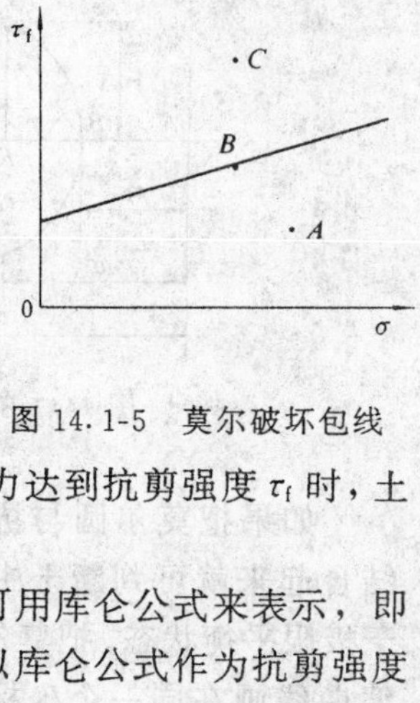

图 14.1-5　莫尔破坏包线

在一般情况下，当土中应力变化范围不很大时，莫尔破坏包线可用库仑公式来表示，即把土的抗剪强度与法向应力之间的函数关系看成是线性关系，这种以库仑公式作为抗剪强度公式，根据剪应力是否达到抗剪强度作为破坏标准的理论就称为莫尔-库仑破坏理论。

三、莫尔-库仑破坏准则——极限平衡条件

当土体中某一点在某一个方向上的剪应力达到土的抗剪强度时，就称这一点处于极限平衡状态。

土体中某点的受力问题可简化为平面问题进行分析。在土体中取一单元体（见图 14.1-6），作用在单元体上的大小主应力分别为 σ_1、σ_3，如果在单元体内任取一个平面 mn 进行分析，那么在 mn 面上既有剪应力 τ，又有法向应力 σ。取楔形隔离体 abc（见图 14.1-7），设剪切面长 $\mathrm{d}s$，夹角 α，将各力分别在水平和竖直方向分解，由静力平衡条件，得：

$$\sigma_3 \cdot \mathrm{d}s \cdot \sin\alpha - \sigma \cdot \mathrm{d}s \cdot \sin\alpha + \tau \cdot \mathrm{d}s \cdot \cos\alpha = 0$$

$$\sigma_1 \cdot \mathrm{d}s \cdot \cos\alpha - \sigma \cdot \mathrm{d}s \cdot \cos\alpha - \tau \cdot \mathrm{d}s \cdot \sin\alpha = 0$$

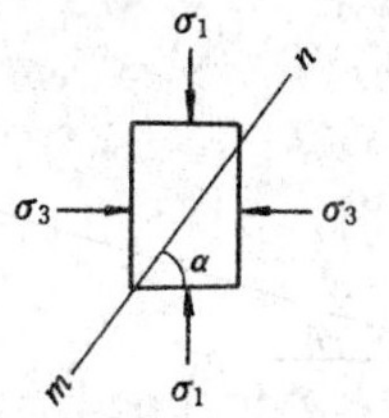

图 14.1-6 单元体上的应力

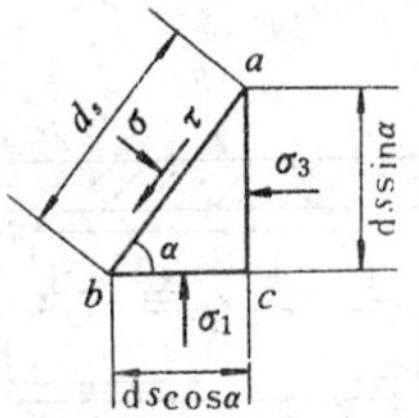

图 14.1-7 隔离体 *abc* 上的应力

将以上两方程联立求解，得 *mn* 平面上的应力为：

$$\sigma = \frac{1}{2}(\sigma_1 + \sigma_3) + \frac{1}{2}(\sigma_1 - \sigma_3) \cdot \cos 2\alpha \tag{14.1-3}$$

$$\tau = \frac{1}{2}(\sigma_1 - \sigma_3) \cdot \sin 2\alpha \tag{14.1-4}$$

以上 σ、τ 与 σ_1、σ_3 之间的关系可用一个圆来表示，此圆称为莫尔圆，若以 τ 为纵坐标，σ 为横坐标，其圆心坐标（$\frac{\sigma_1+\sigma_3}{2}$、0），半径为 $\sigma_1-\sigma_3/2$，见图 14.1-8。

若在莫尔圆上取一点 A 使 $\angle ADC=2\alpha$，则 A 点坐标（σ，τ）就是 *mn* 面上的 τ、σ。

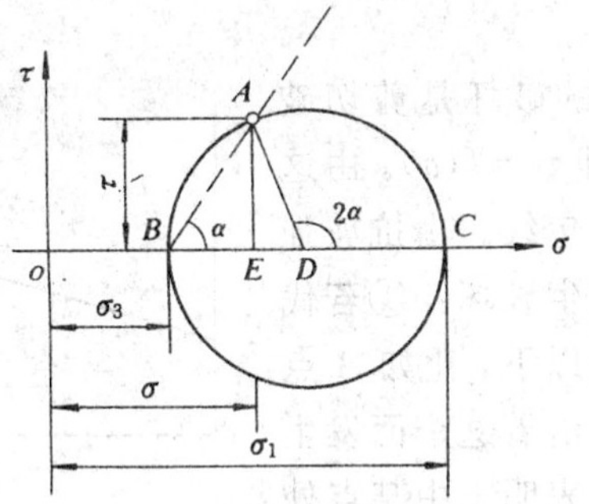

图 14.1-8 莫尔圆

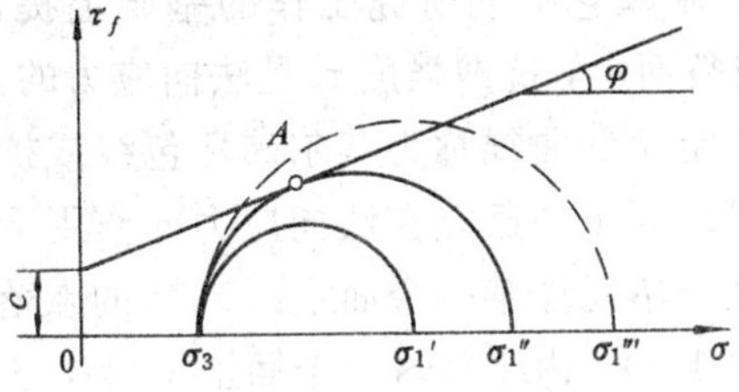

图 14.1-9 莫尔圆与抗剪强度之间的关系

如果把莫尔圆与抗剪强度曲线结合起来就可判断土中某点是否处于极限平衡状态。把莫尔圆与抗剪强度曲线画在同一个坐标系中（见图 14.1-9），保持 σ_3 不变，变动 σ_1，则存在三种情况：①莫尔圆处于曲线下方，表明土中某点任一面上 $\tau<\tau_f$，土体不会发生剪切破坏；②莫尔圆与曲线相切，表明土中某点某一面上 $\tau_1=\tau_f$。这时土体处于极限平衡状态，破裂面与大主应力作用面夹角为 α；③莫尔圆超出曲线，这种情况不存在。

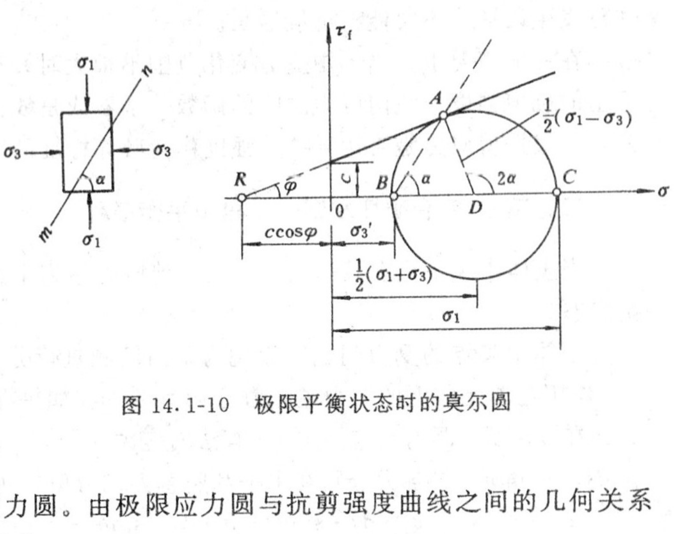

图 14.1-10 极限平衡状态时的莫尔圆

处于情况②的应力圆也叫极限应力圆。由极限应力圆与抗剪强度曲线之间的几何关系（见图 14.1-10），可建立极限平衡方程式：

$$\sigma_1 = \sigma_3 \cdot \mathrm{tg}^2(45° + \varphi/2) + 2 \cdot c \cdot \mathrm{tg}(45° + \varphi/2) \tag{14.1-5}$$

或

$$\sigma_3 = \sigma_1 \cdot \mathrm{tg}^2(45° - \varphi/2) - 2 \cdot c \cdot \mathrm{tg}(45° - \varphi/2) \tag{14.1-6}$$

对无粘性土，由 $c=0$，则：

$$\sigma_1 = \sigma_3 \cdot \mathrm{tg}^2(45° + \varphi/2) \tag{14.1-7}$$

或

$$\sigma_3 = \sigma_1 \cdot \mathrm{tg}^2(45° - \varphi/2) \tag{14.1-8}$$

由图 14.1-10 可得：

$$2\alpha = 90° + \varphi$$

即：

$$\alpha = 45° + \varphi/2 \tag{14.1-9}$$

即土中某点处于极限平衡状态时，破裂面与大主应力作用面的夹角为 $45°+\varphi/2$，与小主应力作用面夹角为 $45°-\varphi/2$。

第二节　土压力计算

一、概　述

土压力的计算比较复杂，影响因素很多。土压力大小与分布除了与土的性质有关外，还与挡土结构的位移方向、位移量、土体与结构物的相互作用及挡土结构的类型有关。

挡土结构按刚度及位移方式不同可分为刚性挡土结构（墙）与柔性挡土结构（墙）。

（一）刚性挡土结构（墙）

一般指由砖、石、混凝土或水泥土等形成的断面较大的挡土墙，这类挡土结构刚度大，在侧向压力作用下仅能发生整体移动或平移，结构物的挠曲可忽略。对于这种类型的挡土墙，其墙背受到的土压力呈三角形分布，见图 14.2-1。

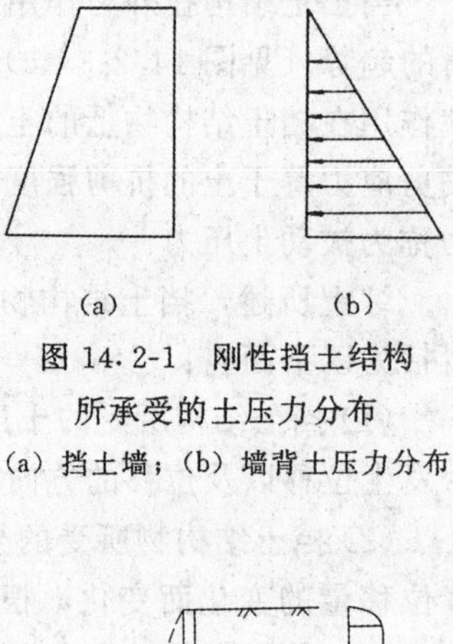

(a)　(b)

图 14.2-1　刚性挡土结构所承受的土压力分布

(a) 挡土墙；(b) 墙背土压力分布

（二）柔性挡土结构（墙）

当挡土结构在土压力作用下发生挠曲变形时，结构的变形将影响土压力的大小和分布，这种类型的挡土结构称为柔性挡土结构。

太沙基曾作过以下一些实验：

①挡土结构上端固定，下端向外移动。其土压力分布为抛物线型，见图 14.2-2 (a)；

②上下端固定，结构物向外鼓出时，土压力分布为马鞍形，见图 14.2-2 (b)；

③挡土结构物平行向外移动时，土压力分布呈抛物线型，见图 14.2-2 (c)；

④结构物绕下端向外倾斜时，土压力分布为三角形，见图 14.2-2 (d)。

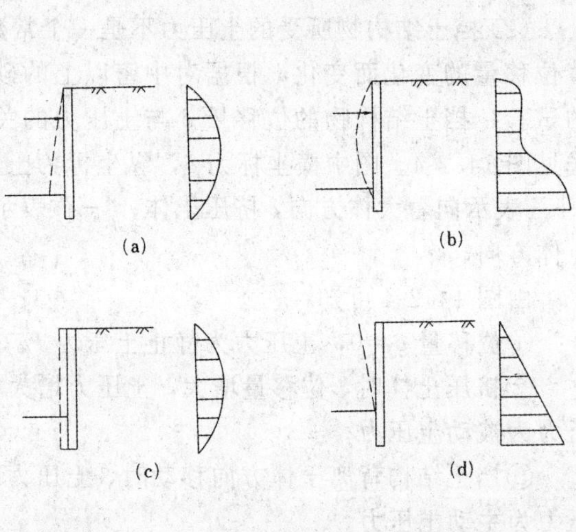

(a)　(b)　(c)　(d)

图 14.2-2　不同变位情况下的土压力分布

由于挡土结构物上土压力的大小与分布受很多因素的影响，故计算土压力的方法有很多种，应根据实际工程情况选用，但目前在实际工程中以朗金理论和库仑理论应用最广。

二、作用在挡土结构上的三种土压力

根据挡土结构物的位移情况和其后土体所处的应力状态，可将土压力分为静止土压力 E_0、主动土压力 E_a 和被动土压力 E_p。

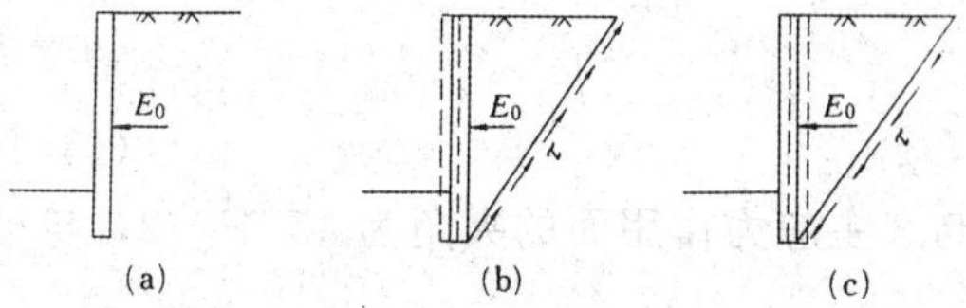

图 14.2-3　作用在挡土结构物上的三种土压力
(a) 静止土压力；(b) 主动土压力；(c) 被动土压力

1. 静止土压力 E_0

如果挡土结构物在土压力作用下，不产生任何方向的位移或转动，保持原有的位置不动〔见图 14.2-3 (a)〕，那么此时挡土结构物所受的土压力称为静止土压力 E_0。

2. 主动土压力 E_a

如果挡土结构在土压力作用下产生离开土体方向的移动或转动〔见图 14.2-3 (b)〕，挡土结构物背后土体因为所受的限制放松而有下滑的趋势。为了阻止土体下滑，土体内潜在的滑动面上的剪应力 τ 增加，从而使作用在挡土结构上的土压力减少。当挡土结构的移动或转动达到某一数值时，滑动面的剪应力 τ 达到抗剪强度 τ_f，使挡土结构背后土体处于主动极限平衡状态，这时作用到挡土结构物上的土压力称为主动土压力 E_a。

3. 被动土压力 E_p

当挡土结构在外力作用下，向着土体方向产生位移或转动时，其后土体受到挤压，有上滑的趋势〔见图 14.2-3 (c)〕。为了阻止土体上滑，土体中潜在的滑动面产生反向的剪应力，使作用在挡土结构物上的土压力增大，当挡土结构物的位移量达到某一数值时，土体滑动面的剪应力等于土的抗剪强度，墙后土体处于被动极限平衡状态。这时挡土结构所承受的土压力称为被动土压力。

综上所述，挡土结构物位移对土压力的影响可概括为以下两点：

(1) 挡土结构所受的土压力类型，首先取决于是否发生位移以及位移的方向和大小。

(2) 挡土结构物所受的土压力不是一个常数，随着位移量的变化而变化，根据对中密以上的砂进行的试验，挡土结构物的位移量 δ 与土压力的关系曲线见图 14.2-4。图中横坐标为 δ，纵坐标为土压力。“＋”表示向着大体方向，挤压土体；“－”表示背离土体方向。

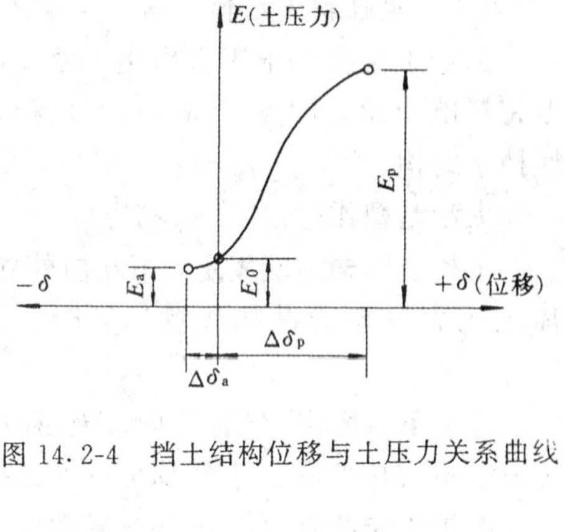

图 14.2-4　挡土结构位移与土压力关系曲线

由图 14.2-4 可知：

①位移量 $\delta=0$，土压力为静止土压力 E_0；

②挤压土体时，位移量增大，土压力增大，当 $\delta=\Delta\delta_p$ 时，E 不再增大，此时所对应的土压力为被动土压力；

③挡土结构背离土体方向移动时，土压力减小，当 $\delta=\Delta\delta_a$ 时，土压力不再减小，这时土压力为主动土压力。

根据太沙基的试验，$\Delta\delta_a/H$（H 为挡土结构高度）大约为 0.1%～0.8%，$\Delta\delta_p/H$ 大约为

1%～5%。

即产生主动土压力所需位移量很小，而产生被动土压力所需位移量约为10・$\Delta\delta_a$，在很多情况下不允许出现这么大的位移。

三、土压力计算理论

（一）静止土压力

计算静止土压力一般采用下式：

$$e_0 = \gamma \cdot z \cdot k_0 \tag{14.2-1}$$

式中：e_0——静止土压力（kPa）；γ——挡土结构物背后土的重度（kN/m^3）；z——计算土压力点的深度（m）；k_0——静止土压力系数。k_0与土的性质有关，对正常固结土，一般坚硬土可取0.2～0.4，硬-可塑粘性土、粉土、砂土取0.4～0.5，可-软塑粘性0.5～0.6，流塑粘性土0.75～0.8。

对正常固结土，k_0也可按下式计算：

$$k_0 = 1 - \sin\varphi' \tag{14.2-2}$$

式中：φ'——土的有效内摩擦角，由实验确定。当无试验条件时，也可根据$N_{63.5}$来计算：

①坦哈姆公式：

$$\varphi' = \sqrt{12N} + 20 \tag{14.2-3}$$

适用于颗粒级配良好的土。

②大崎公式：

$$\varphi' = \sqrt{20 \cdot N} + 15 \tag{14.2-4}$$

（二）朗金土压力理论

朗金土压力理论假定：挡土墙背竖直、光滑、填土面水平。由这一假定，墙后土体中任一单元体所受的两个主应力分别为自重应力σ_{cz}和侧向压力σ_{cx}。

1．主动土压力

若挡土结构没有位移，墙后土体处于弹性平衡状态。在土中任一深度z处，土中单元体所受主应力σ_1、σ_3分别为自重应力和侧向土压力。由σ_1、σ_3作莫尔圆显然不会与抗剪强度曲线相切，见图14.2-5（d）圆Ⅰ。如果挡土结构物离开土体向左移动，其后土体的应力状态将发生变化，这时大主应力不变$\sigma_1=\gamma \cdot z$，小主应力不断减少，减少到某一数值时，莫尔圆与抗剪强度曲线相切〔见图14.2-5（d）中圆Ⅱ〕，土体处于主动朗金状态，这时作用在挡土结构上的力就是朗金主动土压力。由极限平衡理论：

$$\sigma_3 = \sigma_1 \cdot \mathrm{tg}^2(45° - \varphi/2) - 2 \cdot c \cdot \mathrm{tg}(45° - \varphi/2)$$

及$\sigma_1 = \gamma \cdot z$，并令$k_a = \mathrm{tg}^2(45° - \varphi/2)$，则朗金主动土压力强度为：

$$\sigma_a = \gamma \cdot z \cdot k_a - 2 \cdot c \cdot \sqrt{k_a} \tag{14.2-5}$$

对无粘性土：$\sigma_a = \gamma \cdot z \cdot k_a$　　(14.2-6)

土体中滑动面与最大主应力作用面间夹角为$45°+\varphi/2$。

对单位长度的挡土结构，主动土压力合力为（见图14.2-6）：

①对无粘性土：

$$E_a = \frac{1}{2} \cdot \gamma \cdot h^2 \cdot k_a \tag{14.2-7}$$

式中：E_a——主动土压力（kN/m）；h——挡土结构物高度（m）；γ——挡土结构背后土体重

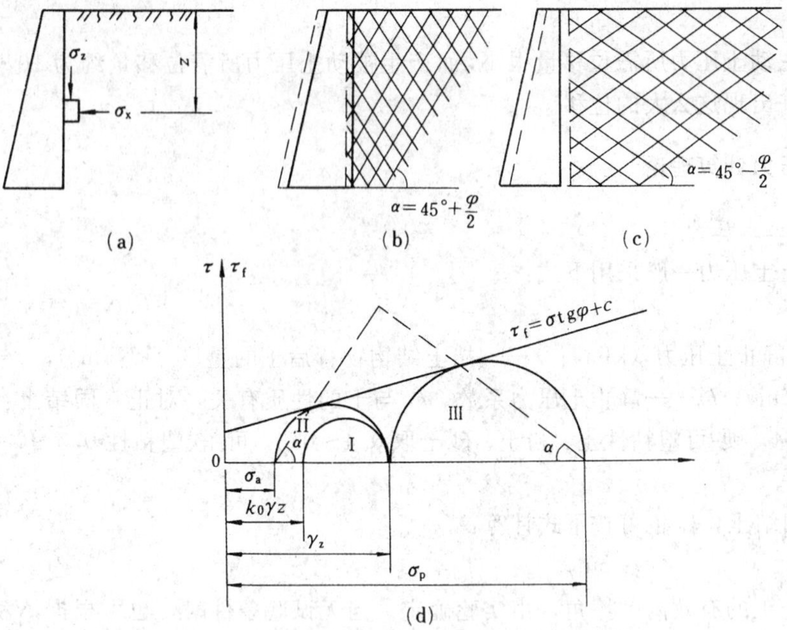

图 14.2-5 半空间体的极限平衡状态

(a) 深度为 z 时的应力状态；(b) 主动朗金状态；(c) 被动朗金状态；(d) 莫尔应力圆与朗金状态的关系

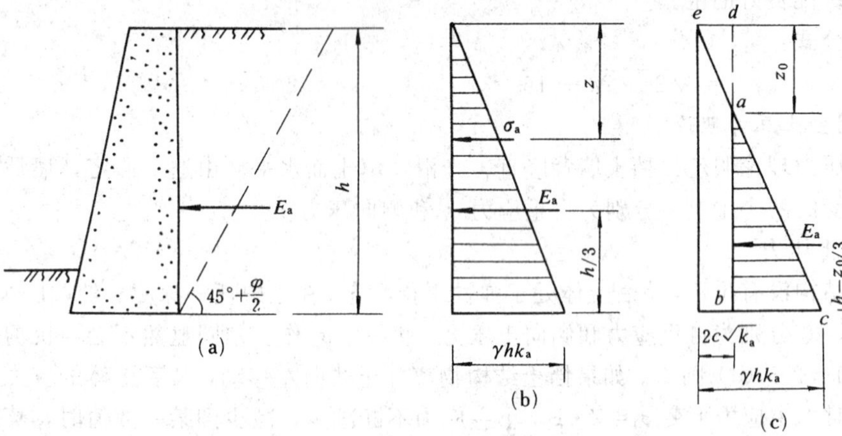

图 14.2-6 朗金主动土压力分布图

(a) 主动土压力示意图；(b) 无粘性土；(c) 粘性土

度（kN/m³）；k_a——主动土压力系数，$k_a = \mathrm{tg}^2(45° - \varphi/2)$。

②对粘性土：

$$E_a = \frac{1}{2} \cdot \gamma \cdot h^2 \cdot k_a - 2 \cdot c \cdot h \cdot \sqrt{k_a} + 2 \cdot c^2/\gamma \tag{14.2-8}$$

式中：c——挡土结构背后土的粘聚力（kPa）。

图 14.2-6 (c) 中 a 点离填土面的深度 z_0 称为临界深度。若填土面上无荷载，令 $\sigma_a = 0$，可得临界深度 z_0：

$$z_0 = \frac{2 \cdot c}{\gamma \cdot \sqrt{k_a}} \tag{14.2-9}$$

2. 被动土压力

当土体受到挤压时，土中单元体所受的侧向应力不断增大，而竖向应力不变。当侧向应力增大到某一数值时，由大小主应力所作的莫尔圆与抗剪强度曲线相切〔见图 14.2-5 (d) 中圆Ⅲ〕，土体处于被动朗金状态，这时作用在挡土结构物上的力就是被动土压力。

土体处于被动朗金状态时，大主应力为侧向应力，小主应力为自重应力 $\sigma_3=\gamma\cdot z$，由极限平衡理论：

$$\sigma_1=\sigma_3\cdot \mathrm{tg}^2(45°+\varphi/2)+2\cdot c\cdot \mathrm{tg}(45°+\varphi/2)$$

令 $k_p=\mathrm{tg}^2(45°+\varphi/2),\sigma_p=\sigma_1$，把 $\sigma_3=\gamma\cdot z$ 代入得：

$$\sigma_p=\gamma\cdot z\cdot k_p+2\cdot c\cdot\sqrt{k_p} \tag{14.2-10}$$

对单位长度的挡土结构，被动土压力合力为（见图 14.2-7）：

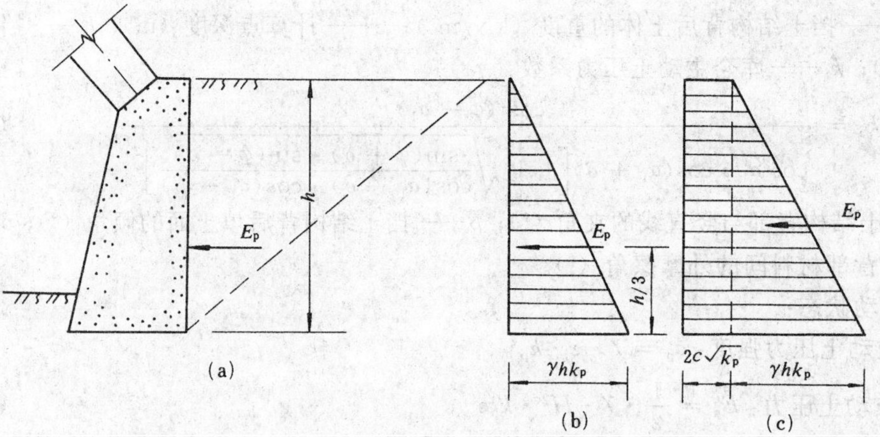

图 14.2-7　朗金被动土压力分布

(a) 被动土压力示意图；(b) 无粘性土；(c) 粘性土

①对粘性土：

$$E_p=\frac{1}{2}\cdot\gamma\cdot h^2\cdot k_p+2\cdot c\cdot h\cdot\sqrt{k_p} \tag{14.2-11}$$

②对无粘性土：

$$E_p=\frac{1}{2}\cdot\gamma\cdot h^2\cdot k_p \tag{14.2-12}$$

（三）库仑土压力理论

与朗金理论相比，库仑理论有两点不同：

(1) 库仑理论考虑的挡土结构（墙），其背部粗糙，可以是倾斜的，而且挡土结构背后填土面有倾角，见图 14.2-8。

(2) 库仑理论不是从研究挡土结构后土体某一点的应力状态出发，而是从考虑挡土结构后某一个滑动楔体的整体静力平衡条件出发，直接求出作用在挡土结构背后的总土压力。

由库仑理论推出的公式经简化后可表示为：

①主动状态：

a. 主动土压力强度：$\sigma_a=\gamma\cdot z\cdot k_a$　(14.2-13)

b. 主动土压力：$E_a=\dfrac{1}{2}\cdot\gamma\cdot h^2\cdot k_a$　(14.2-14)

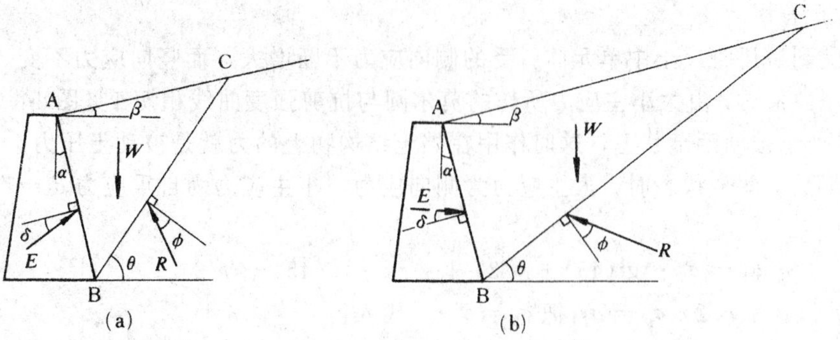

图 14.2-8　库仑土压力理论

(a) 主动状态；(b) 被动状态

式中：γ——挡土结构背后土体的重度（kN/m^3）；z——计算点深度（m）；h——挡土结构的长度（m）；k_a——库仑主动土压力系数：

$$k_a = \frac{\cos^2(\varphi - \alpha_1)}{\cos^2\alpha_1 \cdot \cos(\alpha_1 + \delta)\left[1 + \sqrt{\dfrac{\sin(\varphi + \delta) \cdot \sin(\varphi - \beta)}{\cos(\alpha_1 + \delta) \cdot \cos(\alpha_1 - \beta)}}\right]^2} \tag{14.2-15}$$

α_1——挡土结构背部与竖直线的夹角（°）；β——挡土结构背后填土面的倾角（°）；δ——土与挡土结构背部材料间的外摩擦角（°）。

②被动状态：

a. 被动土压力强度：$\sigma_p = \gamma \cdot z \cdot k_p$　　(14.2-16)

b. 被动土压力：$E_p = \dfrac{1}{2} \cdot \gamma \cdot H^2 \cdot k_p$　　(14.2-17)

式中：k_p——库仑被动土压力系数：

$$k_p = \frac{\cos^2(\varphi + \alpha_1)}{\cos^2\alpha_1 \cdot \cos(\alpha_1 - \delta)\left[1 - \sqrt{\dfrac{\sin(\varphi + \delta) \cdot \sin(\varphi + \beta)}{\cos(\alpha_1 - \delta) \cdot \cos(\alpha_1 - \beta)}}\right]^2} \tag{14.2-18}$$

（四）太沙基-佩克理论

太沙基-佩克根据顶部设有支撑的挡土结构（墙）的实测资料，提出了土压力分布建议，见图 14.2-9。

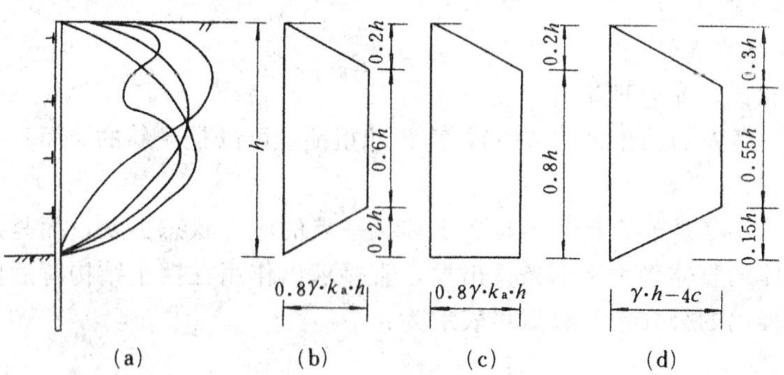

图 14.2-9　实测土压力分布与太沙基-佩克的建议

(a) 实测资料；(b) 密砂；(c) 松砂；(d) 粘土

（五）日本铃木的方法

（1）砂土地基见图 14.2-10；

（2）粘土地基见图 14.2-11。

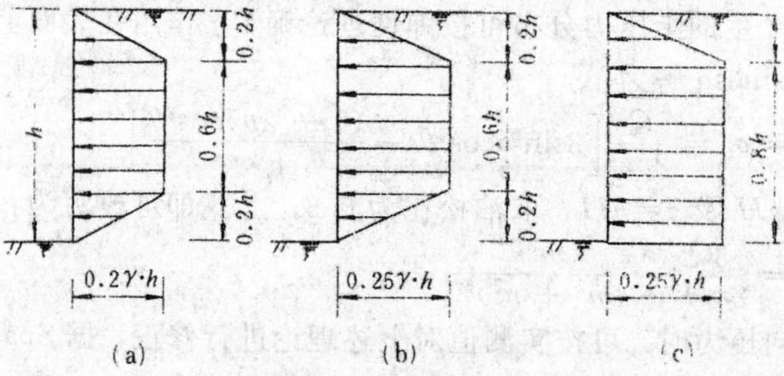

图 14.2-10　砂土的土压力分布

（a）密实砂土；（b）中密砂土；（c）松散砂土

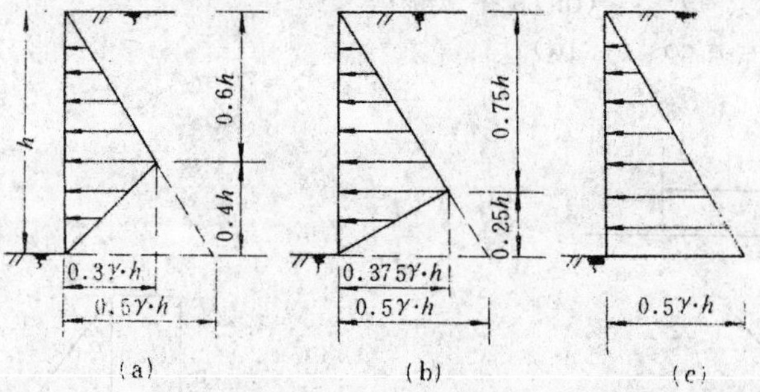

图 14.2-11　粘土的土压力分布

（a）坚硬粘土（$N>5$）；（b）中密粘土（$2<N<5$）；（c）软粘土（$N<2$）

（六）我国《岩土工程勘察规范》GB50021-94 中对内支撑式挡土结构的土压力分布所提供的方法

见图 14.2-12。

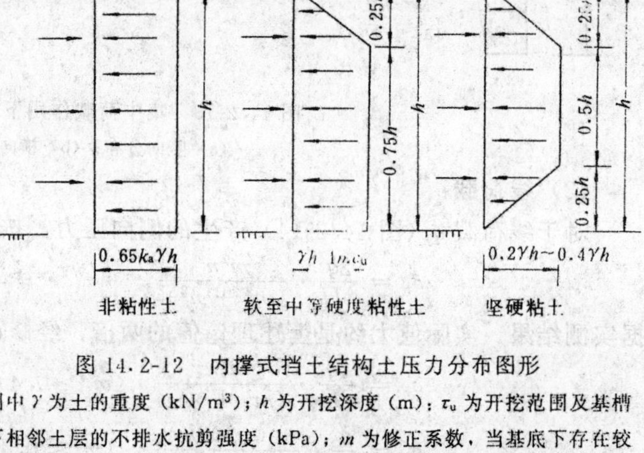

图 14.2-12　内撑式挡土结构土压力分布图形

图中 γ 为土的重度（kN/m³）；h 为开挖深度（m）；τ_u 为开挖范围及基槽下相邻土层的不排水抗剪强度（kPa）；m 为修正系数，当基底下存在较厚的软粘土时，$m=0.4$，当基底下存在坚硬土层时，$m=1.0$

（七）有关土压力计算的一些问题

1. 水压力的计算

作用在挡土结构上的侧向荷载，除了土压力之外，还有地下水位以下的水压力。在实际工程中最好采取现场实测，无实测条件的，可根据当地工程经验进行计算，其计算方法分为分算和合算两种情况。在一般情况下，由于粘性土中的水主要是结晶水和结合水，应该水土合算；在砂性土中，由于土颗粒之间的空隙充满自由水，能传递静水压力，应该分算。进行合算时，地下水位以下土的重度采用饱和重度；分算时，地下水位以下土的重度采用浮重度，另外单独计算静水压力。

2. 挡土结构后地面存在超载

（1）集中荷载：

由集中荷载 Q 所产生的土压力分布可按弹性理论确定。作用在表面上的集中荷载所引起的水平应力，按 Boussinesq 解为：

$$\sigma_h = \sigma_r = \frac{Q}{2\pi z^2}\left[3\sin^2\theta\cos^3\theta - \frac{(1-2\mu)\cos^2\theta}{1+\cos\theta}\right] \tag{14.2-19}$$

若令 $r=x$，并设 $x=mH$ 及 $z=nH$，取泊松比为 0.5，上式即可改写为：

$$\sigma_h = \frac{3Q}{2\pi H^2}\cdot\frac{m^2 n}{(m^2+n^2)^{5/2}} \tag{14.2-20}$$

当计算刚性墙上的侧向压力时，可按实测值对上述理论进行修正，据 Spangler 的研究，见图 14.2-13，由集中荷载产生的侧向压力为：

$$\sigma_h = \frac{1.77Q}{H^2}\cdot\frac{m^2 n^2}{(m^2+n^2)^3}\quad (m>0.4) \tag{14.2-21}$$

$$\sigma_h = \frac{0.28Q}{H^2}\cdot\frac{n^2}{(0.16+n^2)^3}\quad (m>0.4) \tag{14.2-22}$$

$$\sigma'_h = \sigma_h\cos^2(1.1\alpha) \tag{14.2-23}$$

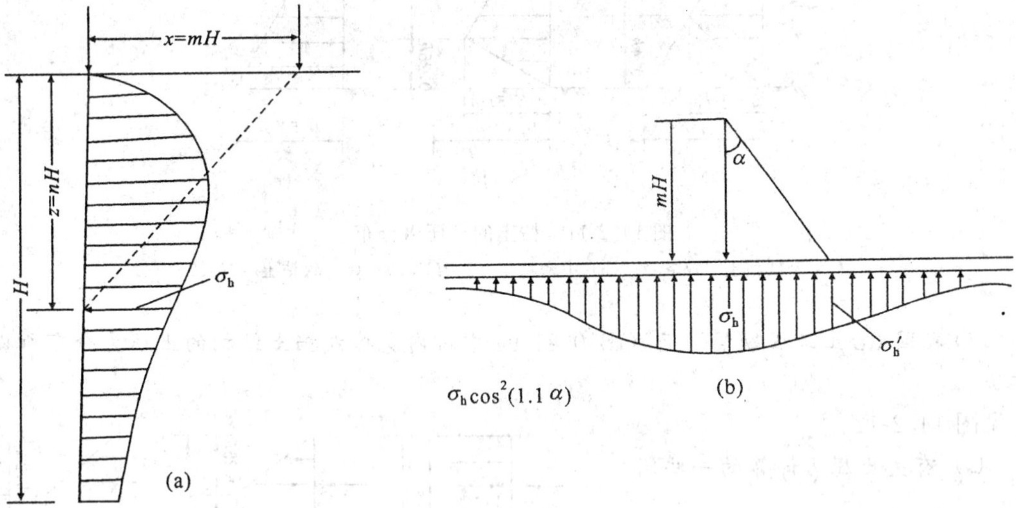

图 14.2-13　集中荷载作用下土压力分布

（a）竖向分布；（b）横向分布

（2）线荷载：

对于线荷载 q（图 14.2-14）产生的侧向压力，按 Boussinesq 解可表示为：

$$\sigma_h = \frac{2q}{\pi H}\cdot\frac{m^2 n^2}{(m^2+n^2)^2} \tag{14.2-24}$$

据实测结果，实际值大约是上述理论值的两倍，经修正后为：

$$\sigma_h = \frac{4q}{\pi H}\cdot\frac{m^2 n^2}{(m^2+n^2)^2}\quad (m>0.4) \tag{14.2-25}$$

$$\sigma_h = \frac{q}{H}\cdot\frac{0.203n}{(0.16+n^2)^2}\quad (m\leqslant 0.4) \tag{14.2-26}$$

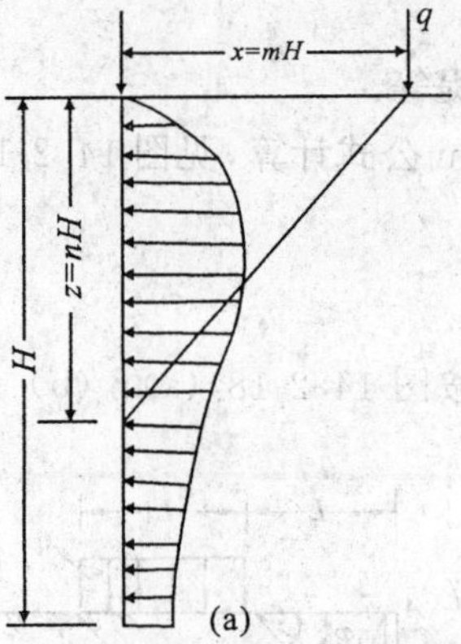

图 14.2-14　线荷载作用下土压力分布

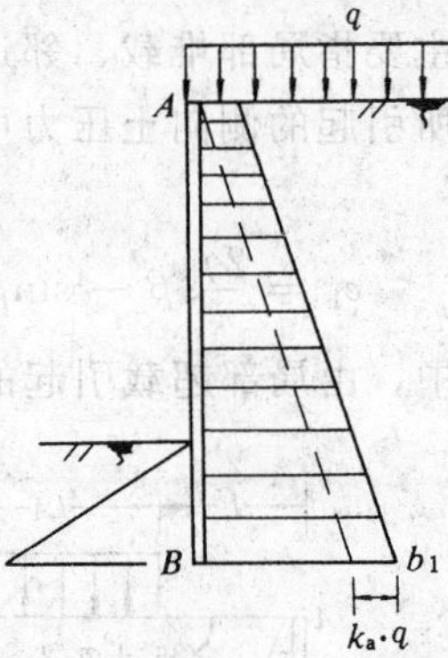

图 14.2-15　挡土结构后地面存在均布荷载

(3) 均布荷载：

由均布荷载引起的附加侧向土压力为（见图 14.2-15）：

$$\sigma' = q \cdot k_a \tag{14.2-27}$$

式中：σ'——作用在挡土结构上的附加侧向土压力（kPa）；q——挡土结构后地面的均布荷载（kPa）；k_a——主动土压力系数。

作用在挡土结构上的土压力为：

$$\sigma = \sigma_a + q \cdot k_a \tag{14.2-28}$$

式中：σ_a——无均布荷载时的主动土压力（kPa）。

均布荷载主要有以下两种情况：①大面积填土；②施工堆载、车辆行驶动载等。对无固定超载的邻近边坡的场地可取 q=10～20kPa。

(4) 离坑壁一定距离有均布荷载：

当离坑壁 L 距离作用有均布荷载时，附加土压力传到离坑顶 h_1 以下，见图 14.2-16。

图中：

$$h_i = L \cdot \mathrm{tg}(45° + \varphi/2) \tag{14.2-29}$$

$$\sigma' = q \cdot k_a \tag{14.2-30}$$

式中：σ'——附加土压力（kPa）；q——均布荷载（kPa）；k_a——主动土压力系数。

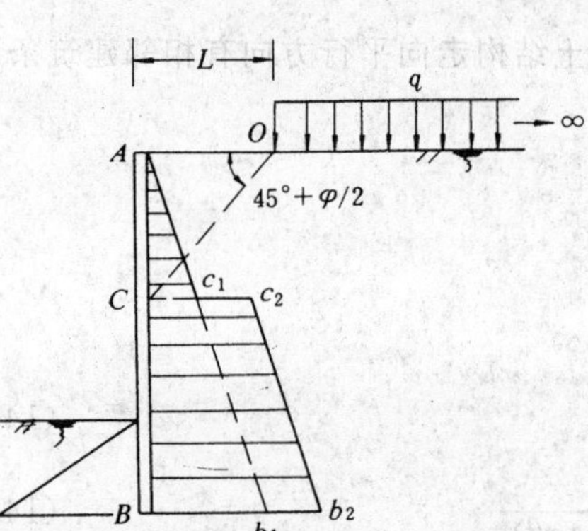

图 14.2-16　离坑壁一定距离作用有均布荷载

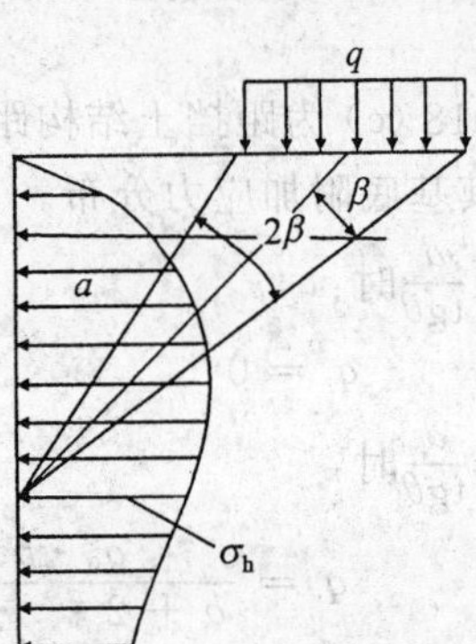

图 14.2-17　局部超载作用下土压力分布

(5) 存在局部超载：

局部超载主要指局部堆载、邻近建筑物及公路、路堤等。

局部超载所引起的侧向土压力可按修正后的 Terzaghi 公式计算，见图 14.2-17，其表达式为：

$$\sigma_h = \frac{2q}{\pi}(\beta - \sin\beta \cdot \cos 2\alpha) \tag{14.2-31}$$

实际工程中，由局部超载引起的附加土压力可近似按图 14.2-18 (a)、(b) 计算。

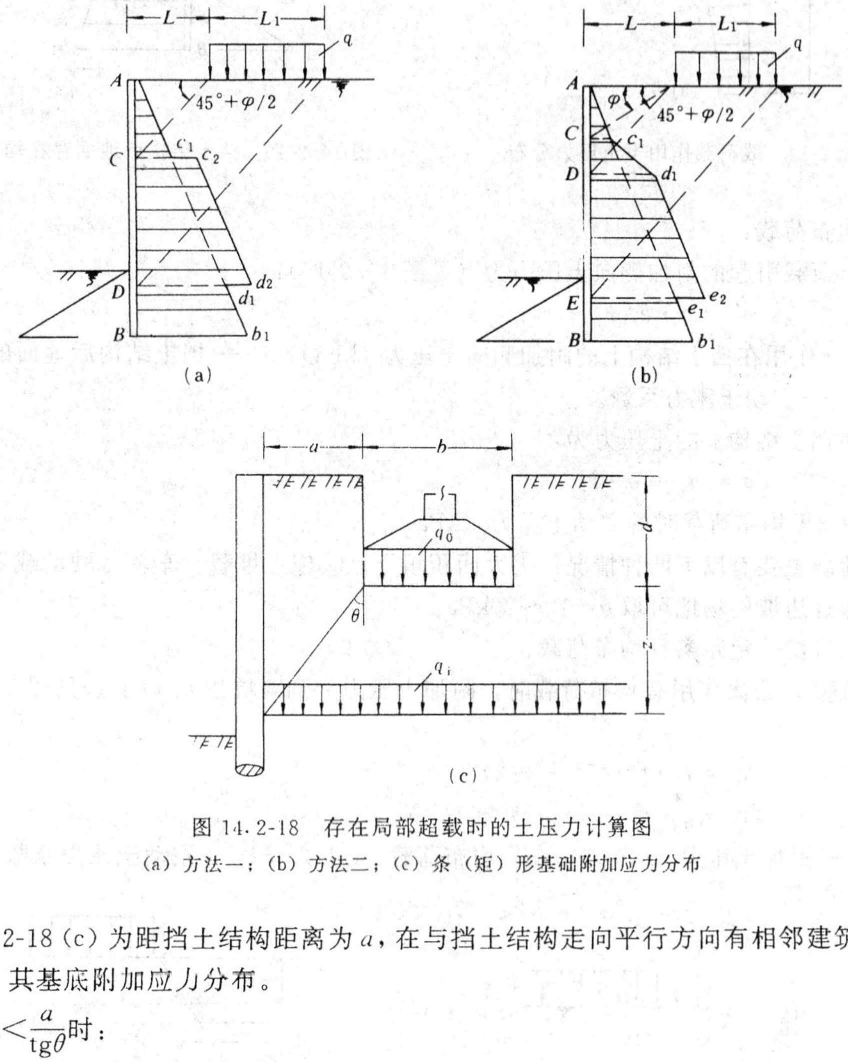

图 14.2-18 存在局部超载时的土压力计算图

(a) 方法一；(b) 方法二；(c) 条 (矩) 形基础附加应力分布

图 14.2-18 (c) 为距挡土结构距离为 a，在与挡土结构走向平行方向有相邻建筑条形或矩形基础时，其基底附加应力分布。

①当 $z < \frac{a}{\mathrm{tg}\theta}$ 时：

$$q_i = 0$$

②当 $z \geqslant \frac{a}{\mathrm{tg}\theta}$ 时：

条基：
$$q_i = \frac{q_0 \cdot b}{b + 2 \cdot z \cdot \mathrm{tg}\theta} \tag{14.2-32}$$

矩形基础：
$$q_i = \frac{l \cdot b \cdot q_0}{(b + 2 \cdot z \cdot \mathrm{tg}\theta)(l + 2z \cdot \mathrm{tg}\theta)} \tag{14.2-33}$$

$$q_0 = p - \sigma_{cz} \tag{14.2-34}$$

式中：q_0——分布在地面或基础底面的均布附加压力 (kPa)；q_i——分布在第 i 层底面的竖向

均布附加压力（kPa）；a——基础边距挡土结构边的距离（m）；b——基础底面宽度或荷载分布宽度（m）；d——基础埋置深度（m）；p——基底平均压力（kPa）；σ_{cz}——基底处土的自重压力（kPa）；z——均布附加压力分布底面至第 i 层底面的距离（m）；l——基础底面长度（m）；θ——地基附加应力扩散线与垂直线的夹角，对条形基础取 45°，对矩形基础取 $\theta=30°$。

（6）上部放坡，下部采用挡土结构：

若基坑上部采用放坡，下部采用挡土结构进行支护，由放坡土体或活荷产生的土压力可按下列公式计算：

$$e_0 = q_1 \cdot k_0$$

$$e_a = q_1 \cdot k_a$$

$$q_1 = 0 \quad (z \leqslant z_0)$$

$$q_1 = \frac{z - z_0}{z_1 - z_0} \cdot q_0 \quad (z_0 < z < z_1)$$

$$q_1 = q_0 \quad (z \geqslant z_1)$$

$$z_0 = a \cdot \text{tg}\varphi$$

$$z_1 = (a + b) \cdot \text{tg}(45° + \varphi/2)$$

上式各符号意义见图 14.2-19。

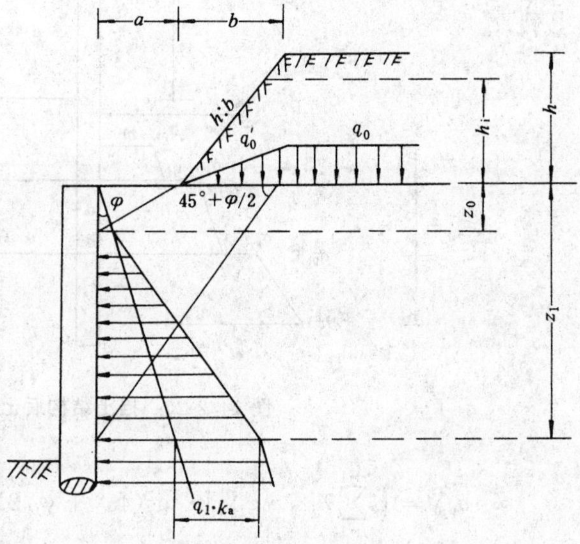

图 14.2-19　上部放坡、下部支护时计算示意图

3. 分层土的土压力

根据朗金土压力理论，当挡土结构后土体分层时，主动土压力和被动土压力可按下式计算（参见图 14.2-20）：

①主动土压力：

a. 第 i 层土底面对挡土结构的主动土压力强度 σ_{Ai} 为

$$\sigma_{Ai} = \left(q + \sum_{i=1}^{i}\gamma_i \cdot z_i\right) \cdot \text{tg}^2(45° - \varphi_i/2) - 2 \cdot c_i \cdot \text{tg}(45° - \varphi_i/2) \qquad (14.2\text{-}35)$$

b. 第 i 层土顶面对挡土结构的主动土压力强度 σ_{Ai0} 为：

$$\sigma_{Ai0} = \left(q + \sum_{i=1}^{i-1}\gamma_{i-1} \cdot z_{i-1}\right) \cdot \text{tg}^2(45° - \varphi_i/2) - 2 \cdot c_i \cdot \text{tg}(45° - \varphi_i/2) \qquad (14.2\text{-}36)$$

式中：σ_{Ai}、σ_{Ai0}——第 i 层土底面、顶面的侧向主动土压力强度（kPa）；q——地面超载（kPa）；γ_{i-1}、γ_i——第 $i-1$ 层、i 层土重度（kN/m³）；z_{i-1}、z_i——第 $i-1$ 层、i 层土厚度（m）；φ_i——第 i 层土内摩擦角；c_i——第 i 层土粘聚力（kPa）。

c. 第 $i+1$ 层土顶面对挡土结构的主动土压力强度 $\sigma_{A(i+1)0}$ 为：

$$\sigma_{A(i+1)0} = \left(q + \sum_{i=1}^{i}\gamma_i \cdot z_i\right)\text{tg}^2\left(45° - \frac{\varphi_{i+1}}{2}\right) - 2 \cdot c_{i+1}\text{tg}(45° - \varphi_{i+1}/2) \qquad (14.2\text{-}37)$$

式中：φ_{i+1}、c_{i+1}——第 $i+1$ 层土的内摩擦角、粘聚力。

②被动土压力：

a. 从基坑底面算起第 j 层土底面对挡土结构的被动土压力强度 σ_{pj} 为：

$$\sigma_{pj} = \left(\sum_{j=1}^{j}\gamma_j \cdot z_j\right) \cdot \text{tg}^2(45° + \varphi_j/2) + 2 \cdot c_j \cdot \text{tg}(45° + \varphi_j/2) \qquad (14.2\text{-}38)$$

b. 第 j 层土顶面对挡土结构的被动土压力强度 σ_{pj0} 为：

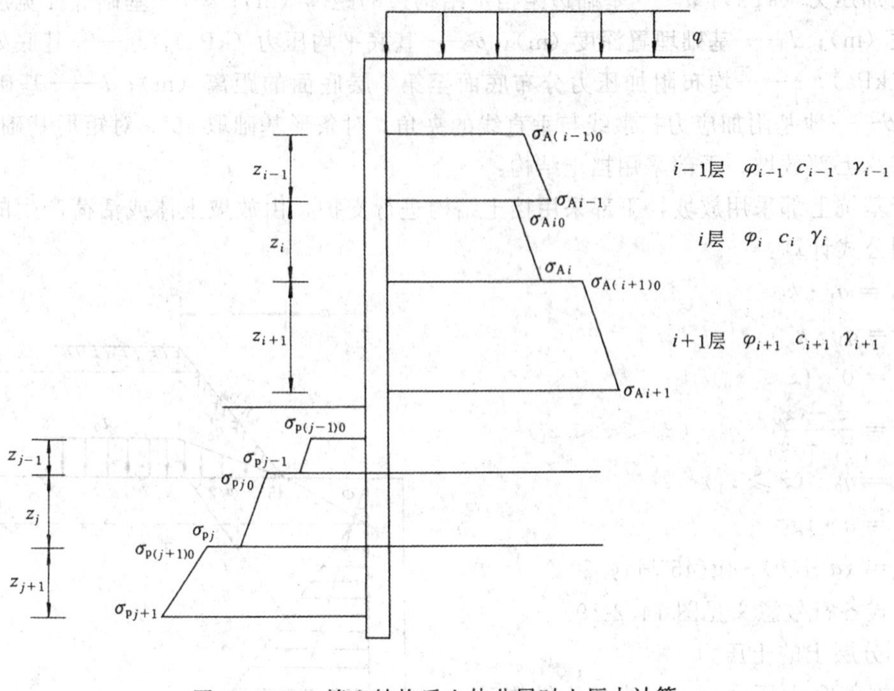

图 14.2-20　挡土结构后土体分层时土压力计算

$$\sigma_{pj0}=\Big(\sum_{j=1}^{j-1}\gamma_{j-1}\cdot z_{j-1}\Big)\cdot \mathrm{tg}^2(45^\circ+\varphi_j/2)+2\cdot c_j\cdot \mathrm{tg}(45^\circ+\varphi_j/2) \qquad (14.2\text{-}39)$$

c. 第 $j+1$ 层土顶面对挡土结构的被动土压力强度 $\sigma_{p(j+1)0}$ 为：

$$\sigma_{p(i+1)0}=\Big(\sum_{j=1}^{j}\cdot\gamma_j\cdot z_j\Big)\mathrm{tg}^2(45^\circ+\varphi_{j+1}/2)+2\cdot c_{j+1}\cdot \mathrm{tg}(45^\circ+\varphi_{j+1}/2) \qquad (14.2\text{-}40)$$

式中：σ_{pj0}、σ_{pj}——第 j 层土顶面、底面的侧向被动土压力强度；γ_j、φ_j、c_j——第 j 层土的重度、内摩擦角、粘聚力；z_{j-1}、z_j——第 $j-1$ 层、j 层土厚度；φ_{j+1}、c_{j+1}——第 $j+1$ 层土内摩擦角、粘聚力。

4. 车辆荷载引起的土压力

基坑施工时一般要求汽车、吊车在支护结构顶上的钢筋混凝土路面上行走，因此，应计算对挡墙产生的土压力。在《公路桥涵设计通用规范 (JTJ021-89)》中，对车辆荷载引起的土压力的计算方法做了具体规定，其计算原理是按照库仑土压力理论，把填土破坏棱体范围内的车辆荷载用一个均布荷载（或换算成等代均布土层）来代替，然后用库仑土压力公式计算，见图 14.2-21。

计算时首先确定破坏棱体的长度 l_0，当墙背俯斜时：

$$l_0=H(\mathrm{tg}\varepsilon+\mathrm{ctg}\alpha) \qquad (14.2\text{-}41)$$

$$\mathrm{ctg}\alpha=-\mathrm{tg}(\varphi+\delta+\varepsilon)+\sqrt{[\mathrm{ctg}\varphi+\mathrm{tg}(\varphi+\delta+\varepsilon)][\mathrm{tg}(\varphi+\delta+\varepsilon)-\mathrm{tg}\varepsilon]} \qquad (14.2\text{-}42)$$

式中：H——挡土墙高度；ε、α——墙背倾角及滑动面倾角。

墙背仰斜时，计算公式中的 ε 角用负值代入；墙背直立时，$\varepsilon=0$。

作用在破坏棱体范围内的车辆荷载，换算成厚度为 h_e 的等代均布土层，见图 14.2-22，其

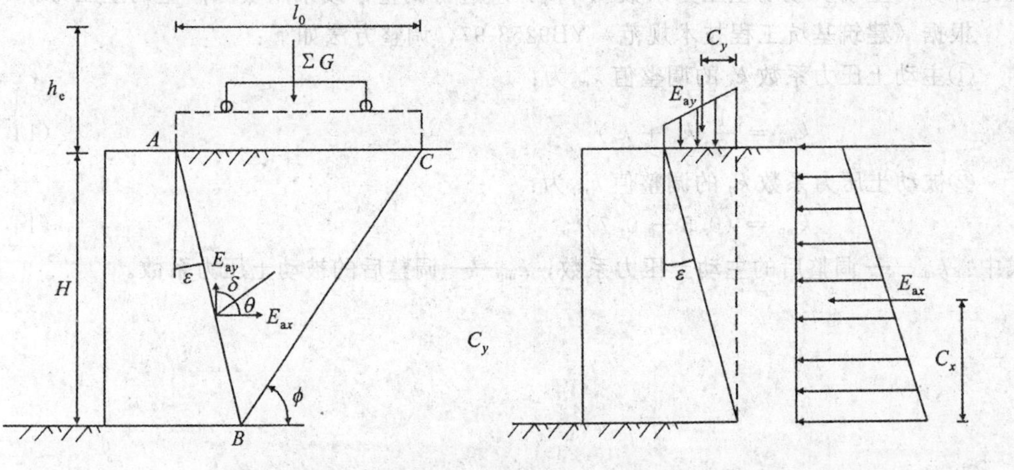

图 14.2-21　车辆荷载引起的土压力

表达式为：

$$h_e = \frac{\sum G}{B l_0 \gamma} \qquad (14.2\text{-}43)$$

式中：γ——填土厚度；B——挡土墙的计算长度；l_0——墙后填土的破坏棱体长度；$\sum G$——布置在 $B \times l_0$ 面积内的车辆重力。

挡土墙的计算长度可按下式确定（见图 14.2-23）：

$$B = l + a + H\text{tg}30° \qquad (14.2\text{-}44)$$

式中：l——汽车前后轴轴距；a——车轮或履带着地长度；H——挡土墙高度。

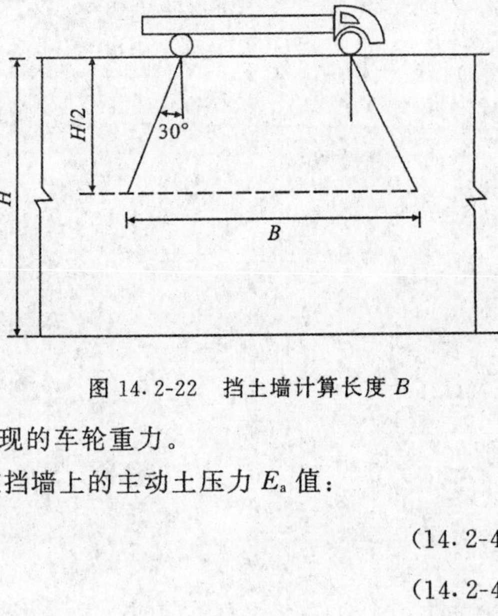

图 14.2-22　挡土墙计算长度 B

车辆车轮重力 $\sum G$ 为在 $B \times l_0$ 面积内可能出现的车轮重力。

求得等代土层厚度后，可按下式计算作用在挡墙上的主动土压力 E_a 值：

$$E_a = \frac{1}{2}\gamma H(H + 2h_e)K_a \qquad (14.2\text{-}45)$$

$$E_{ax} = E_a\cos\theta \qquad (14.2\text{-}46)$$

$$E_{ay} = E_a\sin\theta \qquad (14.2\text{-}47)$$

式中：θ——E_a 与水平线间的夹角，$\theta = \delta + \varepsilon$；$K_a$——库仑主动土压力系数。

E_{ax}与 E_{ay}的分布图形见图 14.2-22，其作用点分别位于各分布图形的形心处。

E_{ax}的作用点距墙脚 B 点的竖直距离 C_x 为

$$C_x = \frac{H}{3} \cdot \frac{H + 3h_e}{H + 2h_e} \qquad (14.2\text{-}48)$$

E_{ay}的作用点距墙脚 B 点的水平距离 C_y 为

$$C_y = \frac{d}{3} \cdot \frac{d + 3d_1}{d + 2d_1} \qquad (14.2\text{-}49)$$

5. 土压力系数的调整

当支护结构承受的侧向变形条件不符合主动、被动极限平衡状态条件时，由朗金和库仑理论计算的主动及被动土压力系数 k_a，k_p，应进行调整，或采用实际产生的土压力。

根据《建筑基坑工程技术规范》YB9258-97，调整方法如下：

①主动土压力系数 k_a 的调整值 k_{ma} 为：

$$k_{ma} = \frac{1}{2}(k_0 + k_a) \tag{14.2-50}$$

②被动土压力系数 k_p 的调整值 k_{mp} 为：

$$k_{mp} = (0.5 - 0.7)k_p \tag{14.2-51}$$

式中：k_{ma}——调整后的主动土压力系数；k_{mp}——调整后的被动土压力系数。

第十五章　基坑支护结构的设计原理与计算方法

第一节　支护结构的破坏形式

深基坑支护结构可分为非重力式支护结构（即柔性支护结构）和重力式支护结构（即刚性支护结构）。非重力式支护结构包括钢板桩、钢筋混凝土板桩和钻孔灌注桩、地下连续墙等；重力式支护结构包括深层搅拌水泥土挡墙和旋喷帷幕墙等。

一、非重力式支护结构的破坏

非重力式支护结构的破坏包括强度破坏和稳定性破坏。

（一）强度破坏

强度破坏包括以下内容（如图 15.1-1 所示）：

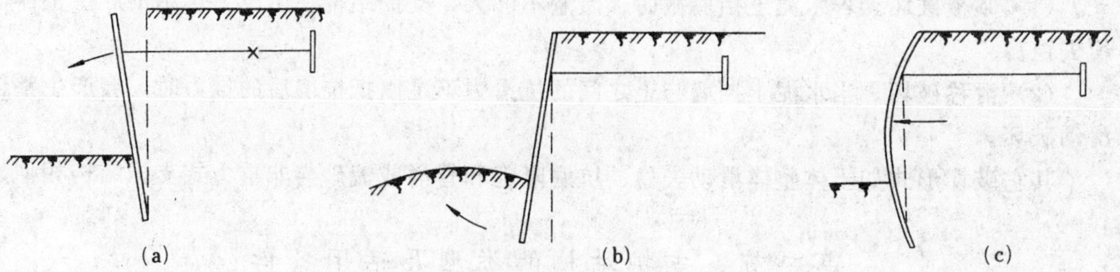

图 15.1-1　非重力式支护结构强度破坏形式
(a) 倾覆破坏；(b) 底部向外移动；(c) 受弯破坏

(1) 支护结构倾覆破坏。破坏的原因是存在过大的地面荷载，或土压力过大引起拉杆断裂，或锚固部分失效，腰梁破坏等；

(2) 支护结构底部向外移动。当支护结构入土深度不够，或挖土超深，水的冲刷等都可能产生这种破坏；

(3) 支护结构受弯破坏。当选用的支护结构截面不恰当或对土压力估计不足时，容易出现这种破坏。

（二）稳定性破坏

支护结构稳定性破坏包括以下内容（如图 15.1-2 所示）：

(1) 墙后土体整体滑动失稳。破坏原因包括：①开挖深度很大，地基土又十分软弱；②地面大量堆载；③锚杆长度不足。

(2) 坑底隆起。当地基土软弱、挖土深度过大或地面存在超载时容易出现这种破坏。

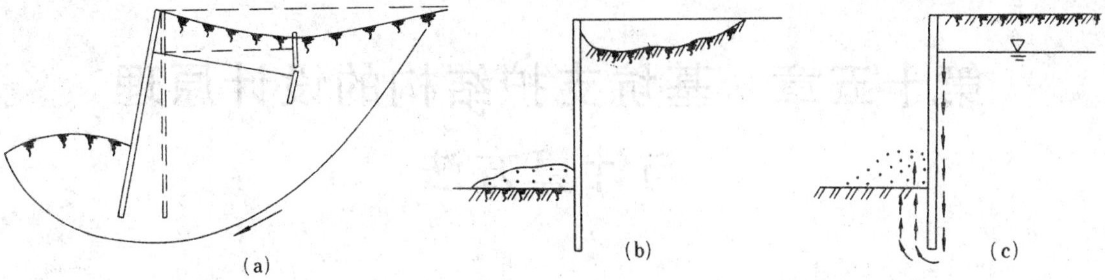

图 15.1-2 非重力式支护结构的稳定性破坏

(a) 墙后土体整体滑动；(b) 坑底隆起；(c) 流砂或管涌

(3) 管涌或流砂。当坑底土层为无粘性的细颗粒土，如粉土或粉细砂，且坑内外存在较大水位差时，易出现这种破坏。

二、重力式支护结构的破坏形式

重力式支护结构的破坏也包括强度破坏和稳定性破坏两个方面。

强度破坏只有水泥土抗剪强度不足，产生剪切破坏，为此需验算最大剪应力处的墙身应力。

稳定性破坏包括以下内容：

(1) 倾覆破坏。若水泥土挡墙截面、质量不够大，支护结构在土压力作用下产生整体倾覆失稳。

(2) 滑移破坏。当水泥土挡墙与土之间的抗滑力不足以抵抗墙后的推力时，会产生整体滑动破坏。

其它破坏形式如土体整体滑动失稳、坑底隆起和管涌或流砂与非重力式支护结构相似。

第二节 支护结构的类型及适用条件

常见的支护结构类型及适用条件包括：

1. 钢板桩

钢板桩用打入或振动打入法就位，工程结束后可回收，可以重复使用。常用的钢板桩有槽钢钢板桩和“拉森”钢板桩。槽钢钢板桩的刚度比较小，并且容易渗水，一般在浅基坑中应用。“拉森”钢板桩刚度大，而且通过锁口相互咬合，基本不透水。

在软土地区使用钢板桩，打入时会产生挤土作用，常引起地面隆起，拔出时会带出土体，形成比钢板桩大得多的孔洞，若不及时采取措施，容易造成周围地面下沉。因此，在建筑物密集地区使用时要慎重。

2. 钢筋混凝土板桩

钢筋混凝土板桩是预制的钢筋混凝土构件，用打入法就位，并且相互嵌入。这种板桩有较大的刚度和不透水性，一般是一次性的。

3. 钻孔灌注排桩

钻孔灌注排桩作为挡土结构，桩与桩之间用旋喷桩或压力注浆进行防渗堵水处理，排桩顶部浇筑一根钢筋混凝土圈梁，将桩排联成整体。

这种支护结构又分为悬臂式、锚固式和内支撑式。

悬臂式：悬臂式支护结构的挡土深度视地质条件和桩径而异。其特点是场地开阔，挖土效率高，比较经济。

锚固式：钻孔灌注排桩与土层锚杆、锚定板等联合使用，可用于较深的基坑。其特点为开挖效率高，施工方便，但水泥及钢材用量相对较多。

内支撑式：在基坑内加钢质支撑或钢筋混凝土支撑等。内支撑有竖向斜支撑和水平支撑两大类。斜支撑适用于支护结构高度不大，所需支撑力不大的情况，一般为单层，水平支撑可单层设置，也可多层设置。

4. 水泥土深层搅拌桩挡墙

国内常用深层搅拌法形成重力式挡墙。一般形成格栅状。这类挡土结构的优点是不设支撑，不渗水，并且只需水泥，不要钢材，造价低。但为了保持稳定，一般宽度很大。

在日本一般采用SMW 工法(Soil Mixed Wall)，这种方法是在单排搅拌桩内插入H型钢，再配以支撑系统，从而达到既挡土又挡水的目的。

5. 地下连续墙

这种结构常用于较深的基坑，如地铁、车站或多层地下停车场等。其刚度与强度都较好，但造价高。

6. 围筒式支护结构

围筒式支护结构按平面形式不同分为圆形、拱形或复合型等型式。这种结构受力合理，充分利用了材料的抗压强度，位移小。

这种结构有以下几种形式：

①钻孔灌注桩形成圆形或弧形桩排；

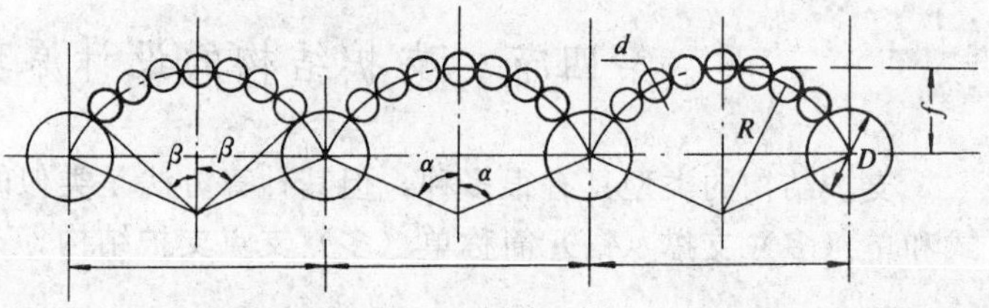

图 15.2-1　连拱式支护结构平面图

②水泥土搅拌桩或素混凝土桩排列成拱形，拱脚处设置钢筋混凝土桩，见图 15.2-1。

第三节　支护结构的设计原则

基坑工程根据结构破坏可能产生的后果，采用不同的安全等级，见表 15.3-1。

深基坑支护结构的设计按两种状态即承载力极限状态和正常使用极限状态进行设计。

表 15.3-1　安全等级

安全等级	破坏后果
一	很严重
二	严　重
三	不严重

一、承载力极限状态

也称应力极限状态。以悬臂桩为例，承载力极限状态包括以下几种情况：

1. 抗剪切破坏

要求满足下式：

$$\tau_p \leqslant [\tau_p] \tag{15.3-1}$$

式中：τ_p——桩所承受的剪应力；$[\tau_p]$——支护结构的抗剪强度。

2. 抗倾覆破坏的极限状态

要求满足下式：

$$E_p \geqslant E_a \tag{15.3-2}$$

式中：E_p——支护结构承受的被动土压力；E_a——支护结构承受的主动土压力。

3. 抗滑动破坏的极限状态

要求满足：

$$\tau_s \leqslant [\tau_s] \tag{15.3-3}$$

式中：τ_s——滑动面上地基土受到的剪应力；$[\tau_s]$ ——地基土的抗剪强度。

4. 抗弯破坏的极限状态

要求满足：

$$M \leqslant [M] \tag{15.3-4}$$

式中：M——支护结构截面所受的弯矩；$[M]$ ——抗弯强度。

二、正常使用极限状态

也称变形极限状态。若支护结构在土的侧向压力作用下产生位移，则地面必然会产生沉降，从而影响在建工程或邻近建（构）筑物的正常使用。如果侧向位移过大，还会引起周围建筑物下沉、倾斜、开裂、门窗变形以及地下管线设施受损，造成断电、断水、断气等。

第四节　支护结构的设计原理与计算方法

支护结构的类型具有很多种，但其计算方法是类似的。根据受力状态的不同可分为悬臂式和单（多）支撑（锚）简称单（多）支点支护结构。

一、悬臂式支护结构计算

（一）支护结构上侧向压力分布

悬臂式支护结构插入坑底的深度不同，其变形情况有所不同。第一种情况：若插入深度较深，支护结构向坑内倾斜较小时，下端 B 处没有位移，见图 15.4-1。第二种情况：若支护结构插入深度较浅，当达到最小插入深度 D_{min}，它的上端向坑内倾斜较大，下端 B 向坑外位移，若插入深度小于 D_{min}，支护结构丧失稳定，顶部向坑内倾斜。

对第一种情况，支护结构所受的土压力分布见图 15.4-2（a），主动土压力和被动土压力相互抵消后土压力分布见图 15.4-2（b）。

对第二种情况，由于支护结构绕一点 C 转动，B 点向外移动。那么，从力的平衡来看，B 点必然受到向坑内的被动土压力和向坑外的主动土压力，这两个力抵消后等于〔$k_p \cdot \gamma(h+D) - k_a \cdot \gamma \cdot D$〕，最终它所受的土压力分布见图 15.4-2（c）。

（二）最小插入深度的确定方法

1. 第一种情况

对于第一种情况，所有力对桩尖取矩，令 $\sum M_B=0$ 则得：

$$\frac{1}{3}(h+D)\times\left[\frac{1}{2}\cdot\gamma\cdot(h+D)^2\cdot k_a-2\cdot c\cdot(h+D)\cdot\sqrt{k_a}+2\cdot c^2/\gamma\right]$$
$$-\frac{1}{3}\cdot D\cdot\left[\frac{1}{2}\cdot\gamma\cdot D^2\cdot k_p+2\cdot c\cdot D\cdot\sqrt{k_p}\right]=0 \tag{15.4-1}$$

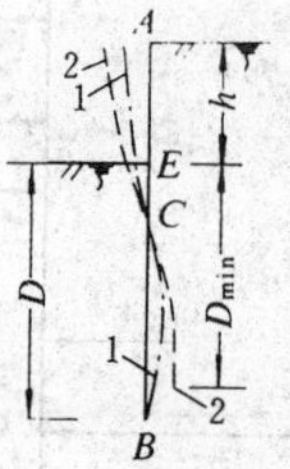

图 15.4-1　支护结构变形示意图

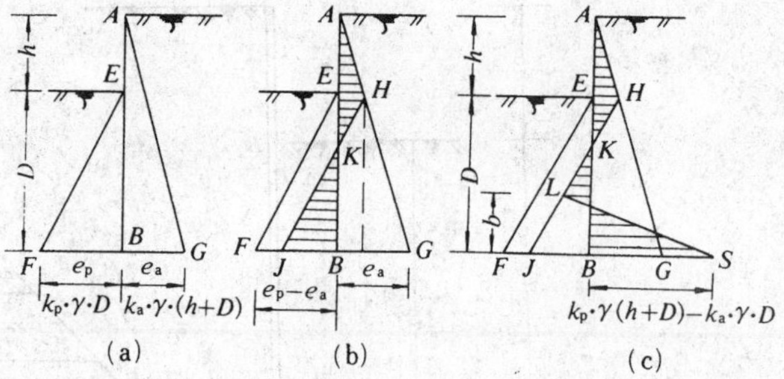

图 15.4-2　土压力分布图

由上式求出 D 后，增加 $0.2 \cdot D$ 作为实际入土深度，则支护结构总长为：一、二、三级基坑分别取 1.1，1，0.9。

$$L = h + 1.2 \cdot \gamma_0 \cdot D \tag{15.4-2}$$

式中：γ_0——基坑重要性安全系数。

桩身最大弯矩截面在截面剪应力等于零处。设最大弯矩截面离坑底 t_0，则由：

$$\frac{1}{2} \cdot \gamma \cdot (h + t_0)^2 \cdot k_a - 2 \cdot c \cdot (h + t_0) \cdot \sqrt{k_a} + 2c^2/\gamma = \frac{1}{2} \cdot \gamma \cdot t_0^2 \cdot k_p + 2 \cdot c \cdot t_0 \cdot \sqrt{k_p} \tag{15.4-3}$$

可求出 t_0，由 t_0 可求出最大弯矩 M_{max}。

2. 第二种情况

由图 15.4-2（c）可列两个方程：

$\sum N = 0$　　静力平衡方程

$\sum M_B = 0$　　力矩平衡方程

由上述两方程可得：

$$b = \frac{k_p \cdot D^3 - k_a(h + D)^2}{(k_p - k_a) \cdot (h + 2D)} \tag{15.4-4}$$

$$k_a(h + D)^3 - k_p \cdot D^3 + b^2(k_p - k_a) \cdot (h + 2D) = 0 \tag{15.4-5}$$

将式（15.4-4）代入式（15.4-5）求出 D，再求最大弯矩 M_{max}。

3. 图解法（弹性曲线法）

具体计算步骤如下（如图 15.4-3 所示）：

（1）假定支护结构的入土深度 t_0'；

（2）根据土的 γ、c、φ 和地下水的变化画出土压力图形；

（3）将土压力分布图沿深度分成若干个小块（一般 0.5～1.0m 为一段），并将各小块的土压力用集中力代替，作用点在土压力面积的重心上；

（4）选择一个适当的力的比例尺及极矩 η 绘制力多边形；

（5）绘制索线多边形，在索线多边形上，若最后一根索线与闭合线的交点恰好落在最后一个小块的底边线上，表明假定的入土深度是合适的，否则要重新修正；

（6）支护结构在任一截面的弯矩 M 为 $M=\eta \cdot Y$，即极矩 η 与索线多边形上相应坐标 Y 的乘积。

其中最大弯矩为 $M_{max}=\eta \cdot Y_{max}$。

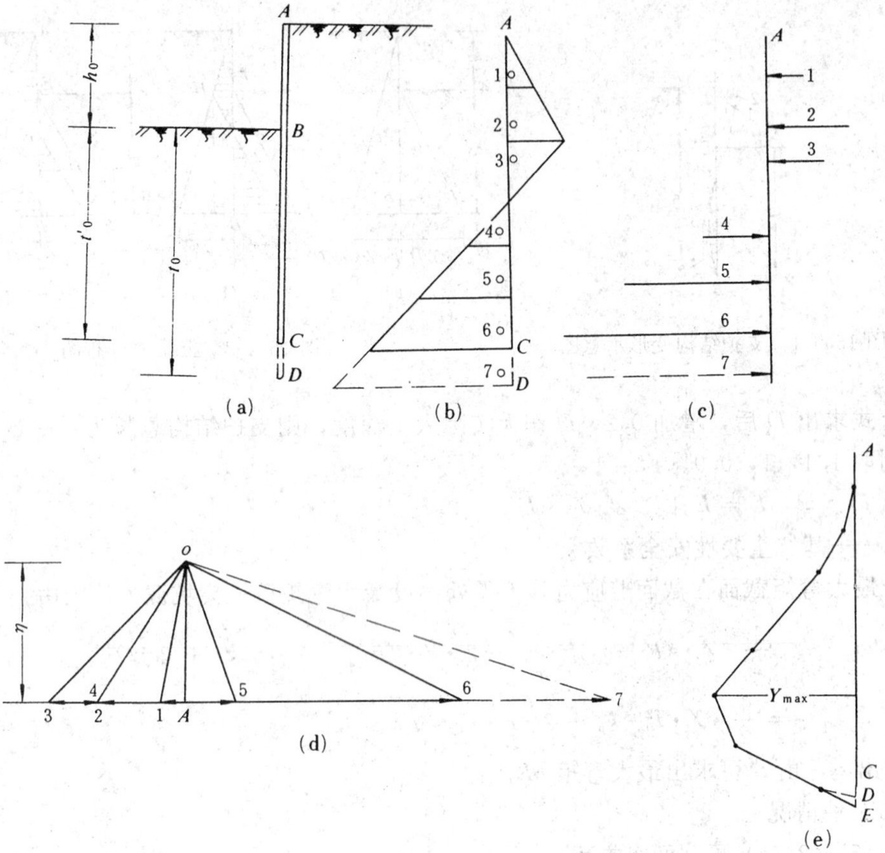

图 15.4-3　图解法

(a) 假定的入土深度；(b) 土压力强度分布图；(c) 代表的集中力；(d) 力多边形；(e) 索线多边形

二、单支点支护结构计算

单支点支护结构随入土深度的不同，将发生不同的变形，而支护结构的变形反过来又影响土压力的分布。

目前，在计算单支点支护结构入土深度和内力时，多采用两种状态。

1. 第一种状态——单支点浅桩

这种状态的支护结构插入坑底深度较小，桩身只有一个方向的弯矩，桩身入土部分的位移较大（见图 15.4-4）。这时可把支护结构上端视为简支，下端为自由支承，它的作用相当于单跨简支梁。

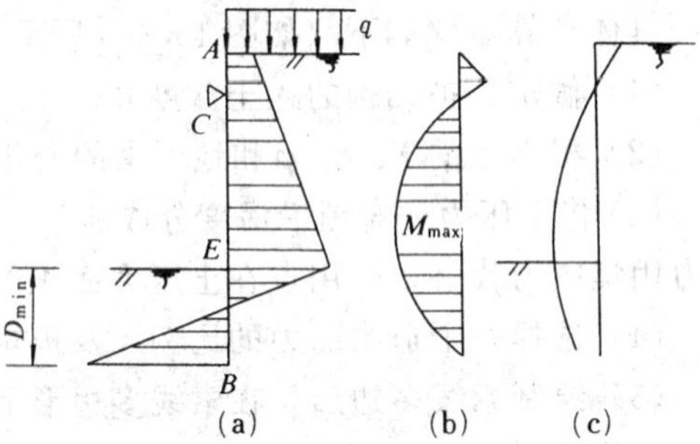

图 15.4-4　单支点浅桩的土压力、弯矩和变形示意图

(a) 土压力分布；(b) 弯矩分布；(c) 桩身变形

为了简化计算，可作以下假定和处理：

(1) 主动和被动土压力分布符合朗金或库仑理论，计算时可用等代内摩擦角 φ 代替 c 和 φ。

φ'可用下述方法确定（见图 15.4-5）：

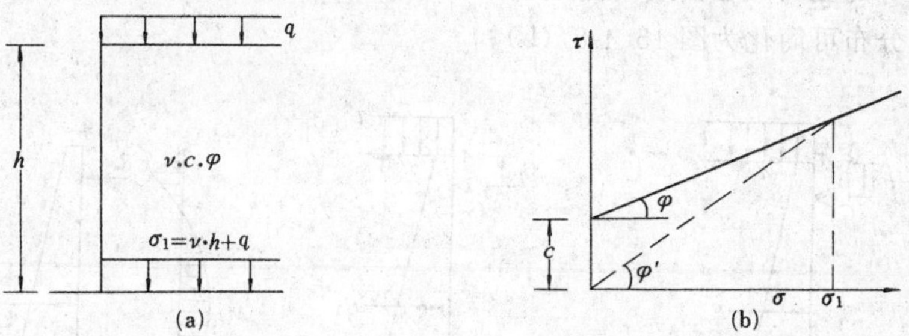

图 15.4-5　等代内摩擦角计算图

(a) 坑壁受力情况；(b) 抗剪强度曲线

在抗剪强度曲线上取 $\sigma_1 = h \cdot \gamma + q$　(15.4-6)

式中：σ_1——坑底处的垂直应力；q——地面超载；h——基坑深度。

令　$\sigma_1 \cdot \mathrm{tg}\varphi' = \sigma_1 \cdot \mathrm{tg}\varphi + c$　(15.4-7)

则　$\varphi' = \mathrm{arctg}[\mathrm{tg}\varphi + c/\sigma_1]$　(15.4-8)

(2) 不考虑支护结构物的自重及发生在基坑面的应力。

由上述假定，可求出单支点浅桩的最小插入深度 $D_{\min}$ 和支撑或锚杆的反力 R。

方法如下（见图 15.4-6）：

①由 $\sum M_c = 0$，可得：

$$E_q[(h + D)/2 - h_0] + E_a[2/3(h + D) - h_0] = E_p \cdot (h - h_0 + 2/3D) \quad (15.4\text{-}9)$$

由上式可求出入土深度 D。

②由静力平衡条件 $\sum N = 0$，可求出支点 C 的反力 R：

$$R = E_q + E_a - E_p \quad (15.4\text{-}10)$$

由 R 和 D 即可求出最大弯矩 $M_{\max}$。

2. 第二种状态——单支点深桩

这种状态的支护结构入土较深，在坑底部分出现了反弯矩。这时弯矩小，坑底部分位移也较小，稳定性好，见图 15.4-7。

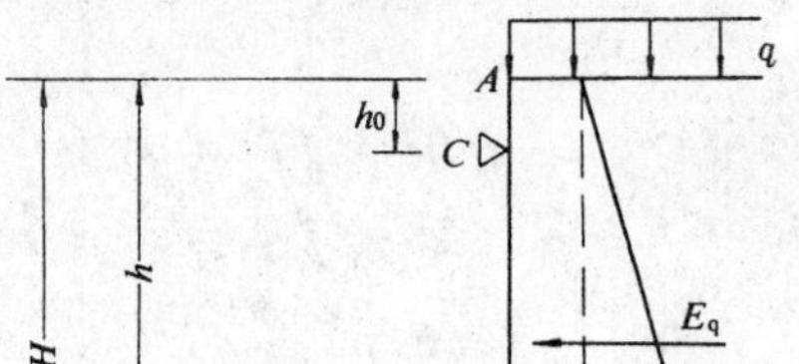

图 15.4-6　单支点浅桩土压力分布图

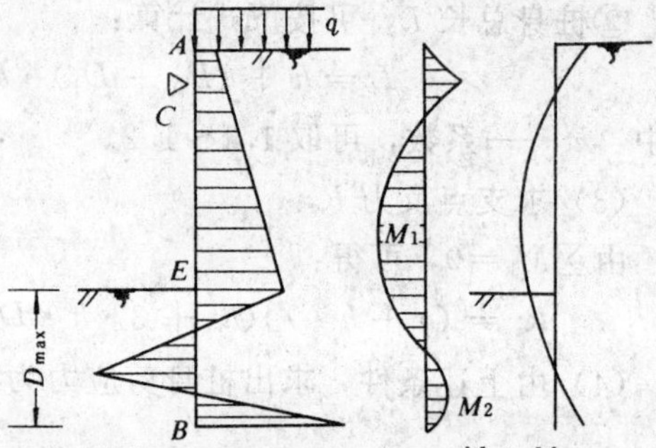

图 15.4-7　单支点深桩的土压力、弯矩和变形示意图

(a) 土压力图；(b) 弯矩图；(c) 变形图

在计算时，可将桩下端当作固定端，采用等值梁法进行计算。为便于计算，在土压力分布图上将大小相等的压力加在曲线两侧〔见图 15.4-8 (a)〕，并用 E_3 代替右侧下部土压力，则桩身所受土压力分布可简化为图 15.4-8 (b)。

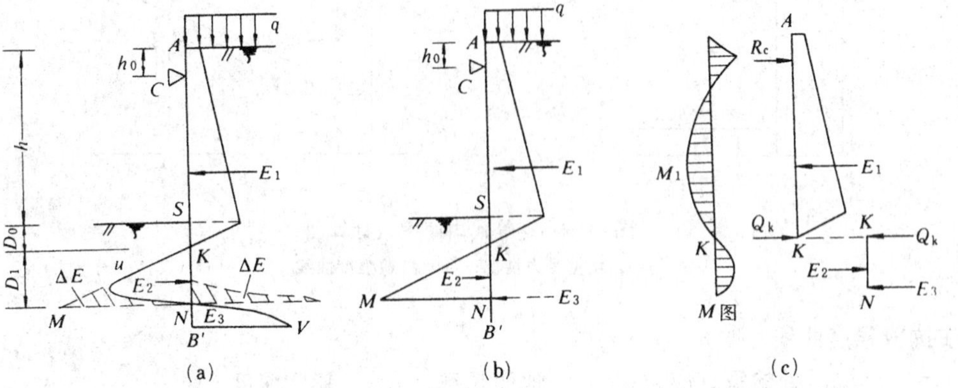

图 15.4-8　单支点深桩的土压力分布及计算简化图

E_1—K 点以上的总土压力；E_2—左侧土压力；E_3—作用于支护结构下部的整个右侧的土压力

当支护结构下端固定时，土压力零点 K 与弯矩零点位置很相似，可近似地以 K 点作为零弯矩点。这样单支点深桩就可简化为两个在 K 点相联的简支梁〔见图 15.4-8 (c)〕，这种计算方法称为等值梁法。其计算步骤包括：

(1) 求 K 点位置：

由 $\sigma_a=\sigma_p$，即 $[q+(h+D_0)\cdot\gamma]\cdot k_a=D_0\cdot\gamma\cdot k_p$，可求得 K 点离坑底距离 D_0：

$$D_0=\frac{(q+h\cdot\gamma)\cdot k_a}{\gamma(k_p-k_a)} \tag{15.4-11}$$

(2) 求插入深度：

①K 点以下深度 D_1 可按下式计算：

$$D_1=\sqrt{\frac{6\cdot Q_k}{\gamma\cdot(k_p-k_a)}} \tag{15.4-12}$$

式中：Q_k——桩身在 K 点所受的剪应力，$Q_k=E_1-R_c$

②桩身总长 L，可按下式计算：

$$L=h+(D_0+D_1)\cdot k'$$

式中：k'——系数，可取 1.1～1.2。

(3) 求支点反力 R_c：

由 $\sum M_k=0$，可得：

$$R_c=(q+h\cdot\gamma)(h^2+3\cdot h\cdot D_0+2\cdot D_0^2)/6\cdot(h+D_0-h_0) \tag{15.4-13}$$

(4) 由上述条件，求出桩身剪应力为零的位置，即为最大弯矩位置，然后求出最大弯矩 M_{max}。

三、多支点支护结构计算

1. 二分之一分割法

这种方法是将各道支撑之间的距离等分，假定每道支撑承担相邻两个半跨的侧压力（图

15.4-9)。

计算步骤如下：

(1) 求出作用在挡土结构上的土压力分布；

(2) 将每道支撑之间的距离等分。假定 R_1 承担由 $ABCD$ 产生的侧压力，R_2 承担由 $CDEF$ 产生的土压力，R_3 承担由 $EFGH$ 产生的土压力。从而求出各道支撑所受的水平力 R_1、R_2、R_3。

(3) 求入土深度 x：

$$\frac{1}{2}\cdot\gamma\cdot k_p\cdot x^2=\frac{1}{2}(\sigma_3+\sigma_4)\cdot x \qquad (15.4\text{-}14)$$

$x=(\sigma_3+\sigma_4)/(\gamma\cdot k_p)$

$\sigma_3=(h\cdot\gamma+q)\cdot k_a$, $\sigma_4=[(h+x)\cdot\gamma+q]\cdot k_a$

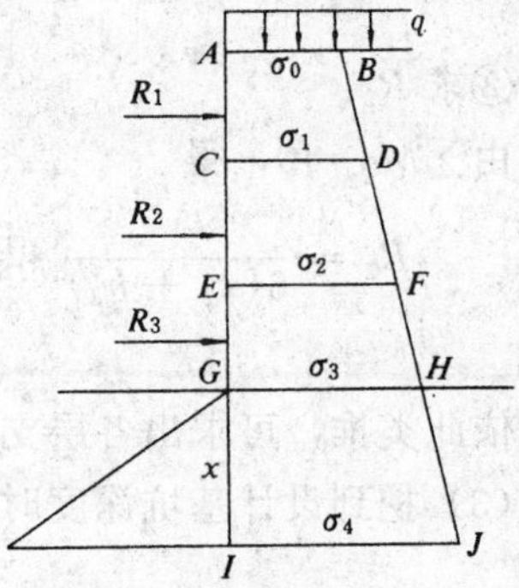

图 15.4-9 二分之一分割法计算图

2. 分段等值梁法

这种方法是每挖一段，就将这段桩的上部支点和插入段弯矩零点的桩身作为简支梁进行计算。然后把计算出来的支点反力假定不变，将其作为外力计算下一段梁中的支点反力。由于这一计算方法考虑了施工时的工况，计算结果与实际结果比较相符。分段等值梁法计算图见图 15.4-10，其计算步骤包括：

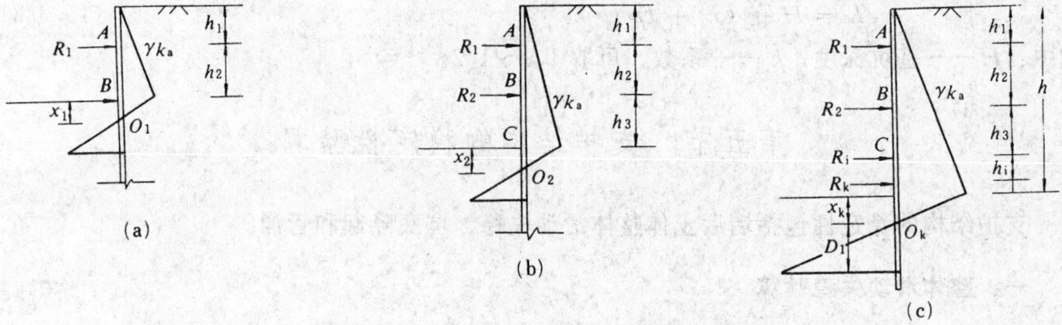

图 15.4-10 分段等值梁法示意图

(1) 第一层支撑阶段，挖土深度要满足第二层支撑安装需要，见图 15.4-10 (a)，$R_i=R_1$，土压力零点为 O_1。

①求 x_1：

由单支点深桩计算公式：

$$\gamma\cdot k_a\cdot(h_1+h_2+x_1)=\gamma\cdot k_p\cdot x_1$$

$$x_1=(h_1+h_2)\cdot k_a/(k_p-k_a) \qquad (15.4\text{-}15)$$

②求 R_1：

把 AO_1 段当作简支梁，各力对 O_1 点取矩。由 $\sum M_{O_1}=0$，得

$$R_1=\frac{1}{6(x_1+h_2)}\cdot[\gamma\cdot k_a(h_1+h_2+x_1)^3-\gamma\cdot k_p\cdot x_1^3] \qquad (15.4\text{-}16)$$

(2) 第二层支撑阶段，挖土深度要满足第三层支撑安装需要见图 15.4-10(b)，R_1 为已知，土压力零点在 O_2。

①求 x_2：

$$x_2 = \frac{(h_1 + h_2 + h_3) \cdot k_a}{k_p - k_a} \tag{15.4-17}$$

②求 R_2：

由$\sum M_{O_2}=0$，得

$$R_2 = \frac{1}{6(x_2 + h_3)} \cdot [(h_1 + h_2 + h_3 + x_2)^3 \cdot k_a - x_2^3 \cdot k_p] - R_1 \cdot \frac{h_2 + h_3 + x_2}{h_3 + x_2} \tag{15.4-18}$$

依此类推，可求出各层支撑反力 R_i。

(3) 挖到设计基坑深度时，求零点位置 O_k，反力 R_k，然后按等值梁法求 O_k 点以下深度 D_1。

①求 Q_k：

$$Q_k = E - (R_1 + R_2 + \cdots + R_i) \tag{15.4-19}$$

式中：Q_k——O_k 点支护结构所承受的剪应力；E——O_k 点以上土压力。

②求 D_1：由等值梁法得：

$$D_1 = \sqrt{\frac{6 \cdot Q_k}{(k_p - k_a) \cdot \gamma}} \tag{15.4-20}$$

③支护结构长度 L 按下式计算：

$$L = H + (x_k + D_1) \cdot k' \tag{15.4-21}$$

式中：H——基坑深度；k'——系数，可取 1.1～1.2。

第五节　支护结构的稳定性验算

支护结构的稳定性包括墙后土体整体滑动失稳、坑底隆起和管涌。

一、整体滑动失稳验算

对单支点支护结构，如果有足够的锚固长度，可以以为不会发生整体滑动失稳。对多支点支护结构，若支撑不发生弯曲，或有足够的锚固长度，一般也不会发生整体滑动失稳。

对悬臂式支护结构，可采用条分法进行验算。

二、坑底隆起验算

在软土层中开挖深基坑时，若支护结构背后的土体重量超过基坑底面以下地基的承载力时，地基的平衡状态就会破坏，从而发生坑壁土流动，坑顶下陷，坑底隆起的现象。为防止发生这种现象，需要验算地基是否会隆起，常用的验算方法有以下两种：

1. 地基稳定性验算法

假定在重量为 W 的土体作用下，土体下的软土地基沿圆柱面 $\overset{\frown}{BC}$ 发生破坏和产生滑动（见图 15.5-1）。

此时，转动力矩为：

$$M_d = W \cdot x/2 \tag{15.5-1}$$

式中：W——沿基坑方向单位长度土体作用在基底处的竖向力，

$$W=(q+\gamma\cdot h)\cdot x \tag{15.5-2}$$

稳定力矩：

$$M_r=x\cdot\int_0^{\pi}\cdot\tau(x\cdot d\theta) \tag{15.5-3}$$

当土层为均质土时：

$$M_r=\pi\cdot\tau\cdot x^2 \tag{15.5-4}$$

式中：τ——地基土不排水剪强度，在饱和软粘土中，$\tau=c$（c 为粘聚力）。

要保证坑底不隆起，需满足下式：

$$k=M_r/M_d\geqslant 1.2 \tag{15.5-5}$$

上述方法未考虑土体与支护结构间的摩擦力，也未考虑$\overset{\frown}{AB}$面上土的抗剪强度对土体下滑的阻力，所以偏于安全。

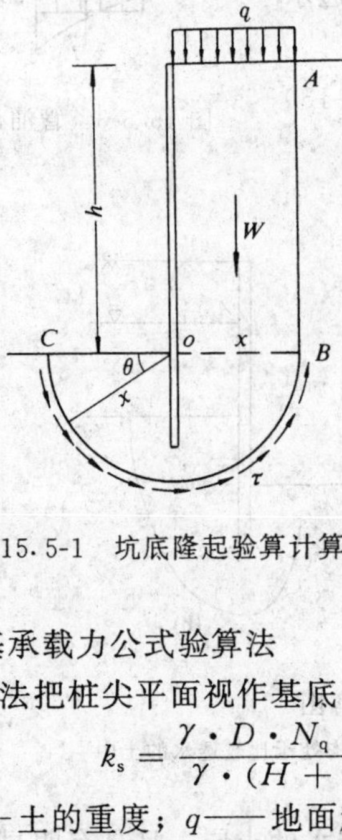

图 15.5-1　坑底隆起验算计算图

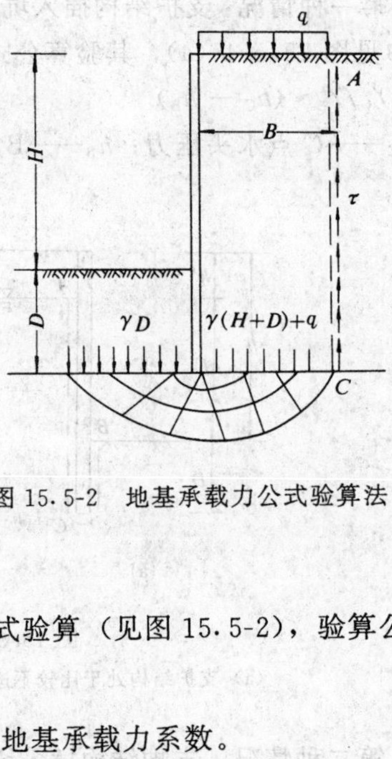

图 15.5-2　地基承载力公式验算法

2. 地基承载力公式验算法

这一方法把桩尖平面视作基底，按地基承载力公式验算（见图 15.5-2），验算公式为：

$$k_s=\frac{\gamma\cdot D\cdot N_q+c\cdot N_c}{\gamma\cdot(H+D)+q} \tag{15.5-6}$$

式中：γ——土的重度；q——地面超载；N_c、N_q——地基承载力系数。

①用 Prandtl 公式时，N_c、N_q 按下式计算：

$$N_q=\mathrm{tg}^2(45°+\varphi/2)\cdot e^{\pi\cdot\mathrm{tg}\varphi} \tag{15.5-7}$$

$$N_c=(N_q-1)\cdot\frac{1}{\mathrm{tg}\varphi} \tag{15.5-8}$$

并要求 $k_s\geqslant 1.1\sim 1.2$。

②用 Terzaghi 公式时，N_c、N_q 按下式计算：

$$N_q=\frac{1}{2}\left[\frac{e^{(\frac{3}{4}\pi-\varphi/2)\cdot\mathrm{tg}\varphi}}{\cos(45°+\varphi/2)}\right]^2 \tag{15.5-9}$$

$$N_c=(N_q-1)\cdot\frac{1}{\mathrm{tg}\varphi} \tag{15.5-10}$$

并要求 $k_s\geqslant 1.15\sim 1.25$。

三、管涌验算

验算管涌的方法有很多种，比较常用的有：

1. 一般方法

要避免基坑底部土体发生管涌破坏，需满足下式：

$$K = \frac{\gamma'}{j} \geqslant 1.5 \sim 2.0 \tag{15.5-11}$$

式中：K——安全系数；γ'——土体的浮重度；j——动水压力；$j=i\cdot\gamma_w=\frac{h'}{2t+h'}\cdot\gamma_w$；$i$——水力梯度；$\gamma_w$——水的重度；$h'$——水头差，见图 15.5-3；$h'+2t$——最短渗透路径，见图 15.5-3。

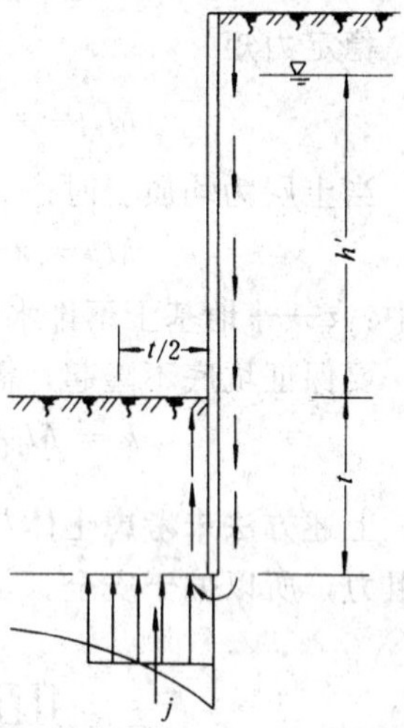

图 15.5-3 管涌计算简图

因此，要保证不发生管涌破坏，插入深度要满足下式：

$$t \geqslant (K\cdot h'\cdot\gamma_w - \gamma'\cdot h')/2\gamma' \tag{15.5-12}$$

2. 施内贝利（Schneebeli）法

(1) 第一种情况：支护结构插入坑底部分位于比较不透水的土层中见图 15.5-4 (a)，其验算公式为：

$$t \geqslant \gamma_w/\gamma'\cdot(h_C - h_B) \tag{15.5-13}$$

式中：h_C——C 点水头压力；h_B——B 点水头压力。

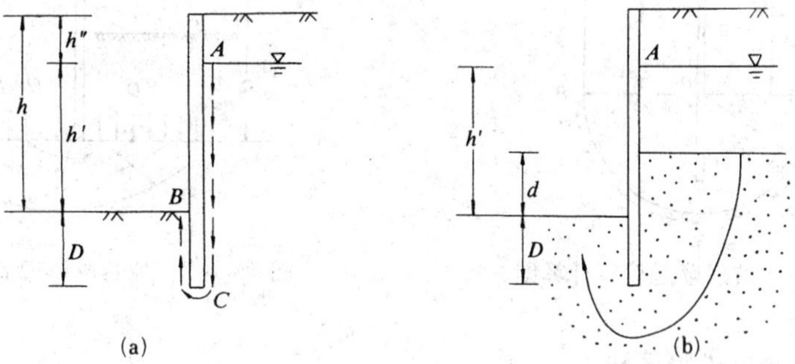

图 15.5-4 坑底管涌验算示意图

(a) 支护结构处于比较不透水土层中；(b) 支护结构处于比较透水的土中

(2) 第二种情况：支护结构插入坑底部分位于比较透水的土层，且具有明显的各向异性见图 15.5-4 (b)，此时 $h_C-h_B\approx h'$。要保证不发生管涌破坏，应满足下式：

$$t \geqslant \gamma_w/\gamma'\cdot h' \tag{15.5-14}$$

3. A·B·米哈依洛夫建议的方法

$$L_{总} = \sum L_{水平} + m\cdot\sum L_{垂直} \geqslant C_i\cdot h' \tag{15.5-15}$$

式中：$L_{总}$——总的渗流长度；$\sum L_{水平}$——水平渗流长度之和；$\sum L_{垂直}$——垂直渗流长度之和；m——换算系数，两层或更多挡土结构时 $m=2.0$，一层挡土结构时，$m=1.5$；h'——计算水头差；C_i——系数，一般可采用以下数值：细砂 8～10，中砂和粗砂 6～7，粉质粘土 4～5，粘土 3～4。

在进行管涌验算时，一般可同时用几种方法进行验算。

第六节　基坑周围土体变形计算

在大中城市建筑密集地带开挖深基坑时，周围土体的变形是一个不容忽视的问题。若变形太大必然会影响建（构）筑物的正常使用，使地下管线受到破坏。

基坑周围土体的变形与支护结构的横向变形、施工降水有关。如果开挖基坑时，支撑或锚杆加设及时，则支护结构横向变形较小，地面沉降也小。如果开挖基坑时，支撑或锚杆加设不及时，或坑边有大的超载，则支护结构的横向变形就大，地面沉降也相应增大。

对于由支护结构横向变形引起的地面沉降值，可参考以下方法：

一、Peck 简化方法

Peck 所提简化计算方法的计算程序如下：

（1）计算支护结构的横向变形曲线；

（2）以积分方法求出支护结构及横向变形曲线包围的体积 V_w；

（3）按下式计算地面沉降影响距离：

$$D = H \cdot \mathrm{tg}(45° - \varphi/2) \tag{15.6-1}$$

式中：H——支护结构长度；D——地面沉降影响距离；φ——土的内摩擦角。

（4）按下式计算基坑边处的地面沉降值：

$$\delta_{s\sigma(0)} = 4 \cdot V_w/D \tag{15.6-2}$$

式中：$\sigma_{s\sigma(0)}$——基坑边处的地面沉降值。

（5）距离坑边 x 处的地面沉降值：

$$\delta_{s\sigma(x)} = \delta_{s\sigma(0)} \cdot (x/D)^2 = 4 \cdot V_w/D^3 \cdot x^2 \tag{15.6-3}$$

二、Clough 与 O′Rourke 图示法

1990 年，Clough 与 O′Rourke 以图示的方式表示了在各种土质中进行基坑开挖所导致邻近区域沉陷量的估量，见图 15.6-1、图 15.6-2 和图 15.6-3。

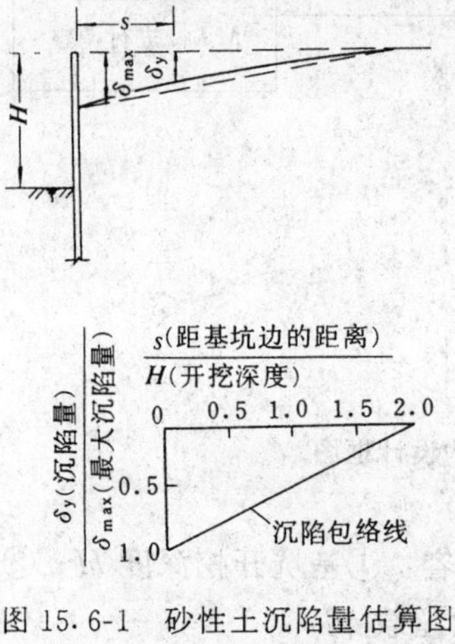

图 15.6-1　砂性土沉陷量估算图

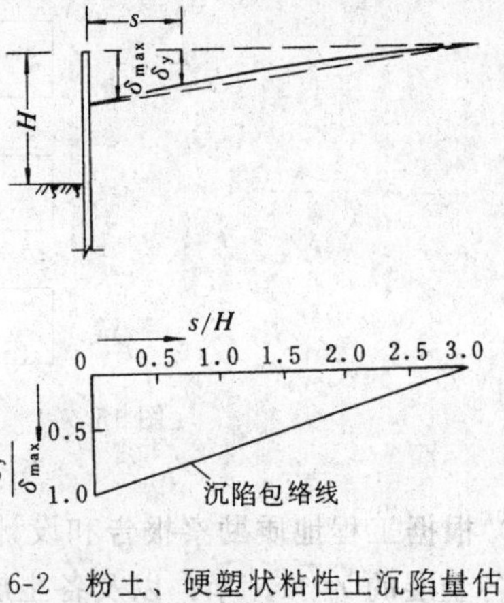

图 15.6-2　粉土、硬塑状粘性土沉陷量估算图

最大沉陷量 δ_{max} 的确定方法：

（1）对于坚硬、硬塑状粘土及砂性土：

$$\delta_{max}/H = 0.2\% \sim 0.3\%$$

（2）对软塑-可塑状粘性土：

$K \leqslant 1.2$ 时　　$\delta_{max}/H = 0.2\%$

$K > 2.0$ 时　　$\delta_{max}/H = 0.5\%$

式中：K——安全系数。

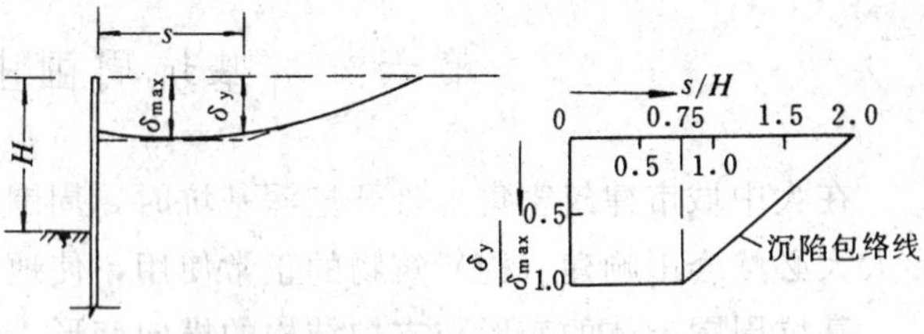

图 15.6-3　软塑与可塑状粘性土沉陷量估算图

第七节　常见支护结构的设计

一、悬臂式桩排支护结构

计算步骤见图 15.7-1。

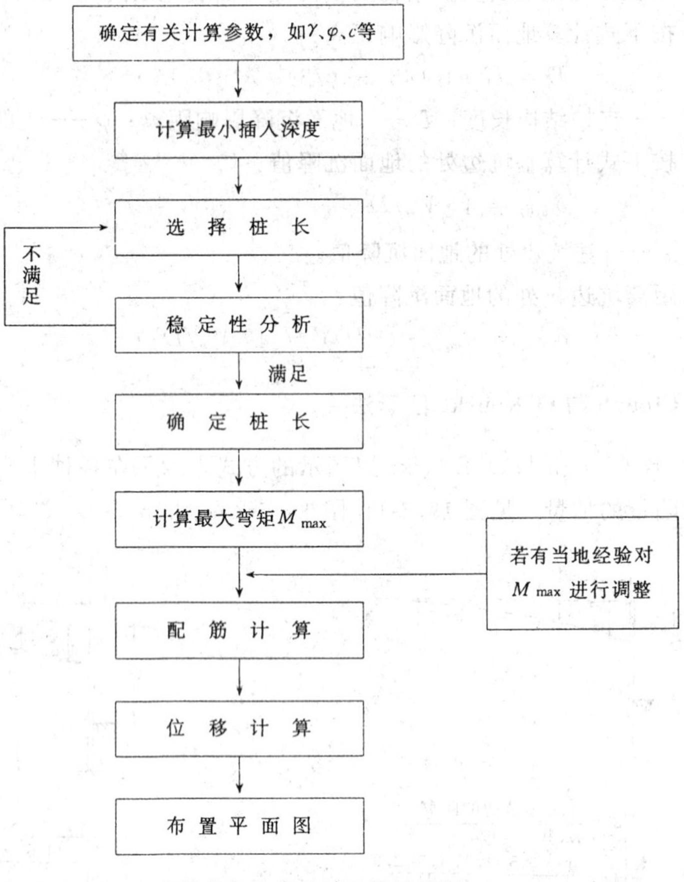

图 15.7-1　悬臂式桩排支护结构设计框图

（1）根据工程地质勘察报告和设计要求确定以下内容：①基坑开挖深度 H；②地下水埋深；③各土层的 γ_i、c_i、φ_i，以及各土层厚度 z_i；④地面超载 q。

（2）求最小插入深度 D_{min}：

①土压力计算：

如果各土层性质相差不大，可取各土质参数的加权平均值，即：

$$\gamma = \frac{\sum \gamma_i \cdot z_i}{\sum z_i}$$

$$\varphi = \frac{\sum \varphi_i \cdot z_i}{\sum z_i}$$

$$c = \frac{\sum c_i \cdot z_i}{\sum z_i}$$

如果土质参数相差较大，应分别计算各层顶面、底面的土压力强度。如果取加权平均值弯矩会出现较大误差。

②根据设计原理介绍的公式计算 $D_{\min}$。

（3）选择桩长：

$$L = H + D_{\min} \times 1.2 \tag{15.7-1}$$

（4）稳定性验算：

①用条分法进行整体滑动验算；

②基坑隆起验算；

③管涌验算。

如果 $K' < K$，重新选择桩长；

如果 $K' \geqslant K$，把选择的桩长作为实际桩长。

（5）计算 $M_{\max}$：

由土压力分布图，求出剪应力为零的截面位置，再由结构力学原理计算。

（6）配筋计算：

①根据《混凝土结构设计规范》（GB50010-2002）中规定进行计算：

$$\begin{cases} 0 = \alpha \cdot a_1 \cdot f_c \cdot A \cdot \left(1 - \dfrac{\sin 2\pi \cdot \alpha}{2\pi\alpha}\right) + (\alpha - \alpha_t) \cdot f_y \cdot A_s & (15.7\text{-}2) \\ M_{\max} \leqslant \dfrac{2}{3} \cdot a_1 \cdot f_c \cdot A \cdot r \cdot \dfrac{\sin^3 \pi\alpha}{\pi} + f_y \cdot A_s \cdot r_s \cdot \dfrac{\sin\pi\alpha + \sin\pi\alpha_t}{\pi} & (15.7\text{-}3) \end{cases}$$

$$\alpha_t = 1.25 - 2 \cdot \alpha$$

式中：A——构件截面面积，见图 15.7-2；A_s——全部纵向钢筋的截面面积；r——圆形截面的半径；r_s——纵向钢筋所在圆的半径；α——对应于受压区混凝土截面面积的圆心角（rad）与 2π 的比值，a_1——受压区混凝土矩形应力图的应力值与混凝土轴心抗压强度设计值的比值；当混凝土强度等级不超过 C_{50} 时，a_1 取为 1.0；α_t——纵向受拉钢筋面积与全部纵向钢筋截面面积的比值，当 $\alpha > 0.625$ 时，取 $\alpha_t = 0$；f_c——混凝土弯曲抗压强度设计值；f_y——普通钢筋的抗拉强度设计值。

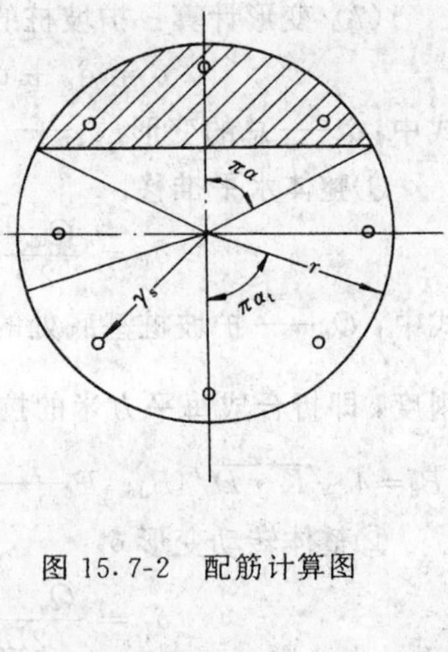

图 15.7-2　配筋计算图

②等效矩形截面法：

将护坡桩圆形面积等效为矩形截面，使它们刚度相等，即：

$$\frac{b \cdot d^3}{12}=\frac{\pi \cdot D^4}{64}$$

令 $b=d$ 则 $b=0.876 \cdot D$

式中：D——桩直径；b、d——等效矩形边长。

按《混凝土结构设计规范》(GB50010-2002) 中有关规定计算：

$$\begin{cases} M_{max} \leqslant f_c \cdot b \cdot x \cdot (h_0 - x/2) + f'_y \cdot A'_s(h_0 - \alpha'_s) & (15.7\text{-}4) \\ f_c \cdot b \cdot x = f_y \cdot A_s - f'_y \cdot A'_s & (15.7\text{-}5) \end{cases}$$

式中：x——混凝土受压区高度；

$$x \leqslant \xi_b \cdot h_0$$

ξ_b——相对界限受压区高度；

$$\xi_b = \frac{0.8}{1+\dfrac{f_s}{0.033E_s}}$$

f_y、f'_y——纵向钢筋的抗拉、抗压强度设计值，对普通钢筋 $f_y=f'_y$；E_s——钢材的弹性模量，对于二级钢 $E_s=2\times10^5$MPa；h_0——截面有效高度。

如用这种方法计算，计算结果比用传统方法要减小 40%左右，但钢筋笼的排列很重要。如果某工程采用 C_{20}混凝土及 Ⅱ 型钢筋，计算结果 5ϕ20 就够了。排列如图 15.7-3。

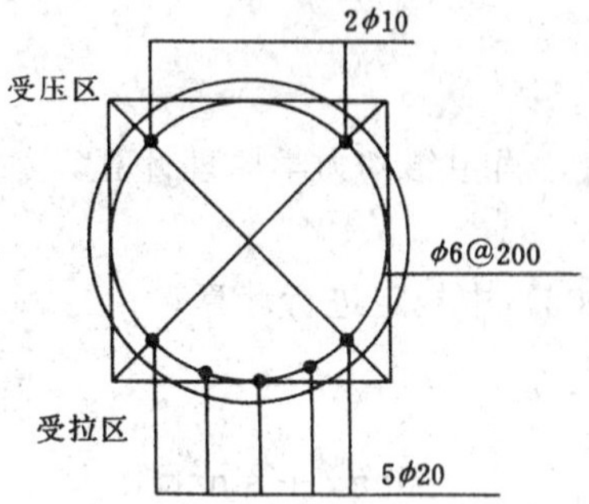

图 15.7-3　等效矩形截面法配筋计算图

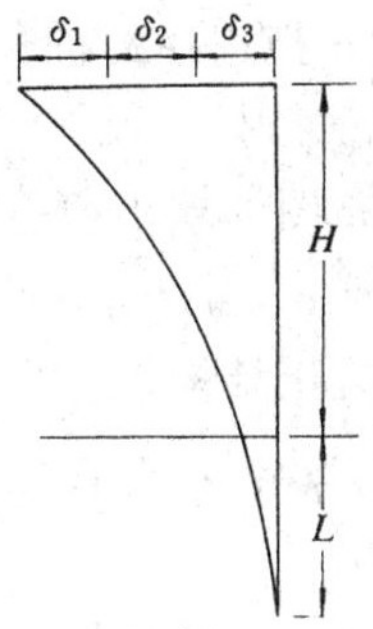

图 15.7-4　桩的变形图

(7) 变形计算：护坡桩的变形包括三部分，见图 15.7-4。

$$\delta = \delta_1 + \delta_2 + \delta_3 \qquad (15.7\text{-}6)$$

式中：δ——总的变形；δ_1——护坡桩的整体水平推移；δ_2——整体转动变形；δ_3——柔性变形。

①整体水平推移，

$$\delta_1 = \frac{Q_u + \beta \cdot M_\mu}{2 \cdot B_d \cdot \beta^3} \qquad (15.7\text{-}7)$$

式中：Q_u——护坡桩基底处的剪力；M_μ——护坡桩基底处的弯矩；B_d——护坡桩的等效抗弯刚度，即折合成每平方米的抗弯刚度，$B_d=\dfrac{E \cdot I}{a}$；a——桩间距；β——计算参数，$\beta=4\ \sqrt{E_0}/4B_d=4\ \sqrt{K \cdot D}/4B_d$；$E_0$——水平向变形模量；$D$——桩径；$K$——弹性系数。

②整体转动变形 δ_2：

$$\delta_2 = \frac{Q_u + 2\beta M_\mu}{2B_d \cdot \beta^3} \cdot H \qquad (15.7\text{-}8)$$

式中：H——基坑开挖深度

③柔性变形 δ_3：

$$\delta_3 = \frac{M_\mu}{5 \cdot B_d} \cdot H^2 \qquad (15.7\text{-}9)$$

在以上三种变形中，当 $D=\phi800$ 时，整体抗弯刚度为（1.2～1.5）$\times 10^5$kPa，挠曲为（3.0～4.0）$\times 10^5$/m，柔性变形为整体变形的 1%～3%，所以 δ_3 可忽略不计。

求出 δ 后验算：

$$\delta \leqslant [\Delta] \qquad (15.7\text{-}10)$$

二、桩锚支护结构设计

桩锚支护结构计算步骤见图 15.7-5。

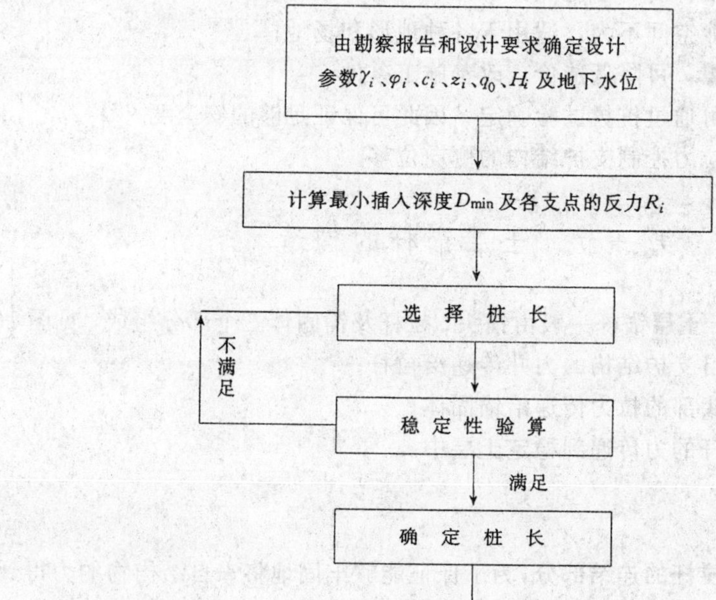

图 15.7-5　桩锚支护结构计算框图

图中锚杆计算见第十六章。

在进行具体计算时，也可先假定支护结构的入土深度及锚杆或支撑层数，然后进行验算，满足稳定性要求后再进行配筋计算和锚杆计算。

第十六章　土层锚杆技术

土层锚杆是在土层中斜向成孔，埋入锚杆后灌注水泥浆（或水泥砂浆），依靠锚固体与土体之间的摩擦力、拉杆与锚固体的握裹力以及拉杆强度共同作用来承受作用于支护结构上的荷载。在支护结构中使用锚杆有以下优点：

（1）进行锚杆施工作业空间不大，适用于各种地形和场地；

（2）由锚杆代替内支撑，可降低造价，改善施工条件；

（3）锚杆的设计拉力可通过抗拔试验确定，因此可保证足够的安全度；

（4）可对锚杆施加预拉力控制支护结构的侧向位移。

第一节　土层锚杆的构造

从力的传递机理来看，土层锚杆一般由锚头、拉杆及锚固体三个部分组成，见图 16.1-1。

锚杆头部——承受来自支护结构的力并传递给拉杆；

拉杆——将来自锚杆头部的拉力传递给锚固体；

锚固体——将来自拉杆的力传递到稳定土层中。

一、锚杆头部

锚杆头部是构筑物与拉杆的连结部分，为了保证能够牢固地将来自结构物的力得到传递，一方面必须保证构件本身的材料有足够的强度，使构件能紧密固定，另一方面又必须将集中力分散开。为此，锚杆头部分为台座、承压板和紧固器三部分，见图 16.1-2。

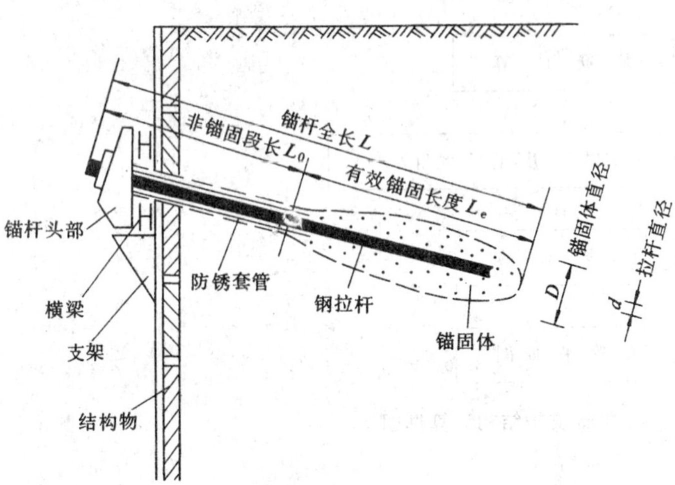

图 16.1-1　锚杆的组成

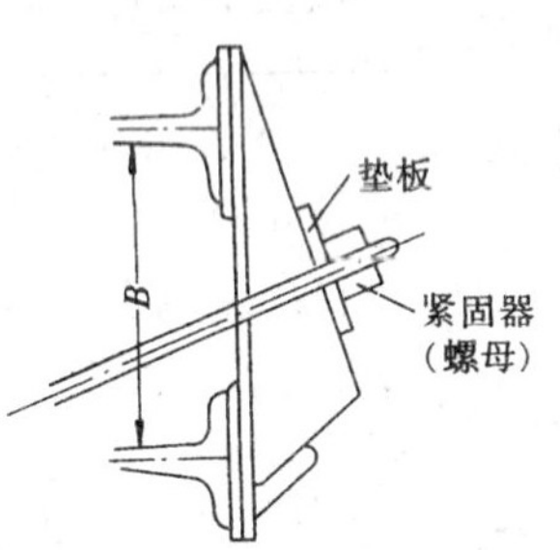

图 16.1-2　锚杆头部构造

（1）台座：支护结构与拉杆方向不垂直时，需要用台座作为拉杆受力调整的插座，并能固定拉杆位置，防止其横向滑动与有害的变位，台座用钢板或钢筋混凝土做成。

(2) 承压垫板：为使拉杆的集中力分散传递，并使紧固器与台座的接触面保持平整，拉杆必须与承压板正交，一般采用 20～40mm 厚的钢板。

(3) 紧固器：拉杆通过紧固器与垫板、台座、支护结构等牢固联结在一起。如拉杆采用粗钢筋，则用螺母或专用的连接器、焊螺丝端杆等。当拉杆采用钢丝或钢绞线时，锚杆端部可由锚盘及锚片组成，锚盘的锚孔根据设计钢绞线的多少而定，也可采用公锥及锚销等零件，见图 16.1-3。

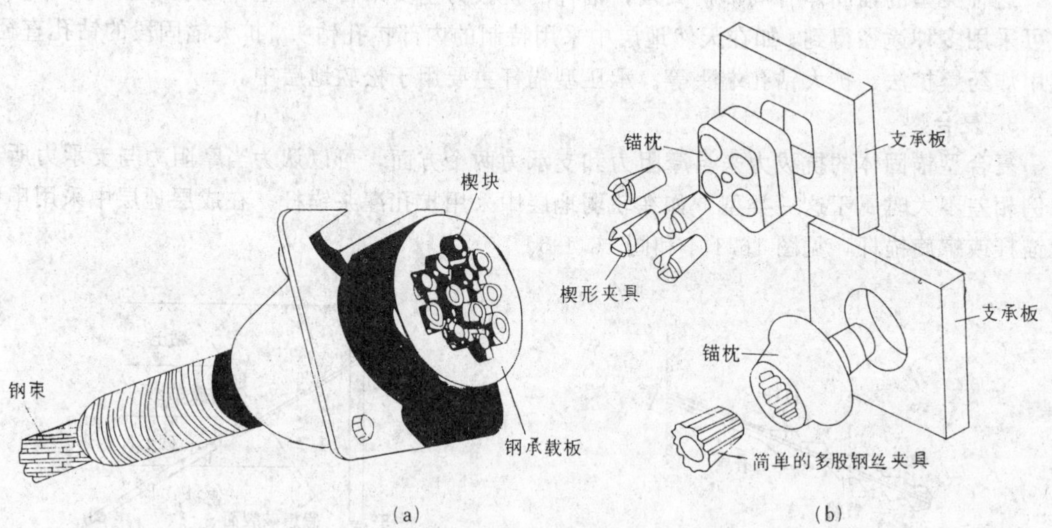

图 16.1-3 锚孔装置

(a) 多根钢束锚杆头装置；(b) 锚杆头处夹固多股钢束锚索的方法

二、拉 杆

拉杆依靠抗拔力承受作用于支护结构上的侧向压力，是锚杆的中心受拉部分。拉杆的长度是指锚杆头部到锚固体尾端的全长。拉杆的全长根据主动滑动面分为有效锚固长度部分(锚固体长度）和非锚固长度部分（自由长度)。有效锚固长度主要根据每根锚杆需承受多大的抗拔力来决定；非锚固长度按照支护结构与稳定土层间的实际距离而定。

拉杆的设计包括材料选择和截面设计两方面。拉杆材料的选择根据具体施工条件而定。

拉杆截面设计需要确定每根拉杆所用的钢材规格和根数，并根据钢拉杆的断面形状和灌浆管的尺寸决定钻孔的直径。

三、锚固体

锚固体是锚杆尾端的锚固部分，通过锚固体与土之间的相互作用，将力传递给稳定地层。由锚固体提供的锚固力能否保证支护结构的稳定是锚杆技术成败的关键。

从力的传递方式来看，锚固体分为三种类型：

1. 摩擦型

摩擦型是指在钻孔内插入钢筋并灌注浆液，形成一段柱状的锚固体，这种锚杆通常叫灌浆锚杆。灌浆锚杆分为一般压力灌浆锚杆和压力灌浆锚杆两种情况。压力灌浆锚杆在灌浆时对水泥砂浆施加一定的压力，水泥砂浆在压力作用下向孔壁土层扩散并在压力作用下固结，从而使锚杆具有较大的抗拔力。

土层锚杆的承载能力主要取决于拉杆与锚固体之间的握裹力和锚固体与土壁之间的摩阻力，但主要取决于后者。

在一般情况下，锚固体周围土层内部的抗剪强度 τ_i 比锚固体表面与土层之间的摩阻力 f_i 小，所以锚固力的估算一般按 τ_i 来考虑。在实际工程中以摩擦型锚杆占多数。

2. 承压型

这种类型的锚固体有局部扩大段，锚杆的抗拔力主要来自支承土体的被动土压力。扩大段可采用多种途径得到，如在天然地层中采用特制的内部扩孔钻头，扩大锚固段的钻孔直径；或用炸药爆扩法、扩大钻孔端头等。承压型锚杆主要用于松软地层中。

3. 复合型

复合型锚固体的抗拔力来自摩阻力和支承力两个方面，可以认为当摩阻力与支承力所占比例相差不大时属于这一类型。如在软弱地层中采用扩孔灌浆锚杆；在成层地层中采用串铃状锚杆或螺旋锚杆，见图 16.1-4 和图 16.1-5。

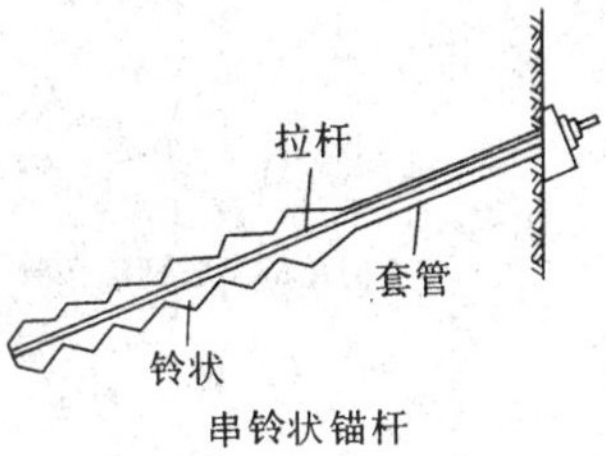

图 16.1-4　串铃状锚杆

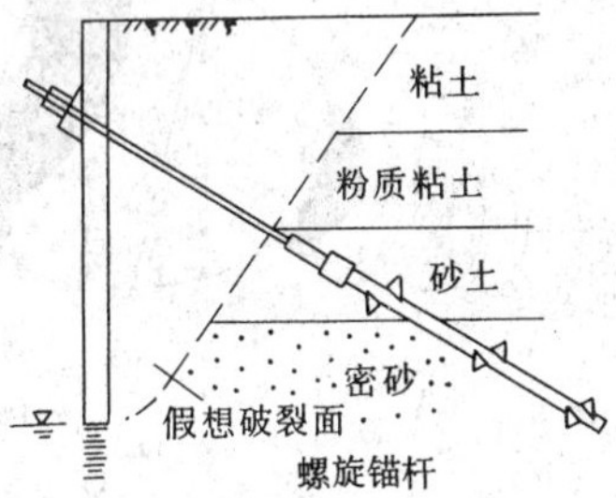

图 16.1-5　螺旋锚杆

第二节　土层锚杆的承载力

一、锚杆的作用原理

当锚固段受力时，首先通过钢筋（钢绞线）与周边的水泥砂浆之间的握固力传到水泥砂浆中，然后再通过砂浆与孔壁土的摩阻力传递到锚固地层中（见图 16.2-1）。根据抗拔试验表明，当拔力不大时，锚杆位移量极小；拔力增大，锚杆位移量加大；拔力增大到一定数值时，变形不能稳定，此时砂浆与土层间的摩阻力超过了极限。

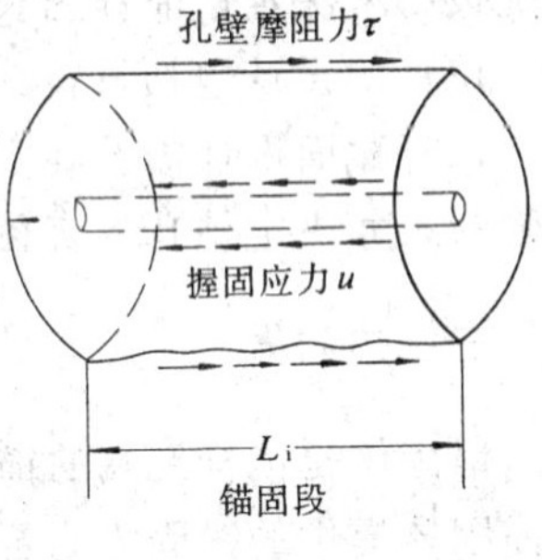

图 16.2-1　锚杆作用原理图

二、灌浆锚杆的抗拔力

锚杆的容许拉力宜通过现场抗拔试验确定。当无条件在设计阶段进行抗拔时，可按有关公式进行计算。

1. Habib 公式

法国 Habib 提出的土层锚杆极限抗拔力公式为：

$$T_u = F + Q = \pi \cdot D_1 \cdot \int_{z_1}^{z_1+l_1} \tau_z \cdot dz + \pi \cdot D_2 \cdot \int_{z_2}^{z_2+l_2} \tau_z \cdot dz + q \cdot A \quad (16.2\text{-}1)$$

式中：T_u——土层锚杆的极限抗拔力（kN）；F——锚固体周围表面的总侧阻力（kN）；Q——锚固体承压面的总端阻力（kN）；D_1——锚固体直径（cm）；D_2——锚固体扩大部分的直径（cm）；τ_z——某一深度处相应土体的极限抗剪强度（MPa）；q——锚固体扩孔部分土体的端阻力（MPa）；A——锚固体扩大部分的承压面积（cm^2）；l_1、l_2、z_1、z_2——长度（cm），见图 16.2-2。

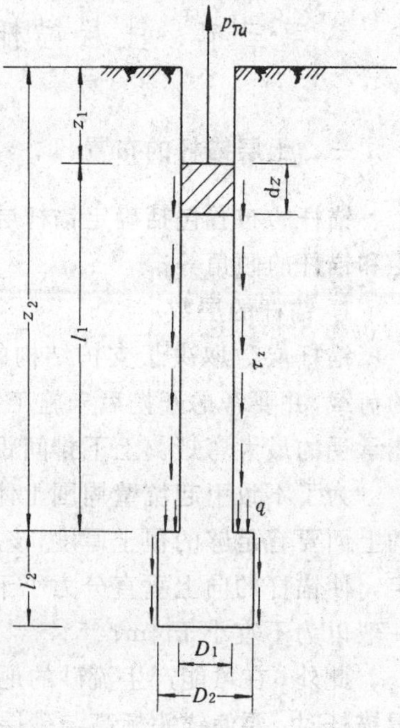

图 16.2-2　土层锚杆的极限抗拔力

对于一般灌浆锚杆、土体抗剪强度可按下式计算：

$$\tau_z = c + K_0 \cdot \gamma \cdot h \cdot \mathrm{tg}\varphi \qquad (16.2\text{-}2)$$

式中：c——孔壁周边土的内聚力；φ——孔壁周边土的内摩擦角；γ——土体的重力密度；h——锚固段中部土层的厚度；K_0——锚固段孔壁的土压力系数，由土的性质决定，一般 $K_0 = 0.5 \sim 1.0$。

对于压力灌浆的锚杆，土体抗剪强度可按下式计算：

$$\tau_z = c + \sigma \cdot \mathrm{tg}\varphi \qquad (16.2\text{-}3)$$

式中：σ——孔壁周边的法向压应力。

在进行初步设计时，也可参考有关资料选取 τ_z 值，见表 16.2-1 和表 16.2-2。

表 16.2-1　各种土层的 τ_z 值

锚固体所在土层	τ_z（MPa）
薄层灰岩夹页岩	0.40～0.60
细砂岩、粉砂质泥岩	0.20～0.40
风化砂页岩、炭质页岩、粘砂质泥岩	0.15～0.20
粉　砂　土	0.06～0.13
软　粘　土	0.02～0.03

表 16.2-2　各种土层的 τ_z 值（日本锚杆协会提供）

土　层　种　类		τ_z（MPa）
岩　石	硬质岩	1.2～2.5
	软质岩	1.0～1.5
	风化岩	0.6～1.0
	泥　岩	0.6～1.2
砂　砾（N值）	10	0.10～0.20
	20	0.17～0.25
	30	0.25～0.35
	40	0.35～0.45
	50	0.45～0.70
砂　土（N值）	10	0.10～0.14
	20	0.18～0.22
	30	0.23～0.27
	40	0.29～0.35
	50	0.30～0.40
粘　性　土		10・c

注：N——标准贯入锤击数；c——土的内聚力。

2. 规范方法

《建筑基坑支护技术规程》JGJ120-99 对安全等级为二级且有邻近工程经验的基坑，三级基坑，按下式计算锚杆轴向受拉承载力设计值：

$$N_u = \frac{\pi}{\gamma_s}\left[D_1 \cdot \sum q_{sik} \cdot l_i + D_2 \cdot \sum q_{sjk} \cdot l_j + 2 \cdot C_k \cdot (D_2^2 - D_1^2)\right] \qquad (16.2\text{-}4)$$

式中：N_u——锚杆轴向受拉承载力设计值；l_i——第 i 层土中直孔部分锚固段长度；l_j——第 j 层土中扩孔部分锚固段长度；q_{sik}，q_{sjk}——土体与锚固体的极限摩阻力标准值，应根据当地经验取值；当无经验时，可按表 16.2-3 取值；C_k——扩孔部分土体粘聚力标准值；γ_s——锚杆轴向受拉抗力分项系数，可取 1.3。

对安全等级为一级及缺乏地区经验的二级基坑，应进行锚杆的基本试验，取极限承载力除以受拉抗力分项系数 γ_s（可取 1.3）为锚杆轴向受拉承载力设计值。

第三节　土层锚杆的设计

表 16.2-3　土体与锚固体极限摩阻力标准值

土的名称	土的状态	q_{sik}（kPa）
填土		16～20
淤泥		10～16
淤泥质土		16～20
粘性土	$I_L>1$	18～30
	$0.75<I_L\leqslant 1$	30～40
	$0.50<I_L\leqslant 0.75$	40～53
	$0.25<I_L\leqslant 0.50$	53～65
	$0.0<I_L\leqslant 0.25$	65～73
	$I_L\leqslant 0$	73～80
粉土	$e>0.90$	22～44
	$0.75<e\leqslant 0.70$	44～64
	$e<0.75$	64～100
粉细砂	稍密	22～42
	中密	42～63
	密实	63～85
中砂	稍密	54～74
	中密	74～90
	密实	90～120
粗砂	稍密	90～130
	中密	130～170
	密实	170～220
砾砂	中密、密实	190～260

注：表中 q_{sik}系采用直孔一次常压灌浆工艺计算值；当采用二次灌浆、扩孔工艺时可适当提高。

一、土层锚杆的布置

锚杆的布置包括确定锚杆层数、锚杆的水平间距和锚杆的倾角等。

1. 锚杆的层数

锚杆层数取决于支护结构的截面和其所承受的荷载，并要考虑开挖后未施工锚杆时支护结构所能承受的最大弯矩。上下排间距不宜小于 2.5m。

为了不致引起坑壁周围土体隆起，最上层锚杆的上面要有足够的覆土厚度，该厚度要通过计算确定，使锚杆的向上垂直分力小于上覆土体的重量，一般以为不宜小于 4m。

此外，在可能产生流砂的地区施工锚杆，在布置锚杆时，要使锚头标高与砂层有一定距离，以防渗透路径过短造成流砂从钻孔涌出。

2. 锚杆的水平间距

锚杆的水平间距取决于支护结构承受的荷载和每根锚杆所能承受的拉力。在支护结构荷载一定的情况下，水平间距愈大，每根锚杆所承受的拉力愈大。另外，锚杆的水平间距过小还会相互影响，降低单根锚杆的承载能力，即所谓的“群锚效应”。一般以为锚杆的水平间距最好不小于 1.5m。

3. 锚杆的倾角

确定锚杆的倾角是锚杆设计的重要内容。倾角不同，锚杆在水平和垂直方向的分力大小不同，而且倾角的大小影响锚杆锚固段与非锚固段的划分。

在锚杆的分力中，水平分力是有效分力，垂直分力不但无效而且还增加支护结构底部的压力，当支护结构底部土质不好时很不利。因此，从这点出发倾角是越小越好。但是在确定锚杆倾角时要从多个方面进行考虑，首先要考虑到土层情况，锚杆的锚固体最好位于土质较好的土层中以提高锚杆的承载能力；其次锚杆还要避开邻近的构筑物和管线等，而且锚杆最好不与原有的或设计中的锚杆相交叉；此外，锚杆的倾角还影响到钻孔和灌浆过程是否方便。因此，根据经验，锚杆的倾角一般不宜小于 12°30′，但也不宜大于 45°，以 15°～35°为好。

二、拉杆材料的选择

锚杆的受力拉杆与钢筋混凝土结构中的钢筋相似，采用的钢材在张拉时应具有足够大的弹性变形。为了降低锚杆拉伸时的用钢量，适宜采用高强度钢。各类材料强度指标见表 16.3-1。

表 16.3-1　钢丝、钢绞线、钢筋强度标准值 f_{ptk} （N/mm^2）

碳素钢筋		刻痕钢筋	冷拔低碳钢丝			钢绞线			热轧钢筋				
			甲级		乙级	$d=9.0$	$d=12.0$	$d=15.0$	Ⅰ级	Ⅱ级（20MnSi）		Ⅲ级	Ⅳ级
$\phi4$	$\phi5$	$\phi5$	$\phi4$	$\phi5$	$\phi3\sim\phi5$	（$>\phi3$）	（$>\phi4$）	（$>\phi5$）	A_3、AY_3	$d\leqslant25$	$d=28\sim40$	（25MnSi 20MnNb）	（40SiMnV 45SiMnV）
1670	1570	1470	700（650）	650（600）	550	1 670	1 570	1 470	235	335	315	370	540

（1）粗钢筋：我国目前常用的拉杆材料为热轧光面钢筋和变形钢筋，直径采用 $\phi22\sim32mm$，单根或 2～3 根点焊成束，为了增强钢筋与砂浆之间的握裹力，拉筋最好选用变形钢筋。由于高强钢筋可焊性差，可根据实际需要选用精轧螺纹钢筋，如 45SiMnV，可配用出厂的螺帽作联结，$\phi10\sim25mm$，屈服强度 $0.55kN/mm^2$，拉张强度 $0.85kN/mm^2$。

（2）高强钢丝及钢绞线：按国家标准 GB5223-85 与 GB5224-85 选用。

三、锚杆结构参数的计算

锚杆承载力计算应符合下式规定：

$$T_d \leqslant N_u \cdot \cos\alpha \qquad (16.3\text{-}1)$$

式中：T_d——锚杆水平拉力设计值，$T_d=1.25\cdot\gamma_0\cdot T_c$；$T_c$——支点力计算值。

1. 锚杆自由段与锚固段长度

锚杆自由段长度不宜小于 5.0m，对于倾斜锚杆，自由段长度应超过破裂面 1.0m。计算简图见图 16.3-1。

（1）锚固段长度：

锚杆的锚固段长度可由式 16.2-4 计算，当无扩孔段，且锚固体周围土体均匀时，可简化为：

$$L_e \geqslant \frac{T_d\cdot\gamma_s}{\cos\alpha\cdot\pi\cdot D_1\cdot q_{sik}} = \frac{1.63\cdot\gamma_0\cdot T_c}{\cos\alpha\cdot\pi\cdot D_1\cdot q_{sik}} \qquad (16.3\text{-}2)$$

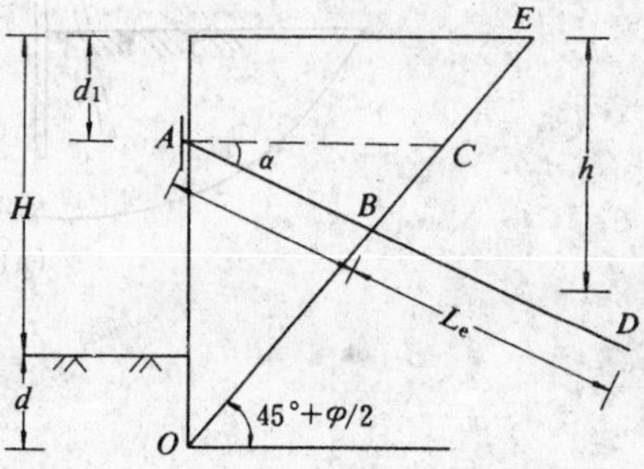

图 16.3-1

式中：L_e——锚固段长度。

（2）自由段长度：

在图 16.3-1 中，OE 为破裂面，AB 为自由段，其长度为 L_f。

在图 16.3-1 中，$\overline{AC}=\overline{AO}\cdot tg(45°-\varphi/2)$，$\angle ACB=45°+\varphi/2$；$\angle ABC=180°-(45°+\varphi/2)-\alpha=135°-\varphi/2-\alpha$

由正弦定律：

$$\overline{AC}:\sin\angle ABC=\overline{AB}:\sin(45°+\varphi/2)$$

$$\overline{AB}=\frac{\overline{AC}\cdot\sin(45°+\varphi/2)}{\sin(135°-\varphi/2-\alpha)}=\frac{\overline{AO}\cdot tg(45°-\varphi/2)\cdot\sin(45°+\varphi/2)}{\sin(135°-\varphi/2-\alpha)}$$

即：

$$L_f=\frac{(H+d_2-d_1)\cdot tg(45°-\varphi/2)\cdot\sin(45°+\varphi/2)}{\sin(135°-\varphi/2-\alpha)}$$

$$=\frac{(H+d_2-d_1)\cdot\sin(45°-\varphi/2)}{\sin(45°+\varphi/2+\alpha)} \qquad (16.3\text{-}3)$$

式中：L_f——锚杆自由段长度；H——基坑开挖深度（m）；d_2——支护结构插入深度（m）；d_1——锚杆离坑顶距离（m）；φ——内摩擦角。

2. 拉杆截面计算

（1）钢筋：

$$A_s \geqslant \frac{T_d}{\cos\alpha \cdot f_y} \tag{16.3-4}$$

式中：A_s——钢筋截面积（mm^2）；f_y——钢筋强度设计值（N/mm^2）。

（2）钢绞线：

钢绞线一般用 7 根 $\phi 5$。

$$n = \frac{T_d}{\cos\alpha \times A_s \times f_y} \tag{16.3-5}$$

式中：n——钢绞线束数；A_s——钢绞线截面积（mm^2）；f_y——钢绞线强度设计值（N/mm^2）。

第四节　锚杆的稳定性验算

土层锚杆的设计既要保证有足够的承载能力，又要保证土体不产生滑动失稳。

土层锚杆的稳定性分为整体稳定性和深部破裂面稳定性两方面，其破坏形式见图 16.4-1。

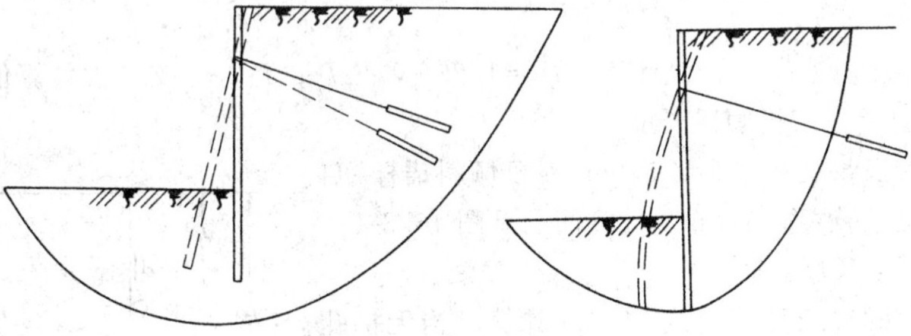

(a)　　(b)

图 16.4-1　土层锚杆的失稳

(a) 整体失稳；(b) 深部破裂面破坏

发生整体失稳破坏时，土层滑动面在支护结构的下面，由于土体的滑动使支护结构和土层锚杆失效。此种情况可按土坡稳定的验算方法进行验算。

深部破裂面在支护结构的下端处，这种破坏形式是由德国 E. Kranz 于 1953 年提出，可利用 Kranz 的简易计算法进行验算，计算简图见图 16.4-2。

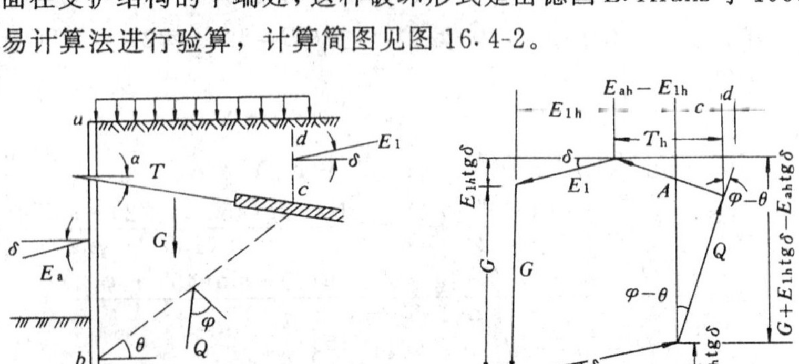

(a)　　(b)

图 16.4-2　土层锚杆深部破裂面稳定性计算简图

(a) 作用于 $abcd$ 土体上的力；(b) 力多边形

在图 16.4-2 (a) 中由锚固体的中点 c 与支护结构下端的假想支承点 b 连成直线 bc，假定 bc 线即为深部滑动线，再通过 c 点向上作垂直线 cd，cd 为假想墙。这样由假想墙、深部滑动线和支护结构包围的土体 $abcd$ 上，除土体自重 G 之外，还有作用在假想墙上的主动土压力 E_1，作用于支护结构上的主动土压力的反作用力 E_a 和作用于 bc 面上的反力 Q。当土体 $abcd$ 处于平衡状态时，即可利用力多边形求得土层锚杆所能承受的最大拉力 T 及其水平分力 T_h，如果 T_h 与土层锚杆设计的水平分力 T_h' 之比大于或等于 1.5，就以为不会发生深部破裂面破坏。

由图 16.4-2 (b)，将各力分解出水平分力，则从力多边形可得出下列计算公式：

$$T_h = E_{ah} - E_{1h} + c \tag{16.4-1}$$

$$c + d = (G + E_{1h} \cdot \mathrm{tg}\delta - E_{ah} \cdot \mathrm{tg}\delta) \cdot \mathrm{tg}(\varphi - \theta) \tag{16.4-2}$$

而：

$$d = T_h \cdot \mathrm{tg}\alpha \cdot \mathrm{tg}(\varphi - \theta) \tag{16.4-3}$$

所以：

$$T_h = E_{ah} - E_{1h} + (G + E_{1h} \cdot \mathrm{tg}\delta - E_{ah} \cdot \mathrm{tg}\delta)\mathrm{tg}(\varphi - \theta) - T_h \cdot \mathrm{tg}\alpha \cdot \mathrm{tg}(\varphi - \theta) \tag{16.4-4}$$

由上式得：

$$T_h = \frac{E_{ah} - E_{1h} + (G + E_{1h} \cdot \mathrm{tg}\delta - E_{ah} \cdot \mathrm{tg}\delta) \cdot \mathrm{tg}(\varphi - \theta)}{1 + \mathrm{tg}\alpha \cdot \mathrm{tg}(\varphi - \theta)} \tag{16.4-5}$$

要求：

$$K = T_h / T'_h \geqslant 1.5 \tag{16.4-6}$$

式中：G——假想墙与深部滑动线范围内的土体重量 (N)；E_a——作用在支护结构上的主动土压力的反作用力 (N)；E_1——作用在假想墙上的主动土压力 (N)；Q——作用在 bc 面上反力的合力 (N)；φ——土的内摩擦角；δ——支护结构与土之间的摩擦角 (°)；θ——深部滑动面与水平面夹角 (°)；α——土层锚杆倾角 (°)；
T_h'——土层锚杆设计的水平分力 (N)；
E_{1h}、E_{ah}、T_h——分别为 E_1、E_a、T 的水平分力 (N)。

在进行多层锚杆设计时，是否要核算整体稳定性，可根据锚固段是否伸入支护结构以下而定。在加拿大有关规程中把多层锚杆系统分为三种情况，见图 16.4-3。

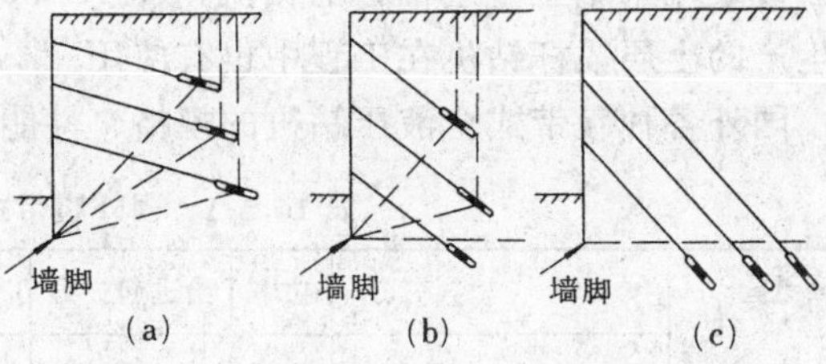

图 16.4-3 多层锚杆的整体稳定核算

在图 16.4-3 (a) 中，锚杆全部在墙脚以上，要进行验算；图 16.4-3 (b) 中有一道锚杆可以不核算其稳定性；图 16.4-3 (c) 中三道锚杆都在墙脚以下，不必验算。

第五节 土层锚杆施工

锚杆的施工方法及施工质量直接影响到锚杆的承载能力。即使在相同的地基条件下，由于施工方法、施工机械、所使用材料的不同，承载能力会产生较大的差别。因此在进行施工时，要根据以往的工程经验、现场的试验资料确定最适宜的施工方法和施工机械等。

一、施工前准备工作

在进行土层锚杆施工前，要了解以下事项：

(1) 施工前要熟悉与设计有关的地层条件、工程规模、重要性等；

(2) 要了解地下水的状态及其水质条件，以便研究水对土层锚杆腐蚀的可能性和应采取的防腐措施；

(3) 查明施工地区的地下管线、构筑物等的位置和情况，分析施工对其可能产生的影响，研究处理措施；

(4) 编制土层锚杆施工组织设计，确定施工顺序，保证供水、排水和动力的需要。在施工之前应安排设计单位进行技术交底。

二、钻孔机械选择

土层锚杆的主要机械设备是钻孔机械。用于土层锚杆的成孔机械，按工作原理可分为回转式、冲击式及万能式（即回转冲击式）三类；按动力形式可分为电动、液压、风动、内燃等四种。一般回转式钻机适用于一般土质条件；冲击式钻机适用于岩石、卵石等条件。而在粘土夹卵石或砂夹卵石地层中，用万能式钻机最合适。

成孔钻机一般应具备以下性能：

(1) 在各种工程地质条件下，有必要的成孔能力，长度能达 40m，倾角变化范围 0°～90°，直径最大能达 250mm；

(2) 以小角度钻进时，具有一定的稳定性；

(3) 外形尺寸能适应在场地狭窄条件下工作，具有较好的机动性；

(4) 可利用组合方法进行钻孔。

我国目前进行锚杆施工常用的钻孔机械，一部分是从国外引进的钻机，如德国 Krupp DHR 系列，意大利土力公司 SM 系列；另一部分是利用我国常用的地质钻机和工程钻机适当加以改装用来施工土层锚杆的钻机，如 XU-300 型、XU-600 型、XJ-100 型等；还有一部分国内生产的土层锚杆钻机在工程中也有使用。

国外各种履带式全液压钻机的规格、性能见表 16.5-1。

表 16.5-1　国外履带式全液压钻机主要性能

公司 \ 主要性能	型号	功率 kW	给进起拔力 kN	扭矩 kNm	转速 r/min	冲击功 Nm	冲击频率 次/min	质量 kg	备注
美国英格索兰公司	KR803D-01	61	26/42	8	44	180～400	1 500～2 700	8 530	
	KR803D-02	79	50/100	12	46	610	2 000	10 500	
	KR804D-00/01	79	40/76	8	46	610	2 000	13 100	双头
	KR804D-02/03	79	80/80	8	46	610	2 000	13 400	双头
	KR806D	109	40/78	8	44	610	2 000	12 000	双头
	KR807D	125	120/120	2.5	36	610	2 000	16 600	双头
	KR900A	47.5	26/39	4.7	100	180～400	1 500～2 700	7 000	
	KR904	75	40/40	8.9	109	400	1 500～2 700	8 100	
德国宝峨公司	UBW07	65		11.9				10 000	
	UBW08	82	44/79	7		300～600	2 600	1 000	
	AB2	92		7+10				40 500	双头
	HBM_4	150	240	7+10				60 000	双头

续表 16.5-1

公司 \ 主要性能	型号	功率 kW	给进起拔力 kN	扭矩 kNm	转速 r/min	冲击功 Nm	冲击频率 次/min	质量 kg	备注
德国克虏伯公司	DHR80A	74.6	25/45	4+6	40～110		1 800	8 300	
	DHR80G-1	61	28/28	0.95+4	0～140		1 800	8 500	
	DHR91A	74.6	68/68	8	0～110			9 200	
	DHR92A	109	68/68	13	0～110			10 300	
日本矿研公司	RPD-100C	81.4	60	8	0～50	300～750	1 900～3 000	8 400	
	RPD-75C	55.5	50	6	40～80	350～550	2 200～3 000	8 200	
	RPD-65LCE	53.2	40	6	0～70	500	1 350	7 200	
	RPD-200C	95		16	0～65				
	RPD-130C	60		8	36～80				
	RPD-40CB	36	26	3	0～40	300	200	500	
瑞典阿特拉斯公司	A-50	58	49/49	9.95	815			9 800	
	A-60	70	78/78	12.75	530			12 000	
意大利土力公司	SM205	60						3 800	
	SM305	75	60/60	11	350			9 000	
	SM400	108.8	35.8/79.4	11.9	463			10 500	
	SM405	130	50/109.9	14.9	560			16 200	
意大利卡沙特兰地公司	C_3	37		4.5				3 500	
	C_6	67		10	2000			11 000	
	C_{65}	100		10+12	2150			14 000	
	C_7	74		11.3	2300			14.5	
	C_8	100		11.3	2150			17 000	
	C_{11}	100		10+15	2000			20 000	
	C_{12}	140		10+15	2000			24 000	
日本利根公司	TRG-1000		70/70	8.4	10～110	400～650	2 500～3 500	10 400	

国内土层锚杆钻机的主要性能见表 16.5-2。

表 16.5-2　国内土层锚杆钻机主要性能表

公司 \ 主要性能	型号	功率 kW	给进起拔力 kN	扭矩 kNm	转速 r/min	冲击功 Nm	冲击频率 次/min	质量 kg	备注
北京探矿厂	QDG-1	11	16～23	1.2	25～130			1 000	
镇江煤矿设备厂	MZ-30	15	21	0.3～0.9	65～190			1 500	
	MZ-30A	15	21	1.1～2.1	30～54			1 600	
无锡探矿厂	MD-50	18.5	17/25		20～60			980	
重庆探矿厂	MGJ-50	11	14.6/22		32～187			850	
无锡钻王	MG-50	11	21/30		29～181			950	

续表 16.5-2

主要性能 公司	型号	功率 kW	给进起拔力 kN	扭矩 kNm	转速 r/min	冲击功 Nm	冲击频率 次/min	质量 kg	备注
西安煤科分院	MK-5	30	50/50	2	10～375				
	MKD-5	30	130/90	2	10～375				
	MKG-5	30	50/90	0.9	10～800				
柳州建机厂	YTM-87	37	47	7.35	200				轮胎
赤峰钻机厂	土星-881	30	30/50	3+2	0～10 0～60				双头
无锡煤机厂	GD-130	37	35/50	3.5+2.8	0～17 0～76	250	2 500		双头
北京地质机械厂	GD-150	37	40～60	5+3	0～80 0～140				双头
北京桩工厂	MZⅡ	40			78				步履式
北京华钻公司	金星-9001	70	50/50	6+4	120	250	2 500	8 000	双头
	金星-9002	45	50/50	8	90			7 000	电动机
香港汉机公司	HD-46	34	27/51.3						
	HD-70	51.5	27/51	4	30～90		1 800	7 200	
	HD-90MKⅡ	66	27/51	8		400		8 200	
	HD-120	87		16					
	HD-150	118	72/122						

三、锚杆施工

锚杆施工包括以下主要工序：钻孔、安放拉杆、灌浆、养护、安装锚头、张拉，施工顺序见图 16.5-1。

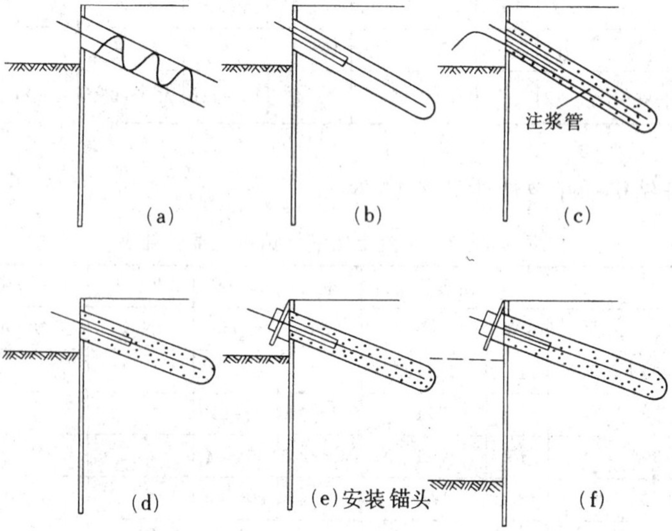

图 16.5-1 锚杆施工顺序示意图

(a) 钻孔；(b) 插放钢筋或钢绞线；(c) 灌浆；(d) 养护；(e) 安装锚头，预应力张拉；(f) 挖土

1. 钻孔

在进行土层锚杆施工时，常用的钻孔方法有以下几种：

(1) 清水循环钻进成孔：

这种方法在实际工程中应用较广，软硬土层都能适用，但需要有配套的排水循环系统。

用此类方法钻孔，可选用国产改装的工程地质钻机或国外进口的专用钻机。

在钻进时，冲洗液从地表循环管路经由钻杆流向孔底，携带钻削下来的土屑从钻杆与孔壁的环隙返回地表。待钻到规定孔深（一般大于土层锚杆长度 0.5～1.0m）后，进行清孔，开动水泵将钻孔内残留的土屑冲出，直到水流不再浑浊为止。

在软粘土成孔时，如果不用跟管钻进，应在钻孔孔口处放入 1～2m 的护壁套管，以保证孔口处不坍陷。钻进时宜用 3～4m 长的岩芯管，以保证钻孔的直线性，钻进时如遇到易坍塌地层，如流砂层、砂卵石层，应采用跟管钻进。

(2) 潜钻成孔法：

这种方法采用一种专门用来穿越地下电缆的风动工具，风动工具的成孔器（俗称地鼠）一般长一米左右，直径 ϕ80～140mm，由压缩空气驱动，内部装有配气阀、气缸、活塞等机构，利用活塞的往复运动作定向冲击，使成孔器挤压土层向前运动成孔。由于它始终潜入孔底工作，冲击功在传递过程中损失小，具有成孔效率高、噪音低等特点。为了控制冲击器，使其在达到预定深度后能退出钻孔，还需要配一台钻机，将钻杆连接在冲击器尾部，待达到预定深度后，由钻杆沿钻机导向架后退将冲击器带出钻孔。

潜钻成孔法主要用于孔隙率大、含水量低的土层中。成孔速度快，孔壁光滑而坚实，由于不出土，孔壁无坍落和堵塞现象。但是，在含水量较高的土层中，孔壁土结构易遭到破坏，而且孔壁光滑，在注浆压力较低的情况下，浆体与孔壁土体结合不密实，不能有效提高锚固能力。

(3) 螺旋钻孔干作业法：

该法适用于无地下水条件的粘土、粉质粘土、密实性和稳定性都较好的砂土等地层。

这种方法利用回转的螺旋钻杆在一定钻压和钻速下，一面钻进，一面将切削下来的土屑排出孔外。在施工过程中根据不同的土质选用不同的回转速度和扭矩。对于内摩擦角大的土和能形成粗糙孔壁的土，由于钻削下来的土屑与孔壁间的摩阻力大，土屑容易排出，这时所选用的扭矩和转速可相对小些。对于含水量高，呈软塑或流动状态的土，由于钻削下来的土屑与孔壁间的摩阻小，土屑排出困难，需要提高转速才能有效排出土屑。凝聚力大的软粘土、淤泥质粘土等，对孔壁和螺旋叶片产生较强的附着力，需要较大的扭矩和一定的转速才能顺利排出土屑。

为了施工方便，螺旋钻杆不宜太长，一般 4～5m 为宜。目前使用的长螺旋钻长达 8～12m 不等。螺旋钻进时不用水冲洗，不使用套管护壁，因此辅助作业时间少，钻进速度快。

用该法成孔有两种施工方法：一种方法是钻孔与插入拉杆合为一道工序，即钻孔时将拉杆插入空心的螺旋钻杆内，随着钻孔的深入，拉杆与螺旋钻杆一同到达设计规定的深度，然后边灌浆边退出钻杆，而拉杆留在钻孔内。另一种方法是钻孔与安放拉杆分为两道工序，即钻孔后，螺旋钻杆退出钻孔，然后再插入拉杆。

在用上述三种方法施工钻孔时，要控制好钻孔质量，应遵守以下规定：

①钻孔前，根据设计要求和土层条件，定出孔位，作出标记；

②锚杆水平方向孔距误差不应大于 50mm，垂直方向孔距误差不应大于 100mm；

③钻孔底部偏斜尺寸不应大于锚杆长度的3%；

④锚杆孔深不应小于设计长度，也不宜大于设计长度的1%。

在日本FZP地锚规范中规定，钻孔孔位、倾角、水平角的误差可采用如下值：

①锚固点布置误差为拉杆长的1/30以下；

②与设计钻孔轴线的倾角、水平角误差在±2.5°以下；

③与锚头钻孔轴的误差在75mm以下。

2. 安放拉杆

土层锚杆用的拉杆，常用的有粗钢筋、钢丝束和钢绞线，也有采用无缝钢管（或钻杆）作为拉杆的。承载能力较小时，多用粗钢筋；承载能力较大时，多用钢绞线。

(1) 粗钢筋拉杆：

钢筋拉杆由一根或数根粗钢筋组合而成，如果是数根钢筋则需用绑扎或电焊连成一体。为了使拉杆钢筋安置在钻孔的中心以便于插入，另外为了增加锚固段拉杆与锚固体的握裹力，应在拉杆表面设置定位器，每隔1.5～2.0m设置一个。钢筋拉杆的定位器用细钢筋制作，外径宜小于钻孔直径1cm。实际工程使用的几种定位器见图16.5-2。

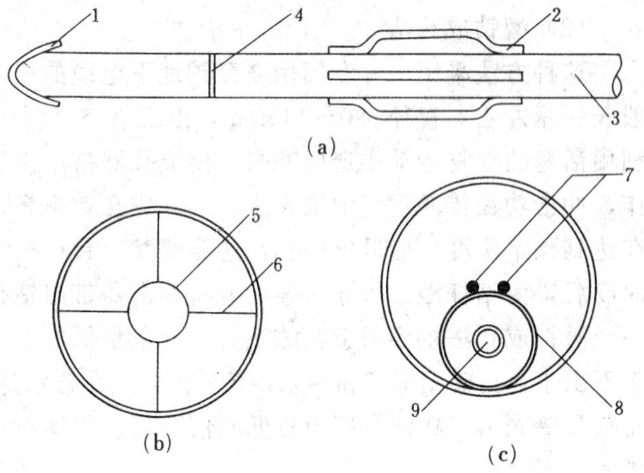

图16.5-2　粗钢筋拉杆用的定位器

1—挡土板；2—支承滑条；3—拉杆；4—半圆环；5—ϕ38钢管内穿ϕ32拉杆；6—35×3钢带；7—2ϕ32钢筋；8—ϕ65钢管；l=60，间距1～1.2m；9—灌浆胶管

钻杆作为承力结构的一部分，长期处于潮湿土体中，它的防腐问题相当重要。对锚固区的拉杆，可通过设置定位器保证拉杆有足够厚度的水泥砂浆或水泥浆保护层来防腐蚀。

对非锚固区的拉杆，应根据不同的情况采取相应的防腐措施。在无腐蚀性土层中的临时性锚杆，而使用期间在6个月以内时，可不作防腐处理；使用期限在6个月至2年之间的，则要经过简单的防腐处理，如除锈后刷二至三道富锌漆等耐湿、耐久的防锈漆即可；对使用2年以上的拉杆，必须进行认真的防腐处理，先除锈，涂上一层环氧防腐漆冷底子油，待其干燥后，再涂一层环氧玻璃铜（或玻璃聚胺酯预聚体等），待其固化后，再缠绕两层聚乙烯塑料薄膜。

对于粗钢筋拉杆，国外常用的几种防腐方法为：

①将经过润滑油浸渍过的防腐带，用粘胶带绕在涂有润滑油的钢筋上；

②在自由段拉杆上套上套筒，然后向其内灌注防腐材料；

③将半刚性聚氯乙烯管或厚约2～3mm的聚乙烯管套在涂有润滑油的钢筋拉杆上；

④将聚丙烯管套在涂有润滑油的钢筋拉杆上，这种管的直径约为拉杆直径的2倍，装好后加热则收缩贴紧在钢筋拉杆上。

(2) 钢丝束拉杆：

钢丝束拉杆可制成通长一根，它的柔性较好，安放方便。

钢丝束拉杆的自由段需理顺扎紧，并进行防腐处理。防腐方法可用玻璃纤维布缠绕两层，外面再用粘胶带缠绕；也可将钢丝束拉杆的自由段插入特制护管内，护管与孔壁间的空隙可与锚固段同时灌浆。

钢丝束拉杆的锚固段需用撑筋环，如图 16.5-3。钢丝束的钢丝分为内外两层，外层钢丝绑扎在撑筋环上，内层钢丝从撑筋环中间通过。设置撑筋环可增大钢丝束与砂浆接触面积，增强了粘结力。

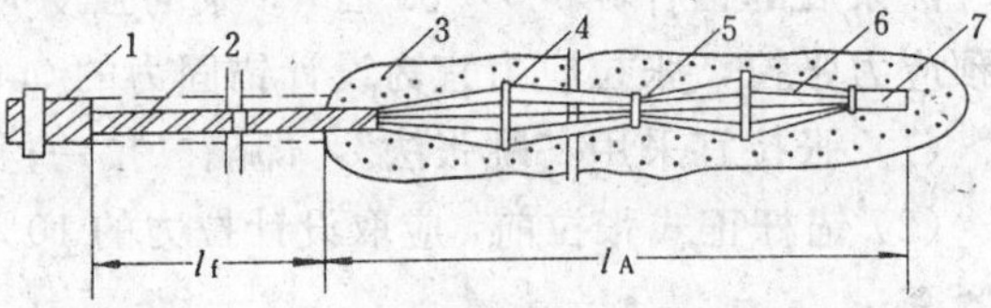

图 16.5-3 钢丝束拉杆的撑筋环

1—锚头；2—自由段及防腐层；3—锚固体砂浆；4—撑筋环；5—钢丝束结；6—锚固段的外层钢丝；7—小竹筒

(3) 钢绞线拉杆：

主要用于承载能力大的土层锚杆。

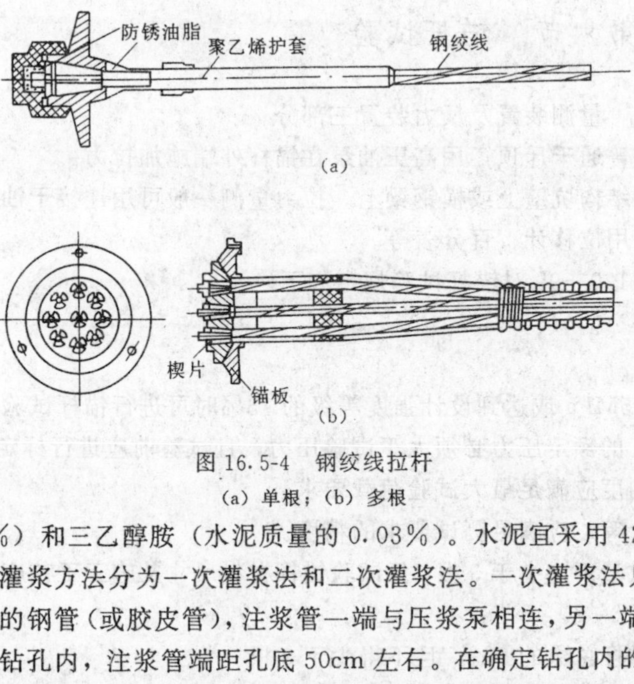

图 16.5-4 钢绞线拉杆

(a) 单根；(b) 多根

钢绞线拉杆及其定位架见图 16.5-4 和图 16.5-5。

钢绞线自由段套以聚丙烯防护套进行防腐处理。

3. 灌浆

灌浆是土层锚杆施工的一个重要工序。灌浆的浆液为水泥砂浆或水泥浆。浆液的配比宜采用灰砂比 1：1 或 1：2（质量比），水灰比 0.38～0.45 的砂浆，或水灰比 0.45～0.5 的水泥浆。如果要提高早期强度，可加食盐（水泥质量的 0.3%）和三乙醇胺（水泥质量的 0.03%）。水泥宜采用 425 号普通硅酸盐水泥。

灌浆方法分为一次灌浆法和二次灌浆法。一次灌浆法只用一根注浆管，一般采用 ϕ30mm 左右的钢管（或胶皮管），注浆管一端与压浆泵相连，另一端与拉杆同时送入钻孔内，注浆管端距孔底 50cm 左右。在确定钻孔内的浆液是否灌满时，可根据从孔口流出来的浆液浓度与搅拌的浆液浓度是否相同来判断。对于压力灌浆锚杆，待浆液流出孔口时，将孔口用粘土等进行封堵，严密捣实，再用 2～4MPa 的压力进行补灌，稳压数分钟后才告结束。

二次灌浆法适用于压力灌浆锚杆，要用两根注浆管。第一次灌浆用的注浆管，其管端距离锚杆末端 50cm 左右，管端出口用胶布塑料等封住或塞住，以防插入时土进入注浆管。第二次灌浆用的注浆管，其管端距离锚杆末端 100cm 左右，管端出口用胶布、塑料等封住或塞住，且从管端 50cm 处开始在锚固段内每隔 2m 左右作出 1m 长的花管，花管的孔眼为 ϕ8mm。

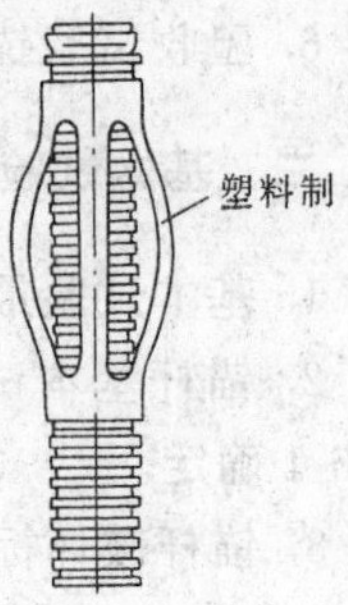

图 16.5-5 定位架

第一次灌浆时，灌注水泥砂浆，压力为 0.3～0.5MPa，待灌满后，把注浆管拔出来，待浆液初凝后，进行第二次灌浆，灌注纯水泥浆压力宜控制在 2.5～5MPa 之间，稳压 2min。浆液冲破第一次灌浆体后，向土层扩散，增加了锚固体与周围土体的接触面，并使周围土体的抗剪强度提高。因此与一次灌浆法相比，二次灌浆法可以显著提高土层锚杆的承载能力。

4. 张拉与锁定

灌浆后的锚杆养护7～8d后，砂浆的强度大于15MPa并能达75%的设计强度。这时可进行预应力张拉，张拉应力宜为设计锚固力的0.9～1.0倍。在张拉时要遵守以下几项规定：

(1) 张拉宜采用“跳张法”，即隔二拉一；

(2) 锚杆正式张拉前，应取设计拉力的10%～20%，对锚杆预张拉1～2次，使各部位接触紧密；

(3) 正式张拉应分级加载，每级加载后维持3min，并记录伸长值，直到设计锚固力的0.9～1.0倍。最后一级荷载应维持5min，并记录伸长值；

(4) 锚杆预应力没有明显损失时，可锁住锚杆。如果锁定后发现有明显应力损失，应进行张拉。

第六节　锚杆试验

锚杆试验设备主要有加载装置、量测装置及反力装置三部分。

加载装置可采用穿心千斤顶或普通千斤顶，用高压油泵在锚杆外端施加拉力。

千斤顶的反力装置设置在支护结构坑壁上或横钢梁上。拉力量测一般可用连接于油泵的压力表或荷载盒量测；变位量测可用位移计、百分表等。

《建筑基坑支护技术规程》JGJ120—99对锚杆试验规定如下。

一、一般规定

1. 锚杆锚固段浆体强度达到15MPa或达到设计强度等级的75%时可进行锚杆试验。

2. 加载装置（千斤顶、油泵）的额定压力必须大于试验压力，且试验前应进行标定。

3. 加荷反力装置的承载力和刚度应满足最大试验荷载要求。

4. 计量仪表（测力计、位移计等）应满足测试要求的精度。

5. 基本试验和蠕变试验锚杆数量不应少于3根，且试验锚杆材料尺寸及施工工艺应与工程锚杆相同。

6. 验收试验锚杆的数量应取锚杆总数的5%，且不得少于3根。

二、基本试验

1. 基本试验最大的试验荷载不宜超过锚杆杆体承载力标准值的0.9倍。

2. 锚杆基本试验应采用循环加、卸荷载法，加荷等级与锚头位移测读间隔时间应按表16.6-1确定。

3. 锚杆破坏标准

(1) 后一级荷载产生的锚头位移增量达到或超过前一级荷载产生位移增量的2倍时；

(2) 锚头位移不稳定；

(3) 锚杆杆体拉断。

4. 试验结果宜按循环荷载与对应的锚头位移读数列表整理，并绘制锚杆荷载-位移（Q-s）曲线。锚杆荷载-弹性位移（Q-s_e）曲线和锚杆荷载—塑性位移（Q-s_p）曲线。

5. 锚杆弹性变形不应小于自由段长度变形计算值的80%，且不应大于自由段长度与1/2锚固段长度之和的弹性变形计算值。

表 16.6-1　锚杆基本试验循环加卸荷等级与位移观测间隔时间表

循环数 \ 加荷标准	加荷量/预估破坏荷载（%）								
第一循环	10	—	—	—	30	—	—	—	10
第二循环	10	30	—	—	50	—	—	30	10
第三循环	10	30	50	—	70	—	50	30	10
第四循环	10	30	50	70	80	70	50	30	10
第五循环	10	30	50	80	90	80	50	30	10
第六循环	10	30	50	90	100	90	50	30	10
观测时间（min）	5	5	5	5	10	5	5	5	5

注：1. 在每级加荷等级观测时间内，测读锚头位移不应少于 3 次。2. 在每级加荷等级观测时间内，锚头位移小于 0.1mm 时，可施加下一级荷载，否则应延长观测时间，直至锚头位移增量在 2h 内小于 2.0mm 时，方可施加下一级荷载。

6. 锚杆极限承载力取破坏荷载的前一级荷载。在最大试验荷载下未达到规定的破坏标准时，锚杆极限承载力取最大荷载。

三、验收试验

1. 最大试验荷载应取锚杆轴向受拉承载力设计值 N_u。

2. 锚杆验收试验加荷等级及锚头位移测读间隔时间应符合下列规定：

（1）初始荷载宜取锚杆轴向拉力设计值的 0.1 倍；

（2）加荷等级与观测时间宜按表 16.6-2 规定进行。

表 16.6-2　验收试验锚杆加荷等级及观测时间

加荷等级	$0.1N_u$	$0.2N_u$	$0.4N_u$	$0.6N_u$	$0.8N_u$	$1.0N_u$
观测时间（min）	5	5	5	10	10	15

（3）在每级加荷等级观测时间内，测读锚头位移不应少于 3 次；

（4）达到最大试验荷载后观测 15min，卸荷至 $0.1N_u$ 并测读锚头位移。

3. 试验结果宜按每级荷载对应的锚头位移列表整理，并绘制锚杆荷载—位移（Q—s）曲线。

4. 锚杆验收标准：

（1）在最大试验荷载作用下，锚头位移相对稳定；

（2）应符合本规程基本试验部分第 5 条的规定。

四、蠕变试验

1. 锚杆蠕变试验加荷等级与观测时间应满足表 16.6-3 的规定，在观测时间内荷载应保持恒定。

表 16.6-3　锚杆蠕变试验加荷等级及观测时间

加荷等级	$0.4N_u$	$0.6N_u$	$0.8N_u$	$1.0N_u$
观测时间（min）	10	30	60	90

2. 每级荷载按时间间隔1、2、3、4、5、10、15、20、30、45、60、75、90min记录蠕变量。

3. 试验结果宜按每级荷载在观测时间内不同时段的蠕变量列表整理，并绘制蠕变量—时间对数（$s-\lg t$）曲线，蠕变系数可由下式计算：

$$K_c = \frac{s_2 - s_1}{\lg(t_2/t_1)} \tag{16.6-1}$$

式中：s_1——t_1时所测得的蠕变量；s_2——t_2时所测得的蠕变量。

4. 蠕变试验和验收标准为最后一级荷载作用下的蠕变系数小于2.0mm。

第十七章　水泥土挡墙

水泥土搅拌桩在基坑支护工程中运用很广泛，其基本方法是采用深层搅拌机械将相邻搅拌桩搭接施工，形成连续墙体来抵抗水和土产生的侧压力。一般布置成壁状或空腹格栅状，也可形成拱状结构。

由于水泥土挡墙抗弯（拉）强度较低，一般按重力式挡墙进行设计计算。计算内容包括抗滑稳定性、抗倾覆稳定性、整体稳定性、抗渗和抗隆起稳定性以及墙身应力验算。

第一节　格栅状支护结构

在实际工程中多采用格栅形支护结构，这种结构可限制格栅中软土的变形，减小其竖向沉降，同时保证复合地基在侧向力作用下共同作用。计算图式见图 17.1-1。

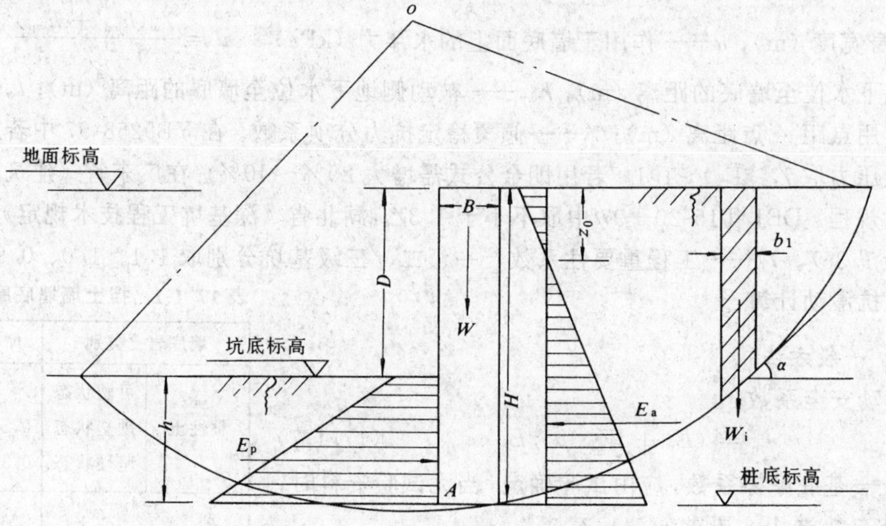

图 17.1-1　水泥土挡墙计算简图

一、土压力计算

为了简化计算，在计算土压力时，对成层分布的土体，墙底以上各层土的物理力学指标取加权平均值：

$$\gamma = \sum_{i=1}^{n} \frac{\gamma_i \cdot h_i}{H} \tag{17.1-1}$$

$$\varphi = \sum_{i=1}^{n} \frac{\varphi_i \cdot h_i}{H} \tag{17.1-2}$$

$$c = \sum_{i=1}^{n} \frac{c_i \cdot h_i}{H} \tag{17.1-3}$$

式中：γ_i——墙底以上各层土的天然重度（kN/m³）；φ_i——墙底以上各层土的内摩擦角；c_i——墙底以上各层土的粘聚力（kPa）；h_i——墙底以上各层土的厚度（m）；H——墙高（m）。

主动土压力值：

$$E_a = \frac{1}{2}\gamma \cdot H^2 \cdot k_a - 2 \cdot c \cdot H \cdot \sqrt{k_a} + 2c^2/\gamma \tag{17.1-4}$$

被动土压力值：

$$E_p = E_{p_1} + E_{p_2} = \frac{1}{2} \cdot \gamma_h \cdot h^2 \cdot k_p + 2 \cdot c_h \cdot h \cdot \sqrt{k_p} \tag{17.1-5}$$

式中：γ_h、c_h 为坑底以下各层土的天然内摩擦角和粘聚力的加权平均值。

如果地表有超载，将其折算成相当厚度的土层加以考虑。

二、抗倾覆计算

抗倾覆稳定抗力分项系数按下式计算：

$$\gamma_t = \frac{\sum M_{Ep} + W \cdot \frac{B}{2} - u \cdot l_w}{\sum M_{Ea} + \sum M_w} \tag{17.1-6}$$

式中：$\sum M_{Ep}$、$\sum M_{Ea}$——分别为被动土压力与主动土压力绕墙前趾 A 点的力矩和（kN·m/m）；$\sum M_w$——墙前与墙后水压力对 A 点的力矩之和（kN·m/m）；W——墙身重量（kN）；B——墙身宽度（m）；u——作用于墙底面上的水浮力（kPa）　$u = \frac{\gamma_w(h_{wa} + h_{wp})}{2}$；$h_{wa}$——主动侧地下水位至墙底的距离（m）；$h_{wp}$——被动侧地下水位至墙底的距离（m）；$l_w$——水浮力合力作用点距 A 点距离（m）；γ_t——倾覆稳定抗力分项系数。在 YB9258-97 中若用库仑公式计算土压力取 $\gamma_t \geqslant 1.0 \sim 1.1$，若用朗金公式需增大 20%～40%。在广东省《建筑基坑支护工程技术规程》DBJ/T15-20—97 中取不小于 1.3γ。湖北省《深基坑工程技术规定》DB42 中取不小于 1.35γ。γ_0——工程重要性系数，一、二、三级基坑分别取 1.1、1.0、0.9。

三、抗滑动计算

（一）一般方法

抗滑动安全系数：

$$k_h = (E_p + W \cdot \mu)/E_a \tag{17.1-7}$$

式中：μ——基底摩擦系数，应由试验确定，当无试验资料时，可按表 17.1-1 选用。要求 $k_h \geqslant 1.3$。

表 17.1-1　挡土墙墙底摩擦系数

墙底岩土类别		摩擦系数
粘性土	可塑状态	0.25
	硬塑状态	0.25～0.30
	坚硬状态	0.30～0.40
砂土		0.40
碎石土		0.40～0.50
软质岩石		0.40～0.60
表面粗糙的硬质岩石		0.60～0.70

（二）YB9258-97 中计算方法

在 YB9258-97 中水平滑动稳定抗力分项系数按下式确定：

$$\gamma_h = \frac{\sum E_p + (w - u)\mathrm{tg}\varphi_{cu} + C_{cu} \cdot B}{\sum E_a + \sum E_w} \tag{17.1-8}$$

式中：$\sum E_p$、$\sum E_a$——分别为被动和主动土压力的合力（kN）；$\sum E_w$——作用于墙前墙后水压力的合力（kN）；φ_{cu}——墙底处土的固结快剪摩擦角（°）；c_{cu}——墙底处土的固结快剪粘聚力（kPa）；γ_h——水平滑动稳定抗力分项系数，若用库仑公式计算土压力取 $\gamma_h \geqslant 1.1 \sim 1.2$，若用朗金公式计算土压力增大 15%～30%。

四、整体稳定性验算

水泥土挡墙常设置在软土地基上，挡墙前后有地下水位差，墙后又存在表面超载，因此进行整体稳定性验算是一个主要内容。计算时采用滑弧滑动法，要求满足下式：

$$K = \frac{\sum c_i \cdot l_i + \sum(q_i \cdot b_i + W_i) \cdot \cos\alpha_i \cdot \mathrm{tg}\varphi_i}{\sum(q_i \cdot b_i + W_i) \cdot \sin\alpha_i} \geqslant 1.2 \sim 1.3 \quad (17.1\text{-}9)$$

式中：K——整体稳定安全系数；c_i——第 i 条土条滑动面上土的粘聚力（kPa）；l_i——第 i 条土条的弧长（m）；q_i——第 i 条土条顶面的作用荷载（kPa）；b_i——第 i 条土条的宽度（m）；W_i——第 i 条土条自重（kN），不计渗透力时，坑底地下水位以上取天然重度计算；当计入渗透力时，对坑底地下水位至墙后地下水位之间的土体在计算滑动力矩时取饱和重度，在计算抗滑力矩时取浮重度；α_i——第 i 条滑弧中点的切线与水平线的夹角。

五、墙体厚度计算与墙身应力验算

（一）墙体厚度计算

由《建筑基坑支护技术规程》JGJ120—99，水泥土厚度设计值仍宜根据抗倾覆稳定条件按下列规定计算：

1. 当水泥土墙底部位于碎石土或砂土时，墙体厚度设计值宜按下式确定：

$$B \geqslant \sqrt{\frac{10 \times (1.2 \cdot \gamma_0 \cdot \sum M_{\mathrm{Ea}} - \sum M_{\mathrm{Ep}})}{5 \cdot \gamma_{\mathrm{cs}}(h + h_{\mathrm{d}}) - 2 \cdot \gamma_0 \cdot \gamma_{\mathrm{w}} \cdot (2h + 3h_{\mathrm{d}} - h_{\mathrm{wp}} - 2h_{\mathrm{wa}})}} \quad (17.1\text{-}10)$$

式中：B——墙体厚度（m）；γ_0——建筑基坑重要性系数；h——基坑开挖深度（m）；h_{d}—支护结构嵌固深度设计值（m）；γ_{cs}——水泥土墙体平均重度（$\mathrm{kN/m^3}$）。

2. 当水泥土墙底部位于粘性土或粉土中时，墙体厚度设计值宜按下式确定：

$$B \geqslant \sqrt{\frac{2(1.2 \cdot \gamma_0 \cdot \sum M_{\mathrm{Ea}} - \sum M_{\mathrm{Ep}})}{\gamma_{\mathrm{cs}}(h + h_{\mathrm{d}})}} \quad (17.1\text{-}11)$$

当按以上两式计算的厚度小于 0.4h 时取 0.4h。

（二）墙身应力验算

墙体厚度设计值除应符合上述要求外，还应按下列规定进行程度核算：

1. JGJ120—99 验算规定

（1）压应力验算：

$$1.25 \cdot \gamma_0 \cdot \gamma_{\mathrm{cs}} \cdot z + \frac{M}{W} \leqslant f_{\mathrm{cs}} \quad (17.1\text{-}12)$$

式中：z——由墙顶至计算截面的深度；M——单位长度水泥土墙截面弯矩设计值，$M = 1.25 \cdot \gamma_0 \cdot M_{\mathrm{c}}$；$M_{\mathrm{c}}$——截面弯矩计算值；$W$——水泥土墙截面模量；$f_{\mathrm{cs}}$——水泥土开挖龄期抗压强度设计值。

（2）拉应力验算

$$\frac{M}{W} - \gamma_{\mathrm{cs}} \cdot z \leqslant 0.06 \cdot f_{\mathrm{cs}} \quad (17.1\text{-}13)$$

2. YB9258—97 验算规定

（1）墙下端和墙身应力由下式确定：

$$\begin{matrix}\sigma_{\max} \\ \sigma_{\min}\end{matrix} = \gamma_{\mathrm{cs}} \cdot z + q \pm \frac{M_{\mathrm{y}} \cdot x}{I_{\mathrm{y}}} \quad (17.1\text{-}14)$$

式中：$\sigma_{\max}$、$\sigma_{\min}$——计算断面水泥土壁应力；q——墙顶面的超载；M_{y}——计算断面墙身力矩；

I_y——计算断面的惯性矩；x——由计算断面形心起算的最大水平距。

（2）墙底端截面应力应满足下式：

$$\sigma_{max} \leqslant 1.2 \cdot f \tag{17.1-15}$$

$$\sigma_{min} > 0 \tag{17.1-16}$$

式中：f——墙底端处地基承载力设计值。

（3）墙身应力应满足下式：

$$\sigma_{max} \leqslant 0.3 \cdot q_u \tag{17.1-17}$$

$$\sigma_{min} > 0 \tag{17.1-18}$$

式中：q_u——水泥土墙的单轴抗压强度。

其它还有抗隆起、抗渗验算，参见第十五章。

挡土墙断面尺寸的确定是由上述墙和地基的强度和稳定性的要求来控制的。水泥土桩与桩之间的搭接宽度应根据挡土及截水要求确定，考虑截水作用时，桩的有效搭接宽度不宜小于150mm；不考虑截水作用时，搭接宽度不宜小于100mm。

第二节　连拱式水泥土挡墙支护结构

连拱式支护结构是一种组合空间结构，其原理是将水土压力产生的拉弯力转化为沿拱轴方向的轴压力，这样可以利用水泥土受压强度较高的特性，充分发挥材料的作用，节省钢材，从而节省工程投资。而且这一结构其截面惯性矩和抗弯刚度远大于壁状布置，因而受力可靠，变位相对较小。

一、拱轴几何参数

在实际工程中，为施工方便一般布置为圆弧拱，见图17.2-1。

二、拱身内力

拱身内力包括轴力、剪力、拱脚弯矩、拱顶弯矩，见图17.2-2。

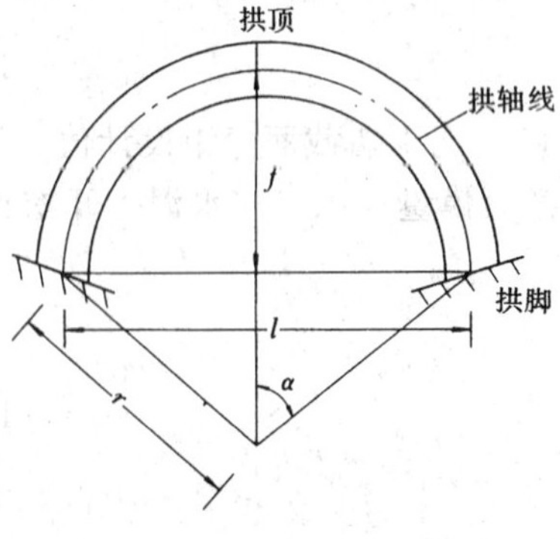

图17.2-1　圆弧无铰拱

f—矢高；l—跨度；r—圆弧半径；α—半弧心角

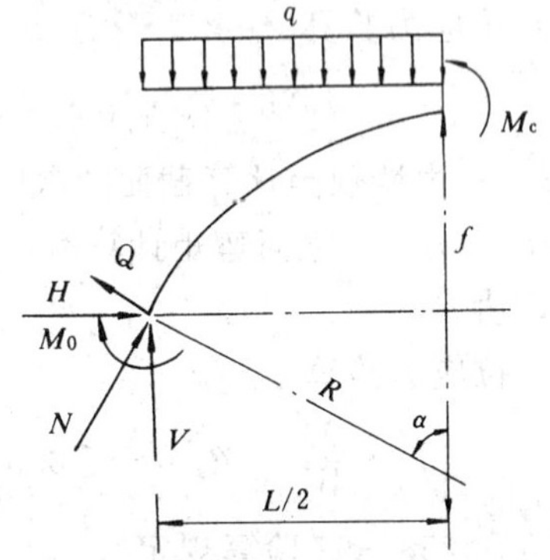

图17.2-2　拱身内力

在水泥土拱中，拱脚的受力最大，要验算该截面的轴力与剪力，使其不超过水泥土相应的强度。

表 17.2-1 拱身内力系数

系数 项 内力	ρ 0.1	0.2	0.3	0.4	0.5	乘数 η
V	0.500 0	0.500 0	0.500 0	0.500 0	0.500 0	$q\cdot l$
H	1.260 93	0.637 82	0.434 21	0.335 58	0.275 83	ql
M_q	0.001 31	0.004 14	0.009 25	0.016 49	0.024 67	ql^2
M_c	0.000 22	0.001 58	0.003 99	0.007 26	0.011 75	ql^2

注：表中 q 为某一深处土压力。

$$V=\theta\cdot\eta \qquad H=\theta\cdot\eta$$

拱脚脚面的轴力与剪力可按以下两式计算：

$$N=V\cdot\sin\alpha+H\cos\alpha \qquad (17.2\text{-}1)$$

$$Q=V\cdot\cos\alpha-H\cdot\sin\alpha \qquad (17.2\text{-}2)$$

$$\alpha=\arccos[(R-f)/R] \qquad (17.2\text{-}3)$$

式中：V——拱脚竖向推力；H——拱脚横向推力；V、H 查表 17.2-1 计算。

将不同高跨比所求的 V、H 代入式（17.2-1）和式（17.2-2）就可求出拱脚的剪应力 τ 和轴向压应力 σ，并要求满足以下两式：

$$\sigma\leqslant[\sigma] \qquad \tau\leqslant[\tau]$$

式中：$[\sigma]$——许用压应力；$[\tau]$——许用剪应力。

由于连拱式支护结构所受侧向压力全部由拱脚承受，所以一般在拱脚设置钻孔灌注桩并加支撑，在桩头浇筑钢筋混凝土承台，那么侧向压力就通过拱脚灌注桩传递到支撑上，见图 17.2-3。

上海市江苏路排管工程开挖深度 9m，槽宽 4.6m，总长 120m，采用变断面水泥土连拱，并在拱脚外设置两道支撑，见图 17.2-4。

连拱式支护结构插入深度、稳定性验算与一般悬臂结构相同。

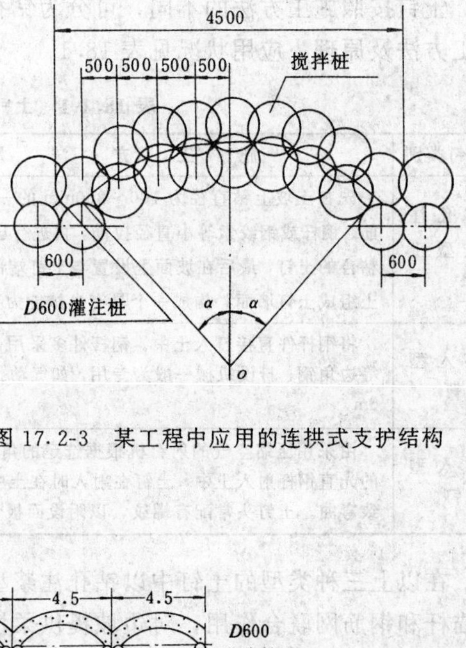

图 17.2-3 某工程中应用的连拱式支护结构

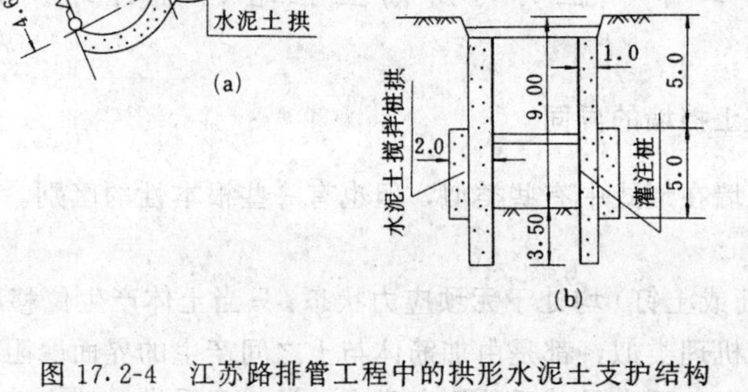

图 17.2-4 江苏路排管工程中的拱形水泥土支护结构

(a) 平面图；(b) 剖面图

第十八章　土钉支护技术

土钉墙是用钢筋作为加筋件，依靠土与加筋件之间的摩擦力，使土体拉结成整体，并在坡面上喷射混凝土，以提高边坡的稳定性。这种挡土结构适用于基坑支护和天然边坡的加固。

第一节　土钉的分类

土钉按照施工方法的不同，可分为钻孔注浆型土钉、打入型土钉和射入型土钉三类，其施工方法及原理、应用状况见表 18.1-1。

表 18.1-1　土钉的施工方法及应用状况

土钉类别	施工方法及原理	应用状况
钻孔注浆型土钉	先在土坡上钻直径为 100～200mm 的一定深度的钻孔，然后插入钢筋、钢杆或钢绞索等小直径拉筋，再进行压力注浆形成与周围土体紧密粘合的土钉，最后在坡面上设置与土钉端部相联结的构件，并喷射混凝土组成土钉墙面，构成一个具有自撑能力且能起支挡作用的加固区	用于永久性或临时性支挡工程
打入型土钉	将钢杆件直接打入土中。钢杆件多采用 $L50\times50\times5$～$L60\times60\times5$ 的等边角钢；打设机械一般为专用，如气动土钉机，土钉长度一般不超过 6m	由于长期的防腐工作难以保证，多用于临时性支挡工程，所提供摩阻力相对较低，耗钢量大
射入型土钉	由采用压缩空气的射钉机根据选定的角度将 $\phi25$～38mm，长 3～6m 的光直钢杆射入土中，土钉在射入时在土中形成环形压缩土层，使其不致弯曲。土钉头常配有螺纹，以附设面板	施工快速、经济，适用于多种土层

在以上三种类型的土钉中以钻孔注浆型土钉运用最多，这一支护结构由喷射混凝土、注浆锚杆和钢筋网联合作用，对边坡提供柔性支挡，其技术实质是隧道施工技术中喷锚支护技术在软土地基中的延伸，在实际工程中也称为喷锚网支护技术。

第二节　土钉与加筋土挡墙、锚杆的对比

一、土钉与加筋土挡墙的异同

土钉与加筋土挡墙在形式中有些类似，但也有一些根本性的区别。

相同点：

(1) 加筋体（拉筋或土钉）均处于无预应力状态，只当土体产生位移后，才能发挥其作用；

(2) 两者的受力机理类似，都是由加筋体与土之间产生的界面摩阻力提供加筋力，加筋土体本身处于稳定状态，可支承其后的侧向压力，类似于重力式挡土墙的作用；

(3) 面层都较薄，在支挡结构的整体稳定中不起主要作用。

不同点：

(1) 施工程序不同。土钉施工是自上而下，分步施工，而加筋土挡墙的施工则是自下而上。这对加筋体应力分布有很大影响，施工期间更明显。

(2) 应用范围不同。土钉是一种原位加筋技术，用来改良天然边坡或挖方区；加筋土挡墙用于填方区，形成人工堆填的土质陡坡。

(3) 设置形式有差别。土钉即可水平布置，也可倾斜布置，当其垂直于滑裂面设置时，将充分发挥其抗剪能力；而加筋土挡墙一般为水平设置。

(4) 土钉技术通常包含使用灌浆技术，使拉筋与周围土体密实粘结，荷载通过浆体传递给土层。而在加筋土挡墙中，摩擦力直接产生于加筋体与土层间。

二、土钉与锚杆的异同

相似点：

当用于边坡加固和基坑支护时，土钉可视为小尺寸的被动式锚杆。

不同点：

(1) 土层锚杆在设置后施加预应力，以防止支挡结构产生位移。而土钉一般不予张拉，并要求产生少量位移，以充分发挥其摩阻力。

(2) 土钉长度的绝大部分与土层相粘合，而锚杆只在其有效锚固范围内才与周围土体密实粘合。因此两者在支挡土体内产生的应力分布是不同的。

(3) 土钉的设置密度很高，一般 $0.5\sim2.0m^3$ 设置一根，因此单筋破坏的后果不严重。另外，从受力作用考虑，土钉的施工精度要求不高。

(4) 锚杆承受的荷载很大，因此其端头部的构造比土钉复杂，必须安装适当的承载装置，以防止因承载面板失效而导致挡土结构破坏。土钉承受的荷载较小，一般不需要安装坚固的承载装置，利用喷射混凝土及小尺寸垫板即可满足要求。

(5) 为满足承载要求，一般单根锚杆较长，多在 15～45m 范围内，因此需要用大型机械进行施工；而土钉相对而言施工规模较小。

第三节　土钉技术的适用性及其特点

一、土钉技术的适用性

土钉适用于地下水位低于土坡开挖段或经过降水使地下水位低于开挖层的情况。在施工钻孔注浆型土钉时，通常采用分阶段开挖方式，每一阶段高度为 1～2m，由于处于无支撑状态，要求开挖段土层在施工土钉、面层构件及喷射混凝土期间，能够保持自立稳定。因此，土钉适用于具有一定粘结性的杂填土、粘性土、粉土、黄土及弱胶结的砂土边坡。

对标准贯入击数低于 10 击的砂土边坡，采用土钉一般不经济；对不均匀系数小于 2 的砂土，以及含水丰富的粉细砂层、砂卵石层和淤泥质土不宜采用。对塑性指数大于 20 的粘性土，必须评价其蠕变特性后，才可将土钉作为永久性挡土结构。土钉不适用于软土边坡，因为软土只能提供很低的界面摩阻力，技术经济效益不理想。同样，土钉不适宜在腐蚀性土（如煤渣、矿渣、炉渣酸性矿物废料等）中作为永久性支挡结构。

另外，土钉墙一般不宜兼作挡水结构，也不宜应用于对变形要求较严的深基坑支护工程。

二、土钉技术的特点

(1) 土钉墙施工具有快速、及时，且对邻近建筑物影响小的特点。

由于土钉墙施工采用小台阶逐段开挖，在开挖成型后及时设置土钉与面层结构，对坡体扰动较少，且施工与基坑开挖同步进行，不独立占用工期，施工迅速，土坡易于稳定。由实测资料表明，采用土钉支护的土坡只要产生微小变形就可发挥土钉的加筋力，因此，坡面位移与坡顶变形很小（见图 18.3-1），对相邻建筑物的影响很小。

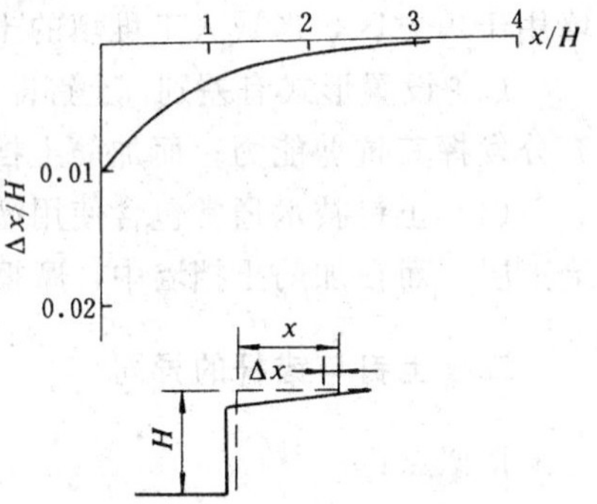

图 18.3-1　土钉加筋后坡面的位移

(2) 施工机具简单，施工灵活，占用场地小。

施工土钉时所采用的钻进机制及混凝土喷射设备都属小型设备，机动性强、占用施工场地很少，即使紧靠建筑红线下切垂直开挖亦能照常施工。施工所产生的振动和噪音低，在城区施工具有一定的优越性。

(3) 经济效益好。

根据国内有关资料的分析，土钉墙支护可比排桩法、钢板桩节省投资 25%～40%；根据西欧统计资料，开挖深度在 10m 以内的基坑，土钉比锚杆支护可节省投资 10%～30%。因此，采用土钉墙支护具有较高的经济效益。

第四节　土钉支护的加固机理

土钉墙的加固机理主要表现在以下几方面：

1. 提高原位土体强度

由于土体的抗剪强度低，抗拉强度更低，因此自然边坡保持直立的临界高度较小。当土坡自立高度超过临界高度，或者坡顶有较大超载以及土的含水量等环境因素发生变化时，都会引起土坡的失稳。为此，过去常采用支挡结构来承受侧向压力并限制土体的变形，这属于常规的被动制约机制的支挡结构。土钉支护结构则是在土体内增设具有一定长度和分布密度的锚固体，使它与土体牢固结合并共同工作，增强土坡坡体自身的稳定性，它属于主动制约机制的支挡体系。

土钉在其加强的复合土体中起箍束骨架作用，提高了土坡的整体刚度与稳定性。由模拟试验表明，土钉墙在超载作用下的变形特征，表现为持续的渐进性破坏。即使在土体内已出现局部剪切面和张拉裂缝，并随着超载的增加而扩展，但仍可持续很长时间不发生整体塌滑，表明其仍具有一定的强度。然而素土边坡在坡顶超载作用下，当其产生的水平位移远低于土钉加固的边坡时，就出现快速的整体滑裂和塌落，见图 18.4-1。

素土边坡　　土钉加筋的边坡

图 18.4-1　素土边坡和土钉加筋的边坡破坏型式

(a) 素土边坡；(b) 土钉加筋边坡

土钉对土体的加强作用可以强度提高系数 K_R 表示，$K_R = \frac{F_n}{F_R}$，其中 F_n 表示土钉复合体的三轴抗压强度，F_R 表示原状结构土的强度。由国内学者对粉土及粉质粘土进行的模拟试验成果见图 18.4-2。由实验成果表明，土钉的设置明显地提高了原位土体的抗剪强度，土钉设置密度越大，提高的幅度相对越大。

此外，在地层中常有裂隙发育，在进行钻孔压力注浆时，浆液会顺着裂隙扩散，浆液胶结后，必然会增强土钉与周围土体的粘结和整体作用。当采用一次压力注浆时，对宽度为 1～2mm 的裂隙，注浆后可扩大成 5mm 的浆脉。

2. 土钉与土体间的相互作用

土钉与土体间摩阻力的发挥，主要是由土钉与土之间的相对位移而产生的。由于土压力的作用，在土钉加筋的边坡内存在着潜在的滑裂面，并将土体分为主动区和被动区，见图 18.4-3。主动区和被动区内土体与土钉间摩阻力的发挥方向正好相反。

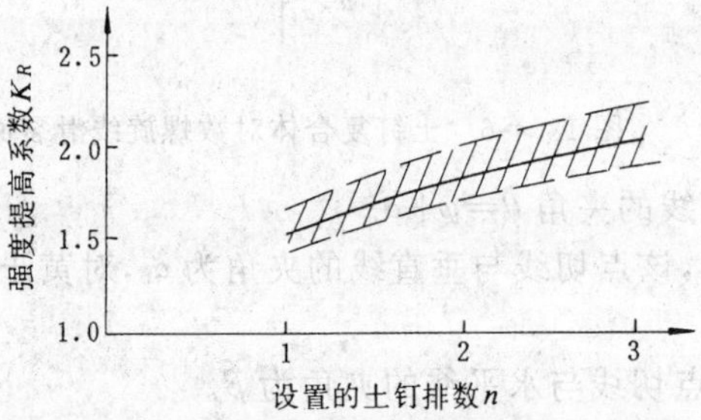

图 18.4-2 强度提高系数 K_R 与土钉设置排数 n 之间关系的试验结果

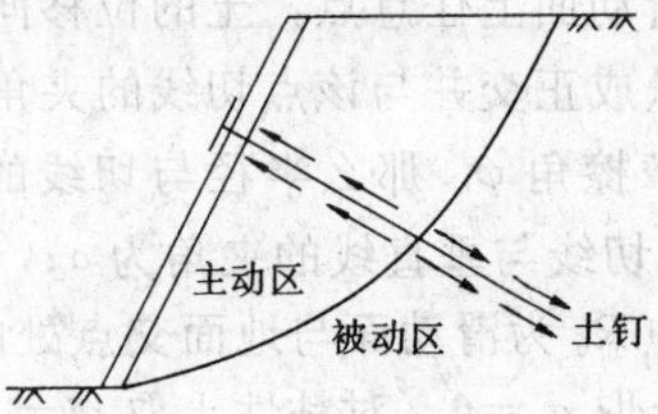

图 18.4-3 土钉与土的相互作用

土钉与周围土体间的极限界面摩阻力取决于土的类型、上覆土压力、施工对孔壁土的扰动程度等。因此，应对土钉作极限抗拔实验为最后设计提供可靠的数据。

由国内理论分析与实测成果表明，对 3～10m 长的注浆型土钉，当土钉杆模量 E_b 与土体模量 E_s 之比大于 10 时，界面摩阻力可近似地按均匀分布考虑。且原位土钉与周围土体的摩擦特性和加筋土具有相同的特点，即似摩擦系数 $f(f=\frac{\text{摩阻力值}}{\text{垂直压力}})$ 随着有效垂直压力的增加而减小。

3. 面层土压力分布

土钉支护结构由加筋土钉、复合土体与喷射混凝土面层组成。面层主要起着将主动区产生的土压力传递给土钉，并保证土钉不被侵蚀风化的作用。由于它采用的施工顺序与常规的支挡体系不同，因此，面层上土压力的分布也与一般重力式挡墙不同。王步云等对山西某黄土边坡土钉工程进行了原位监测，所获得的土压力曲线见图 18.4-4。

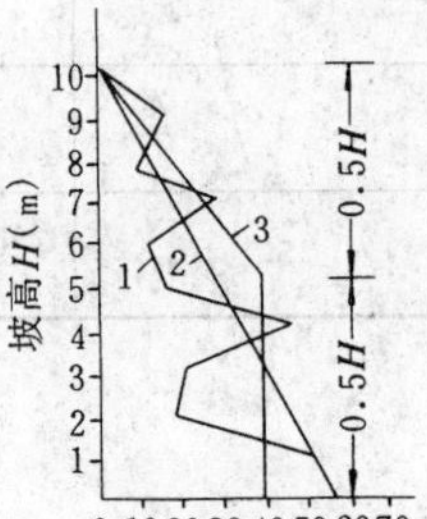

图 18.4-4 土钉面层上的土压力分布

1—实测土压力；2—主动土压力；3—简化土压力

4. 土钉复合体滑裂面的形式

在工程实践中，常用以下两种方法来确定土钉复合体的滑裂面形式。

(1) 王步云建议的方法：

王步云建议采用图 18.4-5 所示的曲线作为简化滑裂面形式。

(2) Wai-Fah-Chen 方法：

这一方法用对数螺旋线模型（见图 18.4-6）来表示土钉复合体的滑裂面。

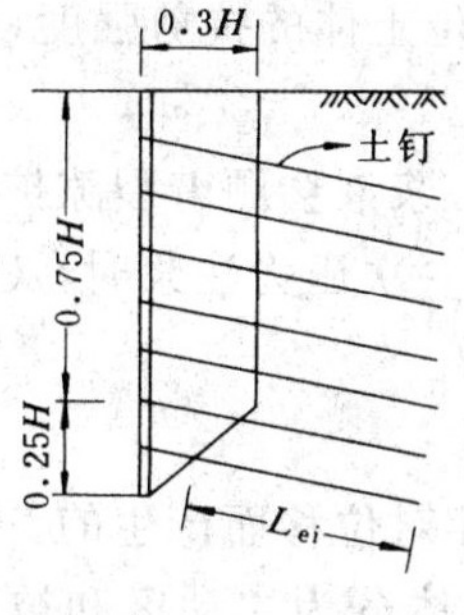

图 18.4-5　王步云建议的简化滑裂面

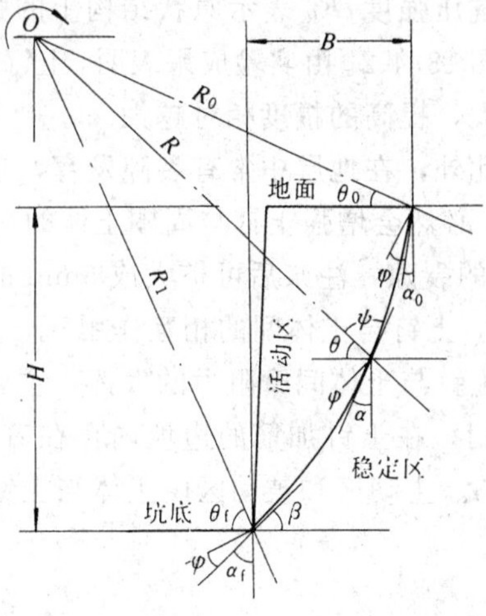

图 18.4-6　土钉复合体对数螺旋线滑裂面

在滑动面上任意点，土的位移向量与转动半径向量成正交并与该点切线的夹角大致等于土的内摩擦角 φ，那么半径与切线的夹角 $\psi=90°-\varphi$；切线与垂直线的夹角为 α；半径与水平线的夹角 $\theta=\varphi+\alpha$。

图中 R_0 为滑动面与地面交点处的转动半径，该点切线与垂直线的夹角为 α_0，对黄土类土，弱胶结土取 $\alpha_0=0$，对粘性土取 $\alpha_0=3°$。

R_f 为滑动面与底面交点处的转动半径，该点切线与水平线的夹角为 β。

该点切线与垂直线的夹角 $\alpha_f=90°-\beta$。

滑动面上各参数之间的关系见表 18.4-1。

表 18.4-1　滑动面上各参数之间的关系

1	螺旋线方程：$R=m\cdot e^{\theta\cdot tg\varphi}$，其中 m 为常数
2	对坡顶角小于 15°，土钉下倾角为 15°左右时， $\beta=0.5\cdot\varphi+0.201\cdot\omega\cdot\varphi+0.265\cdot\omega+0.087$ 式中：ω——边坡坡角（rad）
3	极角 θ_0、θ_f： $\theta_0=\varphi+\alpha_0$，　$\theta_f=\varphi+\alpha_f$
4	$m=\dfrac{H}{(e^{K\cdot\theta_f}\cdot\sin\theta_f-e^{K\cdot\theta_0}\cdot\sin\theta_0)}$　　式中：$K=tg\varphi$
5	$\dfrac{B}{H}=\dfrac{e^{K\cdot\theta_0}\cdot\cos\theta_0-e^{K\cdot\theta_f}\cdot\cos\theta_f}{e^{K\cdot\theta_f}\cdot\sin\theta_f-e^{K\cdot\theta_0}\cdot\sin\theta_0}$

第五节　土钉支护结构的设计计算

土钉支护结构的设计一般包括以下几个步骤：

（1）根据坡体的剖面尺寸、土的物理力学性能和坡顶的超载情况，计算潜在滑动面的位置与形状；

（2）初步确定土钉的直径、长度、倾角以及布置方式和间距；

（3）验算土钉支护结构的内外部稳定性。

一、土钉几何尺寸的设计

土钉几何尺寸的设计包括长度、间距、孔径、加筋杆直径等参数的选择。

1. 土钉的长度

根据抗拔试验表明，对高度小于12m的土坡采用相同的施工工艺，在同类土质条件下，当土钉长度达到一倍土坡垂直高度时，再增加其长度对承载能力无显著提高。Bruce 和 Jewell (1987) 通过对十几项土钉工程的分析表明，对钻孔注浆型土钉，用于粒状土陡坡加固时，其长高比（土钉长度与坡面垂高之比）一般为 0.5～0.8；用于冰碛物或泥炭灰岩边坡时，一般为 0.5～1.0。《基坑土钉支护技术规程》(CECS 96：97) 建议土钉长度与基坑深度之比对非饱和土宜在 0.6～1.2 之间，密实砂土和坚硬粘土中可取低值；对软塑粘性土，比值 L/H 不应小于 1.0。因此在初步确定土钉长度时可按下式计算：

$$L = \eta \cdot H + L_0 \tag{18.5-1}$$

式中：η——经验系数，可取 $\eta=0.7\sim1.2$；H——土坡的垂直高度 (m)；L_0——止浆器长度，一般为 0.8～1.5m。

2. 土钉钻孔直径及间距布置

土钉孔径 d_h 可根据钻孔机械选定。国外对钻孔注浆型土钉一般取土钉孔径为 76～150mm；国内一般取 70～200mm。

以 S_x、S_y 分别表示水平间距（行距）和垂直间距（列距）。行距、列距的选择原则是以每个土钉注浆对其周围土的影响区与相邻孔的影响区相重叠为准。CECS96：97 建议，S_x、S_y 宜在 1.2～2.0m 范围内，在饱和粘性土中可小到 1m，在干硬粘性土中可超过 2m；土钉的竖向间距应与每步开挖深度相对应，沿面层布置的土钉密度不应低于 6m² 一根。王步云等建议按 $6\sim8d_h$ 选定行距、列距，且应满足下式的要求：

$$S_x \cdot S_y = K_1 \cdot d_h \cdot L \tag{18.5-2}$$

式中：K_1——注浆工艺系数，对一次压力注浆工艺，取 1.5～2.5。

3. 土钉加筋杆直径选择

土钉钢筋宜采用Ⅱ级以上螺纹钢筋，直径宜为 18～32mm，也可采用多根钢绞线组成的钢绞索。当采用钢管时，一般用 $\phi50$ 钢管。

王步云等建议，土钉的加筋杆直径 d_b 可按下式估算：

$$d_b = (20 \sim 25) \times 10^{-3} \sqrt{S_x \cdot S_y} \tag{18.5-3}$$

4. 土钉倾角

土钉钻孔的倾角向下宜在 0°～20°的范围内，当利用重力向孔中注浆时，倾角不宜小于 15°，当用压力注浆且有可靠排气措施时倾角宜接近水平。当上层土软弱时，可适当加大倾角，使土钉插入强度较高的下层土中。当遇有局部障碍物时，允许调整钻孔位置与方向。

5. 注浆材料

用水泥砂浆或水泥素浆。水泥采用不低于 32.5 级普通硅酸盐水泥，水灰比 1：(0.4～0.5)。

6. 土钉面层混凝土厚度

喷射混凝土的厚度在 50～150mm 之间，混凝土强度等级不低于 C20，3d 强度不低于 10MPa。面层内应设置钢筋网，钢筋网的钢筋直径 6～8mm，网格尺寸 150～300mm，当面层厚度大于 120mm 时，宜设置二层钢筋网。土钉支护的喷射混凝土面层宜插入基坑底部以下，插入深度不小于 0.2m；在基坑顶部也宜设置宽度为 1～2m 的喷射混凝土护顶。

二、喷射混凝土面层设计

根据《基坑土钉支护技术规程》(CECS 96：97)，在土体自重及地表均布荷载 q 作用下，喷射混凝土面层所受的侧向土压力 p_0 可按下式估算：

$$p_0 = p_{01} + p_q \tag{18.5-4}$$

$$p_{01} = 0.7 \cdot (0.5 + \frac{s - 0.5}{5}) \cdot p_1 \leqslant 0.7 p_1 \tag{18.5-5}$$

式中：s——土钉水平间距和竖向间距中的较大值；p_q——地表均布荷载引起的侧压力；p_1——土钉长度中点所处深度位置上由支护土体自重引起的侧压力。

喷射混凝土面层按《混凝土结构设计规范》设计，取荷载分项系数为 1.2，当环境安全有严格要求时，另取结构的重要性系数 1.1～1.2。

面层可按以土钉为点支承的连续板进行强度验算，作用于面层的侧向压力在同一间距内可按均布考虑，其反力作为土钉的端部拉力。验算内容包括在跨中和支座截面的受弯，板在支座截面的冲切等。

土钉与面层的连接，应能承受土钉端部拉力的作用。当用螺纹、螺母和垫板与面层连接时，垫板边长及厚度应通过计算确定。当用焊接方法通过不同形式的部件与面层相连时，应对焊接强度作出验算。此外，面层连接处尚应验算混凝土局部承压作用。

三、内部稳定性分析

土钉结构内部稳定性的分析方法有很多种，以下介绍四种设计方法：

1. 王步云建议的方法

(1) 抗拉断裂极限状态：

在面层土压力作用下，土钉将承受拉应力，为保证土钉端部不产生过量的拉伸或发生屈服，土钉主筋应具有一定安全系数的抗拉强度。为此，土钉主筋的直径 d_b 应满足下式：

$$\frac{\pi \cdot d_b^2 \cdot f_y}{4 \cdot E_i} \geqslant 1.5 \tag{18.5-6}$$

式中：E_i—— 第 i 列单根土钉支承范围内面层上的土压力，$E_i = q_i \cdot S_x \cdot S_y$；$q_i$—— 第 i 列土钉处的面层土压力，$q_i = m_e \cdot K \cdot \gamma \cdot h_i$；$h_i$—— 土压力作用点至坡顶的距离，当 $h_i > H/2$ 时，取 $h_i = 0.5H$；H—— 土坡垂直高度；γ—— 土的重度；m_e—— 工作条件系数。对使用期不超过二年的临时性工程取 $m_e = 1.1$，对使用期超过二年的永久性工程，取 $m_e = 1.2$；K—— 土压力系数，$K = \frac{1}{2}(K_0 + K_a)$；$f_y$—— 主筋抗拉强度设计值；$K_0$、$K_a$—— 分别为静止、主动土压力系数。

(2) 锚固力极限状态：

在面层土压力作用下，土钉内部潜在滑裂后的有效锚固段应具有足够的界面摩阻力而不被拔出。为此，应满足下式：

$$\frac{F_i}{E_i} \geqslant K \tag{18.5-7}$$

式中：F_i—— 第 i 列单根土钉的有效锚固力，$F_i = \pi \cdot \tau \cdot d_b \cdot L_{ei}$；$L_{ei}$—— 土钉有效锚固长度；$\tau$—— 土钉与周围土体间的极限界面摩阻力，应通过抗拔试验确定，当无实测资料，可参考表 18.5-1 取值；K—— 安全系数，取 1.3 ～ 2.0。对临时性工程取小值，永久性工程取大值。

表 18.5-1　不同土质中土钉的极限界面摩阻力 τ 值

土类	τ（KPa）
粘　土	130～180
弱胶结砂土	90～150
粉质粘土	65～100
黄土类粉土	52～55
杂填土	35～40

注：适用于一次注浆的土钉。

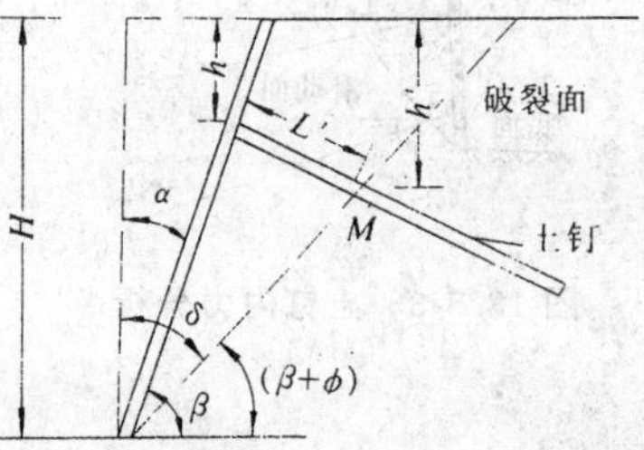

图 18.5-1　土钉结构滑动面与垂线倾角

2. Schlosser 方法

（1）土钉与土体间的界面摩阻力：

当坡顶没有超载时，土钉支护结构可能产生的滑动面与垂线夹角为 $\delta=90°-\frac{1}{2}(\beta+\varphi)$，如图 18.5-1 所示。考虑作用于土钉侧面的水平应力，土钉与土体间的界面摩阻力为：

$$F_{Ni}=L_{ei}\cdot \mathrm{tg}\varphi\cdot h_i'\cdot\gamma\cdot d_h[2+(\pi-2)\cdot K_0] \tag{18.5-8}$$

式中：F_{Ni}——土钉与土体间的界面摩擦力；L_{ei}——土钉有效锚固长度；φ——土钉与土体间摩擦角；K_0——静止土压力系数；h_i'——土钉有效锚固长度以上的土层厚度。

总摩擦力为：

$$F_N=\sum F_{Ni} \tag{18.5-9}$$

侧向总压力 E 为：

$$E=\frac{1}{2}\cdot K_a\cdot\gamma\cdot H^2 \tag{18.5-10}$$

式中：K_a—— 主动土压力系数，$K_a=\left[\frac{\sin(\beta-\varphi)}{(\sin\beta)^{1.5}+\sin\varphi\cdot(\sin\beta)^{0.5}}\right]^2$；$\gamma$—— 土的重度；$\varphi$——土的内摩擦角。

土钉结构的安全系数 K 要求满足下式：

$$K=\frac{F_N}{E}\geqslant 1.5\sim 2.5 \tag{18.5-11}$$

（2）土钉承受的拉力：

土钉支护结构中单根土钉所承受的拉力可假定为其所承担的面层上的侧向土压力。由于最低层土钉所承受的土压力最大，因此土钉的拉力将为最大，其值可按下式计算：

$$T=K_a\cdot\gamma\cdot h_m\cdot S_x\cdot S_y \tag{18.5-12}$$

式中：T—— 土钉的拉力；h_m—— 最低层土钉的深度；S_x、S_y—— 土钉间的行距和列距。

土钉拉筋的抗拉安全系数 K' 为：

$$K'=\frac{\pi\cdot d_b^2\cdot f_n}{4\cdot T} \tag{18.5-13}$$

式中：f_n——主筋的极限抗拉强度。

3. Bridle 方法

（1）滑动面上力矩的平衡：

将主动区的土体，竖向分割成若干个土条，分别计算作用于土条的滑动力矩和抵抗力矩，然后汇总起来求出滑动总力矩和抵抗总力矩之间的不平衡力矩，此不平衡力矩即为土钉应提供的平衡力矩。图 18.5-2 为第 i 个土条其重力作用于滑动面的情况。

主动区土体所产生的滑动力矩：

$$M_W=\sum W_i\cdot R_i\cdot\cos\theta_i \tag{18.5-14}$$

土的粘聚力和内摩擦角沿滑动面产生的抵抗力矩为：

$$M_R=\sum(W_i\cdot\sin\alpha_i\cdot \mathrm{tg}\varphi+c\cdot l_i)\cdot R_i\cdot\cos\varphi \tag{18.5-15}$$

式中：W_i——第 i 个土条重力；l_i——滑动面上第 i 个土条所对应的弧长；c——该段弧长上土

的粘聚力。

需要土钉提供的平衡力矩 ΔM 应满足：

$$\Delta M = M_W - M_R \tag{18.5-16}$$

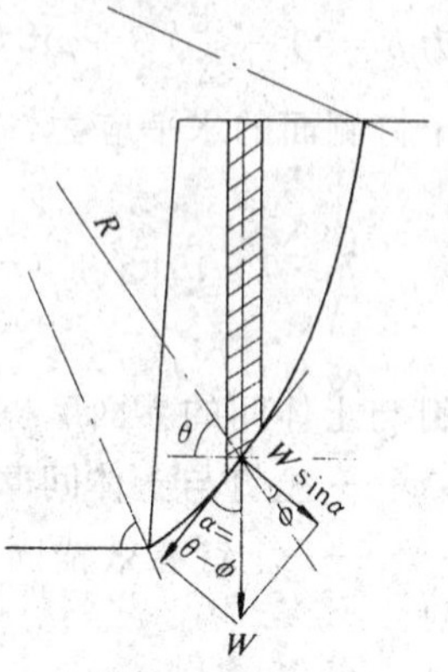

图 18.5-2　垂直条分法

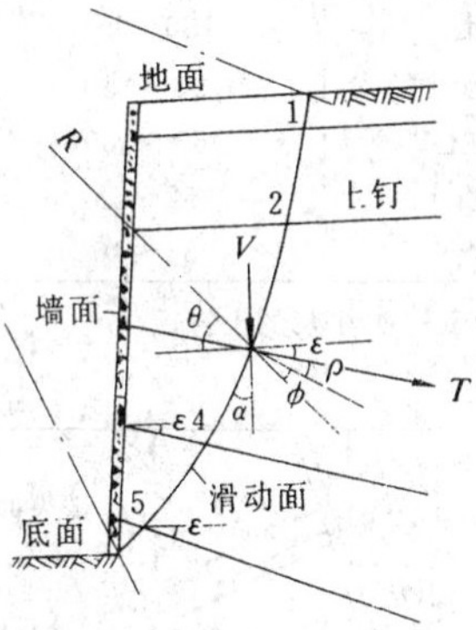

图 18.5-3　土钉内力分析

(2) 土钉受力情况分析：

在土钉支护结构中，不同部位的土钉由于其与滑动面所成角度不同，土钉的受力情况有所差别：

①与滑动面切线成直角的土钉只受剪力作用而无轴向荷载；②与滑动面切线成逆时针转向的土钉既承受剪力也承受拉力；③与滑动面切线成顺时针转向的土钉，既承受剪力也产生压力。当土钉接近于竖向或垂直设置时，会出现这种情况。由于压力对土钉不利，所以应该避免。

在实施土钉工程中，一般属于①、②两种情况。

每根土钉所受剪力和拉力可由土钉的设置倾角来调整，设 ρ_i 为第 i 列土钉与滑动面法线的夹角，则 $\rho_i=\theta-\varphi-\varepsilon$，$\varepsilon$ 为土钉与水平线的夹角（见图 18.5-3)，土钉在滑动面切线方向所受的剪应力为：

$$\tau_b = \frac{(T_i \cdot \sin\rho_i + S_i \cdot \cos\rho_i)\cos\rho_i}{A_{Si}} \tag{18.5-17}$$

式中：T_i—— 第 i 列土钉所受轴力；S_i—— 第 i 列土钉在滑动面上所承受的剪力；A_{Si}—— 第 i 列土钉的截面积。

当 $\frac{d\tau_b}{d\rho} = 0$ 时，τ_b 最大。由此可得出以下关系式：

$$T_i = S_i \cdot tg(2\rho_i) \tag{18.5-18}$$

为使土体平衡，不平衡力矩由土钉穿过滑裂来平衡，应满足：

$$\begin{aligned}\Delta M &= \sum S_i \cdot R_i \cdot [\cos(\varphi + \rho_i) + tg(2\rho_i) \cdot \sin(\varphi + \rho_i) \\ &\quad - \sin\rho_i \cdot tg\varphi \cdot \sin\varphi + tg(2\rho_i) \cdot \cos\rho_i \cdot tg\varphi \cdot \sin\varphi] \\ &= \sum S_i \cdot R_i \cdot \lambda_i \end{aligned} \tag{18.5-19}$$

式中：$\lambda_i = \cos(\varphi + \rho_i) + tg(2\rho_i) \cdot \sin(\varphi + \rho_i) - \sin\rho_i \cdot tg\varphi \cdot \sin\varphi + tg(2\rho_i)\cos\rho_i \cdot tg\varphi \cdot \sin\varphi$

若第 i 层土钉的截面都相同，S_i 可由下式计算：

$$S_i = \frac{\Delta M \cdot R_i \cdot \cos(\varphi + \rho_i)(N_i)^{0.4} \cdot (z_i)^{0.6}}{\sum\lambda_i \cdot R_i^2 \cdot \cos(\varphi + \rho_i) \cdot (N_i)^{0.4} \cdot (z_i)^{0.6}} \tag{18.5-20}$$

式中：N_i——第 i 层土钉的根数；z_i——第 i 层土钉的深度。

T_i 由 $T_i = S_i \cdot \mathrm{tg}(2\rho_i)$ 求得。

(3) 土钉的抗拔力：

当土钉与水平线成 ε 角时，土钉的抗拔力可按下式计算：

$$T_{Ri} = 4 \cdot R_0 \cdot \mathrm{tg}\varphi[\gamma \cdot z \cdot \cos\varepsilon + K_a \cdot (1 + \sin\varepsilon)] + 1.5 \cdot \mathrm{tg}\varphi \cdot \varepsilon + 2 \cdot c \cdot \pi \cdot L \cdot R_0 \tag{18.5-21}$$

式中：T_{Ri}—— 土钉的抗拔力；R_0—— 土钉截面的半径；z—— 土钉的设置深度。

并且应满足下式

$$\frac{T_{Ri}}{T_i} \geqslant F_{Si} \tag{18.5-22}$$

式中：F_{Si}—— 安全系数，可取 $F_{Si} = 2.0$。

(4) 土体承载力：

土体承载力可由太沙基承载力公式计算：

$$q_u = c \cdot N_c + \gamma \cdot z \cdot N_q + \frac{1}{2} \cdot b \cdot \gamma \cdot N_r \tag{18.5-23}$$

式中：q_u—— 极限承载力；b—— 土钉直径，$b = d_h$；N_c、N_q、N_r—— 太沙基承载力系数。

为保证土体不发生破坏，应满足下式：

$$\frac{q_u}{4.55 \times \dfrac{S_i}{2L \cdot R_0} + \gamma \cdot z} \geqslant F_S \tag{18.5-24}$$

式中：F_S—— 安全系数，通常取 $F_S = 3$。

4. 规范方法

在《建筑基坑支护技术规程》JGJ120—99 中，对单根土钉，要求其抗拉承载力符合以下要求：

$$1.25 \cdot \gamma_0 \cdot T_k \leqslant T_u \tag{18.5-25}$$

式中：T_k—— 单根土钉受拉荷载标准值；

$$T_k = \zeta \cdot e_{ak} \cdot S_x \cdot S_z / \cos\alpha$$

ζ—— 荷载折减系数，

$$\zeta = \mathrm{tg}\,\frac{\beta - \varphi}{2}\left[\frac{1}{\mathrm{tg}\,\dfrac{\beta + \varphi}{2}} - \frac{1}{\mathrm{tg}\beta}\right] \Big/ \mathrm{tg}^2(45° - \varphi/2)$$

e_{ak}—— 土钉位置处的水平荷载标准值；S_x、S_z—— 土钉与相邻土钉的平均水平、垂直间距；α—— 土钉与水平面的夹角；

$$T_u = \frac{1}{\gamma_s} \cdot \pi \cdot d_n \cdot \sum q_{sik} \cdot l_i \tag{18.5-26}$$

式中：γ_s—— 土钉抗拉抗力分项系数，取 1.3；d_n—— 土钉锚固体直径；q_{sik}—— 土钉穿越第 i 层土体与锚固体极限摩阻力标准值，应由现场试验确定，如无试验资料，可采用表 18.5-2 确定；l_i—— 土钉在直线破裂面外穿越第 i 稳定土体内的长度，破裂面与水平面的夹角为 $(\beta + \varphi)/2$。

四、外部稳定性分析

在原位土钉支护结构的自身稳定与粘结整体作用得到保证的条件下，其外部稳定性分析可按重力式挡土墙考虑，内容包括土钉结构的抗倾覆稳定性、抗滑移稳定性以及地基强度验算等。

表 18.5-2　土钉锚固体与土体极限摩阻力标准值

土的名称	土的状态	q_{sik} (kPa)
填　土		16—20
淤　泥		10—16
淤泥质土		16—20
粘性土	$I_L>1$	18—30
	$0.75<I_L\leqslant1$	30—40
	$0.50<I_L\leqslant0.75$	40—53
	$0.25<I_L\leqslant0.50$	53—65
	$0.0<I_L\leqslant0.25$	65—73
	$I_L\leqslant0.0$	73—80
粉　土	$e>0.90$	20—40
	$0.75<e\leqslant0.90$	40—60
	$e<0.75$	60—90
粉细砂	稍密	20—40
	中密	40—60
	密实	60—80
中　砂	稍密	40—60
	中密	60—70
	密实	70—90
粗　砂	稍密	60—90
	中密	90—120
	密实	120—150
砾　砂	中密、密实	130—160

注：表中数据为低压或无压注浆值，高压注浆时可按表 16.2-3 取值。

第六节　土钉支护结构的施工技术

土钉墙的施工一般按以下程序进行：

(1) 开挖工作面、修整边坡，坡面排水，埋设喷射混凝土厚度控制标志；

(2) 喷射第一层混凝土；

(3) 设置土钉（包括钻孔、置筋、注浆垫板等），安设连接件；

(4) 绑扎钢筋网；

(5) 喷射第二层混凝土。

一、开挖工作面、修整边坡

基坑开挖应按设计要求分段分层进行。分层开挖深度主要取决于暴露坡面的自立能力，一次开挖高度宜为 0.5—2.0m。考虑到土钉施工设备，开挖宽度至少要 6m，开挖长度取决于交叉施工期间能保护坡面稳定的坡面面积。

开挖基坑时，应最大限度地减少对支护土层的扰动。在机械开挖后，应辅以人工修整坡面，坡面平整度应达到设计要求。对松散的或干燥的无粘性土，尤其是受到外来振动时，应先进行灌浆处理。

二、排　水

土钉支护结构必须考虑地下水的影响。在施工期间应做好排水工作，避免过大的静水压力作用于面板，保护面板（特别是喷射混凝土面层）免遭水的不利影响，避免加固土体处于饱和状态。一旦加固土体处于饱和状态，将显著地影响支护结构在开挖过程中和开挖之后的位移，并可能影响其稳定性。一般对支挡结构有以下三种主要排水方式：

1. 浅部排水

采用直径 100mm，长 300～400mm 的塑料管将坡后水迅速排除。

2. 深部排水

用开缝管做排水管，管径 50mm，长度通常比土钉长，上斜 5°或 10°，其间距取决于土体和地下水条件。

3. 坡面排水

贴着坡面设置连续的排水系统，其间距取决于地下水条件和冻胀力的作用，一般为 1～5m。在最底部由泄水孔排入集水系统。

三、设置土钉

开挖出工作面后，就可在工作面上进行土钉施工。

1. 成孔

应根据土层条件以及具体的设计要求选择合理的钻机与机具。土钉施工机具可采用地质钻机、螺旋钻以及洛阳铲等。

成孔质量标准：①孔位偏差不大于±100mm；②孔深误差不大于±50mm；③孔径误差不大于±5mm；④倾斜度偏差不大于 5%；⑤土钉钢筋保护层厚度不宜小于 25mm。

2. 清孔

采用 0.5～0.6MPa 压缩空气将孔内残渣清除干净，当孔内土层的湿度较低时，常采用润孔花管由孔底向孔口方向逐步湿润孔壁，润孔花管内喷出的水压不应超过 0.15MPa。

3. 置筋

清孔完毕后，应及时安放钢杆件，以防塌孔。钢杆件一般采用Ⅱ级螺纹钢筋或Ⅳ级精轧螺纹钢筋，钢筋尾部设置弯钩。为保证土钉钢筋的保护层厚度，应设定位器使钢筋位置居中。另外，土钉钢拉杆使用前要保证平直并进行除锈、除油。

4. 注浆

注浆是保证土钉与周围土体紧密结合的一个关键工序。

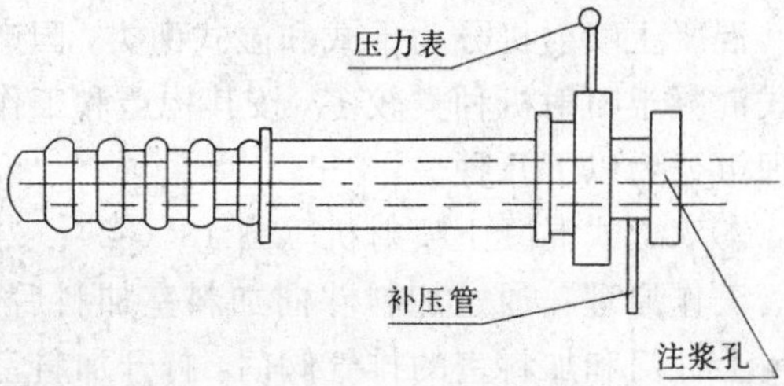

图 18.6-1　止浆塞示意图

注浆前，在钻孔孔口设置止浆塞（见图 18.6-1），并旋紧，使其与孔壁贴紧。由注浆孔插入注浆管，使其距孔底 0.5～1.0m。注浆管与注浆泵连接后，开动注浆泵，边注浆边向孔口方向拔管，直到注满为止。放松止浆塞，将注浆管与止浆塞拔出，用粘性土或水泥砂浆充填孔口。

注浆压力应保持在 0.4～0.6MPa，当压力不足时，从补压管口补充压力。

注浆材料宜用 1∶0.5 的水泥净浆或水泥砂浆。水泥砂浆配合比宜为 1∶1～1∶2（质量比），水灰比控制在 0.4～0.45 范围内。

注浆过程中若因故停止超过 30min 时，应用水或稀水泥浆润滑注浆泵及其管路。

为防止水泥砂浆(细石混凝土)在硬化过程中产生干缩裂缝，提高其防腐性能，保证浆体与周围土壁的紧密结合，可掺入一定量的膨胀剂。具体掺入量由试验确定，以满足补偿收缩为准。

四、绑扎钢筋网

钢筋网宜采用 I 级钢筋，钢筋直径 6～10mm，钢筋网间距 150～300mm。钢筋网应与土钉和横向联系钢筋绑扎牢固，并且在喷射混凝土时不得晃动。

钢筋网与坡面间要留有一定的间隙，宜为 30mm。如果采用双层钢筋网，第二层钢筋网应在第一层被埋没后铺设。

五、喷射混凝土

喷射混凝土面层厚度一般为 80～200mm，常用的厚度为 100mm。第一次喷射混凝土厚度一般为 40～70mm，第二次喷射到设计厚度。喷射混凝土强度等级不宜低于 120。

（一）施工机具

1. 对施工机具的要求

喷射混凝土施工机具包括：混凝土喷射机、空压机、搅拌机和供水设施等。对各施工机具的要求如下：

（1）混凝土喷射机应满足以下要求：①密封性能良好；②输料连续、均匀；③生产能力（干混合料）为 3～5m^3/h；④允许输送的骨料最大粒径为 25mm；⑤输送距离（干混合料）水平不小于 100m，垂直不小于 30m。

（2）选用的空压机应满足喷射机工作风压和耗风量的要求，一般不小于 9m^3/min。

（3）混合料的搅拌宜采用强制式搅拌机。

（4）输料管应能承受 0.8MPa 以上的压力，并应有良好的耐磨性能。

（5）供水设施应保持喷头处的水压大于 0.2MPa。

2. 主要施工机具

（1）混凝土喷射机：

混凝土喷射机分为干式和湿式两类，国产干式混凝土喷射机种类较多，按其构造和工作原理可分为以下几种。

①双罐式混凝土喷射机（图 18.6-2）：

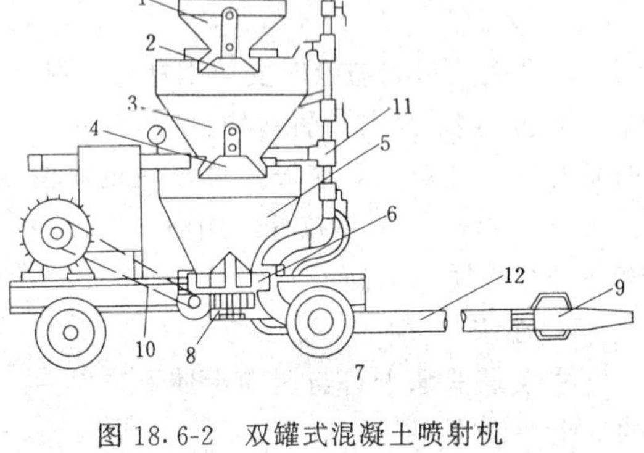

图 18.6-2　双罐式混凝土喷射机

1—加料斗；2—上钟门；3—加料室；4—下钟门；5—工作室；6—喂料盘；7—出料弯头；8—减速箱；9—喷嘴；10—传动装置；11—通气管路；12—输料管

工作原理：通过加料斗向加料室加料后，关闭上钟门和加料室的排气阀门，打开加料室的进气阀门，由于材料自重使下钟门自动开启，拌合料落入工作室中。在此由安装在减速器竖轴上的喂料盘将拌合料均匀地带出至出料弯头处的出料口，由工作室内的压缩空气经出料弯头将拌合料压送至输料器。为了使拌合料能顺利地通过出料弯头，在弯头处再加一个吹管，利用压缩空气将拌合料经输送管送至喷嘴处。喷嘴由混合室和枪筒（拢料管）组成，混合室内壁有环状小孔，高压水由小孔射出，与干拌合料迅速混合后由喷嘴高速喷出。

加料时，关闭下钟门和加料室的进气阀，同时打开加料室的排气阀门，上钟门则自动开启，可继续加料。如此反复就能使混凝土喷射机连续工作。

该混凝土喷射机优点：结构简单、生产可靠、性能好、经久耐用。缺点：体积较大、笨重，易产生反风、粉尘大。

②螺旋式混凝土喷射机（图18.6-3）：

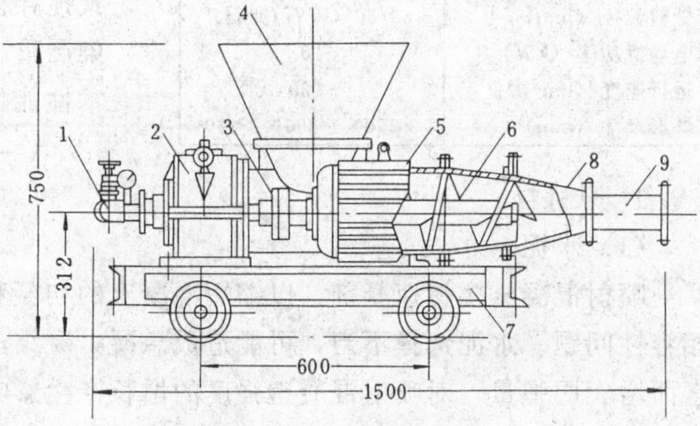

图 18.6-3 螺旋式混凝土喷射机

1—主吹风管；2—减速器；3—联轴器；4—加料斗；5—电动机；6—螺旋喂料器空心轴；7—机架；8—锥管；9—连接管

工作原理：干拌合料从加料斗落下，在电动机5作用下，经减速器2带动的螺旋喂料器空心轴6的叶片推动下推出，压缩空气由螺旋叶片空心轴尾部通入，至前端处喷出产生负压，加上锥管8输入的压缩空气助吹，将螺旋叶片推来的干拌合料吹出。

该混凝土喷射机优点：结构简单、体积小、质量小、成本低。缺点：螺旋和锥管易磨损，输送距离短，粉尘大。

③转子式混凝土喷射机：

工作原理：干拌合料是从旋转着的转子的料孔（格子）中加入，当旋转体的料孔转到风口处时，即被压缩空气吹出，吹净后，料孔转至排气孔处排除余气，准备下次装料。

常用混凝土喷射机的型号与技术性能见表18.6-1。

表 18.6-1 常用混凝土喷射机的型号与技术性能

项目		双罐式			螺旋式			转子式	
		冶建-65	HP-1	WD-25	SP-2	ZPG-2	HPZ-30B	SP-3	HP-7430
生产能力(m^3/h)		4	4～5	4	4～5	3～7	3～5	2～5	2～6
工作压力(MPa)		0.12～0.6	0.15～0.6	0.12～0.6	0.3～0.5	0.3～0.5	0.1～0.6	0.1～0.5	0.1～0.5
耗风量(m^3/min)		7～8	9	6～8	5～10	7～8	7～10	6～10	10
输料管内径(mm)		50	50	50	50	50	50	50	50
骨料最大粒径(mm)		25	25	25	25	25	30	25	30
最大输送距离	水平(m)	200	240	200	200	200	200	200	250
	垂直(m)	70	60	70	60	60	80	60	100
电动机功率(kW)		2.8	3	5.5	4	5.5	4	4	7.5
外形尺寸(mm)(长×宽×高)		1 600×850×1 630	1 840×970×1 660	1 600×850×1 630	1 250×750×1 435	1 352×774×1 160	1 430×868×1 375	1 390×890×952	1 500×1 000×1 600
机身质量(kg)		1100	1000	1100	650	920	700	700	800
研制单位		冶金部建筑研究总院	上海水工机械厂	河南焦作矿业学院实习工厂	冶金部长沙矿山研究院	煤炭部萍乡矿物局	湖南常德机械厂	冶金部长沙矿山研究院	江苏扬州市机械厂

表 18.6-2　JW-375 型搅拌机技术性能指标

参　　数	指　　标
投料容量（L/次）	375
出料产量（L/次）	250
最大产量（m^3/h）	12.5
骨料粒径（mm）	40/60（碎石/卵石）
电动机功率（kW）	10
运行速度（km/h）	<20
外形尺寸（mm）	3 350×1 860×2 420

国内研制的风动型湿式混凝土喷射机主要有 HZF-3 型和冶建-76 型。

（2）干拌合料搅拌机：

搅拌干拌合料宜用强制式搅拌机，如无强制式搅拌机，亦可用自落式搅拌机，但拌合过程污染严重。表 18.6-2 为常用的 JW-375 型搅拌机技术性能指标。

（二）喷射混凝土的原材料与配合比

1. 原材料

（1）水泥：

喷射混凝土多掺速凝剂，以缩短混凝土的初凝和终凝时间，因此要注意水泥与速凝剂的相容性问题。水泥选择不当，可能造成急凝，凝结速度慢，初凝与终凝间隔时间长等不利因素而增大回弹量，对喷射混凝土强度的增长产生影响。一般宜选用下列水泥：

①硅酸盐水泥和普通硅酸盐水泥。宜选用不低于 425 号的硅酸盐水泥和普通硅酸盐水泥。

②矿渣硅酸盐水泥。使用前宜进行速凝剂的相容性试验，且不宜用于渗水的基坑。

③喷射水泥。亦称速凝水泥，是一种不用掺加速凝剂就能用于喷射混凝土的水泥。

④双快水泥。亦称控凝水泥，具有速凝快硬作用，是硅酸盐水泥的新发展，在制造过程中加入了 1%～2%的氟石（氟化钙）。使用双快水泥还必须辅以硬化剂和速凝剂。且水温必须保持在 38℃左右。

⑤超早强水泥。超早强水泥为硫铝酸盐水泥。初凝时间为 10min～1h，终凝时间为 15min～1.5h。

（2）砂：

砂宜用细度模数大于 2.5 的坚硬的中、粗砂，或者用平均粒径为 0.35～0.50mm 的中砂，或平均粒径大于0.50mm 的粗砂，其中粒径小于0.075mm 的颗粒不应超过 20%，否则会影响水泥与骨料表面的良好粘结。最好用天然石英，不宜用细砂，因为细砂能增大喷射混凝土的收缩。

加入搅拌机的砂含水率宜控制为 6%～8%，呈微湿状态。含水量过低，会产生大量粉尘；含水率过高，会使喷射机粘料，易造成管路堵塞。砂的质量要求见表 18.6-3。

表 18.6-3　喷射混凝土用砂的技术要求

颗粒级配	筛孔尺寸（mm）	0.16	0.315	1.25	5
	累计筛余（%）	95～100	70～95	20～55	0～10
泥土杂质含量（用冲洗法试验）不大于（%）		3			
硫化物和硫酸盐含量（折算为 SO_3）不大于（%）		1			
有机物含量（比色法试验）		颜色不应深于标准色。否则，须以混凝土强度对比试验加以复核			

（3）石子：

一般多使用卵石和碎石，以卵石为佳。由于卵石表面光滑，便于输送，可减少堵管。

石子的最大粒径宜不大于输料管道最小断面直径的 1/3～2/5。

石子中的杂质，硫化物（折算成 SO_3）按质量不大于 1%；片状颗粒不大于 15%；石粉对碎石不大于 2%。

喷射混凝土宜用连续级配。若缺少中间粒径，则混凝土拌合物易于分离，粘滞性差，回弹增多，适宜于喷射混凝土的骨料级配曲线见图18.6-4。其中Ⅰ为上限，Ⅱ为下限，Ⅲ为中限，D为石子的最大粒径。

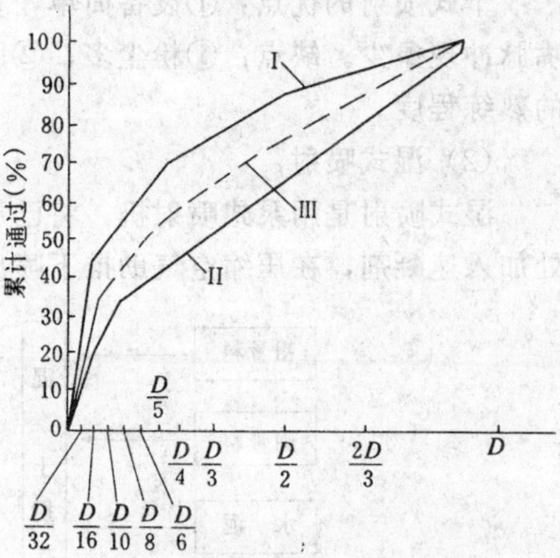

图 18.6-4　喷射混凝土的骨料级配曲线

（4）水：

喷射混凝土用水与普通混凝土相同。

（5）外加剂：

常用的外加剂有速凝剂、减水剂和早强剂等。

对速凝剂应符合以下条件：

（1）初凝在3min以内；

（2）终凝在12min以内；

（3）8h后的强度不小于0.3MPa；

（4）28d强度不应低于不加速凝剂的试件强度的70%。

2. 喷射混凝土配合比及拌制

混合料的配合比及拌制应满足下列要求：

（1）水泥与砂石之质量比宜为1∶4～1∶4.5；含砂率宜为45%～55%，水灰比宜为0.4～0.45；

（2）原材料称量允许偏差：水泥和速凝剂均为±2%，砂、石均为±3%；

（3）采用容量小于400L的强制式搅拌机，搅拌时间不少于1min；采用自落式搅拌机时，搅拌时间不少于2min；掺有外加剂时，搅拌时间适当延长；

（4）混合料宜随拌随用，不掺速凝剂时，存放时间不超过2h，掺速凝剂时，存放时间不应超过20min。

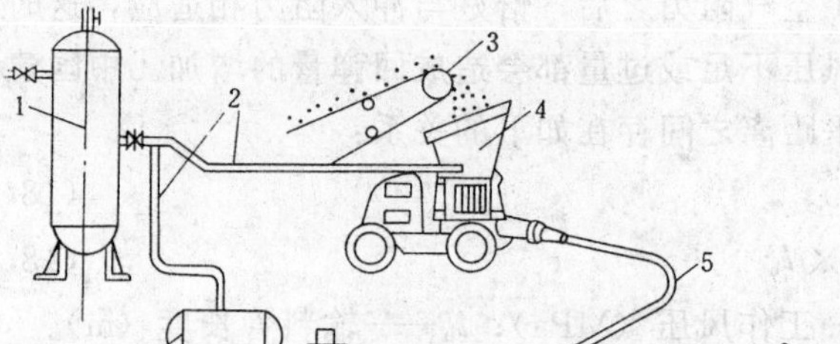

图 18.6-5　干式喷射混凝土施工的设备

1—压缩空气罐；2—压缩空气管；3—加料机械；4—混凝土喷射机；5—输送管；6—喷嘴；7—水管；8—水压调节阀；9—水源

（三）喷射混凝土施工

1. 施工方式

根据混凝土的搅拌和运输工艺的不同，喷射分为干式和湿式两种。

（1）干式喷射：

干式喷射是用混凝土喷射机压送干拌合料，在喷嘴处加水与干料混合后喷出，其设备布置见图18.6-5。工艺流程见图18.6-6。

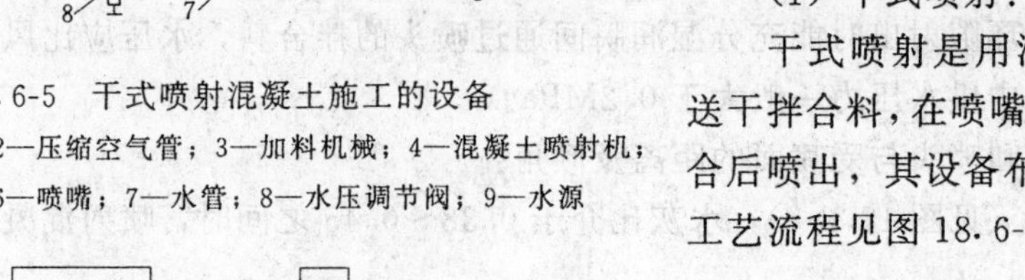

图 18.6-6　干式喷射工艺流程

干式喷射的优点：①设备简单，费用低；②能进行远距离压送；③易加入速凝剂；④喷嘴脉冲现象少。缺点：①粉尘多；②回弹多；③工用条件不好；④施工质量取决于操作人员的熟练程度。

（2）湿式喷射：

湿式喷射是用泵式喷射机，将已加水拌合好的混凝土拌合物压送到喷嘴处，然后在喷嘴处加入速凝剂，在压缩空气助推下喷出，其工艺流程见图 18.6-7。

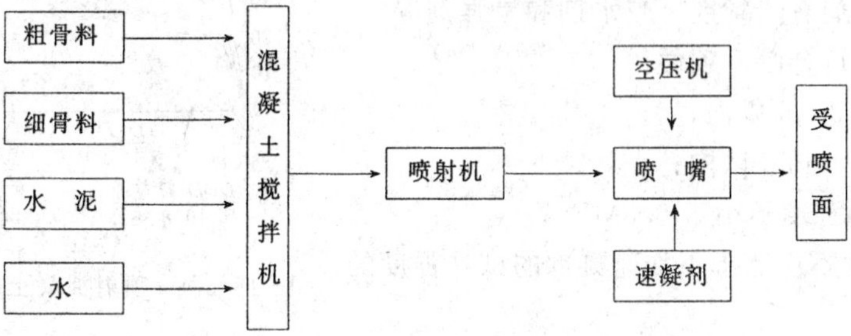

图 18.6-7 湿式混凝土喷射工艺流程图

湿式喷射优点：粉尘少、回弹少、混凝土质量易保证。缺点：施工设备较复杂，不宜远距离压送，不易加入速凝剂和有脉动现象。

2. 主要施工参数

（1）工作空风压：

喷射混凝土是以压缩空气作为动力的，压缩空气的风压直接影响混凝土的回弹量。当风压适宜时，粗骨料所获取的动能在克服了空气阻力之后，恰好与冲入阻力相适应，这时的回弹量最少，喷射混凝土层的质量最好。风压不足或过量都会造成回弹量的增加。中国建筑科学研究院发现双罐式喷射机的风压与水平距离之间存在如下的关系：

$$P_{a1} = 0.001 \times l_h \quad (18.6\text{-}1)$$

$$P_{a2} = 0.1 + 0.0013 \times l_h \quad (18.6\text{-}2)$$

式中：P_{a1}——空载风压（MPa）；P_{a2}——工作风压（MPa）；l_h——输料管长度（m）。

（2）水压：

为保证水从环隙射出时能充分湿润瞬间通过喷头的拌合料，水压应比风压大 0.1MPa 左右，在工程实践中供水压力一般大于 0.2MPa。

（3）水灰比和喷头与受喷面的距离及倾角：

由试验资料（见图 18.6-8），水灰比介于 0.38～0.45 之间时，喷射混凝土的强度高且回弹率低。

当工作风压一定时，喷头距受喷面太近将引起回弹率剧增；若距离太远，则嵌固无力，骨料大量回落。如果喷头与受喷面距离适宜，可使回弹率达到最小，并获得较高的强度，一般以 0.6～1.0m 为宜。并且当喷头与受喷面垂直时，回弹率最低。

3. 喷射作业要求

喷射作业应满足以下规定：

（1）喷射作业前，应对机械设备、风、水管路和电线进行全面的检查及试运转，清理受喷面，埋设控制混凝土厚度的标志。

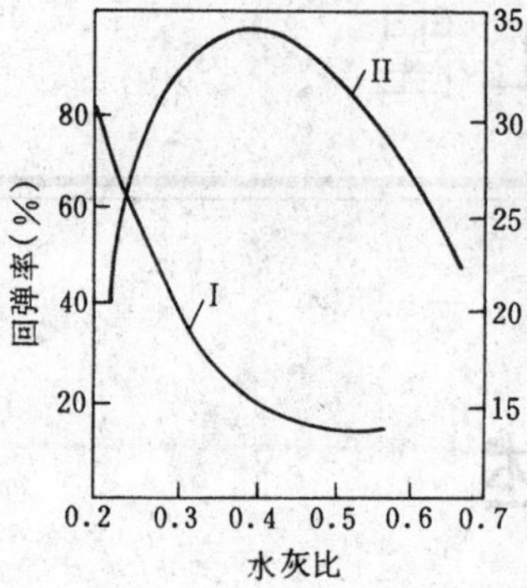

图 18.6-8 水灰比与回弹率、抗压强度的关系

Ⅰ—水灰比与回弹率的关系；
Ⅱ—水灰比与抗压强度的关系

(2) 喷射作业开始时，应先送风，后开机，再给料，应待料喷完后，再关风。

(3) 喷射作业应分段分片依次进行，同一分段内喷射顺序由上而下进行，以免新喷的混凝土层被水冲坏。

(4) 喷射时，喷头应与受喷面垂直，并保持 0.6～1.0m 的距离。

(5) 喷射混凝土的回弹率不应大于 15%。

(6) 喷射混凝土终凝两小时后，应喷水养护。养护时间，一般工程不少于 7d，重要工程不少于 14d。

第七节 土钉墙的检验和监测

土钉支护结构与土层锚杆不同，它的整体效能是主要的，不必逐一检查。在每步开挖阶段，必须挑选土钉进行抗拔试验，以确定土钉与土体的界面摩阻力及极限抗拔力，检验设计、计算方法的可靠性。

在进行土钉工程质量检收时，应做抗拉试验。同一条件下试验数量不宜少于总数的 1%，且不应少于 3 根。

根据《锚杆喷射混凝土支护技术规范》GBJ86-85 土钉质量的合格条件为：

$$\overline{P}_{An} \geqslant P_A \quad (18.7\text{-}1)$$

$$P_{A\,\min} \geqslant 0.9P_A \quad (18.7\text{-}2)$$

式中：n——每批土钉抽样试验的试件组数；P_{An}——同批 n 组试件抗拔力的平均值（N）；P_A——土钉设计抗拔力（N）；$P_{A\,\min}$——同批 n 组试件抗拔力的最小值（N）。

土钉支护结构的监测项目，可参照表 18.7-1。

表 18.7-1 土钉支护结构监测项目

监测项目		监测仪器
应测项目	坡顶水平位移	经纬仪
	坡顶沉降	水平仪
选测项目	土钉应力	钢筋计、应变片
	墙体位移	测斜仪
	喷层钢筋应力	应变计
	土压力	土压力盒

在监测期间对监测数据应进行及时处理，达到信息化施工的目的。

第三篇　降排水工程

第十九章　概　述

一般情况下，在进行基坑开挖施工时，应具备以下条件：①基坑在开挖期间保持干燥状态；②保证基坑边坡的稳定和基坑底板的稳定；③不影响邻近建（构）筑物及地下管线的正常使用。

若在地下水位较高的地区开挖深基坑，由于含水层被揭穿，在压差作用下，地下水必然会大量渗入基坑，造成基坑浸水，使现场施工条件变差，地基承载力下降；当开挖深度较大时，在动水压力作用下，还可能引起流砂、管涌和边坡失稳等现象。当基坑下存在承压含水层，若不降低压力水头，很容易导致基坑底部破坏。因此，为确保基坑施工安全，应采取基坑降排水措施。

第一节　地下水的不良作用

地下水的不良作用主要包括流砂（土）、管涌和基坑突涌。

一、动水压力与流砂（土）

地下水在渗流过程中受到土骨架的阻力作用，那么土骨架必然受到一个反作用力。对于单位体积内土颗粒所受到的渗流作用力称之为动水压力或渗透力，用 j 表示。

为了研究动水压力的性质及大小，从水的流动方向取一柱状土体 A_1A_2，见图 19.1-1，它的长度为 L，横断面积为 F，A_1 和 A_2 点的测管水头分别为 H_1、H_2，因 $H_1>H_2$，水从 A_1 流向 A_2。

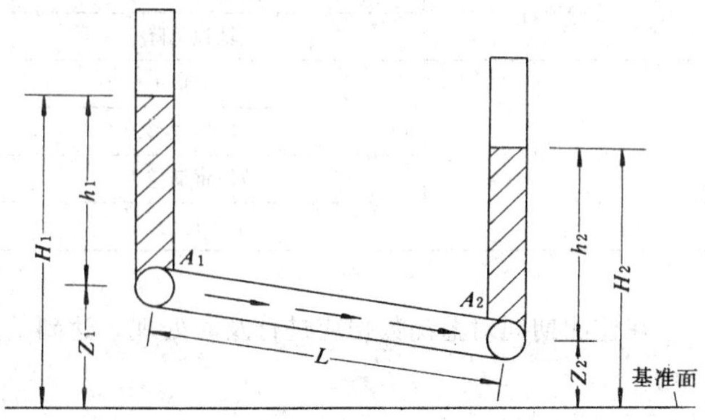

图 19.1-1　水在土中渗流时的土柱体示意图

取土柱体中孔隙水为隔离体，则沿渗流方向作用在孔隙水隔离体上的力包括：① A_1 端面静水压力 $\gamma_w \cdot h_1 \cdot F$，$A_2$ 端面静水压力为 $-\gamma_w \cdot h_2 \cdot F$；② 水柱重量在渗流方向的分力为 $\gamma_w \cdot L \cdot F \cdot \cos\alpha$；③ 水渗流时所受到土骨架的阻力为 $-T\cdot L\cdot F$。

取渗流方向为正方向，建立孔隙水隔离体静力平衡方程：

$$\gamma_w\cdot h_1\cdot F+\gamma_w\cdot L\cdot F\cdot\cos\alpha-\gamma_w\cdot h_2\cdot F+T\cdot L\cdot F=0 \tag{19.1-1}$$

由 $\cos\alpha=\frac{z_1-z_2}{L}$，经整理得：

$$T=-\gamma_w\cdot\frac{H_1-H_2}{L}=-\gamma_w\cdot i \tag{19.1-2}$$

动水压力 j 与 T 大小相等，方向相反，则 $j=-T=\gamma_w\cdot i$。

式中：i——水力梯度。

动水压力的作用方向与水流方向相同。在渗流过程中，若水自上而下渗流，则动水压力与重力方向相同，加大了土粒之间的压力；若水自下而上渗流，则动水压力的方向与重力方向相反，减少了土粒之间的压力。当动水压力大于或等于土的浮重度 γ' 时，土颗粒处于悬浮状态，土的抗剪强度等于零，土颗粒能随渗流的水一起流动，这种现象称为流砂（土）。

当动水压力等于重力时，所对应的水力梯度称为临界水力梯度 i_{cr}。

由

$$j=\gamma_w\cdot i=\gamma'$$

可得：

$$i=\frac{\gamma'}{\gamma_w}=\frac{d_s-1}{1+e}=(1-n)(d_s-1) \tag{19.1-3}$$

式中：γ'——土的浮重度；d_s——土粒的相对密度；e——土的孔隙比；n——土的孔隙率。

上式未考虑土体本身的强度，经修正后为：

对砂土：

$$i_{cr}=(1-n)(d_s-1)+0.5\cdot n \tag{19.1-4}$$

对粘性土：

$$i_{cr}=\frac{\gamma'}{\gamma_w}(1+\mathrm{tg}\varphi)+\frac{c}{\gamma_w}\cdot l \tag{19.1-5}$$

式中：φ——土的内摩擦角；c——土的粘聚力；l——破坏面长度。

二、管 涌

在渗透水流作用下，土中的细颗粒被冲走，使土的孔隙不断扩大，渗流速度不断增加，使较粗的颗粒也相继被水流带走，逐渐形成管状渗流通道，造成土体塌陷，这种现象称为管涌。

管涌是一种渐进性质的破坏，发生在一定级配的无粘性土中，一般粘性土不会发生管涌破坏。

无粘性土中产生管涌必须具备下列两个条件：

1. 几何条件

土中粗颗粒所构成的孔隙直径必须大于细颗粒的直径，这是管涌产生的必要条件。

无粘性土是否发生管涌的几何条件判别准则见表 19.1-1。

2. 水力条件

动水压力能够带动细颗粒在孔隙间流动是发生管涌的水力条件，可用水力梯度来表示。

管涌的临界水力梯度确定方法：

（1）计算法确定，计算公式见（19.1-3）。

（2）由渗透系数确定：

管涌破坏的临界水力梯度与渗透系数间的关系见图 19.1-2。

（3）经验法确定：

根据理论分析与实验研究成果，结合大量工程资料所得出的土的渗透系数与允许水力梯度关系见表 19.1-2。

表 19.1-1　管涌破坏与土的几何条件的关系

颗粒级配	细粒含量	管涌判别	不均匀系数 C_u	管涌判别
级配不连续	＞35%（比较均匀）	非管涌土	＜10	非管涌土
	25%～35%	过渡型土		
	＜25%	管 涌 土		
级配连续	$\frac{粗粒 d_{15}}{细粒 d_{85}} \leqslant 5$	非管涌土	$10 < C_u \leqslant 20$	过渡型土
	$\frac{粗粒 d_{15}}{细粒 d_{85}} > 5$	管 涌 土	＞20	管 涌 土

注：①细粒指粒径小于 1mm 的颗粒；②先将粗粒和细粒分开，然后分别求出粗粒的 d_{15}和细粒的 d_{85}。

表 19.1-2　管涌的允许水力梯度经验值

土的渗透系数（cm/s）	允许水力梯度
⩾0.5	0.1
0.5～0.025	0.1～0.2
0.025～0.005	0.2～0.5
⩽0.005	⩾0.5

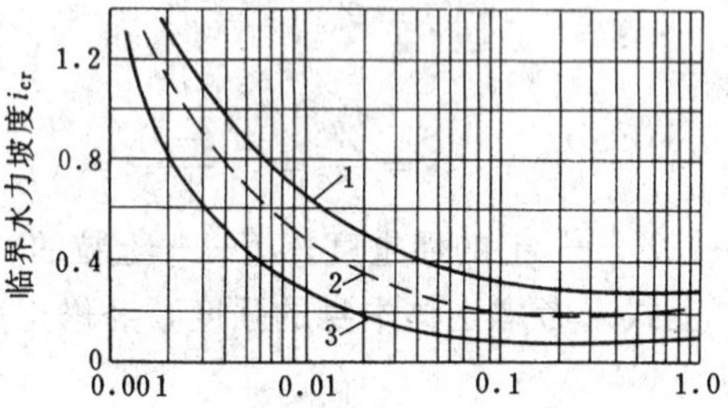

渗透系数 R（cm/s）

图 19.1-2　管涌破坏临界水力梯度与渗透系数的关系

1—上限；2—中值；3—下限

三、基坑突涌

若基坑下存在承压水，在开挖基坑过程中当基坑底部隔水层的厚度减到一定程度时，承压水的水头压力会冲破基坑底板，形成突涌现象。因此当基坑底部与承压含水层相距很近时，应确定足以防止基坑被水冲破的最小隔水层厚度，见图 19.1-3。最小隔水层厚度 h_0 可按下式计算：

$$\gamma_w \cdot H_0 < \gamma \cdot h_0$$

即：
$$h_0 > \frac{\gamma_w}{\gamma} \cdot H_0 \qquad (19.1\text{-}6)$$

式中：H_0—— 承压水头，由含水层顶面算起（m）；h_0—— 基坑底部所需的最小隔水层厚度（m）；γ_w—— 水的重度，可取 $\gamma_w = 10\text{kN/m}^3$；$\gamma$—— 隔水层土的重度（$\text{kN/m}^3$）。

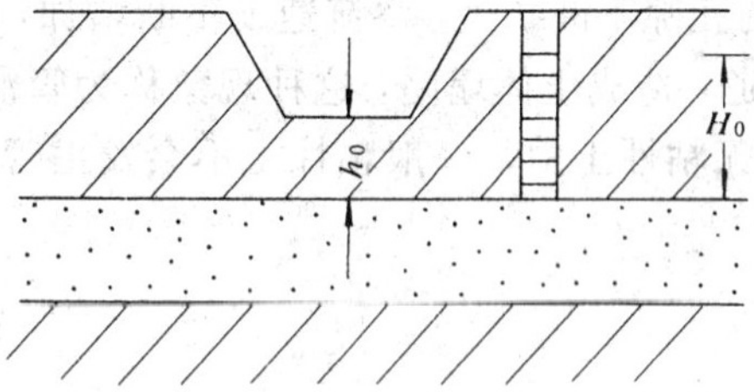

图 19.1-3　基坑底部最小隔水层厚度示意图

第二节　降排水方法分类及适用条件

降排水方法基本可分为基坑明排和井点降水两类。

一、基坑明排

一般在基坑坡脚设置排水沟、集水井，用抽水设备把地下水从集水井中不断抽走，保持基坑干燥，见图 19.2-1。

基坑明排适用于土层比较密实，坑壁比较稳定（细粒土边坡不易被渗流冲刷而产生塌方），基础埋深较浅，降水深度不大，不易发生流砂、管涌的工程。

其优点是：设备简单、施工简便、成本低。

缺点包括：①水从坡面、坡脚或坑底涌出，使基坑浸水，有泥泞，影响地基强度和施工；②若降水段内土中夹粉细砂等薄层，边坡可能失稳，使附近地面产生沉降；③边坡渗水缓慢，降水不快，影响施工速度。

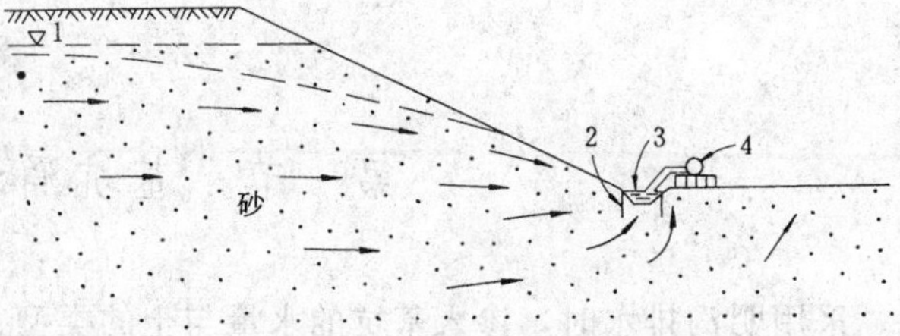

图 19.2-1　基坑明排示意图

1—原有地下水位；2—集水坑；3—集水沟或明沟；4—集水泵

二、井点降水

井点降水法是在基坑四周中埋设带有滤水管的井点管，利用各种抽水设备，将地下水抽出，使基坑范围内的地下水降低至设计深度。井点降水法适用于不同几何形状的基坑，能起到克服流砂、管涌及稳定边坡的作用。

井点降水法包括轻型井点、喷射井点、管井井点等方法，各类方法的适用范围见表19.2-1。

表 19.2-1　各类井点的适用范围

井点类别	土层渗透系数（m/d）	降水深度（m）
单层轻型井点	0.1～50	3～6
二层轻型井点	0.1～50	6～9
喷射井点	0.1～0.2	8～20
电渗井点	＜0.1	由选用的井点而定
管井井点	20～250	＞10
砂（砾）自渗井点	0.1～20	由含水层的透水性与埋深确定

第二十章 排水工程

第一节 基坑涌水量计算

采用明沟排水时，渗入基坑的水量与土的类型、地下水的类型及坑底面积等有关，其确定方法可采用抽水试验、经验法或大井法估算。

一、基坑引用半径

采用大井法估算时，要将矩形基坑（长宽比不大于10）换算成半径为 r_0 的圆形大井，r_0 值可由下式计算：

$$r_0 = \eta \cdot \frac{a+b}{4} \tag{20.1-1}$$

式中：r_0——基坑引用半径；a、b——矩形基坑的长短边长；η——系数，可由表 20.1-1 确定。

表 20.1-1 η值表

b/a	0	0.05	0.1	0.20	0.30	0.40	0.50	0.60	0.80	1.0
η	1.00	1.05	1.08	1.12	1.14	1.16	1.17	1.18	1.18	1.18

对于不规则基坑，其引用半径可按表 20.1-2 计算。

表 20.1-2 基坑引用半径（r_0）计算公式

基坑平面形状	计算公式
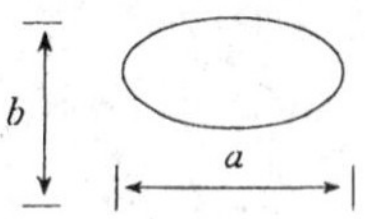 椭圆形	$r_0 = \frac{a+b}{4}$
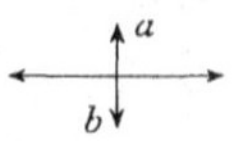 不规则形	$a/b < 2 \sim 3$　$r_0 = 0.565\sqrt{A}$ $a/b > 2 \sim 3$　$r_0 = l/2\pi$

注：A 为基坑面积；l 为基坑周长。

对不规则多边形：

$$r_0 = \sqrt[n]{r_1 \cdot r_2 \cdots r_n} \tag{20.1-2}$$

式中：r_1，r_2，…，r_n——多边形顶点到多边形中心点的距离；n——井点数。

二、基坑涌水量

流入基坑内的涌水量包括从四周坑壁和坑底流入的水量，可用下式计算：

$$Q=\frac{1.366k\cdot(2h-s)}{\lg\frac{R}{r_0}}+\frac{6.28\cdot R\cdot s\cdot r_0}{1.57+\frac{r_0}{h_0}(1+1.185\lg\frac{R}{4\cdot h_0})} \quad (20.1\text{-}3)$$

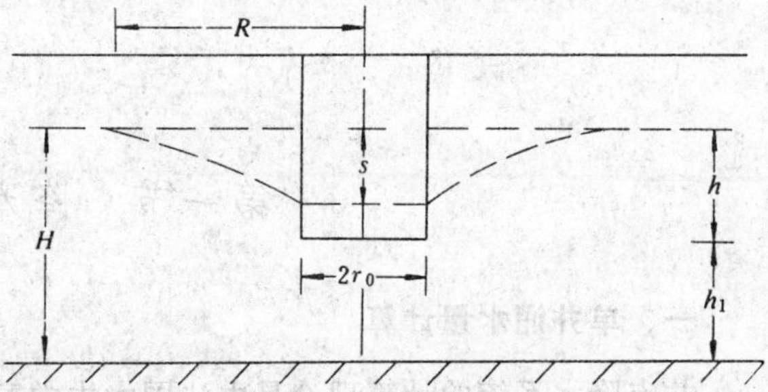

图 20.1-1　基坑涌水量计算图

式中：k——土的渗透系数；s——抽水时坑内水位下降值，见图 20.1-1；h——抽水前坑底以上的水位高度；r_0——引用半径；h_0——从坑底到下卧不透水层的距离；R——抽水影响半径，可按公式 $R=2\cdot H\cdot\sqrt{k\cdot H}$ 计算，或按表 20.1-3 选用；H——潜水水位高。

表 20.1-3　影响半径 R 的经验值

土的类别	极细砂	细　砂	中　砂	粗　砂	极粗砂	小砾石	中砾石	大砾石
粒径（mm）	0.05～0.1	0.1～0.25	0.25～0.5	0.5～1.0	1.0～2.0	3.0～5.0	5.0～10.0	5.0～10.0
占总质量比值(%)	<70	>70	>50	>50	>50	—	—	—
R（m）	25～50	50～100	100～200	200～400	400～500	500～600	600～1 500	1 500～3 000

第二节　排水方案设计

一、排水系统布置

（1）排水沟和集水井应设置在基础轮廓线以外。当基础较深且地下水位较高，以及多层土中上部有渗水性较强的土层时，可在基坑边坡上设置多层明沟，分层排出上部土中的地下水，以避免土层地下水流出冲刷土的边坡造成塌方。

（2）集水井设置在基坑角或每 30～40m 设一个，其直径一般为 0.7～0.8m，深 1.0m。井壁可用挡土板、水泥管或砖作临时支护，井底铺 0.3m 厚的砾石，以防泥砂堵塞水泵。

（3）排水沟边缘层离开坡脚不少于 0.3m，其沟底宽度为 0.3m，坡度为 1%～5%。

（4）排水沟与集水井保持一定高差，集水井比排水沟应低 0.5～1.0m，排水沟底比挖土面应低 0.3～0.5m。

（5）随着基坑的开挖，排水沟、集水井随之分级设置与加深。

二、水泵的选用

基坑排水设备常用离心泵、潜水泵和污水泵。水泵选型应根据涌水量、基坑深度（排水扬程）而定。选用的水泵总排水量应比基坑总涌水量大 1.5～2 倍。

第二十一章　降水工程

第一节　降水基本理论

一、单井涌水量计算

井点降水系统的计算理论是由法国水力学家裘布依（Dupuit）首先提出来的。该理论的基本假定为：①地下水流向水井处于稳定流动状态；②地下水呈层流运动，运动规律遵循达西定律；③地下水为缓变流，可将空间流简化为平面流；④假定静水位是水平的，降落漏斗的供水边界是圆柱形的；⑤含水层为均质等厚，分布是无限的，隔水层顶、底板是水平的；⑥水井为完整井。

当在水井中均匀地抽水时，井中水位开始下降，含水层周围的地下水流向井中，经过一定的时间后，井周围的原有水位就由水平变为弯曲水面，最后这个曲线渐趋稳定，形成的曲面称为降落漏斗。

裘布依对完整承压井和完整潜水井分别进行了研究，其计算理论如下：

（一）完整潜水井

在完整潜水井中抽水所形成的降落漏斗见图21.1-1。由上述假定，根据达西渗透定理，可求出流向井中的水流量。

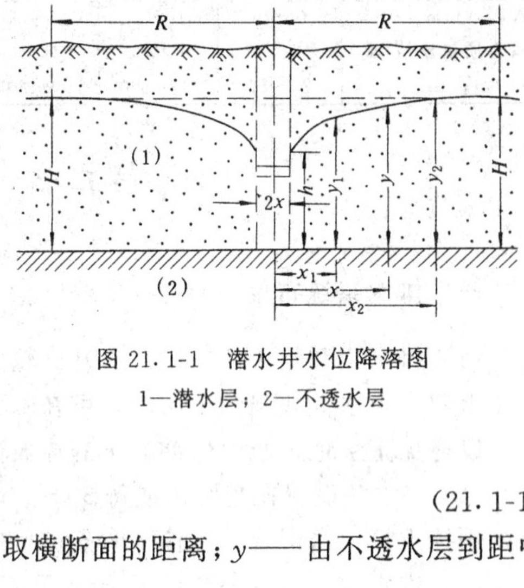

图 21.1-1　潜水井水位降落图

1—潜水层；2—不透水层

取不透水层顶面为 x 轴，井轴为 y 轴，则降落漏斗任意横剖面的面积表达式为：

$$A = 2\pi \cdot x \cdot y \qquad (21.1\text{-}1)$$

式中：A——水流的横断面积；x——由井中心到所取横断面的距离；y——由不透水层到距中心距离为 x 处曲线上的高度。

在该剖面上的水头梯度为：

$$i = \frac{dy}{dx}$$

由达西公式即可得出裘布依微分方程：

$$Q = k \cdot i \cdot A = A \cdot k \cdot \frac{dy}{dx} \qquad (21.1\text{-}2)$$

式中：Q——井的涌水量；k——渗透系数。

由式（21.1-1）可得：

$$Q = 2\pi \cdot x \cdot y \cdot k \cdot \frac{dy}{dx} \qquad (21.1\text{-}3)$$

积分得：$$y^2=\frac{Q}{\pi\cdot k}\cdot\ln x+C \tag{21.1-4}$$

当 $x=R$ 时，$y=H$，其中 R 为影响半径，H 为潜水含水层厚度。可求出：

$$C=Q\cdot\ln R-\pi\cdot k\cdot H^2 \tag{21.1-5}$$

代入式（21.1-4），经整理得：

$$Q=1.366\cdot k\cdot\frac{H^2-y^2}{\lg R-\lg x} \tag{21.1-6}$$

当 $x=r$ 时，$y=h$（r 为水井半径，h 为井内水位距不透水层距离）。

令水位降低值 $S=H-h$，

则得：

$$Q=1.366\cdot k\cdot\frac{(2H-S)\cdot S}{\lg R-\lg r} \tag{21.1-7}$$

（二）完整承压井

在完整承压井中抽水时，所形成的降落漏斗见图 21.1-2。

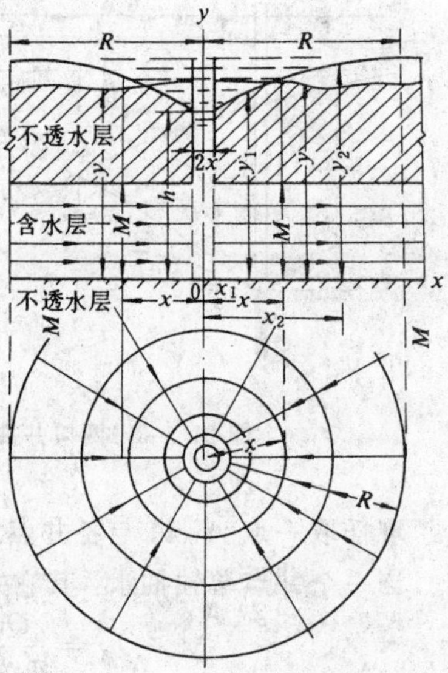

图 21.1-2 完整承压井降落漏斗

取井底不透水层水平方向为 x 轴，井轴为 y 轴，可得出流向井的水流任意圆柱剖面的断面面积 A 的表达式：

$$A=2\pi\cdot x\cdot M$$

水力梯度 i 的表达式：$i=\dfrac{\mathrm{d}y}{\mathrm{d}x}$

式中：x——由井轴至任一点的水平距离；M——承压含水层厚度。

由达西定律，可得井的流量：

$$Q=k\cdot i\cdot A=2\pi\cdot x\cdot M\cdot k\cdot\frac{\mathrm{d}y}{\mathrm{d}x} \tag{21.1-8}$$

式中：k——含水层的渗透系数。

积分后得：

$$2\pi\cdot M\cdot k\cdot y=Q\cdot\ln x+C \tag{21.1-9}$$

当 $x=R$（R 为影响半径）时，$y=H$，代入上式后整理得：

$$Q=\frac{2\pi\cdot k\cdot M(H-y)}{\ln\cdot\dfrac{R}{x}} \tag{21.1-10}$$

将式中的自然对数以常用对数代替，则：

$$Q=2.73\cdot k\cdot M\cdot\frac{H-y}{\lg\dfrac{R}{x}} \tag{21.1-11}$$

当 $x=r$（r 为井的半径），$y=h$，并令水位降低值 $S=H-h$，则得：

$$Q=\frac{2.73\cdot k\cdot M\cdot S}{\lg R-\lg r} \tag{21.1-12}$$

二、群井涌水量计算

若在彼此距离小于影响半径的范围内布置两口水井 A 和 B，见图 21.1-3。当从 A 井中抽水，设水位降低值为 S_1，相当于该孔的涌水量为 q_1，由于 A 井的抽水影响到 B 井，则使 B 井的水位降低 t_1；同理，若从 B 井中抽水，水位降低值为 S_1，抽水量为 q_2，B 井也将影响到 A

井，使 A 井水位降低 t_2。若两孔同时抽水，则两孔的降落漏斗相互干扰，在两水井间形成一个总的水位降低值 S_2。S_2 大于两井单独抽水的值，但两孔同时抽水所得的涌水量小于两单井抽水之和。

设有一群井点，均为完整潜水井，其间距均不大于各个井点的影响半径，见图 21.1-4。

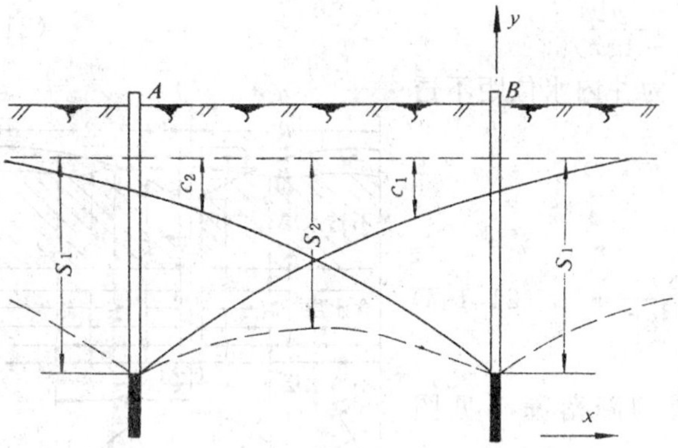

图 21.1-3 两口井抽水示意图

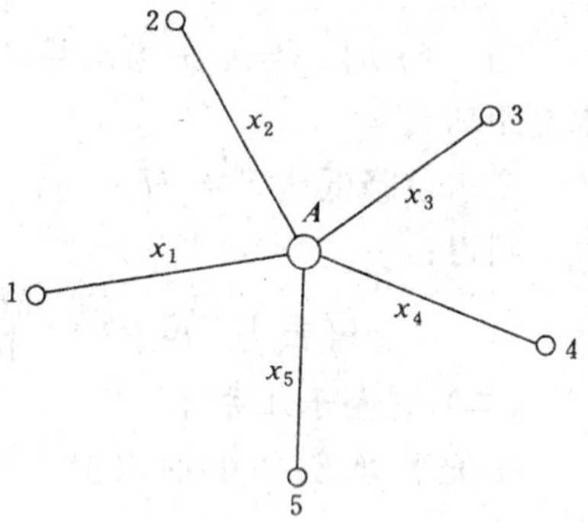

图 21.1-4 群井抽水示意图

现任取一点 A，A 与各井点之间距离为 x_1，x_2，…，x_n。

当一个井点单独抽水，其它井点不抽水时，按照裘布依理论，水位降落漏斗的表达式为：

$$y_1^2 - h_1^2 = \frac{Q_1}{\pi \cdot k} \cdot \ln \frac{x_1}{r_1} \tag{21.1-13}$$

式中：y_1——第一个井点在 A 点不透水层以上水位降低后的高度；h_1——第一个井点孔外的水位；Q_1——第一个井点的涌水量；x_1——第一个井点距 A 点的距离；r_1——第一个井点的半径。

同理可得：

$$y_2^2 - h_2^2 = \frac{Q_2}{\pi \cdot k} \cdot \ln \frac{x_2}{r_1} \tag{21.1-14}$$

$$y_3^2 - h_3^2 = \frac{Q_3}{\pi \cdot k} \cdot \ln \frac{x_3}{r_3} \tag{21.1-15}$$

$$\vdots$$

$$y_n^2 - h_n^2 = \frac{Q_n}{\pi \cdot k} \cdot \ln \frac{x_n}{r_n} \tag{21.1-16}$$

若各个井点同时抽水，A 点在各井点的影响下，最终水位设为 y。由于各井点同时抽水时相互影响，降落漏斗彼此交叉在一起，总的降落曲线为各井点个别影响的总和，为：

$$y^2 - h_0^2 = \frac{Q_1}{\pi \cdot k} \cdot \ln \frac{x_1}{r_1} + \frac{Q_2}{\pi \cdot k} \cdot \ln \frac{x_2}{r_2} + \cdots + \frac{Q_n}{\pi \cdot k} \cdot \ln \frac{x_n}{r_n} \tag{21.1-17}$$

式中：Q_1，Q_2，…，Q_n——各个井点同时抽水时，各个井点的涌水量；h_0——每一个井点处的水位，令各井点处的水位均相等。

设所有井点半径均相等，即 $r_1 = r_2 = \cdots = r_n = r$，而涌水量亦相等，即 $Q_1 = Q_2 = \cdots = Q_n = Q/n$（$Q$ 为所有井点同时抽水时的总涌水量，n 为井点总数）。

则式（21.1-17）变为：

$$y^2 - h_0^2 = \frac{Q}{\pi \cdot k \cdot n}(\ln \frac{x_1}{r} + \ln \frac{x_2}{r} + \cdots + \ln \frac{x_n}{r}) \tag{21.1-18}$$

若在各井点影响范围内任取一点，其水位高度等于静止水位 H，即 $y = H$，各井点的影响半径为 R_1，R_2，…，R_n，则：$x_1 = R_1, x_2 = R_2, \cdots, x_n = R_n$，则上式可表示为：

$$H^2 - h_0^2 = \frac{Q}{\pi \cdot k \cdot n}(\ln R_1 \cdot R_2 \cdots R_n - n \cdot \ln r) \tag{21.1-19}$$

若该点距井点很远，因此即使令 $R_1 = R_2 = \cdots = R_n = R$，误差亦不大，故：

$$H^2 - h_0^2 = \frac{Q}{\pi \cdot k} \cdot (n \cdot \ln R - n \cdot \ln r) \tag{21.1-20}$$

由式（21.1-18）～（21.1-20），可得：

$$H^2 - y^2 = \frac{Q}{\pi \cdot k \cdot n}(n \cdot \ln R - \ln x_1 \cdot x_2 \cdots x_n)$$

$$= \frac{Q}{\pi \cdot k}(\ln R - \frac{1}{n} \cdot \ln x_1 \cdot x_2 \cdots x_n) \tag{21.1-21}$$

即：

$$Q = \pi \cdot k \cdot \frac{H^2 - y^2}{\ln R - \frac{1}{n} \cdot \ln x_1 \cdot x_2 \cdots x_n} \tag{21.1-22}$$

以常用对数代替自然对数，则得：

$$Q = 1.366 \cdot k \cdot \frac{H^2 - y^2}{\lg R - \frac{1}{n} \cdot \lg x_1 \cdot x_2 \cdots x_n} \tag{21.1-23}$$

或：

$$Q = 1.366 \cdot k \cdot \frac{(2H - S) \cdot S}{\lg R - \frac{1}{n} \cdot \lg x_1 \cdot x_2 \cdots x_n} \tag{21.1-24}$$

式中：S——井群重心处水位降低数值。

若各井点设在同一个圆周上，则 $x_1 = x_2 = \cdots = x_n = r_0$，即等于圆的半径 r_0，代入上式可得：

$$Q = 1.366 \cdot k \cdot \frac{(2H - S) \cdot S}{\lg R - \lg r_0} \tag{21.1-25}$$

此式即为完整潜水井涌水量的计算公式（21.1-7），相当于将基坑视为一口大井。

对于完整承压井，若地下水的运动为层流，含水层上下两不透水层是水平的，含水层厚度为 M，且井中水位 $H > M$ 时，完整承压井群的涌水量计算公式为：

$$Q = 2.73 \cdot \frac{k \cdot M \cdot S}{\lg R - \lg r_0} \tag{21.1-26}$$

式中：k——渗透系数；M——承压含水层厚度；S——井群重心处水位降低值；r_0——基坑半径。

三、各种条件下基坑降水的涌水量计算

基坑降水的涌水量与场地水文地质参数、基坑的形状、大小及补给水边界条件等有关。

在实际工程中，基坑的形状多种多样，一般为矩形、正方形、圆形、不规则形和狭长条形等。在进行基坑降水涌水量计算时，一般将基坑分为两种形式：①窄长式基坑，长度/宽度大于 10；②非窄长式基坑，长度/宽度小于 10。

1. 非窄长式基坑

对非窄长式基坑一般将基坑概化为圆形基坑，其半径称为引用半径，用大井法计算涌水量。具体计算公式见表 21.1-1 和表 21.1-2。

2. 窄长式基坑

当基坑形状为狭长条形或线形时，基坑降水涌水量计算公式见表 21.1-3。

图 21.1-6、21.1-7 适用于承压水非完整井。对于潜水非完整井，需按下列各值换算，$l = l_0 - \frac{S}{2}$，$M = H - \frac{S}{2}$，$c = c_0 - \frac{S}{2}$，l_0 为过滤管底部至顶部距离，c_0 为滤水管顶部至潜水静水位距离。

表 21.1-1 潜水含水层计算公式

序号	图形	计算公式	适用条件
1	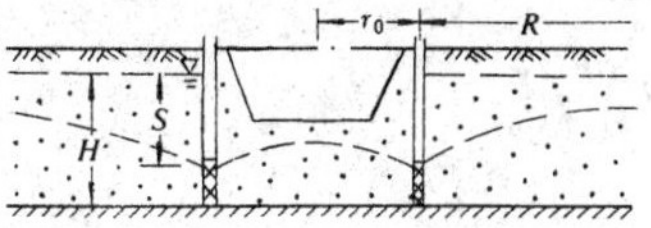	$Q=1.366k\dfrac{(2H-S)S}{\lg(R+r_0)-\lg r_0}$	①潜水完整井； ②均质含水层； ③基坑远离边界
2	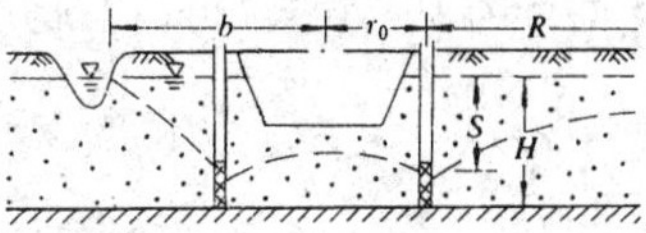	$Q=1.366k\dfrac{(2H-S)S}{\lg 2b-\lg r_0}$	①潜水完整井； ②均质含水层； ③岸边降水； ④$b<0.5R$
3	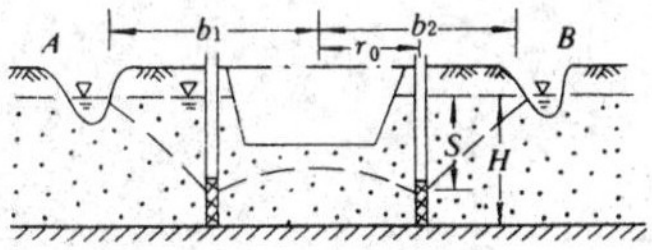	$Q=1.366k\dfrac{(2H-S)S}{\lg\left[\dfrac{2b'}{\pi r_0}\cos\dfrac{\pi(b_1-b_2)}{2b'}\right]}$ $b'=b_1+b_2$	①②条同上； ③位于二个地表水体之间(或位于补给区与排泄区之间)
4	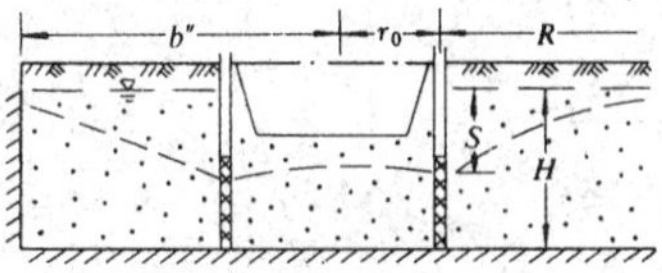	$Q=1.366k\dfrac{(2H-S)S}{\lg(R+r_0)^2-\lg r_0(2b''+r_0)}$	①潜水完整井； ②均质含水层； ③基坑靠近隔水边界； ④$b''<0.5R$
5	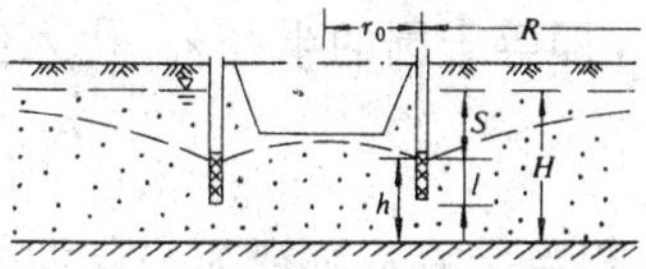	$Q=1.366k\dfrac{\bar{h}^2-h^2}{\lg\dfrac{R+r_0}{r_0}+\dfrac{\bar{h}-l}{l}\lg(1+0.2\dfrac{\bar{h}}{r_0})}$ $\bar{h}=\dfrac{H+h}{2}$	①潜水非完整井； ②均质含水层； ③基坑远离边界
6	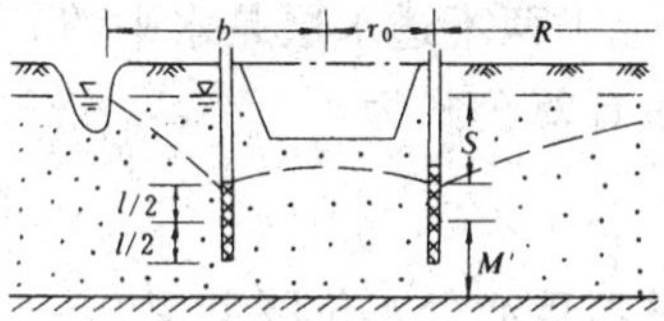	$Q=1.366kS\left[\dfrac{l+S}{\lg\dfrac{2b}{r_0}}+\dfrac{l}{\lg\dfrac{0.66l}{r_0}+0.25\dfrac{l}{m}\lg\dfrac{b^2}{m^2-0.14l^2}}\right]$ 式中：m′—— 由含水层底板到过滤器有效工作部分中点的长度	①②条同上； ③近河基坑降水； ④含水层厚度不大； ⑤$b>\dfrac{m'}{2}$
7	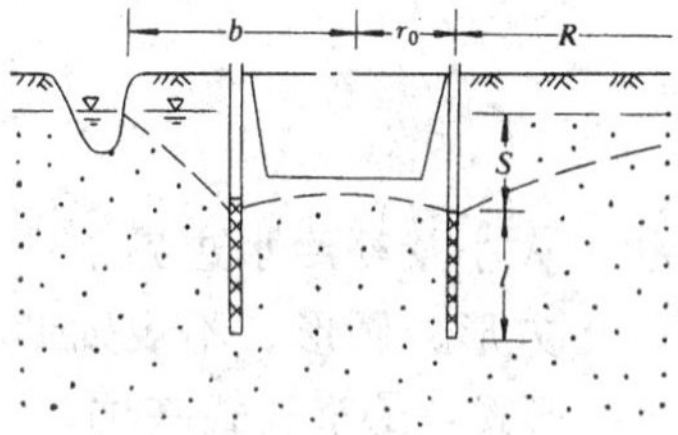	$Q=1.366kS\left[\dfrac{1+S}{\lg\dfrac{2b}{r_0}}+\dfrac{l}{\lg\dfrac{0.66l}{r_0}-0.22\,\mathrm{arsh}\dfrac{0.44l}{b}}\right]$	①近河基坑降水； ②含水层厚度很大； ③$b>1$； ④其它条件同上
8		$Q=1.366kS\left[\dfrac{1+S}{\lg\dfrac{2b}{r_0}}+\dfrac{l}{\lg\dfrac{0.66l}{r_0}+0.11\dfrac{l}{b}}\right]$	①$b<l$； ②其它条件同上
9	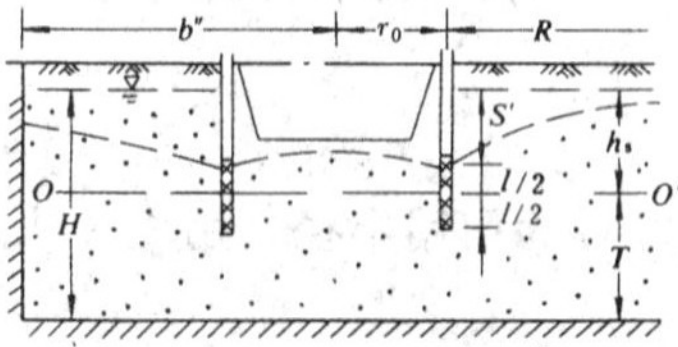	$Q=k\left[\dfrac{\pi(2h_s-S)S}{\ln\dfrac{(R+r_0)^2}{2b''r_0}}+\dfrac{2\pi TS}{\ln\dfrac{(R+r_0)^2}{2b''T}}+\zeta\right]$	①潜水非完整井； ②基坑靠近隔水边界； ③$b''<0.5R$
10	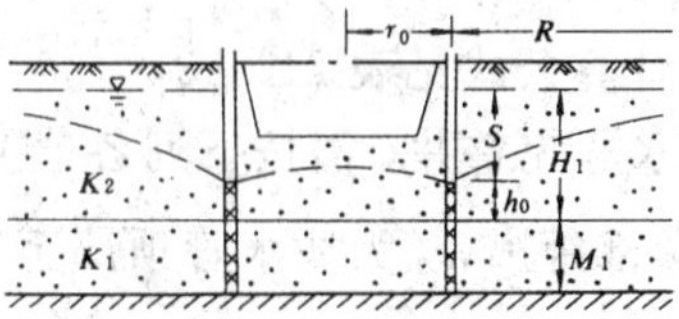	$Q=\dfrac{1.336K_2(H_1^2-h_0^2)+2.73K_1M_1(H_1-h_0)}{\lg(R+r_0)-\lg r_0}$	①双层构造； ②上下层渗透系数相差不大； ③边界远离基坑

续表 21.1-1

序号	图形	计算公式	适用条件
11	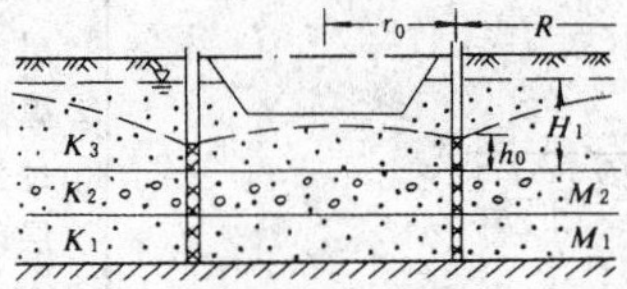	$Q=\frac{1.366}{\lg(R+r_0)-\lg r_0}(2M_1K_1+2M_2K_2+H_1K_3+h_0K_3)(H_1-h_0)$	①三层构造； ②其它条件同上

注：Q——基坑涌水量(m^3/d)；k——渗透系数(m/d)；H——潜水含水层厚度(m)；S——水位降深(m)；R——引用影响半径(m)；r_0——基坑半径(m)；b——基坑中心至岸边的距离(m)；b_1——基坑中心至A河岸边的距离(m)；b_2——基坑中心至B河岸边的距离(m)；h——基坑动水位至含水层底板深度(m)；$\bar{h}$——潜水含量层厚度与动水位以下的含水层厚度的平均值；l——滤水管有效工作部分长度；b''——基坑中心至隔水边界的距离(m)；h_s——滤水管进水部分长度$\frac{1}{2}$处至静水位的距离(m)；T——滤水管进水部分长度$\frac{1}{2}$处至含水层底板的距离(m)；ζ——不完整井阻力系数，潜水井与承压—潜水井：

$$\zeta=\frac{T}{l}\left[2\ln\left(\frac{4T}{r_0}\right)-f\left(\frac{1}{2T}\right)\right]-1.38 \tag{21.1-27}$$

$f(\frac{1}{2T})$由图21.1-5中查得；H_1——上层含水层厚度(m)；M_1——下层含水层厚度(m)；h_0——基坑动水位到上层含水层底板的深度(m)；K_1、K_2——分别为下，上含水层的渗透系数，(m/d)；M_2——中层含水层厚度(m)；K_3、K_2、K_1——分别为上、中、下含水层的渗透系数(m/d)。

表 21.1-2　承压含水层计算公式

序号	图形	计算公式	适用条件
1	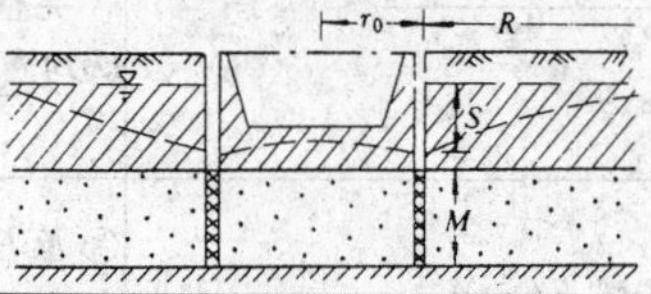	$Q=2.73k\frac{MS}{\lg(R+r_0)-\lg r_0}$	①承压水完整井； ②均质含水层； ③基坑远离边界
2	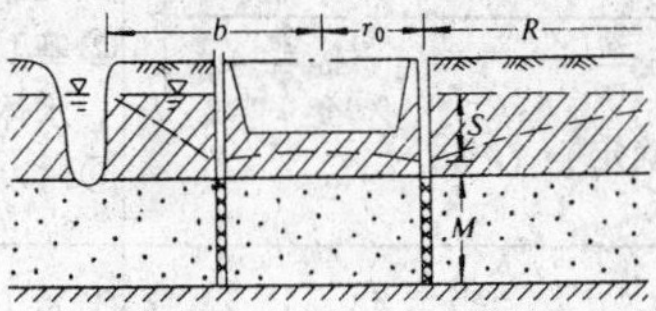	$Q=\frac{2.73kMS}{\lg 2b-\lg r_0}$	①承压水完整井； ②均质含水层； ③基坑位于河岸旁； ④$b<0.5R$
3	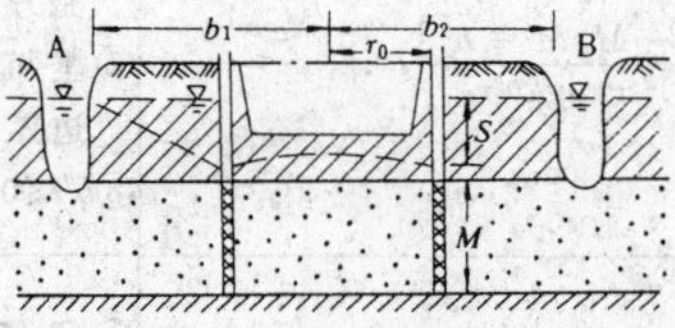	$Q=\frac{2.73kMS}{\lg\left[\frac{2b'}{\pi r_0}\cos\frac{\pi(b_2-b_1)}{2b'}\right]}$ $b'=b_1+b_2$	①②条同上； ③基坑位于二个地表水体之间(或位于补给区与排泄区之间)
4	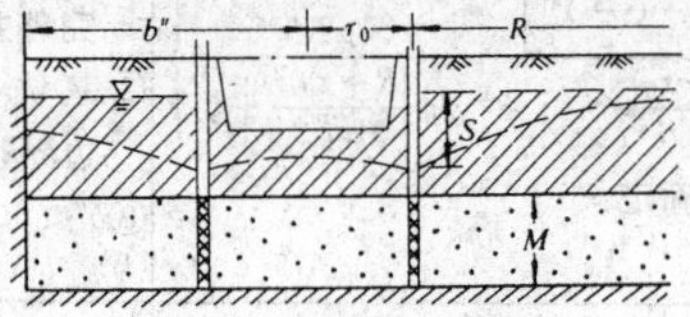	$Q=\frac{2.73kMS}{\lg(R+r_0)^2-\lg r_0(2b'')}$	①承压均质完整井； ②基坑靠近隔水边界； ③$b''<0.5R$
5	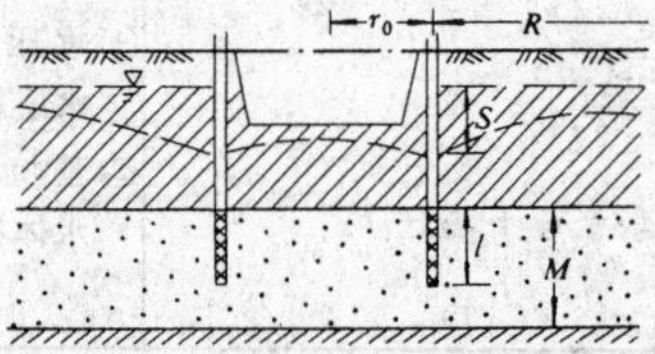	$Q=\frac{2.73kMS}{\lg\frac{R+r_0}{r_0}+\frac{M-l}{l}\lg(1+0.2\frac{M}{r_0})}$	①承压水非完整井； ②均质含水层

续表 21.2-2

序号	图形	计算公式	适用条件
6	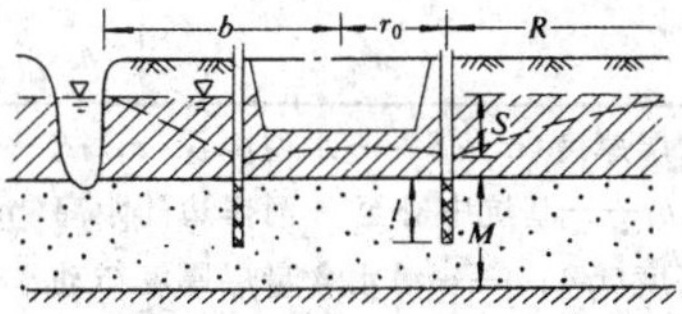	$Q=\dfrac{klS}{0.16(\ln\dfrac{1.32l}{r_0}-\dfrac{l}{2b})}$	①承压均质含水层； ②基坑靠近河流； ③过滤器与含水层顶板相接； ④$l<0.3M$ $b<2l$
7		$Q=\dfrac{klS}{0.16(\ln\dfrac{1.32l}{r_0}-\operatorname{arsh}\dfrac{0.88l}{b}-\dfrac{0.06l}{b})}$	①②③条件同上； ④$l<0.3M$ $b<2l$
8	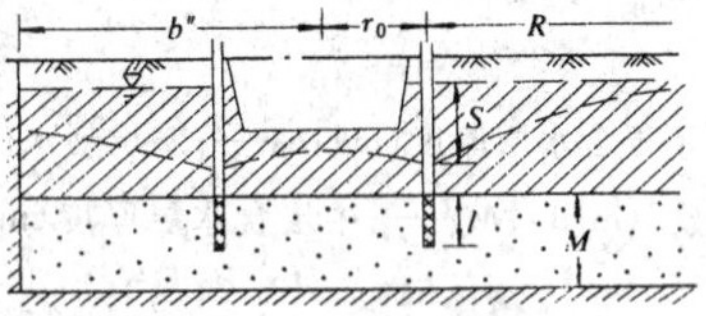	$Q=\dfrac{2.73kMS}{\lg(R+r_0)^2-\lg 2b''M+\zeta}$ ζ 由式(21.1-28)确定	①承压均质非完整井； ②基坑靠近隔水边界； ③$b''<0.5R$
9	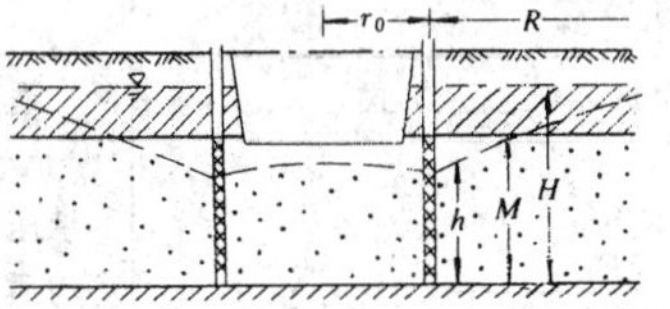	$Q=\dfrac{1.366k[(2H-M)M-h^2]}{\lg(R+r_0)-\lg r_0}$	①承压—潜水非完整井； ②均质含水层
10	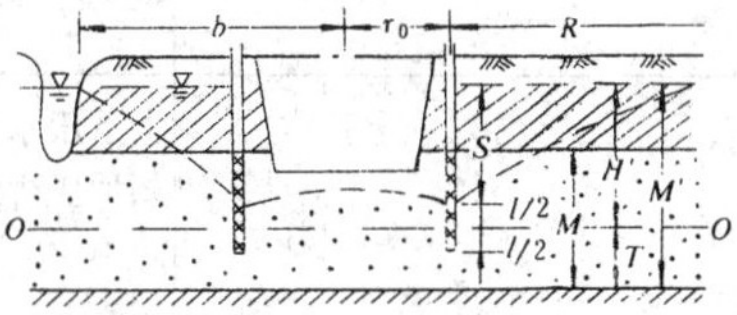	$Q=k\left\{\dfrac{\pi\left[(2H'-M')M'-(\frac{l}{2})^2\right]}{\ln\dfrac{2b}{r_0}}+\dfrac{2\pi TS}{\ln\dfrac{2b}{T}+\zeta}\right\}$ ζ 由式(21.1-27)确定	①承压—潜水非完整井； ②基坑靠近地表水体； ③$b<0.5R$
11	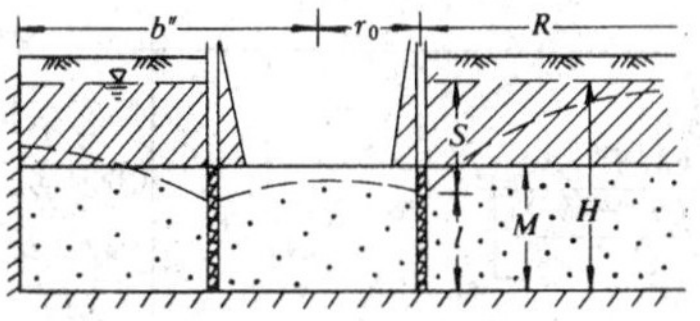	$Q=\dfrac{2.73k[(2H-M)M-h^2]}{\lg(R+r_0)^2-\lg 2b''r_0}$	①承压—潜水完整井； ②基坑靠近隔水边界； ③$b''<0.5R$
12	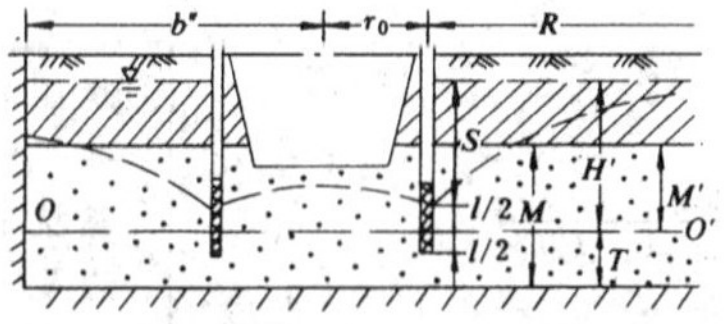	$Q=k\left\{\dfrac{\pi\left[2H'-M'-(\frac{l}{2})^2\right]}{\ln\dfrac{(R+r_0)^2}{2b''r_0}}+\dfrac{2\pi TS}{\ln\dfrac{(R+r_0)^2}{2bT}+\zeta}\right\}$ ζ 由式(21.1-27)确定	①承压—潜水非完整井； ②基坑靠近隔水边界； ③$b''<0.5R$
13	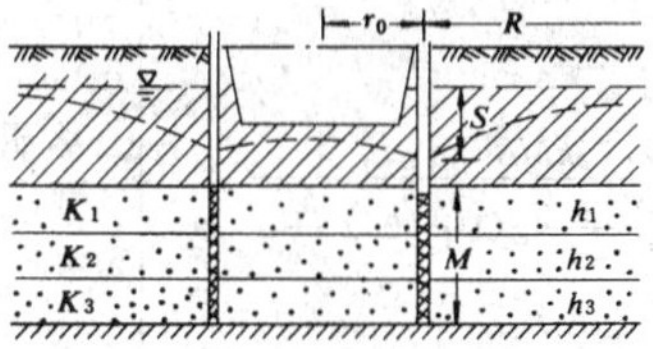	$Q+2.73\overline{k}\dfrac{MS}{\lg\dfrac{R+r_0}{r_0}}$ $\overline{k}=\dfrac{\sum k_1h_1}{\sum h_1}$ $M=h_1+h_2+h_3$	①承压非均质含水层； ②基坑远离地表水体补给

注：Q——基坑涌水量(m^3/d)；k——渗透系数(m/d)；S——水位降深(m)；M——含水层厚度(m)；R——引用影响半径(m)；r_0——基坑半径(m)；l——滤水管工作部分长度(m)；b——基坑中心至岸边的距离(m)；b_1、b_2——基坑中心分别到A、B河岸边的距离(m)；h——基坑动水位至含水层底板深度(m)；h_1、h_2、h_3——分别为不同介质的承压含水层厚度(m)；b''——基坑中心至隔水边界的距离(m)；T——滤水管进水部分长度1/2处至含水层底板的距离(m)；H'——滤水管进水部分长度1/2处至静止水位的距离(m)；M'——滤水管进水部分长度1/2处至含水层顶板的距离(m)；ζ——不完整井的阻力系数。承压非完整井：

$$\zeta = \frac{M}{2l}\left[2\ln\frac{4M}{r_0} - f\left(\frac{l}{M}\right)\right] - 1.38 \tag{21.1-28}$$

$f\left(\frac{l}{M}\right)$由图21.1-5中查得。承压—潜水井的$\zeta$值由式(21.1-27)求得。

表 21.1-3　狭长条形或线形管道施工降水基坑涌水量计算公式

序号	图　　形	计　算　公　式	适用条件
1	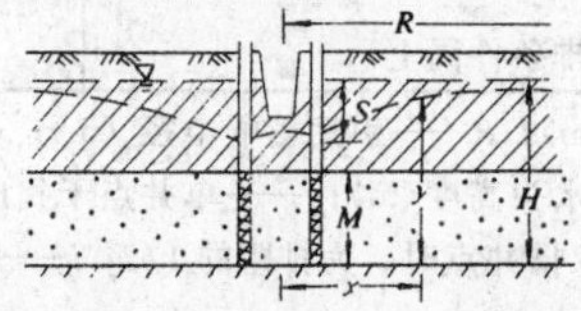	$Q = \frac{2kMSL}{R}$ $y = H - \frac{S}{R}x$	①均质承压含水层； ②线形排列井点二侧进水； ③完整井点，远离地表水体； ④$L > 50$m
2	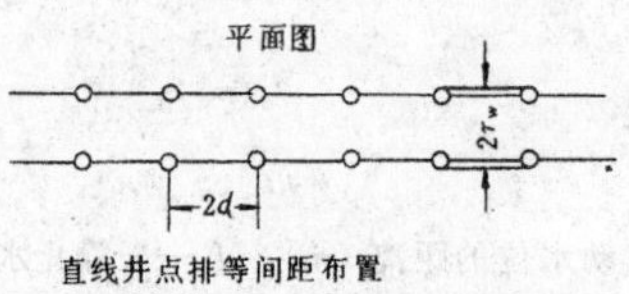	$q = \frac{2\pi kMS}{\ln\frac{d}{\pi r_w} + \frac{\pi R}{2d}}$ 对于双直线井排，当排距不大，可近似按单井排计算单井出水量，其出水量为上式计算之半。	①条件同上； ②井排位于无界含水层中
3	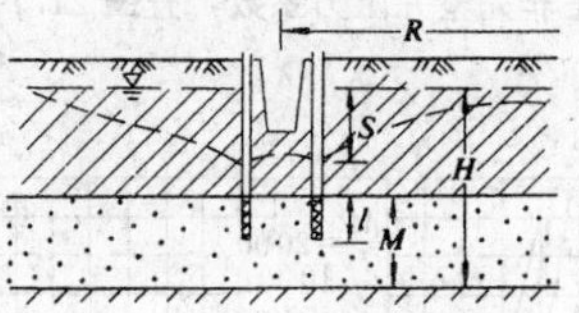	$q = \frac{2\pi kMS}{\ln\frac{d}{\pi M} + \frac{\pi R}{2d} + \zeta}$ 对于双直线井排，条件同上。	①②条同上； ③非完整井点； ④远离地表水体，位于无界含水层中
4	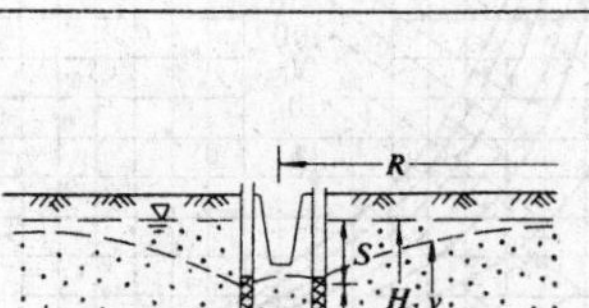	$Q = kL\frac{H^2 - h^2}{R}$ $y = \sqrt{h^2 + \frac{x}{R}(H^2 - h^2)}$ $q = \frac{\pi k(2H - S)S}{\ln\frac{d}{\pi r_w} + \frac{\pi R}{2d}}$ 双直线井排，条件同上。	①均质潜水含水层； ②完整井点； ③位于无界含水层中； ④直线井点排，二侧进水； ⑤$L > 0.5$m
5	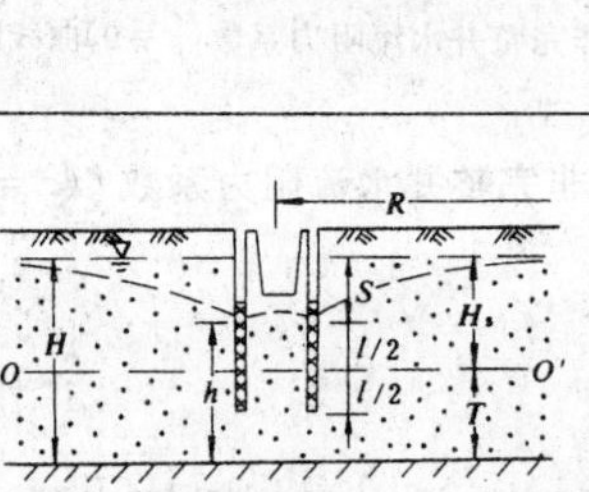	$q = \frac{\pi k(2H_s - S)}{\ln\frac{d}{\pi r_w} + \frac{\pi R}{2d}} + \frac{2\pi kTS}{\ln\frac{d}{\pi T} + \frac{\pi R}{2d} + \zeta}$ 对于双直线井排，条件同上。	①非完整井点； ②其它条件同上

续表 21.1-3

序号	图形	计算公式	适用条件
6	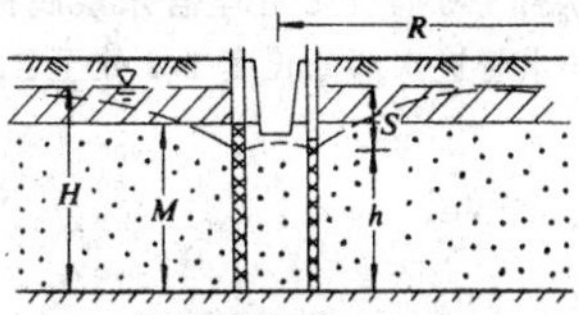 平面图形同上	$q=\dfrac{\pi k[(2H-M)M-h^2]}{\ln\dfrac{d}{\pi r_w}+\dfrac{\pi R}{2d}}$ 对于双直线井排，条件同上。	①承压—潜水完整井；②其它条件同上
7	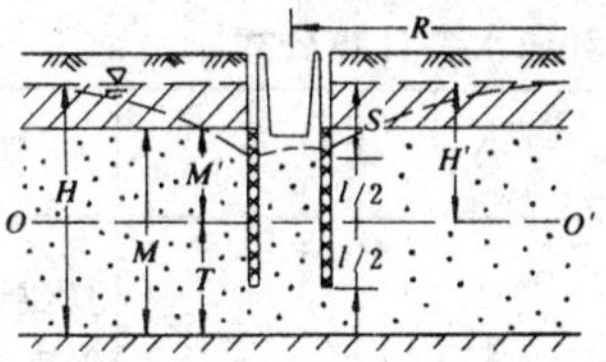	$q=\dfrac{\pi k\left[(2H'-M')M'-(\frac{1}{2})^2\right]}{\ln\dfrac{d}{\pi r_w}+\dfrac{\pi R}{2d}}+\dfrac{2\pi KTS}{\ln\dfrac{d}{\pi T}+\dfrac{\pi R}{2d}+\zeta}$ 对于双直线井排条件同上。	①承压—潜水非完整井；②其它条件同上

注：M——含水层厚度（m）；S——水位降深（m）；L——基坑长度（m）；R——引用影响半径（m）；y——距离 x 处的水头高度(m)；x——距离基坑轴线的 x 距离(m)；H——含水层水头高度(m)；q——单井点干扰出水量(m^3/d)；d——井间距之半（m）；r_w——单排井点时，为井点半径（m），双排井点时，为排距的 1/2；l——滤水管工作部分长度（m）；ζ——非完整井阻力系数；

在承压水非完整井中：

$$\zeta=\frac{M}{2l}\left[2\ln\frac{4M}{r_w}-f(\frac{l}{M})\right]-1.38$$

在潜水或承压—潜水非完整井中：

$$\zeta=\frac{T}{l}\left[2\ln\frac{4T}{r_w}-f(\frac{l}{2T})\right]-1.38$$

式中 $f(\frac{l}{M})$ 或 $f(\frac{l}{2T})$ 由图 21.2-5 确定。h——含水层底板至井点动水位的距离（m）；H'——静止水位至 0～0′线的距离（m）；M'——承压含水层至 0～0′线的距离（m）；T——含水层底板至 0～0′线的距离（m）；Q——井群总涌水量；β——$\frac{q}{Q}=\frac{l}{n}$；n——井数；$\zeta(\frac{l}{M},\frac{M}{r_w})$ 或 $\zeta(\frac{l}{M},\frac{H}{r_w})$ 是非完整井阻力系数，查图 21.1-6、图 21.1-7。

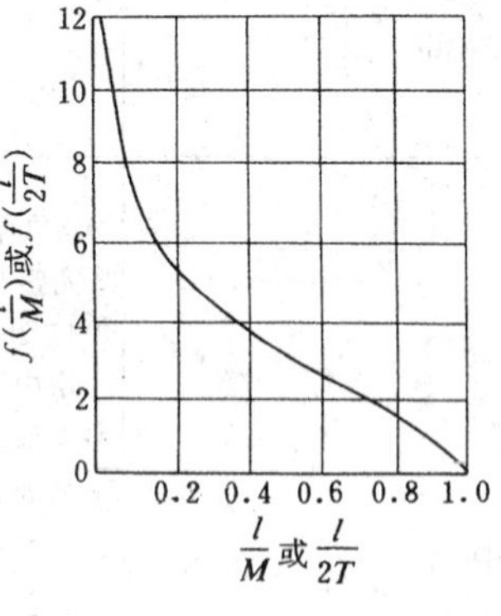

图 21.1-5　$f(\frac{l}{M})$ 或 $f(\frac{l}{2T})$ 与 $\frac{l}{M}$ 或 $\frac{l}{2T}$ 曲线图

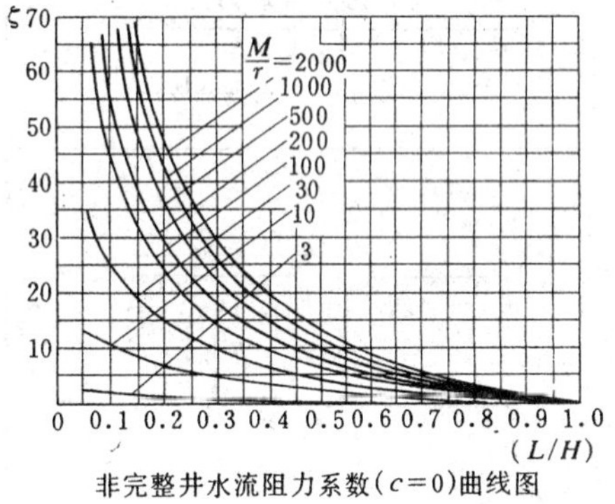

非完整井水流阻力系数($c=0$)曲线图

图 21.1-6　非完整井水流阻力系数 $\zeta(c=0)$ 曲线图

3. 有关计算参数的确定

（1）引用半径：

对于非窄长式基坑，要将基坑转化成一个圆形井，圆形井的半径为引用半径，引用半径的确定方法见第二十章第一节。

（2）抽水影响半径 R：

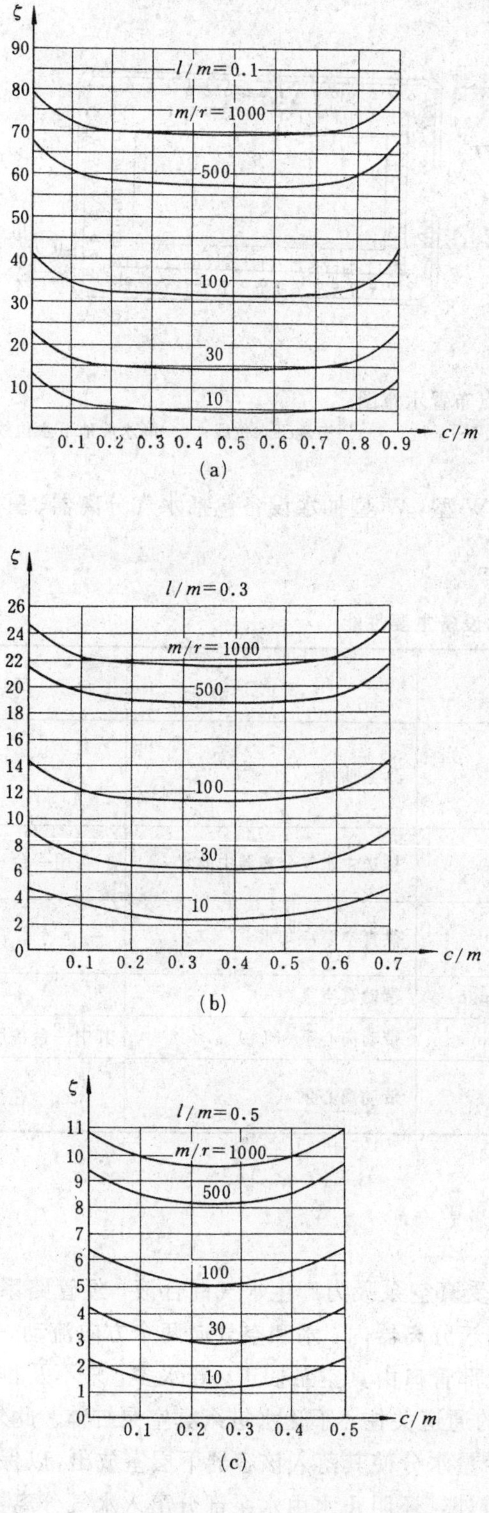

图 21.1-7　非完整井水流阻力系数$\zeta(c=0)$曲线图

进行基坑降水时，经过一定时间的抽水后，会形成一个基本稳定的降水漏斗曲线。这条曲线随补给条件而不同，而且并不是一条润滑的曲线。但在实际工程中，一般将其假定为一个稳定的圆形的漏斗，其影响范围以抽水影响半径 R 表示。R 的计算方法较多，但较常用的为库萨金公式。

库萨金公式的表示式为：

$$R=2\cdot S\cdot\sqrt{H\cdot K}$$ 或

$$R=575\cdot S\cdot\sqrt{H\cdot k}$$

式中：R——抽水影响半径（m）；S——抽水井水位降深（m）；H——静止水位至不透水层距离（m）；K——渗透系数（m/d）；k——渗透系数（m/s）。

第二节　井点降水的各种方法

一、轻型井点降水法

轻型井点降水法是利用真空抽吸作用抽水，其抽水效果主要取决于抽水设备。根据抽水机组类型的不同，可分为干式真空泵、水射泵和隔膜泵轻型井点等三种。其配用功率、井点根数和总管长度见表 21.2-1。

表 21.2-1　轻型井点主要数据

轻型井点类别	配用功率（kW）	井点根数（根）	总管长度（m）
干式真空泵	18.5～22.0	60～80	70～100
水 射 泵	7.5	25～40	30～60
隔 膜 泵	3.0	30～50	30～70

轻型井点降水法的降水原理见图21.2-1。

整个管路系统由总管、支管、阀门、井点管、滤水管等组成。启动抽水设备后，在管路系统中形成真空，并由砂滤层将真空传递到井点周围一定范围的含水层中。在压差作用下含水层中的水通过砂滤层，经过滤水管被吸入井点系统中抽走，使得井点附近的地下水位得到降低，经过一定时间后，在一定范围内形成一个降水漏斗曲线。

（一）真空泵型轻型井点

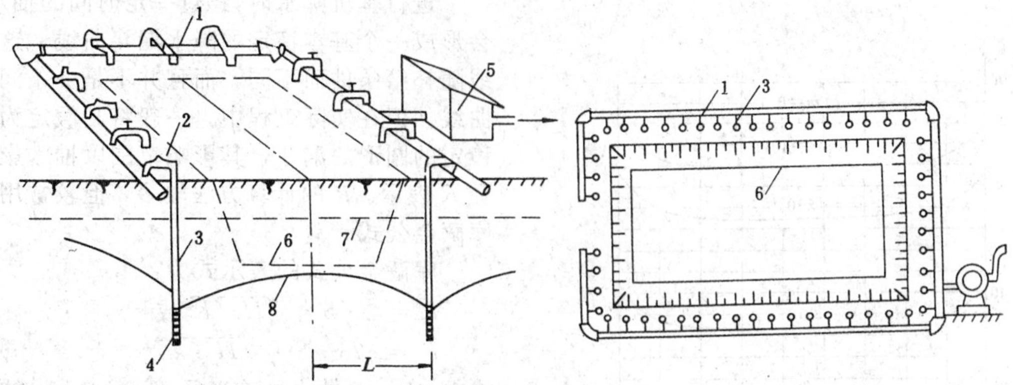

图 21.2-1　轻型井点布置示意图

1—集水总管；2—连接管；3—井点管；4—滤管；5—水泵房；6—基坑；7—原有地下水位线；8—降水后地下水位线

目前常用的真空泵式抽水设备为上海生产的 W 型，W 型抽水设备包括水气分离器、真空泵、水泵、冷却泵等主要装置。其性能见表 21.2-2。

表 21.2-2　W 型抽水设备主要性能

名称	规格型号	数量(台)	性　　能	用　　途	备　注
真空泵	W_4	1	真空度 99.992kPa 抽气速率 379m³/h 功率 10kW	真空抽水	
离心水泵	3BL-9 或 3BA-9	2	流量 45m³/h，扬程 32.6m 功率 7.5kW	排送主水气分离器中的水	备用一台
	$1\frac{1}{2}$BL-6	1	流量 11m³/h 扬程 17.4m	供真空泵冷却水	
电动机	J0316 OS-6L	1	额定输出 11kW，转速 970r/min	带动真空泵	
	J02-42-2	2	功率 7.5kW，转速 2 900r/min	带动离心泵 3BL-9	其中一台备用
	J03-90S2	1	功率 2.2kW 转速 2 880r/min	带动离心泵	

1. 工作原理

W 型抽水设备工作原理见图 21.2-2。

抽水时先启动真空泵 13，使土中的水和空气受真空泵吸力产生水气混合液，经管路系统上流到水气分离器 6 中，然后启动离心泵 14 在水气分离器内，水和空气向两个方向流动，水经离心泵由出水管 16 排出，空气则集中在水箱上部管口由真空泵抽走。若水多，来不及排除时，水箱内浮筒 7 浮起，由阀门 9 将通向真空泵的通道关住，不让水进入真空泵缸体。此外，副水气分离器 12 的作用是过滤从空气中带来的少量水分使其落入该容器下层室放出，以保证水不致于吸入真空泵内。压力箱 15 除调节出水量外，还阻止水由水泵部分窜入水气分离器，影响真空度，过滤箱 4 是用来防止由水流带来的部分细砂磨损机械。该设备还设有一套循环冷却水箱，使冷却水在此通道内循环流动，以维护真空泵运转；盘管在水箱内被抽来的地下

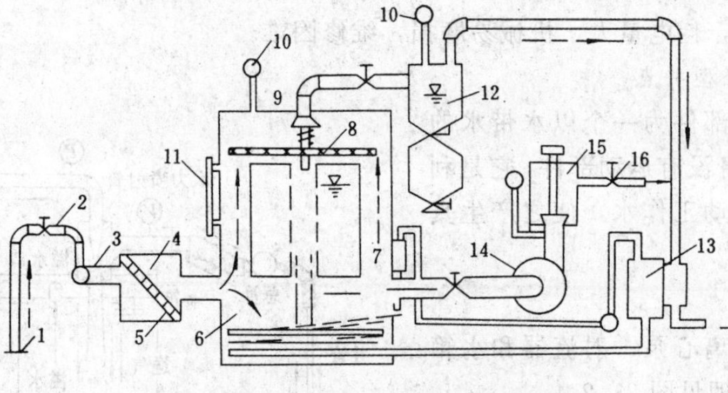

图 21.2-2　W 型抽水设备工作原理简图

1—井点管；2—弯联管；3—总管；4—过滤箱；5—过滤网；6—水气分离器；7—浮筒；8—挡水布；9—阀门；10—真空表；11—水位计；12—副水气分离器；13—真空泵；14—水泵；15—压力箱；16—出水管

水包围冷却，将真空泵工作产生的热量传给地下水并排出散发。

2. 配套设备

W 型抽水设备除表 21.2-1 中所列者之外，还配备有直径 48mm，长 5～7m，滤水管长 1m 的井点管 100 根；总管直径为 165mm，每节长 4～6m；在总管上每 800mm 距离焊有井点连接短管，总长为 80m。

总管与总管之间的连接方法有法兰式和钢套箍式两种，见图 21.2-3。

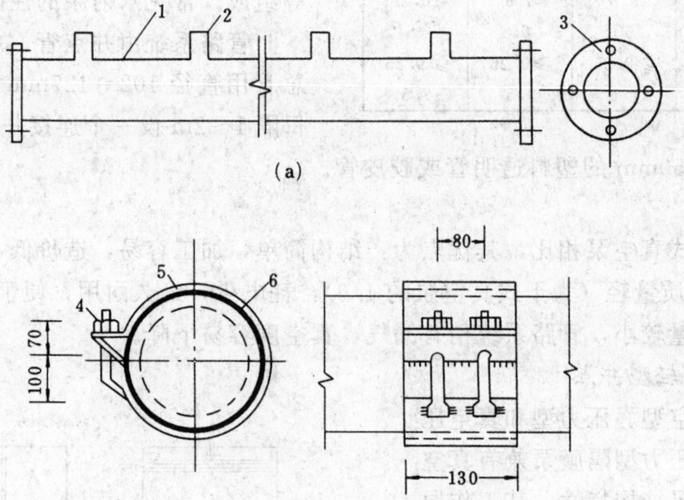

图 21.2-3　集水总管与总管连接法

(a) 法兰连接；(b) 钢套箍法

1—总管；2—短管；3—法兰盘；4—螺栓；5—钢套；6—橡皮套管

钢套箍法是先用橡皮套管将总管两头套上，然后钢箍接上，总管的末端须加工得很光滑，以便于装上橡皮套管及钢箍。使用此法速度快，对高差大，圆形布置、长短有差异时使用方便。

3. 优缺点

优点：安装方便，抽吸能力较大，带动井点数较多，排水能力大，形成的真空度较稳定。

缺点：设备多，耗电量大，机械易磨损，维修困难。

（二）水射泵轻型井点

水射泵的主要部件为一个以水带水的喷射器，喷射器本身没有运动部件，它是利用离心泵的扬程驱动工作水，使之产生真空来抽吸地下水。

1. 工作原理

水射泵主要由离心泵、射流器和水箱等组成，其工作原理见图 21.2-4。

启动离心泵供给工作水后，工作水由喷嘴喷出，由于截面收缩，流速增加，在吸入室内形成真空。地下水在压差作用下通过井点系统抽吸上来，随工作水一起流入水箱。

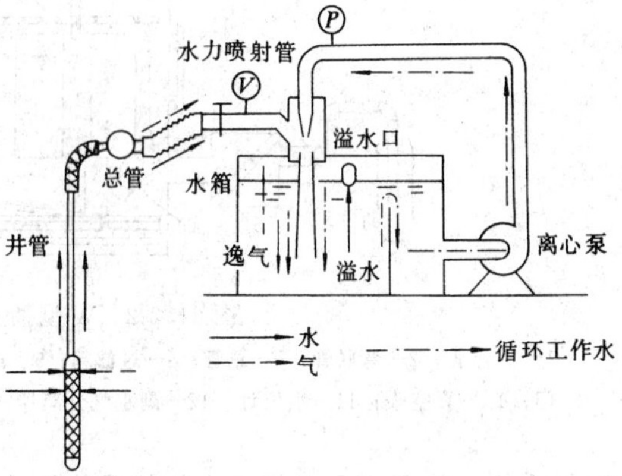

图 21.2-4　水射泵机组工作原理

2. 配套设备

表 21.2-3　水射泵技术性能表

参　　数	型　　号		
	QJD-60	QJD-90	JS-45
抽吸深度（m）	9.5	9.6	10.26
排水量（m^3/h）	60	90	45
工作水压力（MPa）	≥0.25	≥0.25	≥0.25
电动机功率（kW）	7.5	7.5	7.5

水射泵轻型井点设备由抽水设备和管路系统组成。

抽水设备由离心泵、射流器和循环水箱等组成。常见水射泵的性能见表 21.2-3。

管路系统由井点管、总管和连接管组成，总管用直径 102～127mm 的钢管分段连接，每隔 1～2m 设一个连接井点的接头。连接管采用直径为 40～50mm 的塑料透明管或胶皮管。

3. 优缺点

水射泵与干式真空泵相比，其优点为：结构简单，加工容易，造价低，体积小（为干式真空泵的 1/5），质量轻（为干式真空泵的 1/6），耗电少，经久耐用，便于管理。

缺点：排气量较小，管路系统稍有漏气，真空度容易下降。

（三）隔膜泵轻型井点

隔膜泵分真空型、压力型和真空压力型三种。真空压力型隔膜泵兼有真空型和压力型隔膜泵结构特性，其工作原理见图 21.2-5。

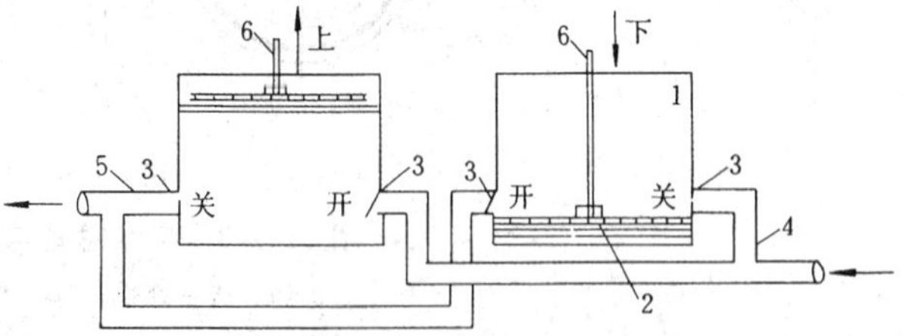

图 21.2-5　隔膜泵工作原理示意图

1—缸体；2—皮碗；3—阀门；4—进水管；5—出水管；6—传动杆

隔膜泵是借助隔膜在活塞中作往复运动所获得的真空压力而工作的。当一缸体内皮碗上升时，缸内产生真空，此时排水口关闭，进水口打开，由于真空压力的作用地下水被吸入缸内；当皮碗向下运动时，进水口关闭，出水口打开，在压力作用下地下水被挤出。皮碗一上一下反复运动，从而达到连续抽水的目的。

井点降水中所使用的隔膜泵通常是 ϕ40mm 的真空压力型泵，其主要性能见表 21.2-4。

表 21.2-4 ϕ400 真空压力型隔膜泵的性能

规格 (mm)	隔膜数量 (个)	隔膜频率 (次/分)	隔膜行程 (mm)	真空度 (kPa)	压　力 (kPa)	工作流量 (m^3/h)	电动机功率 (kW)
ϕ400	2	58	90	93.1～99.8	98.0～196.0	10	3

二、喷射井点降水法

喷射井点降水系统主要由高压水泵、进水总管、井点管、喷射器、排水总管及循环水箱等组成。

1. 工作原理

喷射井点的构造可分为外接式和同心式两种，见图 21.2-6 (a)、(b)，其工作原理相同。

同心式喷射井管包括内、外管两部分，内管下装有喷射器（见图 21.2-6 (c)），并与滤水管相连（见图 21.2-7）。

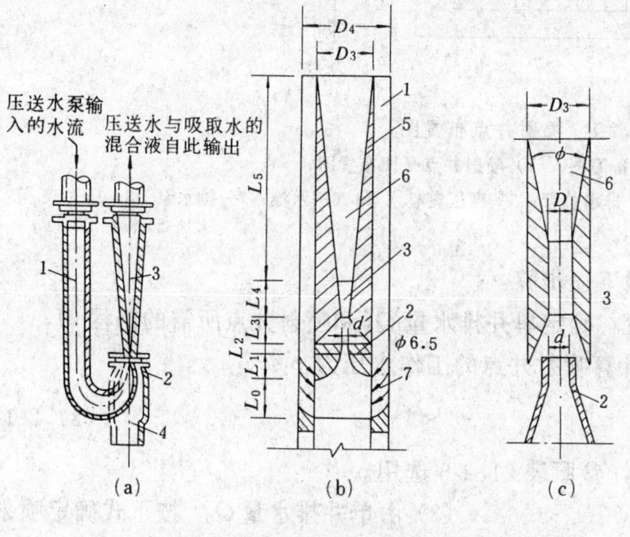

图 21.2-6 喷射井点构造原理

(a) 外接式；(b) 同心式（喷嘴 ϕ6.5mm）；(c) 喷射器 1—输水导管（亦可为同心式）；2—喷嘴；3—混合室；4—吸入管；5—内管；6—扩散室；7—工作水流

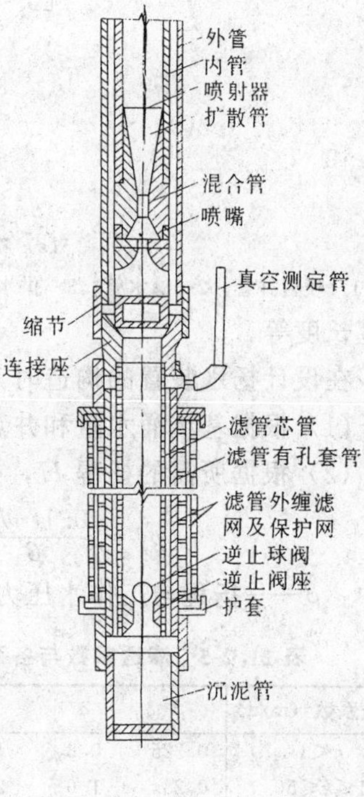

图 21.2-7 喷射井点管构造

喷射井点降水原理见图 21.2-8。

由高压水泵将工作水经进水总管压入内外管之间的环状间隙到达喷嘴，由于喷嘴断面突然减小，使工作水流速骤增（30～60m/s），从而在喷嘴附近形成负压区，抽吸地下水一同进入喷射器的混合室，然后进入扩散室。在扩散室水流速度减小，压力增大，使混合均匀的水流沿着井管扬升流入水箱。其中一部分水可重新用作高压工作水，余下部分用排水泵排走。如此循环工作，使地下水位逐渐下降到设计要求的降水深度。

2. 扬水装置构造设计

喷射井点单井的抽水能力，主要取决于喷嘴直径大小、喷嘴直径与混合室直径之比、混

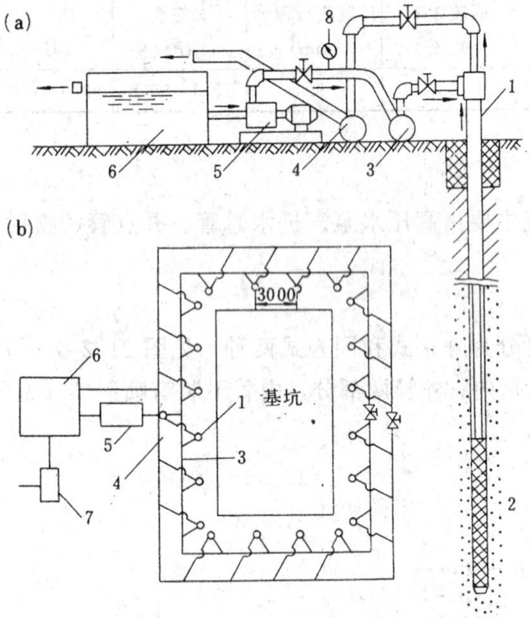

图 21.2-8 喷射井点布置图

(a) 喷射井点设备简图；(b) 喷射井点平面布置图；

1—喷射井管；2—滤水管；3—供水总管；4—排水总管；5—高压离心水泵；6—水池；7—排水泵；8—压力表

合室长度等。

在设计扬水装置的构造时，可遵循下述步骤：

(1) 根据基坑涌水量和井点的布置，确定单井排水量 Q_0 和喷射井点所需的扬程 H；

(2) 根据所需的扬程 H，按下式计算喷射井点的工作水压力 p_1：

$$p_1 = \frac{0.1 \cdot H}{\beta} \tag{21.2-1}$$

式中：β——扬程与工作水压力之比值，参照表 21.2-5 选用。

表 21.2-5 渗透系数与各系数关系

渗透系数 (m/d)	β	α	M	r
$k<1$	0.225	0.8	1.8	4.5
$1\leqslant k\leqslant 50$	0.25	1.0	2.0	5.0
$k>50$	0.30	1.2	2.5	5.5

(3) 由单井排水量 Q_0，按下式确定喷射井点的工作水流量 Q_1：

$$Q_1 = \frac{Q_0}{\alpha} \tag{21.2-2}$$

式中：α——吸入水流量与工作水流量之比，参照表 21.2-5 采用。

(4) 由工作水压力 p_1 和工作水流量 Q_1 确定喷嘴直径 d_1：

$$d_1 = 19 \cdot \sqrt{\frac{Q_1 \times 10^{-6}}{V_1 \times 3\ 600}} \tag{21.2-3}$$

$$V_1 = \varphi \cdot \sqrt{2g \cdot H} = \varphi \cdot \sqrt{2g \cdot p_1 \times 10} = \varphi \cdot \sqrt{20g \cdot p_1} \tag{21.2-4}$$

式中：V_1——工作水在喷嘴出口处流速 (m/s)；φ——喷嘴流速系数，取 0.95；p_1——工作水压力 (MPa)；g——重力加速度，取 9.8m/s^2。

(5) 由喷嘴直径 d_1，按下式确定混合室直径 D：

$$D = M \cdot d_1 \tag{21.2-5}$$

式中：M——混合室直径与喷嘴直径之比，参照表 21.2-5 选用。

(6) 由喷嘴直径 d_1，按下式确定混合室长度 L_4：

$$L_4 = r \cdot d_1 \tag{21.2-6}$$

式中：r 参照表 21.2-5 选用。

(7) 考虑到收缩角 7°～8°时能量损失最少，故扩散室 L_5 取：

$$L_5 = 8.5 \cdot \left(\frac{D_3}{2} - \frac{D}{2}\right) \tag{21.2-7}$$

式中：D_3——喷射井点内管直径（mm）；D——混合室直径（mm）。

(8) 根据工作水流量 Q_1 及允许的最大流速 $V_{max} = 1.5 \sim 2\text{m/s}$，按下式确定喷射井点内管两侧进水孔高度 L_0：

$$L_0 = \frac{Q_1 \times 10^{-6}}{2 \cdot a \cdot V_{max} \times 3\,600} \tag{21.2-8}$$

式中：a——两侧进水孔宽度（mm）。

(9) 喷嘴颈缩部分长度 L_3 及喷嘴圆柱型部分长度 L_2，根据构造要求可取：

$$L_3 = 2.5 \cdot d_1$$

$$L_2 = (1.0 \sim 1.5) \cdot d_1$$

(10) 喷射井点内管直径 D_3 和外管直径 D_4，设计时可先假定一个数值进行试算，然后按以下两式进行复核修正：

$$D_3 = \sqrt{\frac{4Q_0 + Q_1 \times 10^{-6}}{\pi \cdot V_{max} \times 3\,600}} \tag{21.2-9}$$

$$D_4 = \sqrt{\frac{4Q_0 \times 10^{-6}}{\pi \cdot V_{max} \times 3\,600}} \tag{21.2-10}$$

3. 喷射井点的类型及性能

目前国内喷射井点的类型及技术性能见表 21.2-6。

表 21.2-6　喷射井点的类型及性能

型号	形式	外管直径 (mm)	内管直径 (mm)	喷嘴 d (mm)	D (mm)	L_3 (mm)	L_4 (mm)	φ (°)	工作水压力 (kPa)	Q_1 (m^3/h)	Q_2 (m^3/h)
1.5 型	外接式	38		7	14	25	25	7	588～784	4.7～6.8	4.22～5.76
2.5 型	同心式	68	38	6.5	14	25	40	7	588～784	4.6～6.2	4.3～5.76
4 型	同心式	100	68	10	20	20	130	7	588～784	9.6	10.8～16.2
6 型	同心式	152	100	19	40				588～784	30	25～30

注：Q_2 为吸入的地下水流量（m^3/h）。

在实际工程中，目前最常用的是 2.5 型喷射井点，因为它在弱透水层中能充分发挥其深层真空降水作用。

三、管井井点降水法

管井井点适用于渗透系数大，地下水含量丰富，用轻型井点不易解决的地层。

管井井点的工作原理为成井后，在地面用水泵抽水或将水泵下入到井管内抽水，从而将水位降低。

管井井点的井管，由吸水管和滤水管两部分组成，见图 21.2-9。过滤器采用钢筋焊接骨架外包孔眼为 1～2mm 的滤网，长度 2～3m，管径为 150～200mm。吸水管宜用 50～100mm 的胶皮管或钢管。

管井井点常用的水泵有离心泵、深井泵、潜水泵。离心泵主要用于降水深度一般小于 7m 的工程。若降水深度大于 7m，可采用不同扬程和流量的深井泵或潜水泵。在实际工程中，由于潜水泵安装简单，耗能少，效率高，成本低，其使用越来越广泛。

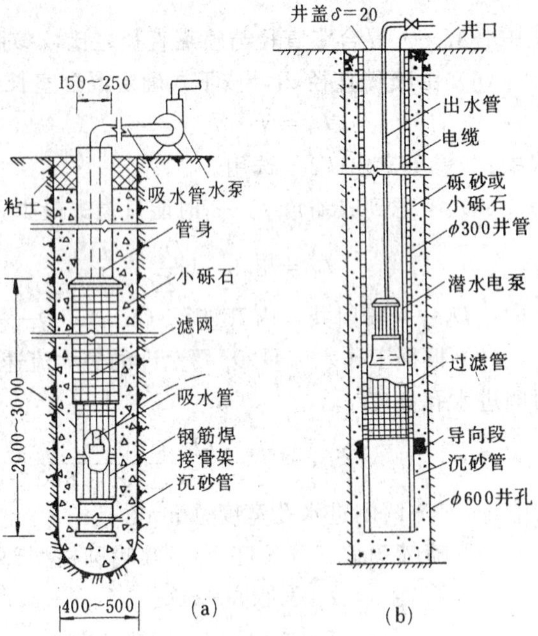

图 21.2-9　管井井点构造图

(a) 离心泵管井井点；(b) 潜水电泵管井井点

四、电渗井点降水

电渗井点降水适用于渗透系数小于 0.1m/d 的饱和粘土，尤其是淤泥和淤泥质粘土。

1. 工作原理

电渗井点降水是在降水井点管的内侧打入金属棒（钢筋、钢管等），以井点管为阴极，金属棒为阳极，通入直流电后，土颗粒自阴极向阳极移动，产生电泳现象，使土体固结；地下水由阳极向阴极（井点管）移动，产生电渗现象，然后通过抽水设备将渗入井点管的地下水抽走，从而达到降低地下水位的目的，见图 21.2-10。

在透水性差的粘性土地层中，地下水流动困难，不能在压差下参与流动，当向土中通直流电后，不仅自由水，而且部分吸附水也能参与流动，相当于通电以后增加了孔隙水流动的有效断面，其渗透性可提高 20～100 倍，从而可大大缩短降水时间，提高降水效果。

2. 电渗井点降水的布置及有关技术性能

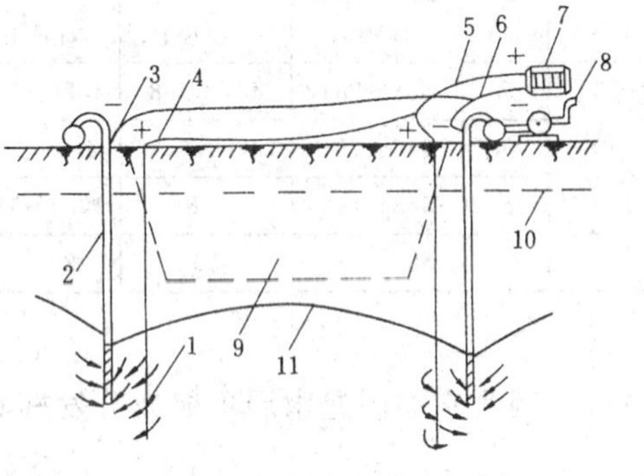

图 21.2-10　电渗井点布置示意图

1—阳极；2—阴极；3—用扁钢、螺栓或电线将阴极连通；4—用钢筋或电线将阳极连通；5—阳极与发电机连接电线；6—阴极与发电机连接电线；7—直流发电机（或直流电焊机）；8—水泵；9—基坑；10—原有水位线；11—降水后的水位线

电渗井点是以轻型井点管或喷射井点管作阴极，阳极为 φ20mm～φ25mm 的钢筋或 φ50mm～φ75mm 的钢管，埋设在井点管内侧，与阴极并列或交错排列。当用轻型井点时，两者间距为 0.8～1.0m，当用喷射井点时，则为 1.2～1.5m。阳极入土深度应比井点管深 500mm，露出地面 200～400mm。

电渗井点的工作电压不宜大于 60V，土中通电电流密度宜为 0.5～1.0A/m^2。

电渗功率可按下式确定：

$$N = \frac{V \cdot I \cdot F}{1\,000} \qquad (21.2\text{-}11)$$

式中：N——电渗功率(W)；V——工作电压，40～60V；I——电流密度，0.5～1.0A/m^2；F——电渗截面面积，为电极周长×电渗深度。

3. 应注意的问题

（1）电渗降水必须是直流电源。

（2）通电前应清除电极向地面上的导电物，或涂一层沥青进行绝缘，以避免大部分电流从土表面通过。

（3）通电时，为消除由于电解作用产生的气体积聚在电极附近，使土体电阻增大，加大电能消耗，宜采用间隔通电法，即每通电 24h，停电 2～3h。

（4）在非降水段内或虽在降水段内但地层渗透性较大时，不需要电渗，应在此地段内进行绝缘处理。

五、渗水井点降水

渗水井点适用于地层中部分分布有上层滞水或潜水含水层，而其下部有不含水的透水层或有一个层位比较稳定的潜水或承压含水层，它的水位比上层滞水或潜水水位低，且上下水位差较大，下部含水层（或不含水透水层）的透水性好，厚度较大（一般不应小于 3m），埋深适宜（一般应深于基坑底，以 5～20m 以内较好）。当人工沟通上下水层后，在水头差的作用下，上层滞水或潜水，就会自渗到下部透水层中，从而达到降低地下水位的目的。

若渗水通道良好，在成孔后，可不下入井点滤水管，只在孔内投入砾石或粗砂，这类井点称为全充料式渗水井点。若为了增大自渗能力并利于洗井，可在井内下入滤水管，这类井点称为非全充料式渗水井点。渗水井点结构见图 21.2-11。

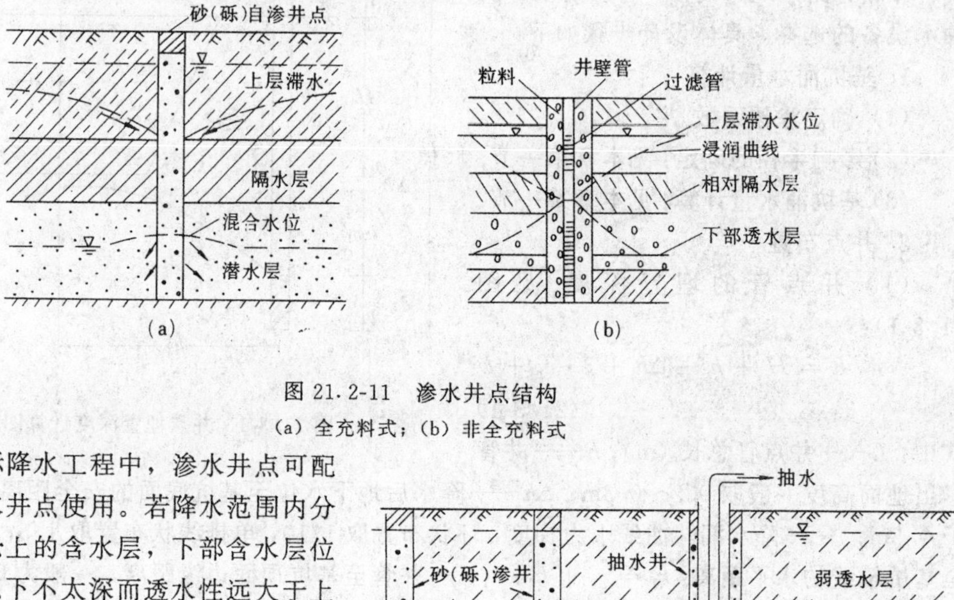

图 21.2-11　渗水井点结构

(a) 全充料式；(b) 非全充料式

在实际降水工程中，渗水井点可配合其它抽水井点使用。若降水范围内分布有两个以上的含水层，下部含水层位于基坑底以下不太深而透水性远大于上部含水层，用喷射井点或轻型井点降水场地条件受到限制时，可将上部含水层中的水通过渗水井点疏导到下层含水层中，再利用管井从下层含水层中抽水，从而达到降低上层地下水位的目的。其结构见图 21.2-12。

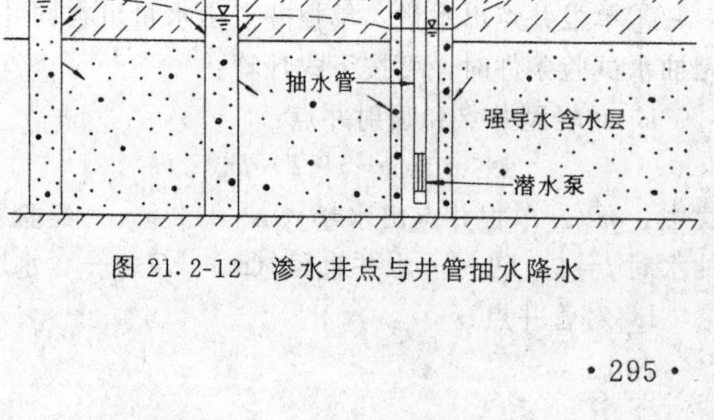

图 21.2-12　渗水井点与井管抽水降水

第三节　井点降水方案设计

一、设计前应取得的资料

在确定井点降水方案前应取得以下资料：

(1) 地下水的类型、含水层的厚度及顶底板高程；

(2) 地下水位标高及其动态规律以及各层水之间的水力联系；

(3) 各含水层的渗透系数；

(4) 含水层的补给条件，基坑与附近水源的距离及水力联系；

(5) 基坑的边界，开挖深度，所采用的支护方式及与邻近建筑物地基基础、地下管线的关系；

(6) 基坑工程的维持时间及在此期间当地的气象资料。

二、井点降水系统的设计

(一) 轻型、喷射、管井、井点系统设计

设计内容包括基坑涌水量、井点布置、井点管路系统的设计，滤层的设计及抽水设备的选择。具体设计步骤如下：

1. 基坑涌水量计算

(1) 确定渗透系数。

(2) 影响半径的确定：见本章第一节。

(3) 基坑涌水量计算：见本章第一节。

2. 井点布置

(1) 井点管的埋置深度（见图21.3-1）：

$$L = H + h + \Delta h + i \cdot r_1 + l \tag{21.3-1}$$

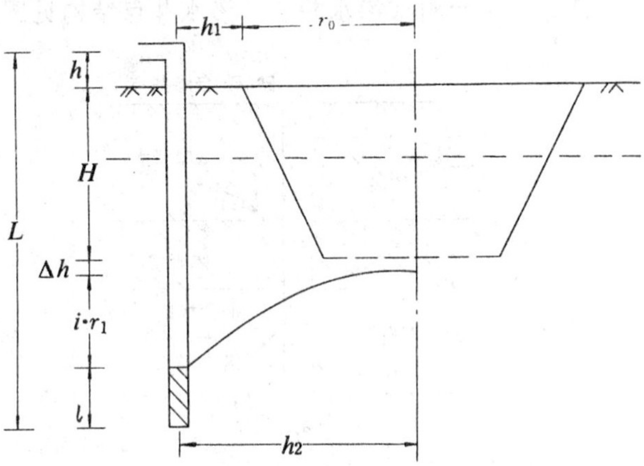

图 21.3-1　井点埋置深度计算图

式中：L——井点管总长 (m)；h——井管露出地面高度一般取 0.2～0.3m；Δh——降水后地下水位至基坑底面的安全距离，一般不小于 0.5m；i——降水漏斗曲线水力梯度，环状布置取 1/10，单排线状布置取 1/5；h_2——井管至基坑轴线的水平距离：$r_1 = r_0 + h_1$；h_1——井管至基坑顶面边缘距离，一般为 0.7～1.2m。

(2) 确定井点管数量与间距：

①单根井点出水量：单根井点出水量可在同井径条件下使用抽水试验的单井涌水量，当无抽水试验条件时，可按下式计算：

a. 对轻型井点和喷射井点：

$$q = \alpha \cdot i \cdot k \cdot D_w \cdot H \tag{21.3-2}$$

式中：q——单根井点出水量 (m^3/d)；α——经验系数，取 1.0～1.5；i——水力梯度，开始抽水时 $i=1$；D_w——水井直径 (m)；H——含水层厚度 (m)；k——渗透系数(m/d)。

b. 对管井点：

$$q=\frac{l\cdot d}{\alpha'}\times 24 \quad (21.3\text{-}3)$$

$$\varphi=\frac{q}{l}=\frac{d}{\alpha'}\times 24 \quad (21.3\text{-}4)$$

式中：l——过滤器工作长度(m)；d——过滤器外径(mm)；α'——与含水层渗透系数有关的经验系数，见表 21.3-1；φ——管井进水段单井单位长度出水量($m^3/d\cdot m$)。

表 21.3-1 经验系数α′值

含水层渗透系数(m/d)	α′值	
	含水层厚度大于 20m	含水层厚度小于 20m
2～5	100	130
5～15	70	100
15～30	50	70
30～70	30	50

②计算井点数量（n）与井点间距（a）：井点数量 n 按下式计算：

$$n=1.1\times\frac{Q}{q} \quad (21.3\text{-}5)$$

$$a=\frac{l}{n-1} \quad (21.3\text{-}6)$$

式中：n——井点数量；Q——基坑涌水量；q——单井抽水量；a——井点间距；l——基坑四周井点布置的总长度。

③复核井点数：由上一步计算的井点数和井点间距，必须满足基坑降水条件下，群井抽水各井点涌水量验算要求，并对井点数进行复核。

在井点系统中选择受干扰抽水影响最大的井点按下式验算：

对潜水完整井：

$$\begin{cases} y_0=\sqrt{y^2-\dfrac{Q}{1.366\cdot k\cdot n}\cdot\lg\dfrac{r_0}{n\cdot r_w}} & (21.3\text{-}7)\\ y_0\cdot\varphi>\dfrac{Q}{n},\ y_0\cdot\varphi<\dfrac{Q}{n-1} & (21.3\text{-}8)\end{cases}$$

对承压完整井：

$$\begin{cases} y_0=y'-\dfrac{0.366\cdot Q}{k\cdot M\cdot n}\cdot\lg\dfrac{r_0}{n\cdot r_w} & (21.3\text{-}9)\\ M\cdot\varphi>\dfrac{Q}{n} & (21.3\text{-}10)\end{cases}$$

式中：y_0——井点管进水部分长度即过滤器工作部分长度（m）；y——基坑中心降水要求下的含水层厚度（m）；r_w——水井半径（m）；y'——基坑中心水位下降值（m）；M——承压含水层厚度；其余符号同前。

若求得的 $y_0\varphi$ 或 $M\varphi$ 不满足式（21.3-8）或式（21.3-10)，应重新确定井点数量和井点间距，再进行计算检验，直到满足为止。若过滤水管工作长度不大于含水层厚度的 2/3 时，应采用非完整井公式计算。

④计算基坑内抽水影响最小处的水位降深，检查是否满足设计要求。可选择基坑中心点或两端部受井点系统抽水影响最小处按下式进行验算：

对潜水含水层：

$$h=\sqrt{H^2-\frac{Q}{1.366\cdot k}\left[\lg R-\frac{1}{n}\lg(x_1\cdot x_2\cdots x_n)\right]} \quad (21.3\text{-}11)$$

对承压含水层：

$$S=\frac{0.366Q}{kM}\left[\lg R-\frac{1}{n}\lg(x_1\cdot x_2\cdots x_n)\right] \tag{21.3-12}$$

式中：h——井点抽水影响范围内某点的水头值，即 $h=H-S$；x_1，x_2，…，x_n——从某点到各井点中心的距离；S——井点抽水影响范围内某点的水位下降值。

若水位降深小于设计的降深值，则须重新调整井点数与井点间距，再进行验算，直至符合要求为止。

3. 井点管路系统的设计

井点降水系统的管路系统包括井点管、滤水管、支管及集水总管。其中，滤水管的设计最关键。

滤水管的设计内容包括：滤水管孔隙率、滤水管长度、过滤网的选择等。

(1) 滤水管的类型：

滤水管的作用是滤水挡砂，其类型有很多种，在降水工程中，一般多使用包网滤水管，即在骨架滤水管外包过滤网制成。骨架滤水管根据所开滤水孔形状不同，又分为三种类型，即圆孔滤水管、条缝式滤水管和筋条滤水管，见图 21.3-2。

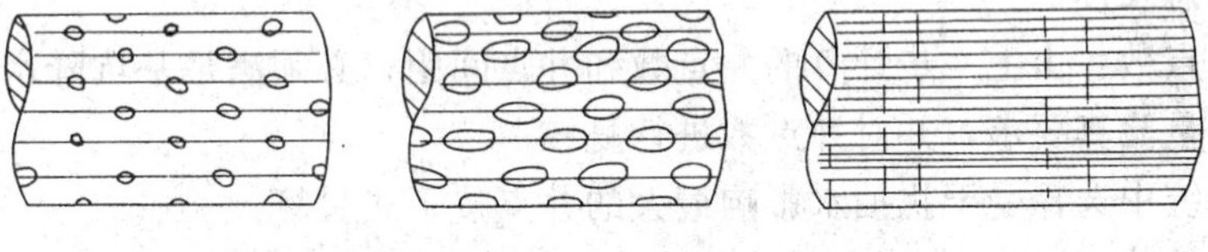

(a) (b) (c)

图 21.3-2 滤水管构造网

(a) 圆孔滤水管；(b) 条缝式滤水管；(c) 筋条滤水管

滤水管的材料有钢管、铸铁管，也可采用水泥管、砾石水泥管和塑料管。

(2) 过滤网的选择：

常用的过滤网有：钢丝网、铜丝网、塑料网、尼龙丝网或临时性用棕皮等。

过滤网的尺寸与土的颗粒组成的关系式为：

$$d_c \leqslant 2\cdot d_{50} \tag{21.3-13}$$

式中：d_c——过滤网孔净宽；d_{50}——土中小于此粒径的颗粒含量占总质量的 50%。

(3) 滤水管孔隙率的确定：

孔隙率是衡量滤水管滤水性能优劣的指标，孔隙率大，则进水面积相对也大，水流经滤水管的阻力就小。但过大的孔隙率会影响滤水管的强度。

对圆孔滤水管，其孔隙率是滤水管上圆孔面积总和与滤水管有效表面之比。若滤水孔按正三角形排列（见图 21.3-3），滤水管外径为 D，滤水孔直径为 d，有效长度为 H，孔间距为 a，则每排孔数为 $\frac{\pi\cdot D}{a}$，圆孔排数为 $\frac{H}{a\cdot\sin60^\circ}$，

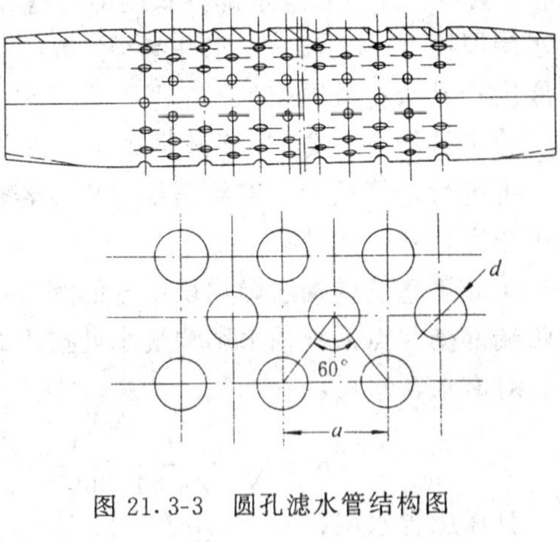

图 21.3-3 圆孔滤水管结构图

则孔隙率 ρ 为：

$$\rho=\frac{\frac{H}{a\cdot\sin60^{\circ}}\times\frac{\pi\cdot D}{a}\times\frac{\pi\cdot d^{2}}{4}}{\pi\cdot D\cdot H}=0.91\times\frac{d^{2}}{a^{2}} \quad (21.3\text{-}14)$$

孔间距 a 决定于 d，通常取 $a=(2.5\sim3.0)\cdot d$。钢质滤水管孔隙率达30%以上，铸铁滤水管可达23%左右。

（4）滤水管直径：

滤水管直径可按下式确定：

$$D=\frac{q}{V\cdot\pi\cdot l\cdot\rho} \quad (21.3\text{-}15)$$

式中：q——单井排水量（m^3/h）；l——滤水管长度（m）；V——最大允许进水速度，不大于0.01m/s。

对管井井点，滤水管直径一般为127～430mm，水井开口直径一般为250～500mm。

（5）滤水层的设计：

滤水层是在含水层与滤水管之间人工围填砾料形成的，这种成井技术也称“填砾”。

滤水层的作用，一方面阻止土颗粒在渗水填料中流动，另一方面起增大滤水管及其四周的有效孔隙率，从而达到减小地下水流阻力的作用。

①砾料的粒径：

根据大量的室内试验和野外现场经验，当砾料直径与含水层砂粒直径间的比值为4～8时，滤水层性能最好，既可挡砂，又具有良好的透水性。砾料直径可按下式确定：

$$D_{50}=(4\sim10)d_{50}$$

式中：D_{50}、d_{50}——分别为砾料、土样中小于该粒径的砾料、土的质量占总质量的50%的粒径。

填粒料形状宜用圆形、卵形，不宜使用棱角状石碴料和风化料；其成分以石英岩、石灰岩为宜，不应用粘土岩、泥灰岩等软质岩石。

②填砾（滤水层）厚度：

表21.3-2为我国在各类含水层中填砾厚度的参考数据。

表21.3-2　含水层颗粒组分与填砾规格表

含水层的种类	颗粒组分		砾料规格	
	颗粒直径（mm）	占百分数（%）	直径（mm）	厚度（mm）
卵石 砾石 砾砂	>3 >2.25 >1.0	90以上 85～90 80～85	一般不填砾	
粗砂	>0.75 >0.5	70～80 70～80	4～6	75～100
中砂	>0.4 >0.3 >0.25	60～70	3～4 2.5～3 2.0～2.5	75～100
细砂	>0.20 >0.15	50～60	1.5～2.0 1.0～1.5	100～150
粉砂	>0.1	50～60	0.75～1.0	100～200

(6) 抽水设备的选择：

水泵的选择取决于地下水位降深和排水量的大小。一般要求水泵的出水量和扬程大于设计值 20%～30%。

常用的抽水设备有离心泵、深井泵和潜水泵。当水位较浅时可用离心泵，离心泵吸程一般为 6～7m，排水量可根据钻孔涌水量加以选择。其优点是体积小，质量轻，出水量均匀且易调节，能抽出带砂粒的水。缺点是降深小，启动前需充水。离心泵主要型号及技术性能见表 21.3-3。

表 21.3-3　B 型离心水泵主要性能表

水泵型号	流量 (m^3/h)	扬程 (m)	吸程 (m)	电机功率 (kW)	质量 (kg)
$1\frac{1}{2}$B17	6.0～14.0	20.3～14.0	6.6～6.0	1.5	17
2B31	10.0～30.0	34.5～24.0	8.2～5.7	4.0	37
2B19	11.0～25.0	21.0～16.0	8.0～6.0	2.2	19
3B19	32.4～52.2	21.5～15.6	6.25～5.0	4.0	23
3B33	30～55	38.8～32.6	6.7～3.0	7.5	40
4B15	54.0～99.0	17.6～10.0	5.0	5.5	27
4B20	65.0～110.0	22.6～17.1	5.0	10.0	51.6
4B35	65.0～120.0	37.7～28	6.7～3.3	17.0	48
6B13	126.0～187.0	14.3～9.60	5.9～5.0	10.0	88

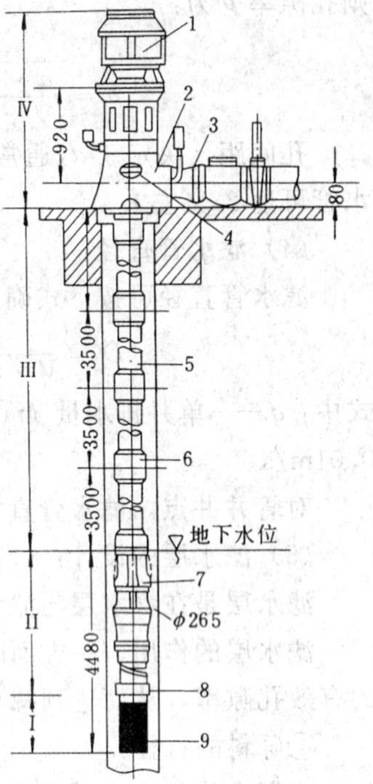

图 21.3-4　深井泵示意图

Ⅰ—吸水管部分；Ⅱ—泵体部分；Ⅲ—扬水管部分；Ⅳ—泵座部分；1—电动机；2—泵座；3—出水口法兰；4—电动机轴；5—扬水管；6—扬水管接头；7—泵体外壳；8—吸水管；9—滤网

当水位较深时，可采用深井泵或潜水泵。当前国内生产的深井泵仍以立式叶轮离心泵为主，扬程为 70～80m，较大的可达 150m。深井泵由三部分组成，见图 21.3-4。动力机一般采用立式电动机或皮带传动，装在地表井口上部。中间部分是扬水管和长轴传动装置。最下部是泵体和吸水部分。

深井泵主要有 J 型和 JD 型两种。J 型深井泵是法兰盘连接，可用在直径较大的水井中。JD 型为接箍连接，可用在直径小的水井中。

深井泵主要型号及技术性能见表 21.3-4 和表 21.3-5。

表 21.3-4　J 型深井泵技术性能

型　　号	流量 (m^3/h)	扬程 (m)	电机功率 (kW)	产品外径 (mm)
10J80×3	50～108	16～27	11	230
10J80×4	50～108	21～36.5	15	230
10J80×6	50～108	31.5～54	22	230
10J80×9	50～108	47～82	30	230
10J80×13	50～108	68～118.5	40	230
12J160×2	122～204	22.8～28.5	22	290
12J160×3	122～204	34.2～42.6	30	290
12J160×6	120～200	65.5～82	55	290
12J160×8	120～200	87.2～109	75	290

表 21.3-5　JD 型深井泵主要技术性能

型　　号	流量 (m^3/h)	扬程 (m)	电机功率 (kW)	质量 (kg)
4JD10×10	10	30	5.5	
4JD10×15	10	45	5.5	
6JD36×4	36	38	7.5	
6JD36×7	36	66	11	1 439
6JD56×4	56	32	11	850
6JD56×6	56	48	11	1 455
6JD56×8	56	64	18.5	1 430
8JD80×8	80	32	15	1 352
8JD80×10	80	40	15	1 685
8JD80×12	80	48	18.5	2 018
10JD140×7	140	39	22	2 284
10JD140×8	140	44	30	2 460
10JD140×10	140	56	40	3 100
12JD230×4	230	36	40	2 955
12JD230×6	230	54	55	3 891
12JD230×8	230	72	75	4 397

潜水泵是将电动机和泵体一起放在水下进行抽水，与深井泵相比，其优点是省掉了长轴，能更有效地发挥效率。

国内生产的潜水泵分为：浅井潜水泵(QY、QYB、QBS 型)和深井潜水泵(QJ、NQ 型)。

QJ 型潜水泵性能见表 21.3-6，QY 型潜水泵性能见表 21.3-7。

表 21.3-6　QJ 型潜水泵主要技术性能

型　　号	流量 (m^3/h)	扬程 (m)	电机功率 (kW)	适用最小井径 (mm)
150QJ5	3.5～6.0	93～323	3～9.2	150
150QJ10	7.0～12.0	41～300	3～13	150
150QJ20	14～24	22～174	3～15	150
150QJ32	22.4～38.4	16～103	3～15	150
200QJ20	14～24	36～299	4～30	200
200QJ50	35～60	23～180	7.5～37	200
250QJ80	80	20～80	7.5～30	250

表 21.3-7　QY 型潜水泵主要性能

型　　号	流量 (m^3/h)	扬程 (m)	电机功率 (kW)	最大外径 (mm)
QY25×15-2.2	15	25	2.2	230
QY15×25-2.2	25	15	2.2	230
QY7×65-2.2	65	7	2.2	230
QY3.5×100-2.2	100	3.5	2.2	230

（二）渗水井点的设计

（1）渗水井点设计水位埋深可按下式计算：

$$H = S + H_2 + i \cdot L \tag{21.3-16}$$

式中：H——渗水井点设计水位埋深（m）；S——要求水位降深值（m）；H_2——上层滞水水位埋深（m）。

（2）预计排水量 Q 的计算公式为：

$$Q = \frac{\pi \cdot k \cdot (2H_1 - S) \cdot S}{\ln \dfrac{R}{r_0}} \tag{21.3-17}$$

式中：k——上部含水层渗透系数（m/d）；H_1——上部含水层平均厚度（m）；S——要求水位降深值（m）；R——影响半径（m）；r_0——基坑引用半径（m）。

（3）当下部透水层为承压水时，自渗后混合水位高度 h'（见图 21.3-5）为：

$$h' = \frac{Q \cdot \ln(\dfrac{R}{r_0})}{2\pi \cdot k \cdot M} + H_0 \tag{21.3-18}$$

式中：Q——预计排水量（m^3/d）；H_0——自下部承压含水层底板算起的水头高度（m）；M——下部自渗目的层承压含水层厚度（m）；k——下部自渗目的层的渗透系数（m/d）。

（4）若自渗目的层为潜水层时，可按下式计算混合水位 h'（见图 21.3-6）：

$$h' = \sqrt{\frac{Q \cdot \ln \dfrac{R}{r_0}}{1.366 \cdot k} + H_1^2} \tag{21.3-19}$$

式中：H_1——下部自渗目的层潜水层厚度（m）。

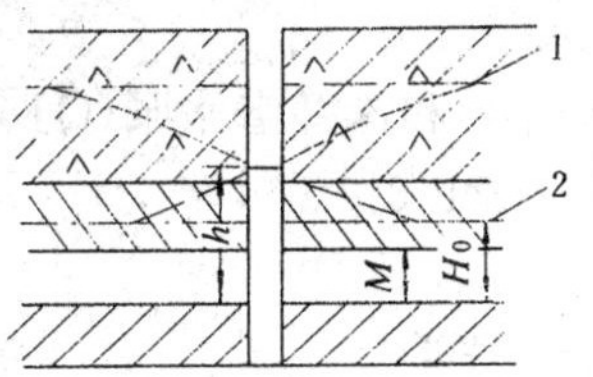

图 21.3-5　渗水井点结构图

1—上层滞水水位；2—下部承压含水层水位

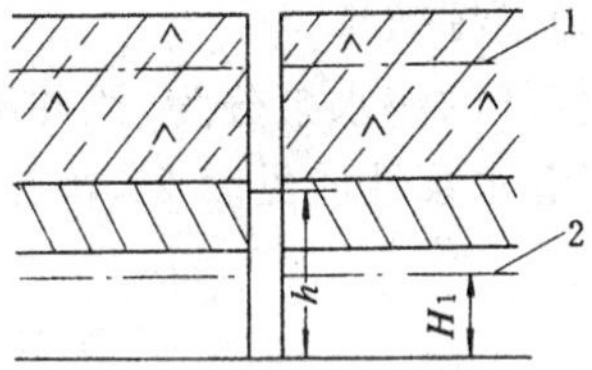

图 21.3-6　渗水井点图

1—上层滞水水位；2—下部潜水层水位

第四节　井点降水工程施工

一、抽水井施工

抽水井施工工艺流程见图 21.4-1。

井位放样 → 放置钢护筒 → 成　孔 → 冲孔换浆 → 下井管 → 填砾料 → 洗　井 → 安装水泵试抽

图 21.4-1　抽水井施工工艺流程图

1. 成孔

成孔方法很多，可采用水射法、导杆水冲法、套管水冲法及钻孔法等。其中水射法、导杆水冲法、套管水冲法适用于井径较小，水位埋深浅，土质较松软地层。若井径大，水位埋深深或土质较硬，应采用钻孔法。钻孔法又分为钢丝绳冲击钻进法、回转钻进法、反循环钻进法、空气钻进法、潜孔锤钻进法等。可根据具体情况进行选用。

钻孔直径对轻型井点、喷射井点、渗水井点一般不小于300mm，管井一般不小于500mm。钻孔深度应比设计井点管埋设深度大0.5～1.0m，以保证井点管下至预定深度。

在施工过程中，当钻进到设计深度后，应加大泵量冲洗，将孔内土块及泥浆冲洗出孔口，使孔内水的含泥量不大于5%。

2. 填砾

填砾前应彻底换浆，然后向井管四周填砾，开始时速度不宜过快，待井管内出水后再适当加快填砾速度。井口返水随着填砾的进行，由大变小。当井口返水突然变小时，说明滤水管已被埋没。继续填砾至地面以下1.0～1.5m，改用粘土填至地面，并压实封闭孔口，以防地面水渗水。

填砾量可按下式计算：

$$V = K(D^2 - d^2) \cdot L$$

式中：V——填砾量（m^3）；D——成孔直径（m）；d——井管直径；L——填砾长度；K——系数1.2～1.5。

砾料投量应不小于计算值的95%。

填砾时宜采用边向孔内送水边投砾料的方法，以防填入的砾料被泥砂堵塞。

3. 洗井

洗井的目的是：①清除井壁上的泥皮，并把深入到含水层中的泥浆抽吸出来，恢复含水层的孔隙；②抽洗出含水层中一部分细颗粒，扩大含水层的孔隙，从而形成一个人工过滤层。

洗井后要求含砂量小于五万分之一。

洗井的方法很多，常见的有活塞洗井和压缩空气洗井。

（1）活塞洗井：

这种方法是将活塞安装在钻杆上，送至滤水管部位，利用升降机上、下活动钻具，使活塞在滤水管上下反复抽吸，并产生水击作用，破坏填砾层外的泥皮及疏通含水层通道。图21.4-2为国内常用的活塞。

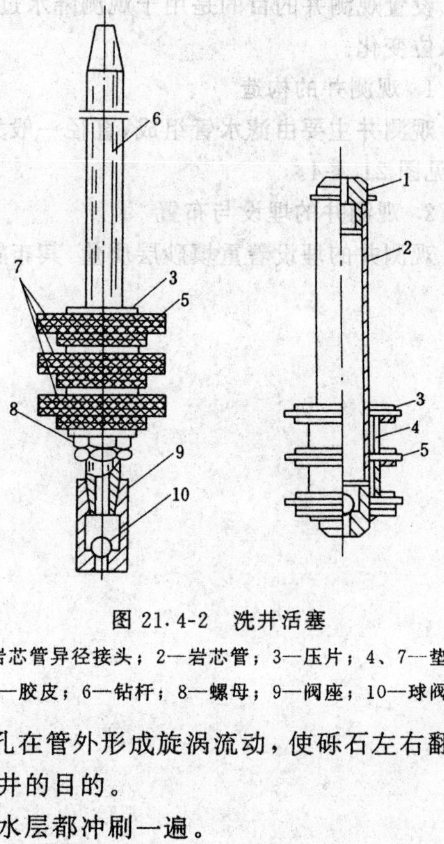

图21.4-2 洗井活塞

1—岩芯管异径接头；2—岩芯管；3—压片；4、7—垫片；5—胶皮；6—钻杆；8—螺母；9—阀座；10—球阀

（2）压缩空气洗井：

利用压缩空气洗井的方式有许多种，其中比较有效的是喷嘴反冲法，即在风管下部装一个枝形喷嘴，如图21.4-3。洗井时，压缩空气以很高的速度从喷嘴喷出，所形成的冲力通过滤水孔在管外形成旋涡流动，使砾石左右翻腾，破坏泥皮，并将含水层细砂携带出来，从而达到洗井的目的。

喷嘴从含水层上部开始，逐渐下移，直至整个含水层都冲刷一遍。

4. 试抽水

洗井后安装水泵并进行单井试抽，应定时测定抽水量、工作水压力、真空度等，并做好记

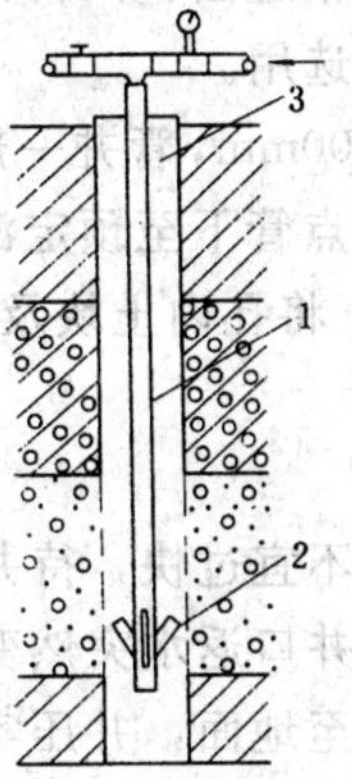

图 21.4-3　喷嘴反冲洗井

1—风管；2—喷嘴；3—井管

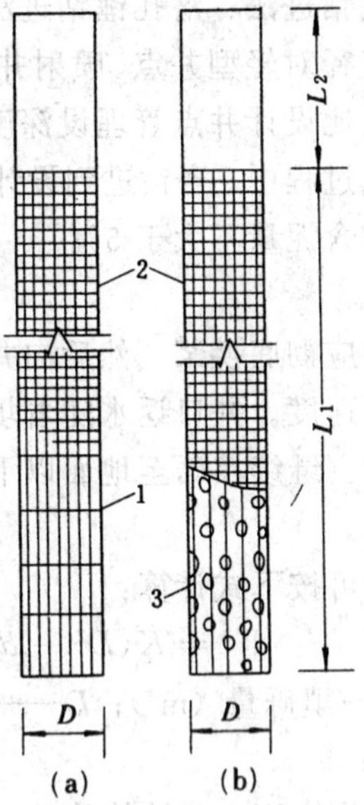

图 21.4-4　观测井的构造

a—钢筋骨架；b—圆孔管；1—钢筋骨架；2—过滤网；3—圆孔管；L_1—观测水位深度；L_2—地表至地下水位距离；D—观测孔直径 76.2～101.6 毫米（3～4 英寸）

录，校核抽水量与设计计算值是否相符。一般试抽阶段的出水量应大于设计计算。若与设计有较大出入，应即时调整降水设计方案。

二、观测井的设置

设置观测井的目的是用于观测降水过程中的水位变化。

1. 观测井的构造

观测井主要由滤水管组成，直径一般为 ϕ100mm，滤水管长度为地下水位至井点管底部深度，见图 21.4-4。

2. 观测井的埋设与布置

观测井的埋设着重填砂层质量，其布置原则为：基坑中心设一孔，基坑外侧不少于三孔。

第二十二章　井点降水引起的地基变形

在井点降水过程中，由于地下水位降低，土颗粒承受的有效应力增大，使土产生固结，从而引起周围地面产生沉降。另外在动水压力作用下，细粒土被水带出及井点真空作用的挤密效应，都将使地基土产生沉降。但在这些影响因素中，以固结沉降作用最大。

一、地基土固结引起的附加沉降计算

井点降水到一定深度后，土中孔隙水发生转移、消散，使土骨架承受的有效应力增大，其原理见图22.1-1。

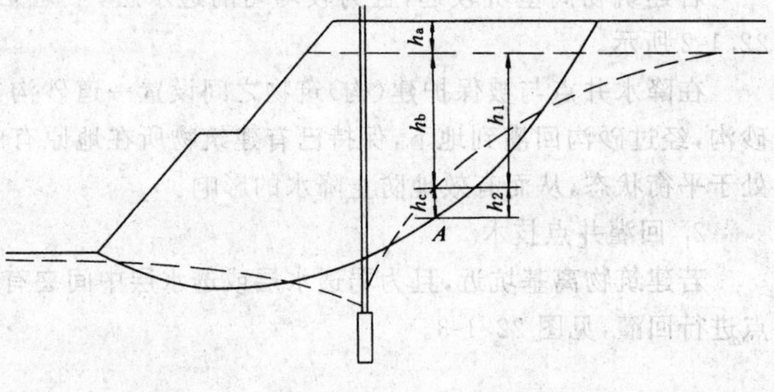

图 22.1-1　地基土固结沉降原理示意图

降水前，设 A 点总应力和孔隙水压力分别为：

$$\sigma = h_a \cdot \gamma + (h_b + h_c) \cdot \gamma_{sat} \tag{22.1-1}$$

$$u = h_1 \cdot \gamma_w \tag{22.1-2}$$

故有效应力为：

$$\sigma' = \sigma - u = h_a \cdot \gamma + (h_b + h_c) \cdot \gamma_{sat} - h_1 \cdot \gamma_w \tag{22.1-3}$$

式中：γ——土的天然重度(t/m^3)；γ_{sat}——饱和土重度(t/m^3)；γ_w——水的重度(t/m^3)。

降水后，A 点的总应力和孔隙水压力分别为：

$$\sigma_t = (h_a + h_b) \cdot \gamma + h_c \cdot \gamma_{sat} \tag{22.1-4}$$

$$u_t = h_2 \cdot \gamma_w \tag{22.1-5}$$

故降水后有效应力为：

$$\sigma_t' = \sigma_t - u_t = (h_a + h_b) \cdot \gamma + h_c \cdot \gamma_{sat} - h_2 \cdot \gamma_w \tag{22.1-6}$$

降水 t 时间后，A 点的有效应力和孔隙水压力变化分别为：

$$\begin{aligned}\Delta\sigma' = \sigma_t' - \sigma' &= [(h_a + h_b) \cdot \gamma + h_c \cdot \gamma_{sat} - h_2 \cdot \gamma_w] \\ &\quad - [h_a \cdot \gamma + (h_b + h_c) \cdot \gamma_{sat} - h_1 \cdot \gamma_w] \\ &= (h_1 - h_2) \cdot \gamma_w - h_b \cdot (\gamma_{sat} - \gamma)\end{aligned} \tag{22.1-7}$$

$$\Delta u = u_t - u = h_2 \cdot \gamma_w - h_1 \cdot \gamma_w = -(h_1 - h_2) \cdot \gamma_w \tag{22.1-8}$$

对于粘性土，$\gamma \approx \gamma_{sat}$，则

$$\Delta\sigma' = -\Delta u$$

即经过降水后，地基中某点有效应力增量在数值上等于孔隙水压力的减量。

在原有建筑物荷载形成的地基附加应力不变的条件下，因井点降水引起的沉降量可按下

式计算：

$$\Delta S = \sum_{i=1}^{N} \sigma_i' \cdot \frac{\Delta h_i}{E_{si}} \tag{22.1-9}$$

式中：ΔS——井点降水引起的地面沉降(m)；σ_i'——计算深度范围内第 i 层土有效应力增量(kPa)；Δh_i——第 i 层土的厚度(m)；E_{si}——第 i 层土的压缩模量(kPa)，可利用压缩试验曲线的相应压力段求得；N——计算深度范围内的土层数。

二、处理措施

为防止因井点降水引起过大的地面沉降，可采取以下预防措施：

1. 砂沟回灌

若建筑物离基坑较远，且为较均匀的透水层，中间无隔水层，可采用砂沟回灌方法，如图 22.1-2 所示。

在降水井点与被保护建(构)筑物之间设置一道砂沟，将井点抽出的水，适时、适量地排入砂沟，经过砂沟回灌到地下，保持已有建筑物所在地原有的地下水位，使土颗粒所受有效应力处于平衡状态，从而有效地防止降水的影响。

2. 回灌井点技术

若建筑物离基坑近，且为弱透水层或透水层中间夹有弱透水层和隔水层时，则须用回灌井点进行回灌，见图 22.1-3。

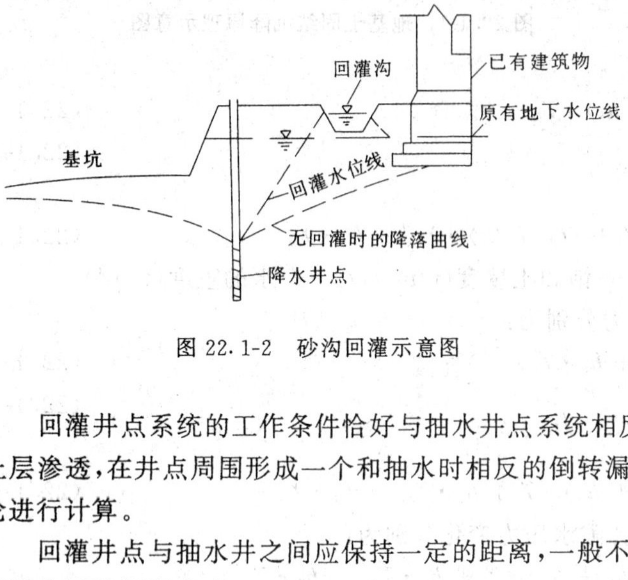

图 22.1-2　砂沟回灌示意图

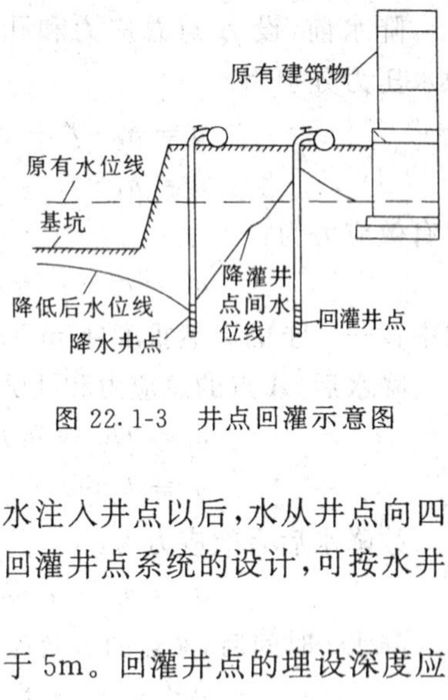

图 22.1-3　井点回灌示意图

回灌井点系统的工作条件恰好与抽水井点系统相反，将水注入井点以后，水从井点向四周土层渗透，在井点周围形成一个和抽水时相反的倒转漏斗。回灌井点系统的设计，可按水井理论进行计算。

回灌井点与抽水井之间应保持一定的距离，一般不宜少于 5m。回灌井点的埋设深度应根据透水层的深度来定。

回灌井点必须在降水井点抽水前或在抽水同时向土中注水，不得中断。若其中一方因故停止工作，另一方亦应停止工作，恢复工作也亦同时进行。

另外，也可采用旋喷桩、深层搅拌法、钻孔灌注桩、钢板桩形成隔水帷幕，减少对周围建筑物的影响。

主要参考文献

程华龙。注浆微型桩加固软土地基的机理与设计计算。地质科技情报，第18卷增刊，1999。
陈仲颐、叶书麟主编。基础工程学。北京：中国建筑工业出版社，1995。
陈仲颐等。土力学。北京：清华大学出版社，1994。
陈德基主编。工程地质及岩土工程新技术新方法论文集。武汉：中国地质大学出版社，1994。
程良奎等。喷射混凝土与土钉墙。北京：中国建筑工业出版社，1999。
曹沚田、李受祉。碎石桩一软粘土复合地基计算的探讨。工程勘察，第4期，1984。
地基处理手册编写委员会。地基处理手册。北京：中国建筑工业出版社，1993。
龚晓南著。复合地基。杭州：浙江大学出版社，1992。
龚晓南、张航主编。第四届地基处理学术讨论会论文集。杭州：浙江大学出版社，1992。
工程地质手册编写委员会。工程地质手册。北京：中国建筑工业出版社，1993。
黄生根。桩底后压浆技术研究。地质科技情报，第18卷增刊，1999。
黄生根。连拱式水泥土支护结构的应用。岩土工程技术，第3期，1998。
黄熙龄主编。高层建筑地下结构及基坑支护。北京：宇航出版社，1994。
建设部综合勘察研究设计院主编。岩土工程勘察规范(GB50021—94)。北京：中国建筑工业出版社，1995。
交通部第一公路工程总公司编。公路桥涵施工技术规范(JTJ041—89)。北京：人民交通出版社，1995。
江敏、张荣祥。深层搅拌石灰柱加固软弱地基。工程勘察，第2期，1995。
林宗元主编。岩土工程治理手册。沈阳：辽宁科学技术出版社，1993。
李世忠主编。钻探工艺学(下册)。北京：地质出版社，1994。
李天光。重锤低落距与轻锤高落距强夯法加固湿陷性地基效果对比。工程勘察，第2期，1995。
辽宁省人民防空办公室，上海市人民防空办公室编。人防工程施工及验收规范(GBJ134—90)。北京：中国建筑工业出版社，1991。
刘金砺主编。桩基工程设计与施工技术。北京：中国建材工业出版社，1994。
刘景政等编著。地基处理与实例分析。北京：中国建筑工业出版社，1998。
秦惠民、叶政青主编。深基础施工实例。北京：中国建筑工业出版社，1992。
上海市建筑工程局主编。地基与基础工程施工及验收规范(GBJ202—83)。北京：中国建筑工业出版社，1985。
冶金部建筑研究总院主编。锚杆喷射混凝土支护技术规范(GBJ86—85)。北京：中国计划出版社，1986。
冶金部建筑研究总院主编。地基处理技术⑤。北京：冶金工业出版社，1992。
冶金工业部建筑研究总院主编。建筑基坑工程技术规范(YB9258—97)。北京：冶金工业出版社，1998。
叶书麟等。地基处理与托换技术。北京：中国建筑工业出版社，1994。
叶书麟主编。地基处理工程实例应用手册。北京：中国建筑工业出版社，1998。
《岩土工程青年专家学术论坛文集》编委会。岩土工程青年专家学术论坛文集。北京：中国建筑工业出版社，1998。
岩土工程手册编写委员会。岩土工程手册。北京：中国建筑工业出版社，1994。
杨嗣信主编。高层建筑施工手册。北京：中国建筑工业出版社，1994。
阎明礼等。CFG桩施工工艺。施工技术，第1期，1996。
中国建筑科学研究院主编。建筑地基基础设计规范(GBJ7—89)。北京：中国建筑工业出版社，1990。
中国建筑科学研究院主编。建筑地基处理技术规范(JGJ79—2002)。北京：中国计划出版社，1994。
中国建筑科学研究院主编。建筑桩基技术规范(JGJ94—94)。北京：中国建筑工业出版社，1995。
中国建筑科学研究院主编。建筑基坑支护技术规程(JGJ120—99)。北京：中国建筑工业出版社，1999。
中国建筑科学研究院。混凝土结构设计规范(GBJ10—89)。北京：中国建筑工业出版社，1990。
总参谋部工程兵科研三所。地下工程防水技术规范(GBJ108—87)。北京：中国计划出版社，1988。
赵志缙、赵帆。高层建筑基础工程施工(第二版)。北京：中国建筑工业出版社，1994。
赵志缙主编。新型混凝土及其施工工艺。北京：中国建筑工业出版社，1996。